MEMS/NEMS 谐振器技术

张文明　胡开明　著

科 学 出 版 社

北 京

内 容 简 介

本书主要介绍微/纳机电系统（MEMS/NEMS）谐振器动力学设计理论、分析方法及应用技术。全书共 9 章，主要内容包括：MEMS/NEMS技术基础和 MEMS/NEMS 谐振器技术的发展历程与发展趋势；谐振器的工作原理、谐振结构设计理论及分析技术；谐振器件制备涉及的材料、微纳加工工艺及技术；谐振器中存在的丰富非线性现象和复杂动力学行为；微纳尺度下的能量耗散理论、阻尼特性、作用机制及测试方法；谐振器中应用的各种振动激励与检测原理及技术；通道式 MEMS/NEMS 谐振器检测原理、动力学设计与分析技术；微纳尺度下谐振器件的模态弱耦合作用机制、谐振器设计及传感技术；谐振器中存在的典型失效模式与失效机理，以及多种可靠性评估方法和测试技术。

本书可供电子学、机械工程、信息通信、航空航天、生物医学、凝聚态物理、环境能源、国防军事等领域从事 MEMS/NEMS 技术及相关应用工作的科研人员和高等院校相关专业的师生阅读参考。

图书在版编目（CIP）数据

MEMS/NEMS谐振器技术 / 张文明，胡开明著.—北京：科学出版社，2023.8

ISBN 978-7-03-075719-7

Ⅰ. ①M… Ⅱ. ①张… ②胡… Ⅲ. ①微机电系统–谐振器 Ⅳ. ①TN629.1

中国国家版本馆CIP数据核字（2023）第103391号

责任编辑：陈 婕 纪四稳 / 责任校对：王 瑞
责任印制：师艳茹 / 封面设计：陈 敬

科学出版社 出版

北京东黄城根北街 16 号
邮政编码：100717
http://www.sciencep.com

北京虎彩文化传播有限公司 印刷
科学出版社发行 各地新华书店经销

*

2023 年 8 月第 一 版 开本：720 × 1000 1/16
2024 年 1 月第二次印刷 印张：30 1/2
字数：610 000

定价：298.00 元
（如有印装质量问题，我社负责调换）

前　　言

谐振（又称共振）是自然界中最普遍的物理现象之一，谐振现象的原理涉及电子学、机械学、力学、电磁学、物理学、生物医学等多学科交叉领域。微/纳机电系统（micro-electromechanical system/nano-electromechanical system，MEMS/NEMS）是微纳机械结构和微电路在芯片上的集成技术的体现，具有体积小、质量轻、功能强、功耗低、性能优越等特点，属于"超越摩尔"的发展范畴。MEMS/NEMS自20世纪80年代末崛起以来发展极为迅速，为新材料、新工艺、新器件、新系统技术的发展带来了根本性的变革。随后涌现出的谐振式微/纳机电系统、生物微/纳机电系统、射频微/纳机电系统、光学微/纳机电系统、微纳米机器人等诸多新技术，已成为当前交叉学科的重要研究方向，在机械电子、信息通信、航空航天、生物医学、环境能源、国防军事等领域有着广阔的应用前景。

MEMS/NEMS谐振器是MEMS/NEMS的关键部件之一。随着微纳加工技术的飞速发展，MEMS/NEMS谐振器更加智能化、小型化、多功能化和集成化。硅基材料等制成的MEMS/NEMS谐振器具有高性能、低成本、易于系统集成等优势，这将会带来巨大的技术变革，因此，MEMS/NEMS谐振器的设计与加工制造展现出极大的发展潜力。同时，一维、二维新材料的涌现推动了原子级尺寸器件的发展，使器件呈现出超高分辨率、超高灵敏度、超高品质因子等诸多优异的特性，在超高精度探测、量子信息等领域取得了突破性发展。但是，微纳尺度器件工作时会出现丰富的非线性现象及复杂的非线性动力学行为，这为利用新效应、新原理、新材料、新工艺与新技术对MEMS/NEMS谐振器进行创新设计、制备及应用提出了严峻的挑战。

MEMS/NEMS谐振器技术是一门综合集成与应用的技术，体现了多学科交叉、融合和延拓。本书以作者所在上海交通大学研究团队近年来的科学研究工作为基础，融合最新研究成果撰写而成。本书内容丰富、新颖，具有一定的深度和广度，内容安排上力求由浅入深，各章节相互关联；旨在通过对MEMS/NEMS谐振器动力学设计基本理论及应用技术的综合探讨，体现理论和实践并重，促进微纳尺度动力学设计理论及谐振传感技术的发展，加快MEMS/NEMS应用和产业化发展的步伐。本书共包括9章内容：第1章简要概述MEMS/NEMS技术基础、谐振器技术的发展历程和发展趋势；第2章介绍MEMS/NEMS谐振器的工作原理与结构设计理论及技术；第3章介绍谐振器件的材料与微纳加工技术；第4章阐述MEMS/NEMS谐振器中存在的非线性现象与复杂动力学效应；第5章介绍微纳尺度下能量耗散机理与阻尼技术；第 6 章详细介绍谐振器的振动激励与检测原理及技术；第 7 章阐述通道式 MEMS/NEMS 谐振器动力学设计与检测技术；第 8 章介绍弱耦合谐振器设计及传感技术；第 9 章阐述 MEMS/NEMS 谐振器的失效模式与机理及可靠性技术。

　　书稿诞生于新冠疫情期间，经过两年多的团队通力协作，完稿于交大校园。感谢导师孟光教授一直以来对 MEMS 动力学研究团队的关心和大力支持；感谢团队的所有成员，他们为本书的出版做出了贡献，主要成员有胡开明、闫寒、李磊、彭勃、仲作阳、乔艳等。本书内容的相关研究工作得到了国家杰出青年科学基金、中共中央组织部青年拔尖人才支持计划等项目的支持，在此致以深切的谢意。

　　由于作者水平有限，书中难免存在不妥之处，恳请读者批评指正。

张文明

2022 年 10 月

目　　录

前言

第1章　绪论 ·· 1

　1.1　谐振器概况 ··· 1

　　1.1.1　谐振现象 ·· 1

　　1.1.2　基本特征与分类 ·· 2

　1.2　MEMS/NEMS 技术概述 ·· 3

　　1.2.1　MEMS 技术 ·· 4

　　1.2.2　NEMS 技术 ·· 8

　1.3　MEMS/NEMS 谐振器技术发展历程 ·· 10

　　1.3.1　MEMS 谐振器技术 ·· 11

　　1.3.2　NEMS 谐振器技术 ·· 13

　　1.3.3　NEMS 谐振器的量子极限 ·· 15

　1.4　MEMS/NEMS 谐振器技术基础 ··· 16

　　1.4.1　结构设计技术 ··· 16

　　1.4.2　微纳加工技术 ··· 18

　　1.4.3　非线性现象与效应 ·· 18

　　1.4.4　耗散与阻尼机制 ·· 19

　　1.4.5　激励与检测技术 ·· 20

　1.5　MEMS/NEMS 谐振器技术应用及前景 ··· 20

　　1.5.1　智能传感 ··· 21

　　1.5.2　信息通信 ··· 30

　　1.5.3　生物医学 ··· 34

　　1.5.4　航空航天 ··· 36

　　1.5.5　量子技术 ··· 40

　　1.5.6　发展前景 ··· 41

　　参考文献 ··· 44

第2章　谐振原理与结构设计 ·· 52

　2.1　概述 ··· 52

　2.2　谐振原理 ··· 52

　　2.2.1　弯曲振动 ··· 52

　　2.2.2　扭转振动 ··· 55

　　　　2.2.3　纵向振动 ··· 56
　　　　2.2.4　机电模型 ··· 58
　　2.3　动力学设计与性能参数 ·· 59
　　　　2.3.1　谐振频率 ··· 59
　　　　2.3.2　品质因子 ··· 62
　　　　2.3.3　动态范围 ··· 64
　　2.4　谐振结构动力学设计与器件 ·· 69
　　　　2.4.1　梳齿结构 ··· 70
　　　　2.4.2　梁式结构 ··· 73
　　　　2.4.3　弦线结构 ··· 79
　　　　2.4.4　薄板结构 ··· 83
　　　　2.4.5　薄膜结构 ··· 87
　　　　2.4.6　球壳结构 ··· 92
　　　　2.4.7　扭转结构 ··· 96
　　　　2.4.8　通道式谐振结构 ·· 97
　　参考文献 ··· 101

第 3 章　谐振器件材料与加工工艺 ··· 107
　　3.1　概述 ··· 107
　　3.2　硅基材料 ··· 107
　　　　3.2.1　单晶硅 ··· 108
　　　　3.2.2　多晶硅 ··· 108
　　　　3.2.3　无定形硅 ··· 109
　　3.3　硅化合物 ··· 110
　　　　3.3.1　二氧化硅 ··· 110
　　　　3.3.2　氮化硅 ··· 111
　　　　3.3.3　碳化硅 ··· 112
　　3.4　低维材料 ··· 113
　　　　3.4.1　碳纳米管 ··· 113
　　　　3.4.2　纳米线 ··· 117
　　　　3.4.3　石墨烯 ··· 118
　　　　3.4.4　二硫化钼 ··· 121
　　3.5　压电材料 ··· 124
　　　　3.5.1　机电耦合系数 ·· 125
　　　　3.5.2　氮化铝薄膜 ·· 126
　　　　3.5.3　PZT 压电薄膜 ··· 127
　　　　3.5.4　氮化镓 ··· 130

　　　3.5.5　铌酸锂 ··· 132

　3.6　聚合物材料 ··· 134

　　　3.6.1　工艺材料 ·· 134

　　　3.6.2　结构材料 ·· 135

　3.7　金刚石材料 ··· 137

　　　参考文献 ··· 139

第4章　非线性现象与动力学效应 ······································ 144

　4.1　概述 ·· 144

　4.2　非线性因素 ··· 145

　　　4.2.1　材料非线性 ·· 145

　　　4.2.2　几何非线性 ·· 146

　　　4.2.3　驱动非线性 ·· 147

　　　4.2.4　阻尼非线性 ·· 148

　4.3　刚度硬化与软化效应 ·· 148

　4.4　双稳态现象 ··· 151

　4.5　吸合现象 ·· 152

　　　4.5.1　静电吸合效应 ·· 153

　　　4.5.2　静态吸合失稳 ·· 155

　　　4.5.3　动态吸合失稳 ·· 156

　4.6　对称破缺现象 ·· 158

　　　4.6.1　对称破缺的力学模型 ··· 158

　　　4.6.2　对称破缺的作用机制 ··· 159

　4.7　同步现象 ·· 160

　　　4.7.1　耦合系统中的同步现象 ··· 161

　　　4.7.2　同步效应的作用机制 ··· 162

　4.8　随机共振现象 ·· 164

　　　4.8.1　随机共振实验观测 ··· 164

　　　4.8.2　随机共振机理 ·· 165

　4.9　非线性模态耦合效应 ·· 167

　　　4.9.1　模态耦合形式 ·· 168

　　　4.9.2　模态耦合形成的力学机理 ··· 171

　　　4.9.3　振幅饱和现象 ·· 178

　　　4.9.4　内禀局域模 ·· 179

　　　4.9.5　频率梳 ··· 183

　4.10　频率稳定性 ··· 187

　　　4.10.1　频率波动的原因 ·· 187

　　4.10.2　频率稳定性的作用机制 ·· 189
　参考文献 ··· 193

第 5 章　能量耗散机理与阻尼技术 ·· 199
　5.1　概述 ··· 199
　5.2　能量耗散的基本定义与表征 ·· 200
　5.3　热弹性阻尼 ··· 201
　　5.3.1　滞弹性的基本概念与 Zener 耗散模型 ······························· 202
　　5.3.2　LR 热弹性阻尼模型 ··· 203
　　5.3.3　微尺度薄板热弹性阻尼特性 ··· 209
　5.4　声波-热声子相互作用 ·· 220
　　5.4.1　Akhiezer 阻尼 ·· 221
　　5.4.2　Landau-Rumer 阻尼 ··· 223
　5.5　声子-电子相互作用 ·· 224
　　5.5.1　谷内声子-电子散射 ·· 224
　　5.5.2　谷间声子-电子散射 ·· 224
　5.6　耗散稀释效应 ··· 225
　　5.6.1　弦的耗散稀释 ·· 226
　　5.6.2　薄膜的耗散稀释 ··· 228
　5.7　空气阻尼 ··· 230
　　5.7.1　滑膜气体阻尼 ·· 231
　　5.7.2　压膜气体阻尼 ·· 236
　　5.7.3　稀薄空气阻尼 ·· 244
　5.8　液体黏滞阻尼 ··· 246
　　5.8.1　弯曲振动 ··· 246
　　5.8.2　扭转振动 ··· 248
　5.9　锚点损耗机制与结构设计 ·· 250
　　5.9.1　完美匹配层方法 ··· 251
　　5.9.2　弯曲模态谐振器支撑损耗 ··· 253
　　5.9.3　体模态谐振器支撑损耗 ··· 261
　5.10　声子隧道效应 ·· 269
　5.11　表面耗散 ·· 270
　　5.11.1　表面层 ··· 271
　　5.11.2　表面化学效应 ··· 273
　　5.11.3　界面耗散物理机制 ·· 276
　　5.11.4　连续介质力学中的界面耗散 ·· 277
　　5.11.5　材料科学中的界面耗散 ·· 278

5.11.6 多层压电体谐振器的能量损耗 279

5.12 两能级系统引起的能量耗散 281

   5.12.1 两能级系统隧穿模型 281

   5.12.2 两能级系统引起的谐振器能量耗散 283

   5.12.3 品质因子测量 286

参考文献 287

第6章 振动激励与检测原理及技术 294

6.1 概述 294

6.2 振动激励原理与技术 294

   6.2.1 静电激励 295

   6.2.2 电磁激励 299

   6.2.3 压电激励 302

   6.2.4 介电激励 303

   6.2.5 热激励 307

   6.2.6 光梯度力激励 313

6.3 振动检测原理与技术 315

   6.3.1 电容检测 315

   6.3.2 压电检测 317

   6.3.3 压阻检测 318

   6.3.4 磁势检测 321

   6.3.5 激光干涉检测 322

   6.3.6 单电子器件检测 323

   6.3.7 耦合谐振子检测 324

6.4 振动激励-检测组合技术 326

   6.4.1 静电激励-电容检测 327

   6.4.2 静电激励-压阻检测 329

   6.4.3 电磁激励-压阻检测 330

   6.4.4 电热激励-压阻检测 331

   6.4.5 光热激励-光学检测 333

6.5 外围接口电路系统 333

   6.5.1 开环检测系统 334

   6.5.2 闭环自激系统 335

参考文献 336

第7章 通道式 MEMS/NEMS 谐振器动力学设计与检测技术 340

7.1 概述 340

7.2 通道式 MEMS/NEMS 谐振器检测原理 ················ 341
    7.2.1 颗粒性质检测 ················ 341
    7.2.2 流体性质检测 ················ 345
7.3 流固耦合动力学设计 ················ 348
    7.3.1 流固耦合动力学模型 ················ 348
    7.3.2 谐振频率 ················ 356
    7.3.3 能量耗散 ················ 358
7.4 动力学响应及稳定性 ················ 360
    7.4.1 动力学建模与求解 ················ 360
    7.4.2 稳定性分析 ················ 365
    7.4.3 谐振频率分析 ················ 368
    7.4.4 动态响应特性 ················ 370
7.5 测量误差产生机制与校正方法 ················ 372
    7.5.1 质量测量谐振器动力学模型 ················ 373
    7.5.2 颗粒振动特性分析 ················ 375
    7.5.3 测量误差分析与校正 ················ 378
参考文献 ················ 382

第8章 弱耦合谐振器设计及传感技术 ················ 386
8.1 概述 ················ 386
8.2 模态局部化机理 ················ 386
8.3 弱耦合谐振器动力学设计 ················ 388
    8.3.1 弱耦合谐振器动力学模型 ················ 388
    8.3.2 多自由度弱耦合谐振器件 ················ 396
8.4 谐振传感器动力学设计 ················ 401
    8.4.1 传感机理 ················ 401
    8.4.2 参数设计与性能分析 ················ 403
    8.4.3 灵敏度调节 ················ 406
8.5 谐振传感器加工工艺与模态特性 ················ 408
    8.5.1 器件加工工艺 ················ 408
    8.5.2 器件模态特性 ················ 411
8.6 谐振传感器性能 ················ 417
    8.6.1 幅频响应特性 ················ 418
    8.6.2 传感器灵敏度 ················ 420
    8.6.3 传感器分辨率 ················ 423
参考文献 ················ 423

第9章　失效分析与可靠性技术·····································426
　9.1　概述···426
　9.2　失效模式与失效机理···426
　　　9.2.1　断裂失效··427
　　　9.2.2　疲劳失效··429
　　　9.2.3　黏附失效··432
　　　9.2.4　分层失效··442
　　　9.2.5　吸合损伤··444
　　　9.2.6　辐射效应··444
　9.3　测试结构与寿命评估技术·····································446
　　　9.3.1　疲劳测试技术··447
　　　9.3.2　断裂测试技术··451
　9.4　环境载荷下器件可靠性·······································456
　　　9.4.1　振动可靠性··457
　　　9.4.2　冲击可靠性··461
　　　9.4.3　温度可靠性··465
　　　9.4.4　湿度可靠性··468
参考文献···470

第1章 绪 论

在自然界中,谐振(又称共振)是很普遍的物理现象,在许多实际问题中起着重要的作用,有利有弊。谐振现象的原理涉及电子学、机械学、力学、生物医学、电磁学、原子物理学等多学科交叉领域。20 世纪初,基于谐振原理设计制成的石英晶体谐振器是最早实现的谐振式电子器件,它可以将电能和机械能相互转换,具有较高的品质因子及良好的频率稳定性,是核心的时间元件和频率元件,可以提供基准时钟信号和接收传输信号。但是,受石英材料、传统加工工艺及无法与半导体电子器件集成的限制,石英晶体谐振器难以满足目前微型化电子系统的需求。

1959 年,著名物理学家、诺贝尔奖获得者费曼(Feynman)发表题为 "There's plenty of room at the bottom"(底部还有大量空间)的重要演讲,首先提出了微机械的设想[1]。随着 MEMS/NEMS 向动态化、多功能化、智能化、集成化持续发展[2-4],由硅基、一维、二维材料等制成的 MEMS/NEMS 谐振器具有高性能、低成本、易于系统集成等优势,这必将会带来巨大的技术变革。目前 MEMS/NEMS 谐振器的设计与制造已展现出极大的发展潜力,在机械电子、航空航天、信息通信、生物医学、能源环境、国防军事等领域有着广阔的应用前景。

本章首先概述谐振器技术的发展和现状;然后介绍 MEMS/NEMS 技术的发展,重点阐述 MEMS/NEMS 谐振器技术的发展历程和现有技术基础;最后介绍 MEMS/NEMS 谐振器技术的应用现状及未来发展趋势。

1.1 谐振器概况

1.1.1 谐振现象

1665 年,荷兰科学家惠更斯(Huygens)发现,无论两个挂钟的钟摆如何开始摆动,如图 1-1 所示,只要给它们半个小时,钟摆最终都会以相同的频率、相反的方向摆动,即"摆钟"现象。这一现象的"共振原理"在于:当两种有着不同周期的物质能量相遇时,振动韵律强大的物质会使较弱的一方以同样的频率振动,而形成同步共振现象。也就是说,强大韵律的振动投射到另一个有相对应频率的物体上,而此振动韵律较弱的物体由于受到相对应频率周期性的刺激,与较强的物体产生共鸣而振动。

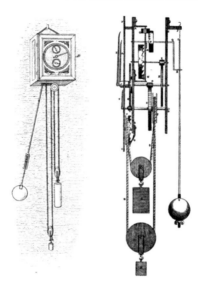

图 1-1 惠更斯"摆钟"现象

谐振可定义为：振荡系统在周期性外力作用下，当外激励作用频率与系统固有振荡频率相同或很接近时，振幅急剧增大的现象。产生谐振时的频率称为"谐振频率"。常说的谐振有两种物理现象，即物体的振动和电气回路的振荡。物体振动都有自身的固有频率，当外激励频率接近此固有频率时物体会发生"共振"，此时物体的振幅最大；当电路的激励频率等于电路的固有频率时，产生"谐振"，电路的电磁振荡也将达到峰值。实际上，共振和谐振表述的是同一种现象。

1.1.2 基本特征与分类

谐振器是指基于谐振效应、产生谐振频率的电子元件，主要起频率控制作用，是构成传感器和驱动器最基本的单元和部件。所有涉及频率的发射和接收的电子产品都需要谐振器。因此，谐振器是一种极具发展前景的电子元件之一。

按照工作原理，常用谐振器可以分为两大类：第一类是电磁波谐振器，包括 LC 电路谐振器、空腔谐振器、介质谐振器和传输线谐振器等；第二类是声波谐振器，包括 MEMS/NEMS 谐振器、体声波谐振器和声表面波谐振器等，如图 1-2 所示。两类谐振器的区别主要是前者传输的是电磁波，后者传输的是声波（或称弹性波）。相比于电磁波谐振器，声波谐振器可以大幅减小器件尺寸，因为谐振器的尺寸与所传输的波长成正比，而由于声波在介质中的传播速度远小于电磁波的速度，相同频率下的声波谐振器的尺寸会远小于电磁波谐振器。一般来说，谐振器设计要考虑如下几个方面：①通过谐振器结构的选择及其振动特性(谐振频率、模态振型)的分析，确定谐振器的实际几何结构、性能参数及敏感的振动特征参数；②建立谐振器的机电模型和动力学分析模型，优化出具有高品质因子、高灵敏度的谐振器件；③振动激励和检测方式选择、位置的选择、激励能量的确定，以及与谐振器的配合问题；④检测信号的接收、处理、转换及放大电路设计；⑤补偿机制引入和检测信号解算等。

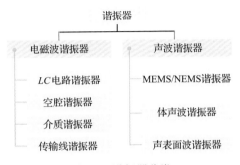

图 1-2　谐振器分类

MEMS/NEMS 谐振器是基于 MEMS/NEMS 技术设计和制造的一种声波谐振器，不仅尺寸远小于电磁波谐振器，还可与互补金属氧化物半导体(complementary metal oxide semiconductor, CMOS)电路集成，具有低功耗等优点。随着电子设备的小型化发展，MEMS/NEMS 谐振器在智能传感、无线通信、机械电子、航空航天等诸多领域有着广阔的应用前景。

1.2　MEMS/NEMS 技术概述

微/纳米科学与技术是当今集机械、微电子、力学、光学、生物医学等所产生的新兴、边缘、交叉前沿学科技术。MEMS 和 NEMS 是微/纳米技术的研究核心，逐渐成为一个新的技术领域。

随着半导体和集成电路技术的发展，延续摩尔定律、超越摩尔定律为 MEMS/NEMS 提供了多样化功能的高附加值技术，如图 1-3 所示。延续摩尔定律使用创新半导体制造工艺逐渐缩小数字集成电路的特征尺寸；超越摩尔定律则在系统集成方式上创新，使系统性能提升不再仅依赖于晶体管特征尺寸的缩小，而是更多地通过电路设计和系统算法优化来实现；超越 CMOS 方案则通过采用 CMOS 以外的新器件提升集成电路性能。因此，MEMS/NEMS 技术演进会走向更高功能密度、更小封装尺寸、更低功耗、更低成本及适合大规模制造等方向，它将会促进信息通信、空天国防、能源环境、智能传感、智慧医疗、机器人等领域的技术进步(图 1-4)，取得突破性的发展。

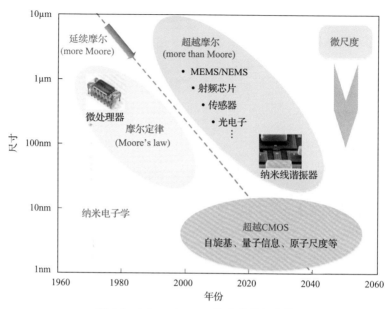

图 1-3 MEMS/NEMS 技术的摩尔定律

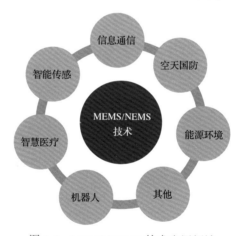

图 1-4 MEMS/NEMS 技术应用领域

1.2.1 MEMS 技术

MEMS 技术是将微电子、精密机械技术紧密结合发展起来的工程技术，基于该技术的产品尺寸在 1μm 到 100μm 量级。从微小化、智能化、集成化的角度看，MEMS 是可批量制备，集微型机构、微型传感器、微型执行器以及信号处理和控制电路，涵盖机械(移动、旋转)、光学、电子、热学、生物等功能结构，以及接口、通信和电源等于一体的微型器件或微系统[5]。

尽管 MEMS/NEMS 主要采用的加工技术类似于半导体或集成电路，但不同之处在于它具有某种机械功能,可与其周围环境相互作用。MEMS/NEMS 器件中存在着许多不同结构的可动部件,移动/振动和旋转运动是 MEMS/NEMS 中可动部件最核心的运动形式,直接影响系统动态性能。下面以动态 MEMS 器件为例简单介绍 MEMS 技术的发展。

1. 移动/振动

在动态 MEMS 中,最早被利用的是静电 MEMS 梳齿驱动器可动部件移动和动态模式下原子力显微镜(atomic force microscope, AFM)悬臂梁振动。如图 1-5 所示,齿状结构间有几微米的间距,形成电容结构,在静电激励力作用下会产生横向振动。梳齿驱动器主体结构有三个部分,包括两个叉指状的静电梳换能器,其作用是将静电力通过电容结构转化成机械能使静电梳产生变形,支撑梁连接两个换能器,通过锚固定于电极上。施加一定频率的交变激励电压产生的交变静电力场,使得谐振器中可动部件产生横向的振动。当加载的激励电压的变换频率接近谐振器的固有频率时,则会产生共振。可动静电梳产生振动时,梳齿间正对的交叠面积会发生变化,从而改变梳齿之间的电容,以此来实现机械能与电能之间的转换。

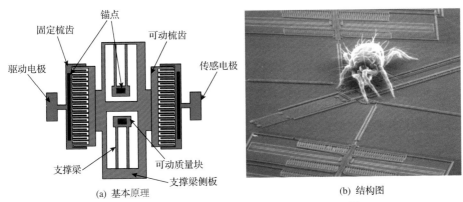

(a) 基本原理　　　　　　　　　　　　　　(b) 结构图

图 1-5　MEMS 梳齿驱动器基本原理与结构图[6]

在 AFM 中,使用对微弱力非常敏感的弹性悬臂梁上的探针对样品表面进行光栅式扫描,当针尖和样品表面的距离非常接近时,针尖尖端的原子与样品表面的原子之间存在极微弱的相互作用力($10^{-12} \sim 10^{-6}$N),此时可以测量微悬臂梁发生的微小弹性形变,从而可以获取样品的表面形貌,如图 1-6 所示。

AFM 探针基本上是一个由谐振机械结构构成的力传感器。目前已有用于动态模式下的 AFM 探针技术,如图 1-7 所示[9]。对应不同谐振结构的振动模式、尺寸和力学性能,会达到不同的谐振频率和振幅范围。图中椭圆部分代表每种探针技术中的针尖振幅和谐振频率的工作范围,振幅的下限对应于室温下的布朗运动,上限通常可在 AFM 试验中得到。不同探针都具有超高频、超高位移灵敏度的探测潜力。

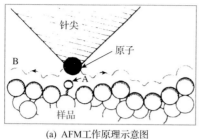

(a) AFM工作原理示意图   (b) 硅微机械悬臂梁探针

图 1-6   AFM 工作原理示意图和振动探针照片[7, 8]

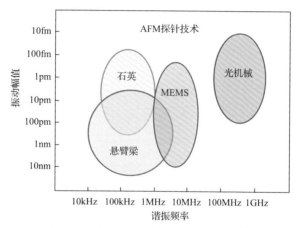

图 1-7   动态模式下的 AFM 探针技术[9]

2. 旋转运动

旋转机械是 MEMS/NEMS 中主要的驱动装置和动力源。1988 年，美国加利福尼亚大学伯克利分校 Fan 等[3]制备了直径为 150μm 的全硅材料静电微马达，如图 1-8 所示，该马达采用静电力驱动转子运动，转矩和功率非常小，分别低于 0.1μN·m 和 1μW，这就是极小尺寸机械装置的微马达应用受限之处。1997 年，麻省理工学院 Epstein 等[10]发展了微机械的宏观动力理论，首次提出动力 MEMS 的概念，并基于 MEMS 技术加工制造出微型涡轮发动机，如图 1-9 所示。这种微型涡轮发动机尺寸是普通涡轮发动机的 1/100～1/10，其重量轻、功率大，微转子速度高达 240 万 r/min，推力为 0.125N，输出功率高达 16W，可满足微型飞行器对高能量密度、高功率重量比动力装置需求。

如图 1-10 所示几种典型的微旋转机械，随着旋转机械特征尺寸的缩减，其设计转速可达每分钟几十万转，甚至高达每分钟百万转；装置系统的能量密度与特征尺寸成反比，尺度效应明显；同时，微转子系统在运行过程中会受到复杂的多场耦合作用。微马达和动力 MEMS 以电、磁、热、动能输出为目的，其尺寸可从毫米级至厘米级，能产生几十瓦的功率，能量密度高，有可能成为蓄电池的可替代补充电源。

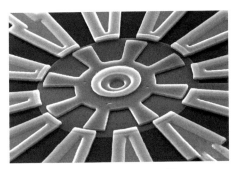

图 1-8 静电微马达[3]

图 1-9 动力 MEMS 涡轮发动机芯片[10]

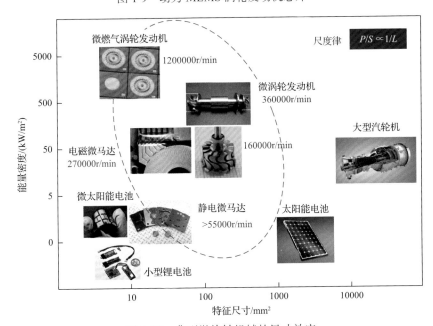

图 1-10 典型微旋转机械的尺寸效应

1.2.2　NEMS 技术

　　NEMS 是 20 世纪 90 年代末、21 世纪初提出的一个新概念，是在 MEMS 技术基础上发展起来的纳米科技技术，是基于纳米尺度效应、特征尺寸在 0.1～100nm 量级的器件和系统。2000 年，IBM 公司成功研制出首个 NEMS 器件[4]，如图 1-11 所示，器件为二维悬臂梁，采用表面微加工技术制备而成，可用于超高密度、快速数据存储。

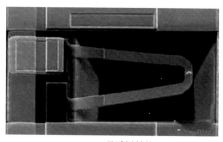
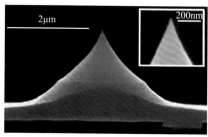

　　(a) NEMS悬臂梁结构　　　　　　　　　　(b) 针尖

图 1-11　NEMS 器件[4]

　　NEMS 技术将产生新原理、新概念器件，突破常规器件的性能极限，并可实现超微型化和超高功能化。NEMS 具有超高频率、超高灵敏度、超低能耗、超高表面控制能力、纳米尺度上特有的驱动方式等特性和功能，可以实现超高灵敏度的生物化学传感和单分子检测、超高精度的执行和操控、超高密度的传输和存储等卓越性能。NEMS 技术的飞速发展给新材料、新器件、新系统技术带来了根本性的变革，生物 NEMS、射频 NEMS、光学 NEMS、纳米机器人等新技术不断涌现，并在航空航天、信息通信、生物医学等领域广泛应用(图 1-12)。

　　相比于 MEMS 器件，NEMS 器件主要采用自上而下(top-down)和自下而上(bottom-up)两种加工方法，其核心部分尺寸达到纳米尺度，会带来小尺寸效应、表面效应、多场耦合效应、量子效应等许多新的效应。

　　(1)小尺寸效应。由纳米材料尺寸缩减所引起的宏观物理性质的变化称为小尺寸效应，相比于 MEMS，NEMS 尺度/重量更小，谐振频率更高，可以达到极高的测量精度。

　　(2)表面效应。纳米材料的表面效应是指由于纳米颗粒具有大的比表面积，表面能和表面张力随粒径的减小急剧增加，从而引起材料性质的变化。比 MEMS 更高的比表面积可以提升传感器的灵敏度。

　　(3)多场耦合效应。NEMS 是由机、电、生物、信息、光、热、流体等多物理场集成的系统，纳米尺度下的多场耦合效应问题突出。

　　(4)量子效应。在纳米尺度下 NEMS 会呈现出一些不同于宏观系统的特殊现象，如电子传导会出现量子传输特性、超流体的量子干涉效应等，量子效应具有探索新型测量手段的潜力。1997 年，Schwab 等[15]首次发现了"量子声音"现象：当推动超流体通过微孔时，超流体会发生振动，即超流体的量子干涉效应，并利用这一原理设计制成超高精度的量子陀螺仪，如图 1-13 所示。该量子陀螺仪利用超流体检测旋转角速度，其精度远远高于常规陀螺，适用于各类高精度陀螺的应用需求。

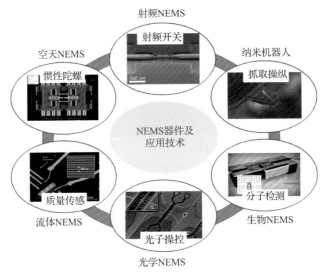

图 1-12　典型 NEMS 器件及应用技术[11-14]

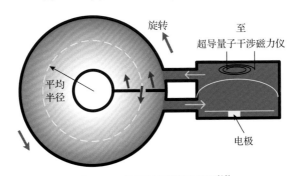

图 1-13　量子陀螺仪原理图[15]

　　纳米材料在纳米尺度下会表现出新的物理特性，如尺寸效应、表面效应、量子隧道效应和介电限域效应等，使 NEMS 器件具有更优异的功能和性能：

　　(1)超高的谐振频率。NEMS 器件具有较高的机械响应度，它与 MEMS 器件相比，利用纳米结构的尺度效应显著提升器件性能和频率，频率可达吉赫兹(GHz)以上。

（2）超高的品质因子。NEMS 器件能够提供数万量级的品质因子，大大超过了只能提供数百量级的品质因子的 MEMS 器件。

（3）超高的灵敏度。NEMS 器件具有很小的等效质量，相比于 MEMS 器件，谐振频率更高，灵敏度可提高 1～3 个数量级。

（4）超低的能量损耗。NEMS 与现有 CMOS 制造相兼容，系统消耗的能量只有微瓦量级，相比于 MEMS，功耗可减少 1～2 个数量级。

1.3　MEMS/NEMS 谐振器技术发展历程

谐振器是一种基本的电子元器件，在任何涉及频率产生的电子产品中都会用到。早期的谐振器有石英晶体谐振器和陶瓷谐振器，它们具有稳定性好、频率精度高、抗干扰性能强等特点。世界上第一台石英晶体谐振器（简称石英晶体或晶振）[16]由 Cady 研制，该器件利用石英晶体的压电效应，产生高精度振荡频率，属于一种被动元件，其主要结构是表面附带电极的石英晶片。圆盘式石英晶体谐振器及其结构示意图如图 1-14 所示。当电信号频率等于石英晶片固有机械谐振频率时，晶片将会因压电效应产生谐振现象。

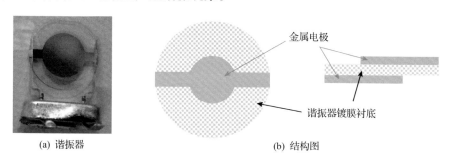

(a) 谐振器　　　　　　　　　　　　　　　　(b) 结构图

图 1-14　石英晶体谐振器结构示意图[16]

石英晶体谐振器有频率漂移、对热/冲击和振动敏感、体积较大、不能与硅片上的工艺相兼容等缺陷，严重制约了器件向微型化、低成本方向发展。MEMS/NEMS 谐振器通过器件的谐振运动对外部信号进行频率选择，并以此进行机械能与电能之间的转换。

随着微纳加工技术的迅速发展，MEMS/NEMS 谐振器因具有体积小、品质因子高、灵敏度高等优点，逐渐成为研究热点。与传统石英晶体谐振器相比，MEMS/NEMS 谐振器具有高品质因子、低温度漂移、低功耗、低相位噪声及长期高稳定性等优点，特别是其制备工艺与 CMOS 工艺兼容性好，在集成电子系统应用中替代石英晶体谐振器已成为必然的趋势，如图 1-15 所示。作为 MEMS/NEMS 系统的基本单元，MEMS/NEMS 谐振器的问世和发展，拓宽了在信息、化学、生物、医疗等高新技术领域的应用。

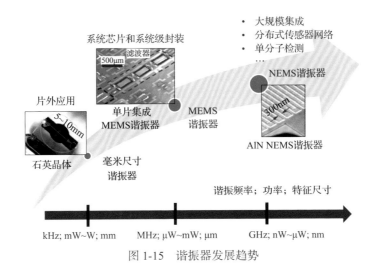

图 1-15 谐振器发展趋势

1.3.1 MEMS 谐振器技术

基于自身结构的谐振特性，MEMS 谐振器相比光学、电学谐振器的优势在于其结构设计和材料选择的灵活性、抗外部干扰的鲁棒性、具有超高品质因子及低能耗，因此它得以迅速发展。

1967 年，Nathanson 等[2]率先采用半导体材料制备出世界上首个 MEMS 谐振器，如图 1-16 所示，他们采用可动的金属悬臂梁代替原有的晶体管，通过金属悬臂梁的固有频率来确定选频特性，谐振频率可达 12kHz，品质因子大于 500，温度稳定性为 $90\times10^{-6}\sim150\times10^{-6}\text{℃}^{-1}$，由此拉开了 MEMS 谐振器技术发展的序幕。

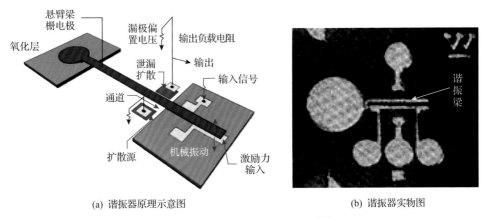

(a) 谐振器原理示意图　　　　　　　(b) 谐振器实物图

图 1-16 第一代 MEMS 谐振器[2]

    1984 年，Greenwood[17]研发了全世界首个硅微机械谐振压力传感器，如图 1-17 所示，该器件由两个中间连接的矩形板和 V 形支撑梁构成，振动模式为两矩形板的反向扭转，真空环境下(0.133Pa)谐振器件的品质因子高达 10000。

图 1-17   矩形板谐振器[17]

    1989 年，Tang 等[18]首次设计并成功研制静电驱动梳齿谐振器，如图 1-18 所示。该谐振器的梳齿结构在驱动电压作用下进行往复的横向运动，产生谐振作用。梳齿谐振器已成为一种典型的 MEMS 器件，在消费电子、射频通信、医疗卫生、军事国防等领域得到了广泛应用。

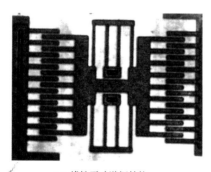 

(a) 线性平动谐振结构   (b) 螺旋扭转谐振结构
图 1-18   梳齿式 MEMS 谐振器扫描电子显微镜(SEM)照片[18]

    此后，MEMS/NEMS 谐振器技术向着超高频、超高品质因子、功能材料多样化等方向快速发展。以基于悬臂梁结构的 MEMS/NEMS 谐振器为例，图 1-19 列出了一些自 1990 年以来报道的谐振器性能指标($f \cdot Q$ 为谐振频率和品质因子的乘积)对比，$f \cdot Q$ 取决于器件的材料、设计的几何尺寸、加工工艺等方面，可以反映出器件的极限性能。随着微纳加工工艺和制备技术的发展，悬臂梁结构特征尺寸的缩减，会引起器件的谐振频率和品质因子的增大。

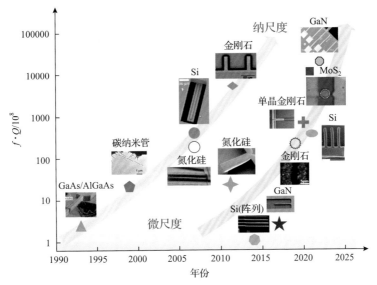

图 1-19 不同材料制备的悬臂梁 MEMS/NEMS 谐振器

1.3.2 NEMS 谐振器技术

随着纳米加工技术日益成熟，NEMS 谐振器技术得到迅速发展，尤其是纳米线、碳纳米管和石墨烯等纳米材料的突破性发现为 NEMS 谐振器提供了性能优异的结构设计单元。目前，国际上公认的一些 NEMS 的典型特征，如器件的物理尺寸在纳米量级、机械谐振频率高、质量极小、品质因子高、表体比（表面积与体积的比值）大、具有潜在的量子力学效应（如零点运动（zero point motion））等特征[19]。

NEMS 谐振器是 NEMS 中的重要器件之一，由于其独有的纳米级尺度，其谐振频率不断提升。达到微波频段（>300MHz）的谐振器可以应用在微波集成电路中，实现滤波器、振荡器等功能。与 MEMS 谐振器相比，NEMS 谐振器的极小尺寸使得器件的有效质量大幅度减小，从而大大提高器件的力学灵敏度，降低器件的功耗，因此 NEMS 谐振器可应用在更高灵敏度传感器上，实现微质量、微小作用力、单分子和脱氧核糖核酸（deoxyribonucleic acid, DNA）等的检测。

NEMS 谐振器所用材料主要包括半导体材料（SiC、SiN、Si、GaN、GaAs 等）、金属及化合物材料（Al、Nb、Au、AlN 等）、新型材料（碳纳米管、纳米线、石墨烯等）。图 1-20 为不同材料的 NEMS 谐振器的 SEM 照片[20-25]。

1999 年，Poncharal 等[23]采用自下而上的方法率先制备出悬臂梁式碳纳米管机械谐振器，其频率高达 1.3GHz，如图 1-20(a)所示。由于碳纳米管具有极其优良的机械特性、密度小、刚度大，碳纳米管机械谐振器的谐振频率高，品质因子高（$Q > 5 \times 10^6$），广泛应用于生物化学传感器、气体传感器、力学传感器和质量传感器等。2012 年，Chaste 等[26]制备了频率高达 2GHz 的碳纳米管谐振器，并用于质量检测，将检测灵敏度提高到 1.7yg（幺克，1yg=10^{-24}g），相当于一个质子或中子的质量。

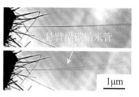

(a) 悬臂梁式碳纳米管NEMS谐振器[23]

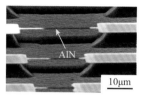

(b) AlN NEMS谐振器[21]

(c) 铝基NEMS谐振器[22]

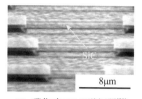

(d) 碳化硅NEMS谐振器[20]

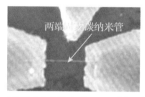

(e) 两端固支碳纳米管NEMS谐振器[24]

(f) 硅纳米线NEMS谐振器[25]

图 1-20　不同材料的 NEMS 谐振器的 SEM 照片

2003 年，Huang 等[22]制备出超过十亿赫兹的铝基（Al）NEMS 谐振器，如图 1-21（c）所示，这被认为是一个"里程碑"的突破性工作。

2001 年，采用自上而下的加工方法，Yang 等[20]首次研制出尺度为 100nm 的单晶碳化硅 NEMS 谐振器，如图 1-20（d）所示。由于碳化硅具有极高的杨氏模量，基于碳化硅材料制备的谐振器具有优异的性能，其谐振频率约为 1.03GHz，驱动功率低、信噪比高。成功用于制备 NEMS 谐振器的自上而下加工工艺及技术，为传统 MEMS 加工技术向纳米尺度延伸打开了新的大门。

继碳纳米管等一维纳米材料之后，石墨烯等二维材料也受到广泛关注。2007 年，Bunch 等[27]首次成功研制出石墨烯 NEMS 谐振器，如图 1-21 所示。该谐振器采用通过机械剥离工艺制造的单层及多层石墨烯膜，利用范德瓦耳斯力将其两端固支在设有凹槽的 SiO_2 上，其两端设置有金（Au）电极，用静电驱动使其在兆赫兹

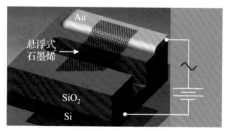

(a) 器件的工作原理示意图

(b) 双层石墨烯SEM图

图 1-21　石墨烯 NEMS 谐振器[27]

(MHz)范围内产生振动,最高频率可达 170MHz。2009 年,Chen 等[28]采用全背栅结构设计制备的石墨烯机械谐振器,结合混频技术实现了信号的激励和读取,首次验证了石墨烯共振频率的可调谐性,成为石墨烯技术发展的又一个里程碑式发现。

随着谐振器尺寸进一步减小,器件会表现出显著的量子效应,因此 MEMS/NEMS 谐振器可用来探索宏观物体的量子力学现象。O'Connell 等[29]将研制的一个 MEMS 谐振器(又称量子鼓)与相位量子比特耦合,并进行单声子控制,首次实现了宏观物体的量子运动。实际上,该器件是一个薄膜体膨胀谐振器,包括强压电材料 AlN 薄膜,它夹在两块金属电极之间,共振频率可达 6GHz,如图 1-22 所示。这是一项非常具有划时代意义的发现,它将从根本上改变现有的世界观。

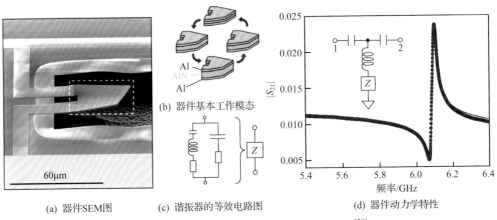

(a) 器件SEM图　　(b) 器件基本工作模式　　(c) 谐振器的等效电路图　　(d) 器件动力学特性

图 1-22　用于实现量子基态的 MEMS 谐振器[29]

1.3.3　NEMS 谐振器的量子极限

随着系统特征尺度的进一步缩小,量子效应开始显现并变得非常重要[29,30]。从根本上说,MEMS/NEMS 可以用于研究一个宏观物体的量子力学现象,基于典型的介观力学结构可以实现量子力学观测,更好地定义量子力学和经典力学之间的边界。为了认识量子效应,首先需要使谐振器件达到它的量子基态,从统计力学角度看,谐振器在温度 T 时的势能可以表示为

$$\frac{1}{2} m \omega_0^2 \left\langle u^2 \right\rangle = \frac{\hbar \omega_0}{2} \left(\frac{1}{2} + \frac{1}{e^{\hbar \omega_0 / (k_B T)} - 1} \right) \tag{1-1}$$

式中,m 为质量;ω_0 为频率;$\left\langle u^2 \right\rangle$ 为均方位移;$\hbar$ 为普朗克(Planck)常量;T 为温度;k_B 为玻尔兹曼(Boltzmann)常量。当热能远大于一个声子能量($\hbar \omega_0 \gg k_B T$)时,由热运动产生的振动幅值的均方根 u_{th} 可以表示为

$$u_{\text{th}} = \sqrt{\frac{k_{\text{B}}T}{m\omega_0^2}} \qquad (1-2)$$

当谐振器处于半声子能量基态时，量子波动会产生零点振动。当一个声子能量远大于热能（$\hbar\omega_0 \ll k_{\text{B}}T$）时，谐振器位置量子涨落幅值的平方根 u_{zpm} 为

$$u_{\text{zpm}} = \sqrt{\frac{\hbar}{2m\omega_0}} \qquad (1-3)$$

该式称为标准量子极限（standard quantum limit），又称为零点涨落（zero-point fluctuations）。NEMS 谐振器的零点涨落越大，越容易进行精确探测。

目前，已有许多试验方法证明可以实现量子基态，LaHaye 等[31]制备出超过十亿赫兹的 NEMS 谐振器（图 1-23(a)），其性能已经接近量子极限，被认为是一个里程碑性的工作。Teufel 等[32]将一个铝制纳米鼓嵌入一个超导 LC 谐振器（图 1-23(b)）中，利用边带冷却方法使它达到量子基态。Chan 等[33]首次成功利用可见光，将由数十亿原子组成的固态纳米梁机械谐振器（图 1-24(c)）冷却至基态，并遵从量子力学法则。

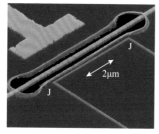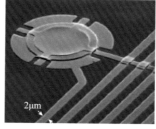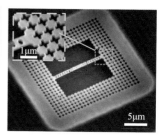

(a) 单电子晶体管纳米谐振器[31]　　　(b) 含纳米鼓的超导LC谐振器[32]　　　(c) 纳米梁谐振器[33]

图 1-23　实现量子基态的各种机械谐振器件

1.4　MEMS/NEMS 谐振器技术基础

MEMS/NEMS 谐振器技术是涵盖多学科的综合科学，涉及动力学设计、微纳加工工艺、驱动与检测、动态测试及可靠性技术等方面，随着微纳米科学与技术的快速发展，人们对超高频率、超高品质因子谐振器件的需求越来越迫切。为了提高 MEMS/NEMS 谐振器的传感精度、灵敏度、分辨率和频率稳定性，在其功能集成化、服役性能极限化、工作环境复杂化方面对其动力学设计理论与分析方法、激励与检测技术等都提出了更高的要求和新的挑战。

1.4.1　结构设计技术

MEMS/NEMS 谐振器作为一种实现电能和机械能转换的高性能机械结构，其

设计需要使谐振器在固有频率处具有优越的振动性能、高灵敏度和品质因子。在 MEMS/NEMS 谐振器应用中[34,35]，主要有以下几类重要的模态振型，如体波模式、弯曲模式、扭转模式、剪切模式和耦合模式等，如图 1-24 所示。

　　谐振结构是 MEMS/NEMS 谐振器的核心部件，随着其特征尺寸缩减，器件的谐振频率可达数吉赫兹，甚至几十吉赫兹；谐振频率与特征尺寸平方成反比，尺度效应也非常明显；此外，谐振器件通常在复杂的服役环境下工作，非线性效应问题突出。在 MEMS/NEMS 谐振器的设计过程中，需要充分考虑各种影响因素和功能要求，如图 1-25 所示，包括谐振器的结构与模态振型、灵敏度、品质因子、信噪比、频率稳定性、激励与检测技术等。

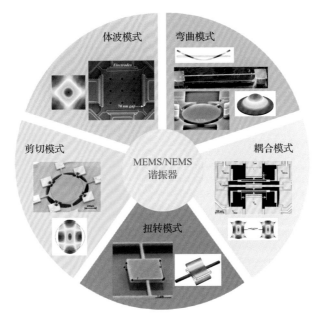

图 1-24　不同振动模式和谐振结构的 MEMS/NEMS 谐振器

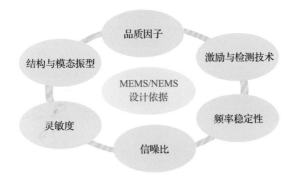

图 1-25　MEMS/NEMS 谐振器的设计依据

1.4.2 微纳加工技术

微纳加工技术是 MEMS/NEMS 谐振器研制中的重要组成部分,是衡量器件高性能水平的标志之一。谐振器的微纳加工主要采用自上而下、自下而上、3D(三维)打印方法和一些特殊加工工艺,如图 1-26 所示。其中,自上而下是从宏观对象出发,以光刻工艺为基础,对材料或原料进行加工,最小结构尺寸和精度通常由光刻或刻蚀环节的分辨力决定。自下而上技术则是从微观世界出发,通过控制原子、分子和其他纳米对象的相互作用力将各种单元连接,制备成微纳尺度的谐振结构与器件。

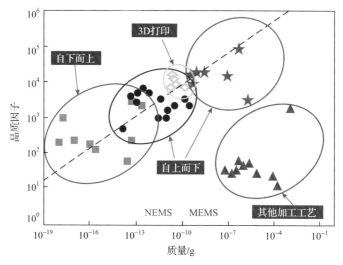

图 1-26 不同加工制备方法时 MEMS/NEMS 器件的品质因子和质量之间的关系[36]

由于 MEMS/NEMS 谐振器工作中会存在严重的非线性动力学行为,在大振幅运动条件和复杂服役环境下尤为明显,所以为了扩展谐振器的工作范围,需要减小其结构加工误差对性能的影响,这对微纳加工工艺和技术提出了更高的要求。

1.4.3 非线性现象与效应

虽然 MEMS/NEMS 谐振器的工作频率高,但其工作原理涉及复杂的能量转换过程,在微纳尺度下工作时不可避免地出现复杂的非线性动力学行为,呈现出丰富的非线性效应和现象,如谐振结构刚度非线性诱导的结构软化和硬化、多稳态、吸合、对称破缺等,非线性模态耦合振动作用下出现的振幅饱和、频率稳定、内禀局域模和频率梳等。如何避免非线性现象对器件性能的影响,使谐振器件不产生能量耗散和不发生动力学性能变化,利用非线性机理实现新原理设计、提升功能和性能等方面都是目前该领域的研究热点问题。

非线性现象与效应是 MEMS/NEMS 谐振器的重要问题之一，包括材料、几何特征带来的固有非线性，大变形、非线性阻尼产生的机械非线性，以及由力、电、磁、热、光等多物理场耦合引起的强非线性。目前，MEMS/NEMS 谐振器非线性动力学研究主要涉及三个方面：一是研究谐振器局部模态附近的非线性行为，包括模态的迟滞响应、模态的阻尼非线性及混沌行为等；二是研究谐振系统的非线性参数共振、随机共振和非线性模态耦合动力学，探究大振幅条件下各个非线性模态之间的耦合特性，研究非线性模态耦合产生的频率梳、混频、边带冷却等非线性现象及其应用机制；三是研究电、磁、热、声、光等外界能场驱动下谐振系统的非线性耦合动力学行为与调控技术。

尺度效应使得 MEMS/NEMS 谐振器工作中容易产生非线性行为，当谐振器的特征尺寸进入纳米尺度，非线性效应会变得非常显著。二维材料制备的谐振器件存在着大量的非线性动力学现象，如图 1-27 所示光热驱动多层石墨烯鼓膜（厚度 10nm、直径 5μm）NEMS 谐振器的非线性动态响应。通过同时应用直接激励和参数激励作用，随着激励强度增加，可以同时观察到非线性刚度硬化、非线性阻尼、参数共振和模态耦合的内共振等现象。

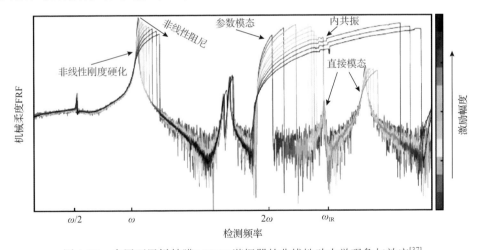

图 1-27　多层石墨烯鼓膜 NEMS 谐振器的非线性动力学现象与效应[37]

1.4.4 耗散与阻尼机制

能量耗散和非线性阻尼是制约 MEMS/NEMS 谐振器动态性能[38-40]，影响其在超灵敏传感、计时、信号处理等领域应用的关键因素。非线性阻尼的作用机制非常复杂，如图 1-28 所示，呈现出形式多元性、尺度相关性、温度依赖性、服役环境不确定性等特征。

当谐振器在空气/液体等耗散环境中工作时,黏性阻尼会增加谐振器的能量耗散,导致器件的品质因子相比真空环境下显著下降,从而限制了谐振器的动态性能。目前,主要采用以下两类方法提高器件的品质因子:一类是内部提升技术,即对谐振器施加内应力,或利用流体中具有低黏性阻尼的扭转或面内弯曲模式;另一类是外部提升技术,即通过外部添加泵浦,或通过外部反馈调节使谐振器产生自激振荡等。此外,也可以通过非线性模态耦合设计获得高品质因子,提升谐振器的动态性能。

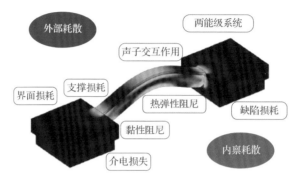

图 1-28　MEMS/NEMS 谐振器工作中常见的能量耗散和阻尼机制[38]

1.4.5　激励与检测技术

在 MEMS/NEMS 谐振器发展过程中,谐振器的振动激励和性能检测已成为一个重要的技术难题。谐振器的工作机制主要是基于静电、压电、热、磁、光激励等常见驱动技术激发谐振结构;谐振器的输出可以通过读出技术进行检测。MEMS/NEMS 谐振器本质上是一种将外界的能量和自身的机械振动能量相互转换的构件,因此如何激励器件发生谐振是实现其功能的先决条件。目前,应用于谐振器的激励方式较为丰富,但是各种方法都有其自身的优点和局限性,可以根据器件所要达到的工作状态或器件本身结构及材料特性的要求,选择不同的激励方式。

在微尺度下,主要的检测方法是通过电学或光学耦合检测,电学耦合包括电磁、电容、压阻拾振,在光学检测方面主要有光干涉、光束偏转等技术。在纳米尺度下,有些检测技术开始变得不适用,因为器件尺寸进一步缩减,谐振频率变高,导致检测信号越来越弱,成功检测出 NEMS 谐振器的振动特性更具挑战性。目前 NEMS 谐振器的振动检测主要是在 MEMS 谐振器检测技术基础上发展而来的,常采用电容检测、磁势检测、压阻检测、激光干涉检测等技术。

1.5　MEMS/NEMS 谐振器技术应用及前景

MEMS/NEMS 谐振器以其独特结构、选频特性好、灵敏度高、能量耗散低以及在微纳尺度表现出的特有性质，引起了国内外的广泛关注。作为 MEMS/NEMS 传感和执行器件的核心部件，MEMS/NEMS 谐振器技术已成为多学科交叉的前沿性研究领域。MEMS/NEMS 谐振器技术发展迅速，在机械电子、智能传感、信息通信、生物医学、航空航天、量子技术等领域中的应用日益凸显，如图 1-29 所示。

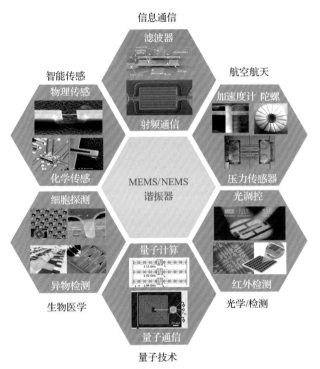

图 1-29 MEMS/NEMS 谐振器技术的典型应用

1.5.1 智能传感

MEMS/NEMS 谐振器因具有高灵敏度、低能耗、痕量级检测能力等特点，在单电子电量、质量定量、气体检测、压力传感等检测物理量/化学刺激方面具有很强的应用潜力，可实现高性能、高选择性和稳定性的智能传感功能。

1. 质谱分析传感技术

质谱仪具有高灵敏度、高分辨率、特异性好等优点，在物理化学、生命科学等领域发挥了不可替代的作用，其基本工作原理是：待测样品在离子源中形成离子，通过离子传输系统进入质量检测器中，不同荷质比的离子在电磁场作用下的运动轨迹不同，到达检测器的时间不同，处理数据可得质谱，根据质谱可确定待测样品的质量。由此可看出，在对物质进行质谱分析前必须先进行电离，这不可避免地会存在可测量质量上限小、区分/分离荷质比相近/相同的带电粒子难、对工作环境要求严苛、应用受限等问题。

随着纳米技术的发展，机械振子可以减小至微米甚至纳米尺寸，NEMS 既可以作为探测器也可以作为分析仪，与传统的质谱仪不同，它不需要带电粒子，因而也不需要电磁场，这给质谱分析带来了新的技术革新[41-49]。基于 MEMS/NEMS 谐振器的质谱分析技术能克服许多现有质谱仪的劣势，其器件结构小，其质量传感方法不需要对被测物质进行电离，可探测的质量范围大，可以实现兆道尔顿（MDa，$1Da=1.67yg=1.67\times10^{-24}g$）到千兆道尔顿（GDa）范围内的质量测量，如对生物或人工纳米颗粒（如病毒）、生物大蛋白质等微粒进行探测时，精度也不会明显下降。利用碳纳米管谐振器可在极低温真空环境下实现幺克量级的试验探测精度，如图 1-30 所示。NEMS 谐振器在下一代片上质谱分析技术上具有巨大的发展潜力。

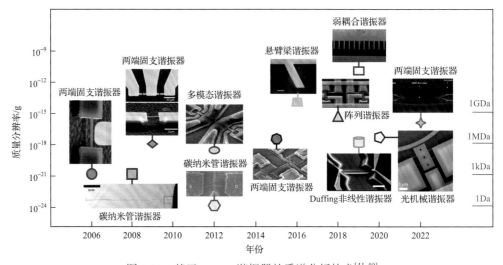

图 1-30　基于 NEMS 谐振器的质谱分析技术[41-49]

如图 1-31 所示基于 NEMS 谐振器技术的单粒子质谱仪，该装置由三个压力降低的腔室组成，溶液中的分析物通过声表面波雾化或纳米电喷射离子化，并在大气压下通过加热的金属毛细管入口吸入，空气动力透镜聚焦粒子流，然后将粒子流转移到 NEMS 谐振器阵列上；探测器由 20 个 NEMS 谐振器组成，单个谐振器均由静电驱动-压阻读出的两端固支梁构成，厚度为 160nm，宽度为 300nm，长度为 7～10mm。该系统以高检测效率测定了约 30MDa 聚苯乙烯纳米粒子的质量分布，有效地测量了质量高达 105MDa 的 DNA 填充噬菌体的分子量。

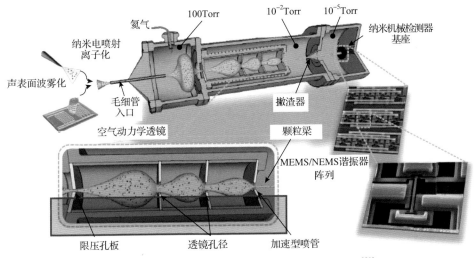

图 1-31　基于 NEMS 谐振器技术的单粒子质谱仪[50]

1)碳纳米管质谱仪

碳纳米管因其良好的电学性能、优异的力学性能，在质量、微力、气体、位移等物理量测量方面具有广阔的应用前景。碳纳米管谐振器的机械模式和单分子磁体、单电子电荷以及自旋等物理量具有较强的耦合，可以作为传感器件探索纳米尺度下的物理现象。

基于碳纳米管谐振器的质量传感器能够实现原子分辨率测量[51]，如图 1-32 所示三种质量传感原理，当单个或多个原子黏附在纳米管上时，碳纳米管的共振频率会发生变化，这种变化可以通过测量经过纳米管的电流作为时间的函数来检测。图 1-32(a)为测量左侧电极和纳米管之间的场发射电流示意图；图 1-32(b)为测量通过两端固支并由栅极电压 V_g 调制的纳米管的电流示意图；图 1-32(c)显示纳米管谐振频率的偏移 Δf 与质量的变化 Δm 成正比。

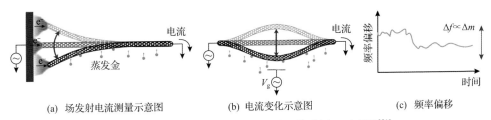

(a) 场发射电流测量示意图　　　(b) 电流变化示意图　　　(c) 频率偏移

图 1-32　基于碳纳米管谐振器的质量传感原理示意图[51]

表 1-1 给出了不同长度和直径的碳纳米管谐振器的质量分辨率，可以看出，随着碳纳米管直径和(或)长度的减小，谐振器的质量分辨率增大。

2) 光机械质谱仪

纳米机械质谱仪适合于分析高质量物种，如病毒。一维机械谐振器有个缺点，即传感信号敏感地依赖于粒子在机械谐振器上的结合位置，因此需要使用特定的读出技术同时检测多个谐振模式，这使得传感更加复杂。

表 1-1　基于碳纳米管谐振器的质量传感性能对比

结构形式	结构参数(长度 L，直径 D)	性能(谐振频率 f_0，品质因子 Q)	质量分辨率
双壁-两端固支梁[52]	$L = 205\text{nm}$，$D_i = 1.44\text{nm}$，$D_o = 1.78\text{nm}$	$f_0 = 328.5\text{MHz}$，$Q \approx 1000$	2.33zg
单壁-两端固支梁[26]	$L \approx 150\text{nm}$，$D = 1.7\text{nm}$	$f_0 \approx 2\text{GHz}$	1.7yg
单壁-两端固支梁[53]	$L = 900\text{nm}$，$D = 1.2\text{nm}$	$f_0 \approx 128\text{MHz}$，$Q = 800 \sim 2000$	25zg
单壁-两端固支梁[54]	$L \approx 400\text{nm}$，$D \approx 1\text{nm}$	$f_0 = 100 \sim 300\text{MHz}$，$Q \approx 200$	约 1yg
多壁-两端固支梁[55]	$L = 34.37\text{μm}$，$D_i = 5.37\text{nm}$，$D_o = 13.27\text{nm}$	$f_0 \approx 127\text{kHz}$	15.51ag
单壁-悬臂梁[56]	$L = 1 \sim 15\text{μm}$，$D \approx 1\text{nm}$	$f_0 \approx 57.04\text{kHz}$，$Q \approx 3000$	13zg
多壁-两端固支梁[57]	$L = 40\text{nm}$，$D = 4\text{nm}$	$f_0 \approx 4.06\text{GHz}$	6.4yg

注：1zg(仄克)$=10^{-21}\text{g}$，1ag(阿克)$=10^{-18}\text{g}$。

2020 年，Sansa 等[42]提出单粒子质谱法，为粒子在机械谐振器不同位置的结合提供统一的传感信号。图 1-33 为纳米机械谐振器和微环腔耦合的质谱仪，系统平台宽 1.5μm、长 3μm，支撑梁尺寸为 80nm×500nm。光学环直径为 20μm，到平台的间隙为 100nm，波长约为 1.55μm 的光通过光波导耦合到环内和环外，绝缘体上硅(sillcon-on-insulator, SOI)顶层厚为 220nm，部分蚀刻以实现光栅耦合器，如图 1-33(b)所示光耦合到微谐振器的光栅结构。为了消除粒子着陆位置的影响，系统采用了平面内振动模式。图 1-33(c)显出了钽团簇的单粒子光机械质谱，每次粒子落在机械谐振器上时，都会发生频率偏移，同时可看到单个集群沉积的几个频率跳跃。图 1-33（d）为不同钽团簇群的归一化 NEMS 谐振器质谱，其拟合的对数正态函数的平均质量为 2.7～7.7MDa，相当于粒径为 8～11.3nm。

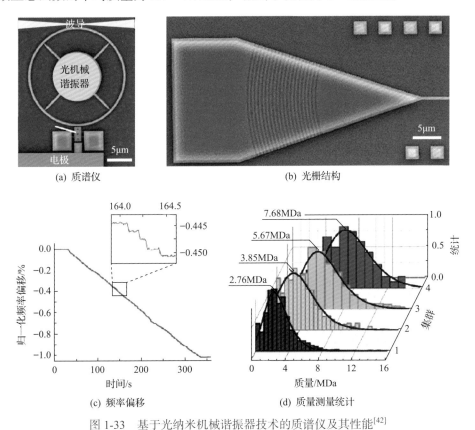

(a) 质谱仪　　　　　　　　　　　　　　　　　　　　(b) 光栅结构

(c) 频率偏移　　　　　　　　　　　　　(d) 质量测量统计

图 1-33　基于光纳米机械谐振器技术的质谱仪及其性能[42]

2. 光热红外光谱传感技术

红外光谱是指反映物质和红外光之间相互作用的图谱。红外光谱可分为红外发射光谱和红外吸收光谱。由于每种分子都具有其独特的红外吸收光谱，红外光谱仪能够通过检测分子的红外指纹吸收谱对物质进行成分识别与浓度测定，解决分析物的光谱特异性问题，它在化学分析物定性或定量检测、环境监测等方面具有重要作用。随着 MEMS/NEMS 技术的发展，红外光谱仪可微型化，降低功耗，光热红外吸收光谱传感技术已渐渐发展成为一种新型的超灵敏微纳机械传感技术。MEMS/NEMS 谐振器可用于基于光吸收的多种传感，其基本工作原理是，通过吸收光子产生加热现象，由此产生的相关热膨胀使应力下降，从而改变谐振器的谐振频率。由于这种技术可以高精度地检测频率，且非常灵敏，故可用于质量传感。这种光热传感能够实现谐振器上单个粒子和分子的光学吸收光谱、高精度单分子成像等[58-60]。

1) 光学传感器

回音壁模式(whispering gallery mode，WGM)谐振器作为一类特殊的光腔形式，其品质因子可达 10^9，可用于单分子检测、频率梳生成等方面。在传感应用上，谐振传感器常常依赖于 WGM 的频率偏移，对于蛋白质分子等微小检测物，其折射响应超过热折射响应，折射导致的偏移与检测物在给定波长下的极化率成正比。因此，需要通过光谱获得额外的分析物信息，如图 1-34 所示，微环谐振器对单个纳米金颗粒进行光热光谱分析和定位[59]，谐振器通过特殊设计最大限度地减少不必要的光吸收，并与深度优化后的泵浦双调制检测电路匹配。纳米颗粒沉积在谐振器上，纳米颗粒会吸收探测光并升温。当具有可调波长的泵浦光束撞击粒子所处位置时，会改变局部折射率，从而导致器件的谐振频率发生偏移，谐振频率的变化可以通过探测激光来检测，从获取的吸收光谱上可以观察到狭窄的 Fano 图案，它反映了两个谐振频率之间的失谐程度。好的光热特性能使微环谐振器获得高灵敏度，基于 WGM 的光热光谱在单分子分析物识别方面具有很好的应用前景。

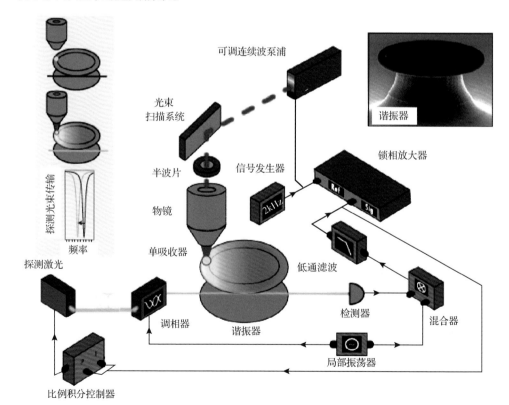

图 1-34　局部光热光谱传感：基于微环谐振器的光学传感系统[59]

2）机械传感器

早期用作光热吸收探头的机械换能器通过检测激光束偏转来分析双金属悬臂梁的热致弯曲，其热功率灵敏度约为 10pW 量级。测量时常常将薄膜吸收材料沉积在悬臂梁顶部，该光热光谱方法可用于危险化学品和生物分子的检测等。然而，悬臂梁的弯曲易受到热机械噪声的影响和限制。相比之下，基于弦线式机械谐振器的光热探测具有更好的优势，热耗散低，光热光谱可通过测量谐振频率的偏移得到，可检测单个纳米颗粒检测物的光热光谱，其检测热功率可控制在 10pW 范围。配合探测光扫描组件，纳米弦线谐振器还可用于纳米颗粒和纳米结构的定位及探测。

Chien 等[60]采用氮化硅膜制成的纳米机械鼓作为传感器探测和定位单分子，如图 1-35 所示，单个纳米金颗粒或分子在吸收光后会加热纳米机械鼓，鼓的热膨胀使得拉伸应力下降，从而改变鼓的谐振频率。室温下检测吸收功率可以达到 16fW/Hz$^{1/2}$ 的灵敏度，检测单个 Atto633 荧光团时信噪比可达到 70 以上。通过机械换能器获得局部光热光谱是一种极其灵敏和强大的检测手段，但是这类换能器的应用面临一定的限制，因为它们需要低压环境，而且到目前为止无法在溶液中检测样品。

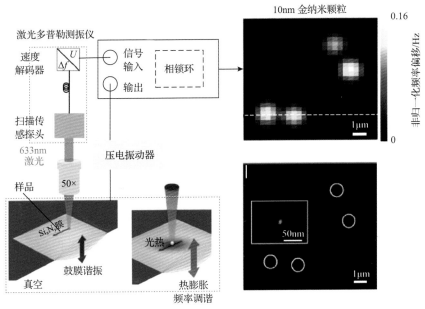

图 1-35 局部光热光谱传感：基于纳米鼓谐振器的机械传感系统[60]

如图 1-36(a) 所示，采用非扩散限制采样方法，将工程纳米材料直接从分散中雾化，并收集在纳米机械弦线谐振器上，通过光热加热将吸收的红外光转换为可测量的弦频失谐[61]。图 1-36(b)为采用蹦床形谐振器对亚纳米级的梁位移进行光热检测[62]，在低激发光束功率为 85μW、扫描步长为 40nm 时，采用该谐振器可进行无标记显微处理，检测 200nm 的金纳米颗粒可实现 3Å 的最佳定位精度。二氧化硅涂层既可以检测偏振相关吸收，还可以提高 NEMS 光热显微镜的定位精度。如图 1-36(c)所示，中红外波长范围内分析物的光吸收(3.25～3.6μm)通过光热效应热转换为微环谐振器的光传输变化，环形谐振器半径 25μm、厚 1.35μm。对于实际痕量气体传感应用，可在环形传感器上形成气体吸附多孔涂层[63]。

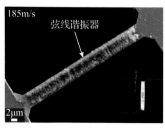  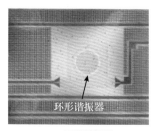

(a) 弦线谐振器   (b) 蹦床形谐振器   (c) 环形谐振器

图 1-36   用于红外光谱传感器的谐振器[61-63]

3. 气相色谱分析传感技术

气相色谱分析是一种利用气体做流动相的色层分离分析的方法。当流动相中样品混合物经过固定相时，由于样品在气相中传递速度快，各组分在性质和结构上存在差异，不同组分在固定相中滞留时间长短不同，样品组分在流动相和固定相之间瞬时可以达到平衡，从而实现对样品混合物的分离分析，这种方法具有分离效率高、分析速度快、灵敏度高等特点[64]。

如图 1-37 所示基于 NEMS 谐振器阵列的微型气相色谱分析仪，其中色谱柱和 NEMS 谐振器阵列检测器是传感系统的核心部件。该气相色谱分析仪的检测原理是基于敏感化学层的电物理特性的改变，微悬臂梁根据敏感化学层吸附的气体监测器件谐振频率的变化，其中 NEMS 谐振器是带有集成压阻读数的氮化硅悬臂梁，梁的长度为 2.5μm、宽度为 0.8μm、厚度为 0.13μm，谐振频率取决于谐振器的有效质量和刚度，取值在 8～10MHz，质量因数为 100～200，每个谐振器的质量捕获面积约为 1.5μm²。为了能够选择性地吸收目标蒸气样品，可在每个 NEMS 悬臂梁上滴涂聚合物形成 10nm 厚的薄膜。当聚合物膜吸收分析物时，谐振器的总质量增加，从而导致谐振频率呈比例变化，并采用锁相环实时跟踪悬臂梁的谐振频率。对于高速微气相色谱分析，理想情况下，检测器应与色谱柱内的小流量尺寸相匹配，从而最大限度地减少气相扩散，NEMS 探测器可通过微流控通道直接连接到芯片表面。通过将 NEMS 检测通道和超快气相色谱相结合，可在 5s 时间窗口对

13 种化学品进行色谱分析，可检测到磷酸盐分析物的十亿分之一(ppb)浓度，提供快速、定量的化学分析。

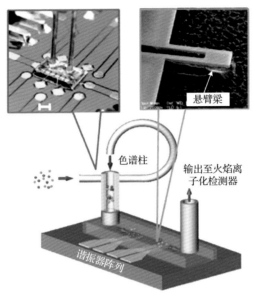

图 1-37　基于 NEMS 谐振器阵列的微型气相色谱分析仪[65]

在质量敏感谐振器中，可以通过改变沉积在 NEMS 上的聚合物类型来调整传感器的化学特性。气相色谱分析仪有多种检测器，如热导检测器、电子捕获检测器、NEMS 检测器等。

其中 NEMS 谐振器是 NEMS 检测器的核心部件。图 1-38(a)显示了完整的带有图案化 NEMS 阵列的 200mm 晶圆，NEMS 阵列由 CMOS 兼容材料光刻制成，硅片厚度为 160nm，整个晶圆上包括不同尺寸的 NEMS 器件，长度在 $1.6\sim5\mu m$、宽度在 $800\sim1.2\mu m$，阵列有 20 行 140 列，线性间距为 $6.5\mu m$，总共 2800 个阵列器件。大规模集成 NEMS 阵列，包括数千个单独的纳米谐振器，通过组合串并联配置进行电耦合，该配置方案对于光刻缺陷和机械或静电放电损坏极为稳健。阵列能够处理极高的输入功率，无须过度加热或共振响应衰减。集成 NEMS 阵列作

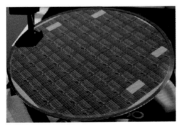

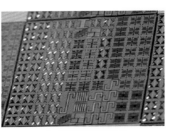

(a) 晶圆　　　　　　　　　　　　　(b) 谐振器阵列结构

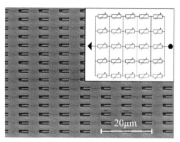

(c) 悬臂阵列截面图　　　　　　　　　　(d) 悬臂梁结构

图 1-38　NEMS 谐振器阵列[68]

为高性能化学传感器，仅在 2s 的暴露期内可检测化学物品的十亿分之一浓度，集成化设计对于气相色谱仪的进一步微型化至关重要[66, 67]。

1.5.2　信息通信

谐振器作为产生谐振频率的电子元件，主要起到频率控制的作用，在滤波器、逻辑器件、机械天线等微电子、通信领域有着重要应用。

1. 滤波器

MEMS 谐振器是滤波器的基本组成单元之一。滤波器主要由耦合机构将谐振器件连接构成，可利用机械结构的谐振频率进行选频。按照工作过程，滤波器可以分为机械振子、输入/输出变换器等几类结构。滤波器在无线通信领域中可实现双工、镜像消除、寄生滤除和信道选择等功能。

由 MEMS 谐振器组成的滤波器主要有梳齿滤波器、梁式滤波器、圆盘阵列滤波器等类型[69]。谐振器的耦合阵列可用于带通滤波器，使其插入损耗低、带宽大、阻带抑制率高，如图 1-39 所示。图 1-39 (a) 为两端固支梁滤波器[70]，谐振器梁长 40.8μm，品质因子为 8000，中心频率为 7.8MHz，带宽为 18kHz，百分百带宽为 0.23%，插入损耗小于 2dB，阻带抑制率超过 35dB。图 1-39 (b) 为四圆盘阵列滤波器[71]，谐振器圆盘半径为 37μm，品质因子为 10000，中心频率为 74.47MHz，百

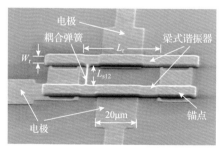

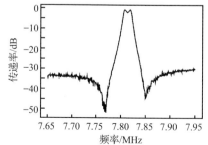

(a) 固支梁结构

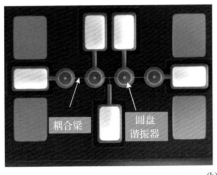
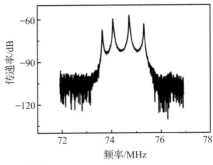

(b) 圆盘阵列

图 1-39 MEMS 滤波器及其性能[70,71]

分百带宽为 2.2%，通过耦合方式可增强弹性耦合系统刚度，获得较高的工作频率，且频率可调，是 MEMS 滤波器发展的趋势。

目前，在无线通信领域应用的滤波器主要有介质滤波器、声表面波谐振器、薄膜体声波谐振器等形式，器件之间的差异如表 1-2 所示。随着大容量、高速信息通信技术的发展，MEMS/NEMS 滤波器正朝着微型化、超高频率、低功耗、高信噪比、多功能、高度集成化方向发展，在射频无线通信领域有着广阔的应用前景。

表 1-2 不同滤波器件性能对比

项目	介质滤波器	声表面波谐振器	薄膜体声波谐振器
几何尺寸	大	小	微型化
插入损耗	1~2dB	2.5~4dB	1~1.5dB
温度系数	$-10 \times 10^{-6} \sim 10 \times 10^{-6} \text{℃}^{-1}$	$-95 \times 10^{-6} \sim -35 \times 10^{-6} \text{℃}^{-1}$	$-30 \times 10^{-6} \sim -25 \times 10^{-6} \text{℃}^{-1}$
功率容量	>35dBm	约 20dBm	>36dBm
带外抑制率	<40dB	<45dB	<50dB
品质因子	300~700	200~400	700~1000
抗静电冲击性	优异	一般	较好
加工工艺	成熟	成熟	尚不成熟
可集成性	不可	不可	可以
应用领域	双工器	中频、射频滤波器	双工器、射频滤波器

2. 逻辑器件

基于 MEMS/NEMS 技术的逻辑和存储器件具有超低能耗、多逻辑操作的可重编程性、不受离子辐射影响且能在恶劣环境条件运行等特点，是计算技术中不可替代的关键元件。基于动态谐振器的 MEMS/NEMS 逻辑器件可解决接触可靠性和黏着性的核心问题。

逻辑器件的工作原理取决于谐振器的谐振开启和谐振关闭状态，谐振器以极高振幅振动的谐振开启状态归因于逻辑高(1)输出，而谐振器以低振幅振动的谐振关闭状态归因于逻辑低(0)输出，如图 1-40 所示。从开启谐振到关闭谐振的状态转变既可以通过操纵输入条件来实现，如电气互联配置、操纵交流或直流输入电压；也可以通过使用某种动态现象来调控，如调谐谐振频率、激活和停用谐振模式，以及在非线性谐振器中利用双稳态区域。如表 1-3 所示基于谐振器技术的逻辑器件，采用不同驱动方式和调制技术可得到不同的逻辑门特性。

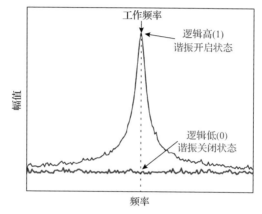

图 1-40　谐振器开启/关闭状态时的逻辑响应示意图[71]

表 1-3　基于谐振器技术的逻辑器件[72]

工作原理	驱动方式	速度	能耗	空间密度	逻辑门	文献
压电材料晶体各向异性消振	压电	约 0.2ms	约 10^{-18}J	约 10^7cm^{-2}	XOR	[73]
非线性双稳态	静电	约 0.2ms	约 10^{-17}J	约 10^7cm^{-2}	NOR/OR，NAND/AND	[74]
频率调谐	静电	约 0.2μs	约 10^{-17}J	约 10^7cm^{-2}	可逆 AND、OR、NOT 和 FANOUT 门	[75]
参数激励和频率混合	压电	约 0.83s	约 10^{-14}J	约 10^4cm^{-2}	位翻转/存储、AND、OR、XOR 和多位门	[76]
频率调谐	静电	约 200μs	约 10^{-15}J	约 10^6cm^{-2}	XOR、AND、NOR、OR 和 NOT	[77]
频率调谐	电热	约 35μs	约 10^{-9}J	约 10^6cm^{-2}	NOR、NOT、XNOR、XOR 和 AND	[78]
谐振模式激活和停止	静电	约 35ms	约 10^{-13}J	约 10^3cm^{-2}	OR、XOR、NOT 和级联 NOR	[79]

图 1-41(a) 为首个基于谐振器的逻辑器件,该器件采用压电驱动方式,由 L 形 NEMS 谐振器组成,其工作原理为利用压电材料晶体的各向异性来执行异或逻辑运算,当器件从输入 A 或 B 驱动时,整个结构在 10MHz 左右产生谐振;图 1-41(b) 和(c)分别采用静电电容和电热调控方法进行频率调谐,可用于执行各种计算操作。电热调谐的逻辑器件具有电压逻辑输入非常小的优点,但是与静电驱动等方法相比,热驱动耗能较大,而且器件的热时间常数远高于机械过渡时间,运行速度受热转换时间的限制;基于直流逻辑输入的器件可以具有非常低的逻辑操作能耗,但是实现调谐所需的输入值可能很大,并且可能需要额外的电荷泵电路。

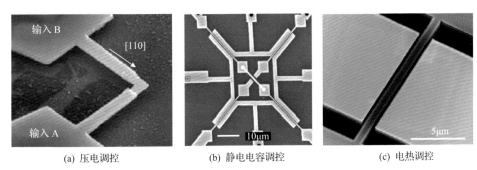

(a) 压电调控　　　　　　(b) 静电电容调控　　　　　　(c) 电热调控

图 1-41　基于 MEMS/NEMS 谐振器的逻辑器件[73,75,78]

3. 机械天线

天线作为"转换器",可以实现电流信号和电磁波辐射之间的相互转换,是射频识别系统、雷达等应用领域中无处不在的关键组件。先进天线的关键挑战之一在于其尺寸的微小型化,难以在甚高频段(30~300MHz)和超高频段(0.3~3GHz)实现紧凑型天线和天线阵列。

图 1-42 为基于纳米机械谐振器的超紧凑型磁电机械天线[80],该横向振动纳米板谐振器长度为 200μm、宽度为 50μm,由 50nm 厚的底部 Pt 电极和薄膜磁电异

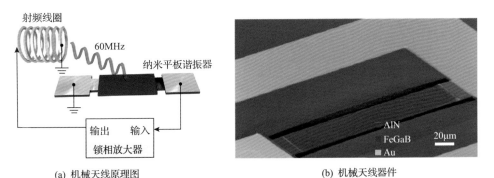

(a) 机械天线原理图　　　　　　(b) 机械天线器件

图 1-42　基于纳米机械谐振器的超紧凑型磁电机械天线[80]

质结构组成。100nm 厚的金层被图案化，形成地-信号-地结构，用于测试电气特性。多层纳米板结构从硅基板上释放，以最大限度地减少基板夹紧效应，并由两侧的锚固件进行机械支撑，谐振器件的谐振频率为 60.68MHz、品质因子高达 930。与最先进的紧凑型天线相比，该机械天线具有 1～2 个数量级的微型化，且性能没有下降，磁电机械天线的极限检测电压约为 0.1μV，检测极限约为 40pT。超小型磁电机械天线将会对未来的物联网天线系统、可穿戴天线、生物植入和生物注入天线、无线通信系统等领域产生重要影响[81]。

1.5.3　生物医学

MEMS/NEMS 谐振器技术在生物医学领域日益发展，生物传感是以生物活性单元(如细胞、酶、抗体、核酸等)作为生物敏感单元，对被测目标物具有高度选择性的检测技术。生物传感可实时监测生物大分子之间的相互作用，可用来检测各种化学成分，用于疾病的早期诊断和预防，同时还可用于药物筛选和军事战剂检测，向着高选择性、强稳定性和高灵敏度方向发展。

1. 悬臂梁生物传感器

谐振式微悬臂梁传感器是最典型的一类质量传感器件，悬臂梁传感界面上修饰的生物识别元件特异性地结合待测物，导致悬臂梁质量增加，从而引起谐振频率下降。其检测灵敏度极高，可以检测到表面上亚皮克级质量的变化。微悬臂梁质量检测灵敏度只与质量有关，不受其他因素影响，可以精准测得界面黏附分子的质量。

如图 1-43 所示谐振 MEMS 微悬臂梁生物传感器，悬臂梁顶部依次沉积图案化的光刻胶和 Parylene 薄膜，分别作为牺牲层和防水层。在牺牲层释放后，Parylene薄膜与悬臂梁之间形成一个窄缝，从而保护悬臂梁不受液体阻尼效应的影响，位

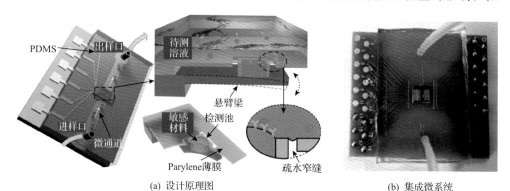

(a) 设计原理图　　　　　　　　　　　　　　　　(b) 集成微系统

图 1-43　谐振 MEMS 微悬臂梁生物传感器[82]

PDMS 为聚二甲基硅氧烷

于悬臂梁端部的检测区域暴露在液体中与待测物发生反应，可以确保悬臂梁在溶液环境中长时间工作，从而实现对样品痕量浓度的实时检测和分析，并成功检测到液体中的有机磷农药或大肠杆菌。微纳生物传感器具有极高的灵敏度，已从单个传感器向阵列化和多功能集成的方向发展，在生化反应领域具有应用潜力。

2. 光机械生物传感器

在生物检测中，检测物的振动和结构之间的信息不是直接相关的，但是通过对生物体中的细菌、病毒等进行检测，能够得到其机械柔韧性相关信息，有助于生物特性识别和疾病诊断。细菌的振动范围为兆赫兹至吉赫兹，传统拉曼光谱或纳米机械谐振器很难检测。通过将光学和力学相结合，可以实现对单个细菌的振动信号监测，如图 1-44 所示，将单个细菌放到圆盘谐振结构上[83]，通过波导将激光引导到基底，形成周期性分布的回音壁结构。当细菌附在圆盘时，光学和振动信息发生变化，可以分析检测物引起的频率漂移作用，也可以对检测物和基底的频率产生共振时的信号进行分析，而且增大湿度时信号会发生明显改变。因此，MEMS/NEMS 谐振器可用于测量单个生物粒子的质量和刚度，可以通过分析生物微粒的光/力信号，获取生物微粒的力学信息。

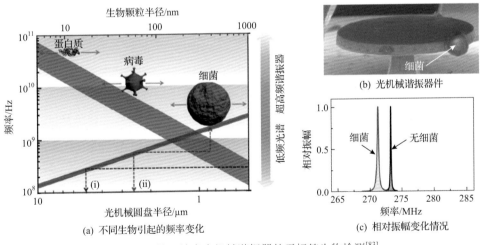

(a) 不同生物引起的频率变化　　　　(c) 相对振幅变化情况

图 1-44　基于纳米光机械谐振器的无标签生物检测[83]

3. 阵列式生物传感器

如图 1-45 所示用于测量神经元和胶质细胞的质量及生长过程的 MEMS 谐振传感器阵列，芯片由 81 个传感器组成，按照 9×9 阵列排列，单个传感器带有选择功能，可以直接在谐振器上对单个细胞进行图形化，从而实现对运动细胞的长期生长测量。MEMS 谐振传感器可以测量单个细胞的质量，但长期生长测量受到细胞离开传感器区域运动的限制。捕获的神经元在发育和分化状态上有所不同，从未分化到极化形貌。因此，可以利用该技术来研究转移癌细胞和其他高活性细胞系。

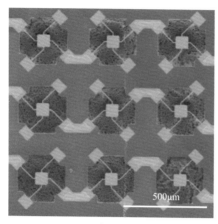

(a) 谐振器阵列   (b) 单一器件测量细胞质量和生长过程

图 1-45   MEMS 谐振传感器阵列测量神经元和胶质细胞质量及生长过程[84, 85]

NEMS 谐振器表面经处理后可以设计成传感"小秤"，测量单胎蛋白质的质量，对 NEMS 在生物分子操纵、生物分子质量精密测量、细胞探测、异物检测等领域的应用均有促进作用。

1.5.4   航空航天

MEMS/NEMS 谐振器技术在航空航天、军事国防等领域有着重要应用，尤其是惯性传感、磁性传感、红外探测等技术，可用于直接或间接的导航或测量系统[86]。

1. 陀螺仪

高精度 MEMS 陀螺因其对角速率敏感，是卫星、航空航天等导航、制导和控制等系统的核心器件。根据性能指标，MEMS 陀螺仪可分为速率级、战术级和惯性级，主要有线振动陀螺仪和谐振陀螺仪。

近年来 MEMS 谐振陀螺仪得到快速发展，其谐振结构有多种构型，如星形、半球形、圆盘形、蝴蝶形等，如图 1-46 所示。例如，半球形谐振陀螺仪利用半球壳径向振动产生的驻波沿环向的偏转来测量旋转运动，拥有高精度、高过载等优势，极其适合在太空工作；MEMS 环形谐振陀螺仪是半球形谐振陀螺仪的简化结构形式，与半球形谐振陀螺仪相比，其敏感结构具有全对称、高精度、结构简单、体积小、便于批量化集成、环境适应性好等性能。

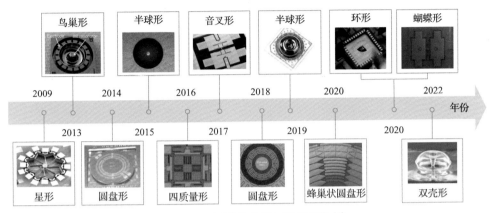

图 1-46　不同结构的谐振陀螺仪[87-91]

　　不同结构的谐振陀螺仪之间的性能区别也很大，如表 1-4 所示，零偏不稳定性和角随机游走都有数个量级的差异。为了提升陀螺仪的性能，还可以在谐振器表面沉积薄氧化层，降低谐振子的表面粗糙度，提升谐振子的几何均匀性和品质因子。陀螺仪的关键制造技术是高品质谐振结构，其核心是获得极高的机械品质因子，这对谐振结构的材料、结构、封装及其加工制造提出了很高的要求。高真空度封装、模式匹配设计、噪声抑制和耦合信号抑制、自校准和温度补偿、可靠性设计与失效分析等问题也是影响陀螺仪的重要因素。

表 1-4　不同结构谐振陀螺仪性能对比

年份	结构	零偏不稳定性/(°/h)	角随机游走/(°/h$^{1/2}$)	文献
2009	星形	3.47	0.09	[92]
2013	鸟巢形	1	0.106	[93]
2014	圆盘形	0.012	0.0033	[94]
2016	四质量形	0.0733	0.045	[95]
2018	圆盘形	0.04	0.01	[96]
2019	半球形	0.0005	0.00025	[97]
2019	双质量形	0.007	0.019	[98]
2020	环形	0.03	0.004	[99]
2020	音叉形	0.012	0.006	[100]
2020	蜂巢状圆盘形	0.015	0.0048	[101]
2021	蝴蝶形	0.53	0.068	[102]

2. 磁性传感器

由于磁性传感器受灰尘、污垢、油脂、振动及湿度的影响较小，在电子仪器和工业设备中有着广泛应用，如磁共振成像、缺陷定位等。随着导航、电子罗盘、环境监测等应用对微型化、低功耗、低成本、高灵敏度磁性传感器的迫切需求，MEMS 磁性传感器得到普遍关注[103, 104]。

如图 1-47(a) 所示基于洛伦兹(Lorentz)力的 MEMS 谐振式磁性传感器[105]，器件在低电阻率 n 型 SOI 衬底上制造而成，包含厚度 10μm 的平板谐振器、2 个窄梁和 2 个 Si 板连接。当谐振器为平面振动模式时，受到周期性拉伸和压缩应力，会呈现压阻特性。该传感器可通过加大谐振器的振动幅度来提高其灵敏度。在空气环境中，当谐振频率为 2.6MHz、品质因子为 16900 时，传感器灵敏度可达 262mV/T。图 1-47(b) 是在 SOI 衬底上采用体微加工制造的 MEMS 磁性传感器[106]，该器件由平板谐振器和多个弯曲梁、支撑梁及 p 型压敏电阻构成，通过调整激励电流可控制器件的动态范围，使其保持线性电响应，谐振器的品质因子为 419.6，传感器的灵敏度可达 230mV/T，分辨率为 2.5μT，功耗约为 12mW。

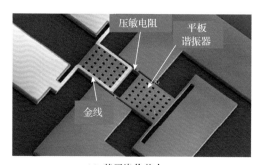
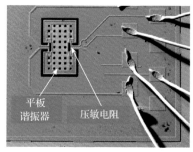

(a) 基于洛伦兹力   (b) 体微加工制造

图 1-47   MEMS 谐振式磁性传感器[105,106]

目前，基于洛伦兹力的 MEMS 谐振式磁性传感器主要通过压阻、光学和电容感测技术来检测磁场，然而这些感测技术存在着由焦耳效应导致传感器结构发热的问题，因而会产生热应力和谐振器结构变形。为此，需要解决器件散热、谐振器机械可控性及真空封装等问题，提升 MEMS 谐振式磁性传感器的性能。

3. 红外探测器

微纳机械红外探测器是以红外线为介质的测量系统，可用于辐射和光谱测量、搜索和跟踪目标、环境监测、生物医学诊断等，是许多军用和民用器件的关键组成部件，已经发挥了巨大的作用。

热探测器作为最典型的探测器件之一，是利用辐射效应使探测元件接收辐射能量后引起温升，从而使探测器中依赖于温度的性能发生变化。由于谐振器的频率会随着温度的变化而发生改变，探测器在吸收红外线辐射的同时必然会导致温升，热探测器可通过测量其谐振频率的变化来检测周围环境的辐射效应。谐振器的灵敏度、分辨率和可靠性会直接影响红外传感系统的性能。如图 1-48 所示氮化镓 (GaN) MEMS 谐振器阵列[107]，单个谐振器在谐振频率为 101MHz 时的品质因子可达 280，可用于高灵敏度、低噪声的红外探测器。红外探测器由一块探测器板组成，探测器板由高热阻的薄细梁固定，不同谐振模式可用于温度传感，其红外传感机制用于监测近红外辐射下谐振器谐振频率的变化，谐振器具有射频和热性能，辐射响应率为 1.68%/W，热时间常数为 556μs，与参考谐振器相比的平均红外响应率为−1.5%，频率稳定性达到 10^{-6} 量级。

图 1-48　基于 MEMS 谐振器技术的红外探测器[107]

在室温下，MEMS/NEMS 谐振器可以检测红外频率下的电磁辐射，其热检测能力优于传统的微测辐射热计。纳米范围内器件厚度的尺度律和亚波长厚度是实现快速、高分辨率红外探测器的两个关键挑战。图 1-49 为具有增强红外吸收率的压电 NEMS 谐振热探测器[108]，它采用质量可忽略不计、高导电性和透明的石墨

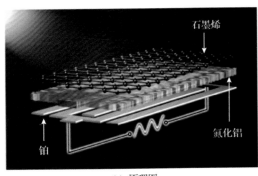

(a) 原理图

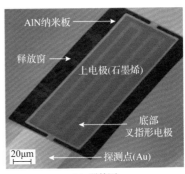

(b) 器件图

图 1-49　基于 NEMS 谐振器技术的红外探测器[108]

烯电极, 以金属电极为背衬的亚微米石墨烯-氮化铝薄板, 器件频率高达 307MHz, 可实现超薄(460nm)压电 NEMS 谐振结构的机电性能和红外探测能力, 噪声等效功率约为 1pW/Hz$^{1/2}$ 量级, 噪声等效温差低至约 1mK, 有利于具有光谱选择性、快速(数十微秒至数百微秒)和高分辨率的非制冷红外探测器的发展, 可适用于高性能、微型化及节能的多光谱红外成像系统。

1.5.5　量子技术

随着超大规模集成工艺技术的发展, 电子器件的尺寸已进入纳米尺度, 呈现出不同于经典器件的量子效应。作为纳米尺度的新型功能电子器件的代表, 超高频 NEMS 谐振器将机械系统的优势带入量子领域的极小尺度, 它一直是研究宏观量子现象、量子控制等一系列基础问题的理想对象, 可以操纵器件的量子状态, 产生多种量子力学效应, 在量子通信、量子计算、量子信息处理等方面有广泛的应用前景。

1. 量子信息处理

机械振荡器常用于研究量子力学、量子有限力传感和量子信息等。2019 年, Delaney 等[109]提出一种几乎无噪声的机械运动脉冲测量技术, 使用鼓形 NEMS 谐振器在微波域和光域之间有效地转换信号, 可以更精确地测量量子振荡器的时变位移, 如图 1-50 所示, 通过同步机电放大和冷却过程来测量机械运动, 采用瞬态机电放大来监测单个运动正交信号, 总增加的噪声相对于振荡器的零点运动为(−8.5±2.0)dB, 或者等效于同时测量两个机械正交信号的量子极限。瞬态机电放大可以通过层析成像重构运动压缩状态的密度矩阵来获取机械振荡器在相空间中的精细结构, 压缩方差低于振荡器的零点运动(2.8±0.3)dB。该测量技术在量子信息领域有潜在的应用前景。

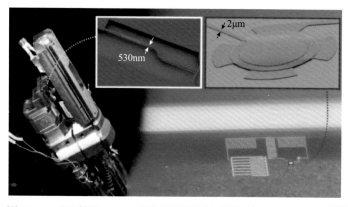

图 1-50　基于鼓形 NEMS 谐振器的量子极限机械运动测量技术[109]

2. 量子麦克风

2019 年, Arrangoiz-Arriola 等[110]发明了世界上最敏感的量子麦克风, 如图 1-51 所示, 它通过测量 Fock 状态从而测量声子的数量来实现, 该器件的灵敏度足以测量被称为声子的单个声音粒子。量子麦克风由一个超冷的纳米机械谐振器构成, 体积非常小, 谐振器被耦合到一个超导电路上, 该电路包含无电阻运动的电子对, 形成了一个量子比特(或称量子位), 可以同时存在于两个状态并且具有固有频率。谐振器引入的缺陷形成周期性结构, 当器件振动时, 会产生不同状态的声子, 其作用类似于声音的反射镜并且在结构的中间捕获声子。当量子位元和谐振器的频率相同或相近时, 量子位元对位移的敏感度特别高, 量子位元的频率与谐振器中声子的数目成比例地变化, 通过测量量子位元的变化可以确定机械谐振器的量子化能级, 不同声子能级在量子位谱中表现为不同的峰值。精确掌握生成和检测声子的能力可以存储和检索编码为声音粒子的信息, 还可以在光学和机械信号之间无缝转换, 可为未来的量子机器提供技术支撑。

图 1-51 基于 NEMS 谐振器的量子麦克风[110]

1.5.6 发展前景

MEMS/NEMS 谐振器由于能同时实现多种物理量传感探测的优异特性, 具备实现感存算一体化的巨大潜力, 因此它将在未来的纳米机器、大数据和人工智能时代充满机遇和挑战。随着信息产业和人机接口技术的快速发展, 人工智能、虚拟现实和增强现实技术正在与 MEMS/NEMS 可穿戴器件相融合, 形成三维空间的全局感知。

1. DNA 纳米机器

平衡分子直接或间接结合对 DNA 结构的影响对于认识 DNA 的生物功能至关重要。DNA 既是遗传物质, 也是一种非常适合编程的分子, DNA 纳米结构又具有很强的适应性，因此可用于检测各种目标物。

受生物启发，可利用纳米级分子机器来实现重要的细胞功能。2019 年，Stassi 等[111]首次提出将 DNA 作为纳米机器引擎的新方法，他将 DNA 设计成超灵敏 NEMS 谐振器用于 DNA 配体复合物的结构，这种振动的纳米结构成为完全由 DNA 组成的用生物材料制造的最小机械谐振器，如图 1-52 所示。该谐振器长度和直径分别在 10～15μm 和 30～100nm 范围内，直径在管束长度方向上相当均匀，变化率约为 7%，品质因子约为 250。通过分析分子与 DNA 相互作用时的内在变化，DNA 纳米机器可以应用于结构和生物医学。基于 DNA 的 NEMS，能实现对细菌病原体等目标物的超灵敏检测，在病毒、细菌乃至金属等物质检测方面具有潜在的应用价值。

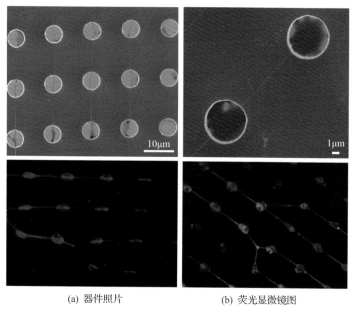

(a) 器件照片　　　　　　　(b) 荧光显微镜图

图 1-52　DNA 纳米机械谐振器[111]

2. 低维材料器件

由于石墨烯、二硫化钼等二维材料具有纳米级物理尺寸、二维平面物理结构、优异的力学性能和电性能，二维材料 NEMS 谐振器在器件制备、激励与检测等关键技术上具有独特的优势，可用于超高精度单电子电量、单分子质量等物理量检测，高灵敏度生物化学传感器及信息通信等。

二维材料 NEMS 谐振器还可用于研究强耦合系统及其独特现象[35,112]，如图 1-53 所示。谐振器特有的能力适用于探索二维系统及其与体材料、零维和一维系统相比的差异。由于二维材料 NEMS 谐振器的原子尺寸和高度增强的力灵敏度，可能会出现新的激子动态耦合，振动和激子效应可用于研究电荷动力学，为量子态与纠缠提供了研究基础。耦合声子和磁振子在揭示自旋波耦合及其通过机械谐振器的操控方面有着前所未有的应用，二维材料 NEMS 谐振器产生的声子可以在单层极限下更有效地与磁振子耦合，从而探索更复杂的行为。自旋-声子耦合和类似激子效应也可用于异质结构设计中诱导的大应变，以便于自旋测量。同时，二维材料 NEMS 谐振器可用于研究非线性动力学中普遍存在的强模态耦合效应，还可扩展至声子控制等应用领域。

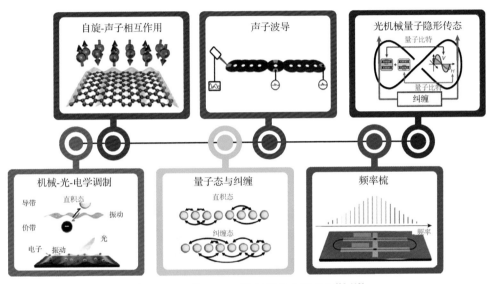

图 1-53 二维 NEMS 谐振器件典型应用[35, 112]

3. 人工智能

纳米技术的重大进步使机械谐振器得到了显著改进。受自然界蜘蛛网启发，Shin 等[113]将纳米技术和人工智能(机器学习)相结合,成功设计出一种可在室温下工作、极为精确的微芯片传感器——蜘蛛网纳米机械谐振器，如图 1-54 所示，创造了世界上最精确的微芯片传感器之一。通过数据驱动优化算法发现该谐振器表现出与周围热环境隔离的振动模式，且具有超过 10 亿的机械品质因子，有效避免了辐射损耗。该谐振器的低耗散率(约 $75\mu Hz$)也表示向高精度传感应用和室温量子技术迈出了重要一步。与其他谐振器相比，该紧凑型设计无需亚微米光刻特征或复杂的声子带隙，便于大规模制造、成本低，对引力和暗物质研究以及量子互联网、导航和传感技术等领域都有着重大意义。

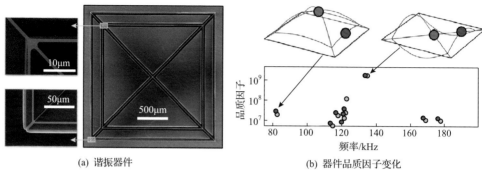

(a) 谐振器件　　　　　　　　　　　　　　　　　　(b) 器件品质因子变化

图 1-54　蜘蛛网纳米机械谐振器[113]

参 考 文 献

[1] Feynman R P. There's plenty of room at the bottom. Journal of Microelectromechanical Systems, 1992, 1(1): 60-66.

[2] Nathanson H C, Newell W E, Wickstrom R A, et al. The resonant gate transistor. IEEE Transactions on Electron Devices, 1967, 14(3): 117-133.

[3] Fan L S, Tai Y C, Muller R S. IC-processed electrostatic micromotors. Sensors and Actuators, 1989, 20(1-2): 41-47.

[4] Despont M, Brugger J, Drechsler U, et al. VLSI-NEMS chip for parallel AFM data storage. Sensors and Actuators A: Physical, 2000, 80(2): 100-107.

[5] Zhu J, Liu X, Shi Q, et al. Development trends and perspectives of future sensors and MEMS/NEMS. Micromachines, 2019, 11(1): 1-7.

[6] Hajare R, Reddy V, Srikanth R. MEMS based sensors—A comprehensive review of commonly used fabrication techniques. Materials Today: Proceedings, 2022, 49: 720-730.

[7] Binnig G, Quate C F, Gerber C. Atomic force microscope. Physical Review Letters, 1986, 56(9): 930-933.

[8] Giessibl F J. Advances in atomic force microscopy. Reviews of Modern Physics, 2003, 75(3): 949-983.

[9] Schwab L, Allain P E, Mauran N, et al. Very-high-frequency probes for atomic force microscopy with silicon optomechanics. Microsystems & Nanoengineering, 2022, 8(1): 1-14.

[10] Epstein A H, Senturia S D. Macro power from micro machinery. Science, 1997, 276(5316): 1211.

[11] Fennimore A M, Yuzvinsky T D, Han W Q, et al. Rotational actuators based on carbon nanotubes. Nature, 2003, 424(6947): 408-410.

[12] Gadola M, Buffoli A, Sansa M, et al. 1.3mm² nav-grade NEMS-based gyroscope. Journal of Microelectromechanical Systems, 2021, 30(4): 513-520.

[13] Marvi F, Jafari K. A novel photonic crystal BioNEMS sensing platform based on fano resonances. Journal of Lightwave Technology, 2021, 39(22): 7296-7302.

[14] Benouhiba A, Wurtz L, Rauch J Y, et al. Nanorobotic structures with embedded actuation via ion induced folding. Advanced Materials, 2021, 33(45): 2103371.

[15] Schwab K, Bruckner N, Packard R E. Detection of the Earth's rotation using superfluid phase coherence. Nature, 1997, 386(6625): 585-587.

[16] Cady W G. Piezoelectricity: An Introduction to the Theory and Applications of Electrical Phenomena in Crystals. New York: Dover Publications, 1964.

[17] Greenwood J C. Etched silicon vibrating sensor. Journal of Physics E: Scientific Instruments, 1984, 17(8): 650-652.

[18] Tang W C, Nguyen T C H, Howe R T. Laterally driven polysilicon resonant microstructures. Sensors and Actuators, 1989, 20(1-2): 25-32.

[19] Ventra M, Evoy S, Heflin J R. Introduction to Nanoscale Science and Technology. Berlin: Springer, 2004.

[20] Yang Y T, Ekinci K L, Huang X M H, et al. Monocrystalline silicon carbide nanoelectromechanical systems. Applied Physics Letters, 2001, 78(2): 162-164.

[21] Cimalla I, Foerster C, Cimalla V, et al. Wet chemical etching of AlN in KOH solution. Physica Status Solidi C, 2006, 3(6): 1767-1770.

[22] Huang X M H, Zorman C A, Mehregany M, et al. Nanodevice motion at microwave frequencies. Nature, 2003, 421(6922): 496.

[23] Poncharal P, Wang Z L, Ugarte D, et al. Electrostatic deflections and electromechanical resonances of carbon nanotubes. Science, 1999, 283(5407): 1513-1516.

[24] Garcia-Sanchez D, San Paulo A, Esplandiu M J, et al. Mechanical detection of carbon nanotube resonator vibrations. Physical Review Letters, 2007, 99(8): 085501.

[25] Li M, Bhiladvala R B, Morrow T J, et al. Bottom-up assembly of large-area nanowire resonator arrays. Nature Nanotechnology, 2008, 3(2): 88-92.

[26] Chaste J, Eichler A, Moser J, et al. A nanomechanical mass sensor with yoctogram resolution. Nature Nanotechnology, 2012, 7(5): 301-304.

[27] Bunch J S, van der Zande A M, Verbridge S S, et al. Electromechanical resonators from graphene sheets. Science, 2007, 315(5811): 490-493.

[28] Chen C, Rosenblatt S, Bolotin K I, et al. Performance of monolayer graphene nanomechanical resonators with electrical readout. Nature Nanotechnology, 2009, 4(12): 861-867.

[29] O'Connell A D, Hofheinz M, Ansmann M, et al. Quantum ground state and single-phonon control of a mechanical resonator. Nature, 2010, 464(7289): 697-703.

[30] Barzanjeh S, Xuereb A, Gröblacher S, et al. Optomechanics for quantum technologies. Nature

Physics, 2022, 18(1): 15-24.

[31] LaHaye M D, Buu O, Camarota B, et al. Approaching the quantum limit of a nanomechanical resonator. Science, 2004, 304(5667): 74-77.

[32] Teufel J D, Donner T, Li D, et al. Sideband cooling of micromechanical motion to the quantum ground state. Nature, 2011, 475(7356): 359-363.

[33] Chan J, Alegre T P M, Safavi-Naeini A H, et al. Laser cooling of a nanomechanical oscillator into its quantum ground state. Nature, 2011, 478(7367): 89-92.

[34] Jia H, Xu P, Li X. Integrated resonant micro/nano gravimetric sensors for bio/chemical detection in air and liquid. Micromachines, 2021, 12(6): 645.

[35] Yildirim T, Zhang L, Neupane G P, et al. Towards future physics and applications via two-dimensional material NEMS resonators. Nanoscale, 2020, 12(44): 22366-22385.

[36] Stassi S, Cooperstein I, Tortello M, et al. Reaching silicon-based NEMS performances with 3D printed nanomechanical resonators. Nature Communications, 2021, 12(1): 1-9.

[37] Steeneken P G, Dolleman R J, Davidovikj D, et al. Dynamics of 2D material membranes. 2D Materials, 2021, 8: 042001.

[38] Imboden M, Mohanty P. Dissipation in nanoelectromechanical systems. Physics Reports, 2014, 534(3): 89-146.

[39] 仲作阳. 微机械谐振器的能量耗散机理与复杂动力学特性研究. 上海: 上海交通大学博士学位论文, 2014.

[40] 张文明, 闫寒, 彭志科, 等. 微纳机械谐振器能量耗散机理研究进展. 科学通报, 2017, 62(19): 2077-2093.

[41] Yang Y T, Callegari C, Feng X L, et al. Zeptogram-scale nanomechanical mass sensing. Nano Letters, 2006, 6(4): 583-586.

[42] Sansa M, Defoort M, Brenac A, et al. Optomechanical mass spectrometry. Nature Communications, 2020, 11(1): 1-7.

[43] Stassi S, de Laurentis G, Chakraborty D, et al. Large-scale parallelization of nanomechanical mass spectrometry with weakly-coupled resonators. Nature Communications, 2019, 10(1): 1-11.

[44] Malvar O, Ruz J J, Kosaka P M, et al. Mass and stiffness spectrometry of nanoparticles and whole intact bacteria by multimode nanomechanical resonators. Nature Communications, 2016, 7(1): 1-8.

[45] Hanay M S, Kelber S, Naik A K, et al. Single-protein nanomechanical mass spectrometry in real time. Nature Nanotechnology, 2012, 7(9): 602-608.

[46] Sage E, Sansa M, Fostner S, et al. Single-particle mass spectrometry with arrays of frequency-addressed nanomechanical resonators. Nature Communications, 2018, 9(1): 1-8.

[47] Yuksel M, Orhan E, Yanik C, et al. Nonlinear nanomechanical mass spectrometry at the

single-nanoparticle level. Nano Letters, 2019, 19(6): 3583-3589.

[48] Sage E, Brenac A, Alava T, et al. Neutral particle mass spectrometry with nanomechanical systems. Nature Communications, 2015, 6(1): 1-5.

[49] Erdogan R T, Alkhaled M, Kaynak B E, et al. Atmospheric pressure mass spectrometry of single viruses and nanoparticles by nanoelectromechanical systems. ACS Nano, 2022, 16: 3821-3833.

[50] Dominguez-Medina S, Fostner S, Defoort M, et al. Neutral mass spectrometry of virus capsids above 100 megadaltons with nanomechanical resonators. Science, 2018, 362(6417): 918-922.

[51] Knobel R G. Weighing single atoms with a nanotube. Nature Nanotechnology, 2008, 3(9): 525-526.

[52] Jensen K, Kim K, Zettl A. An atomic-resolution nanomechanical mass sensor. Nature Nanotechnology, 2008, 3(9): 533-537.

[53] Lassagne B, Garcia-Sanchez D, Aguasca A, et al. Ultrasensitive mass sensing with a nanotube electromechanical resonator. Nano Letters, 2008, 8(11): 3735-3738.

[54] Chiu H Y, Hung P, Postma H W C, et al. Atomic-scale mass sensing using carbon nanotube resonators. Nano Letters, 2008, 8(12): 4342-4346.

[55] Wu W, Palaniapan M, Wong W K. Multiwall carbon nanotube resonator for ultra-sensitive mass detection. Electronics Letters, 2008, 44(18): 1060-1061.

[56] Gruber G, Urgell C, Tavernarakis A, et al. Mass sensing for the advanced fabrication of nanomechanical resonators. Nano Letters, 2019, 19(10): 6987-6992.

[57] Shaat M, Abdelkefi A. Reporting the sensitivities and resolutions of CNT-based resonators for mass sensing. Materials & Design, 2017, 114: 591-598.

[58] Larsen T, Schmid S, Villanueva L G, et al. Photothermal analysis of individual nanoparticulate samples using micromechanical resonators. ACS Nano, 2013, 7(7): 6188-6193.

[59] Heylman K D, Thakkar N, Horak E H, et al. Optical microresonators as single-particle absorption spectrometers. Nature Photonics, 2016, 10(12): 788-795.

[60] Chien M H, Brameshuber M, Rossboth B K, et al. Single-molecule optical absorption imaging by nanomechanical photothermal sensing. Proceedings of the National Academy of Sciences, 2018, 115(44): 11150-11155.

[61] Andersen A J, Yamada S, Pramodkumar E K, et al. Nanomechanical IR spectroscopy for fast analysis of liquid-dispersed engineered nanomaterials. Sensors and Actuators B: Chemical, 2016, 233: 667-673.

[62] Chien M H, Schmid S. Nanoelectromechanical photothermal polarization microscopy with 3Å localization precision. Journal of Applied Physics, 2020, 128(13): 134501.

[63] Vasiliev A, Malik A, Muneeb M, et al. On-chip mid-infrared photothermal spectroscopy using suspended silicon-on-insulator microring resonators. ACS Sensors, 2016, 1(11): 1301-1307.

[64] Regmi B P, Agah M. Micro gas chromatography: An overview of critical components and their integration. Analytical Chemistry, 2018, 90(22): 13133-13150.

[65] Li M, Myers E B, Tang H X, et al. Nanoelectromechanical resonator arrays for ultrafast, gas-phase chromatographic chemical analysis. Nano Letters, 2010, 10(10): 3899-3903.

[66] Whiting J J, Myers E, Manginell R P, et al. A high-speed, high-performance, microfabricated comprehensive two-dimensional gas chromatograph. Lab on a Chip, 2019, 19(9): 1633-1643.

[67] Alonso Sobrado L, Loriau M, Junca S, et al. Characterization of nano-gravimetric-detector response and application to petroleum fluids up to C34. Analytical Chemistry, 2020, 92(24): 15845-15853.

[68] Bargatin I, Myers E B, Aldridge J S, et al. Large-scale integration of nanoelectromechanical systems for gas sensing applications. Nano Letters, 2012, 12(3): 1269-1274.

[69] Kharrat C, Colinet E, Duraffourg L, et al. Modal control of mechanically coupled NEMS arrays for tunable RF filters. IEEE Transactions on Ultrasonics, Ferroelectrics, and Frequency Control, 2010, 57(6): 1285-1295.

[70] Bannon F D, Clark J R, Nguyen C T C. High-Q HF microelectromechanical filters. IEEE Journal of Solid-State Circuits, 2000, 35(4): 512-526.

[71] Liu W, Chen Z, Kan X, et al. Novel narrowband radio frequency microelectromechanical systems filters. Journal of Micromechanics and Microengineering, 2020, 31(2): 025003.

[72] Ilyas S, Younis M I. Resonator-based M/NEMS logic devices: Review of recent advances. Sensors and Actuators A: Physical, 2020, 302: 111821.

[73] Masmanidis S C, Karabalin R B, de Vlaminck I, et al. Multifunctional nanomechanical systems via tunably coupled piezoelectric actuation. Science, 2007, 317(5839): 780-783.

[74] Guerra D N, Bulsara A R, Ditto W L, et al. A noise-assisted reprogrammable nanomechanical logic gate. Nano Letters, 2010, 10(4): 1168-1171.

[75] Wenzler J S, Dunn T, Toffoli T, et al. A nanomechanical Fredkin gate. Nano Letters, 2014, 14(1): 89-93.

[76] Mahboob I, Flurin E, Nishiguchi K, et al. Interconnect-free parallel logic circuits in a single mechanical resonator. Nature Communications, 2011, 2(1): 1-7.

[77] Chappanda K N, Ilyas S, Kazmi S N R, et al. A single nano cantilever as a reprogrammable universal logic gate. Journal of Micromechanics and Microengineering, 2017, 27(4): 045007.

[78] Kazmi S N R, Hafiz M A A, Chappanda K N, et al. Tunable nanoelectromechanical resonator for logic computations. Nanoscale, 2017, 9(10): 3449-3457.

[79] Ilyas S, Ahmed S, Hafiz M A A, et al. Cascadable microelectromechanical resonator logic gate. Journal of Micromechanics and Microengineering, 2018, 29(1): 015007.

[80] Nan T, Lin H, Gao Y, et al. Acoustically actuated ultra-compact NEMS magnetoelectric antennas.

Nature Communications, 2017, 8(1): 1-8.

[81] Zaeimbashi M, Nasrollahpour M, Khalifa A, et al. Ultra-compact dual-band smart NEMS magnetoelectric antennas for simultaneous wireless energy harvesting and magnetic field sensing. Nature Communications, 2021, 12(1): 1-11.

[82] Yu H T, Chen Y, Xu P C, et al. μ-'diving suit' for liquid-phase high-Q resonant detection. Lab on a Chip, 2016, 16(5): 902-910.

[83] Gil-Santos E, Ruz J J, Malvar O, et al. Optomechanical detection of vibration modes of a single bacterium. Nature Nanotechnology, 2020, 15(6): 469-474.

[84] Corbin E A, Dorvel B R, Millet L J, et al. Micro-patterning of mammalian cells on suspended MEMS resonant sensors for long-term growth measurements. Lab on a Chip, 2014, 14(8): 1401-1404.

[85] Corbin E A, Millet L J, Keller K R, et al. Measuring physical properties of neuronal and glial cells with resonant microsensors. Analytical Chemistry, 2014, 86(10): 4864-4872.

[86] 卞玉民, 胡英杰, 李博, 等. MEMS 惯性传感器现状与发展趋势. 计测技术, 2019, 39(4): 50-56.

[87] Bernstein J J, Bancu M G, Bauer J M, et al. High Q diamond hemispherical resonators: Fabrication and energy loss mechanisms. Journal of Micromechanics and Microengineering, 2015, 25(8): 085006.

[88] Wang Y, Lin Y W, Glaze J, et al. Quantification of energy dissipation mechanisms in toroidal ring gyroscope. Journal of Microelectromechanical Systems, 2021, 30(2): 193-202.

[89] Jia J, Ding X, Qin Z, et al. Overview and analysis of MEMS coriolis vibratory ring gyroscope. Measurement, 2021, 182: 109704.

[90] Asadian M H, Wang D, Shkel A M. Fused quartz dual-shell resonator gyroscope. Journal of Microelectromechanical Systems, 2022, doi: 10.1109/JMEMS.2022.3166213.

[91] Ren X, Zhou X, Yu S, et al. Frequency-modulated MEMS gyroscopes: A review. IEEE Sensors Journal, 2021, 21: 26426-26446.

[92] Zaman M F, Sharma A, Ayazi F. The resonating star gyroscope: A novel multiple-shell silicon gyroscope with sub-5 deg/hr allan deviation bias instability. IEEE Sensors Journal, 2009, 9(6): 616-624.

[93] Cho J Y, Woo J K, Yan J, et al. Fused-silica micro birdbath resonator gyroscope(μ-BRG). Journal of Microelectromechanical Systems, 2013, 23(1): 66-77.

[94] Challoner A D, Howard H G, Liu J Y. Boeing disc resonator gyroscope. IEEE/ION Position, Location and Navigation Symposium, 2014: 504-514.

[95] Askari S, Asadian M H, Kakavand K, et al. Vacuum sealed and getter activated MEMS quad mass gyroscope demonstrating better than 1.2 million quality factor. IEEE International

Symposium on Inertial Sensors and Systems, 2016: 142-143.

[96] Li Q, Xiao D, Zhou X, et al. 0.04 degree-per-hour MEMS disk resonator gyroscope with high-quality factor(510K) and long decaying time constant(74.9s). Microsystems & Nanoengineering, 2018, 4(1): 1-11.

[97] 徐志强, 刘建梅, 王振, 等. 石英半球谐振子精密加工技术探讨. 导航与控制, 2019, 18(2): 69-76.

[98] Koenig S, Rombach S, Gutmann W, et al. Towards a navigation grade Si-MEMS gyroscope. DGON Inertial Sensors and Systems, 2019: 1-18.

[99] Kelly A, Parrish S, Fell C. Evolution and capitalisation of a family of MEMS vibrating structure gyros(VSG). DGON Inertial Sensors and Systems, 2020: 1-17.

[100] Vercier N, Chaumet B, Leverrier B, et al. A new silicon axisymmetric gyroscope for aerospace applications. DGON Inertial Sensors and Systems, 2020: 1-18.

[101] Xu Y, Li Q, Wang P, et al. 0.015 degree-per-hour honeycomb disk resonator gyroscope. IEEE Sensors Journal, 2020, 21(6): 7326-7338.

[102] Hou Z, Ou F, Xu Q, et al. A quadrature compensation method to improve the performance of the butterfly vibratory gyroscope. Sensors and Actuators A: Physical, 2021, 319: 112527.

[103] Zhang Z, Wu H, Sang L, et al. Single-crystal diamond microelectromechanical resonator integrated with a magneto-strictive galfenol film for magnetic sensing. Carbon, 2019, 152: 788-795.

[104] Shen X, Sun H, Sang L, et al. Integrated TbDyFe film on a single-crystal diamond microelectromechanical resonator for magnetic sensing. Physica Status Solidi(RRL)—Rapid Research Letters, 2021, 15(9): 2100352.

[105] Herrera-May A L, Lara-Castro M, López-Huerta F, et al. A MEMS-based magnetic field sensor with simple resonant structure and linear electrical response. Microelectronic Engineering, 2015, 142: 12-21.

[106] Mehdizadeh E, Kumar V, Pourkamali S. Sensitivity enhancement of Lorentz force MEMS resonant magnetometers via internal thermal-piezoresistive amplification. IEEE Electron Device Letters, 2013, 35(2): 268-270.

[107] Gokhale V J, Rais-Zadeh M. Uncooled infrared detectors using gallium nitride on silicon micromechanical resonators. Journal of Microelectromechanical Systems, 2013, 23(4): 803-810.

[108] Qian Z, Hui Y, Liu F, et al. Graphene-aluminum nitride NEMS resonant infrared detector. Microsystems & Nanoengineering, 2016, 2(1): 1-7.

[109] Delaney R D, Reed A P, Andrews R W, et al. Measurement of motion beyond the quantum limit by transient amplification. Physical Review Letters, 2019, 123(18): 183603.

[110] Arrangoiz-Arriola P, Wollack E A, Wang Z, et al. Resolving the energy levels of a nanomechanical oscillator. Nature, 2019, 571 (7766): 537-540.

[111] Stassi S, Marini M, Allione M, et al. Nanomechanical DNA resonators for sensing and structural analysis of DNA-ligand complexes. Nature Communications, 2019, 10 (1): 1-10.

[112] Harris G I, Bowen W P. Quantum teleportation from light to motion. Nature Photonics, 2021, 15 (11): 792-793.

[113] Shin D, Cupertino A, de Jong M H J, et al. Spiderweb nanomechanical resonators via Bayesian optimization: Inspired by nature and guided by machine learning. Advanced Materials, 2022, 34 (3): 2106248.

第 2 章　谐振原理与结构设计

2.1　概　　述

MEMS/NEMS 谐振器作为 MEMS/NEMS 的核心功能器件，是实现电能、声能、磁能和光能等能量与机械能之间转换的微纳米机电敏感机械结构。由于 MEMS/NEMS 谐振器在固有频率处的振动幅值较高，故具有超高的品质因子、工作频率和灵敏度等。目前，MEMS/NEMS 谐振器的工作频率高达兆赫兹至吉赫兹甚至高达太赫兹，相应的品质因子也高达 $10^2 \sim 10^5$，在机械电子、信息通信、航空航天、生物医学、能源环境等领域有着广阔的应用前景[1-3]。

谐振器件的性能与其几何结构、材料选取、工艺制备、电路设计和电子封装等诸多因素有关。MEMS/NEMS 谐振器是通过建立外部环境因素与器件谐振动力学行为关联关系来实现各种功能的。MEMS/NEMS 谐振器的微纳尺度结构要求其特征尺寸不断缩减，谐振结构的表面与体积之比会很大，谐振器的尺度效应和表面效应会变得十分明显。器件性能很大程度上依赖于器件的动力学特性(谐振频率、品质因子等)。为此，本章主要介绍谐振器的工作原理、结构动力学设计理论基础及器件。

2.2　谐　振　原　理

机械振动理论是 MEMS/NEMS 谐振器的工作原理与动力学设计基础。每一种机械结构，如梁或圆盘等都有一些固有谐振模式。在宏观尺度，以很低的频率工作；当尺寸缩小到微纳尺度，便达到很高的谐振频率。当外界激励力(如静电力、电磁力、光力等)的频率等于或接近谐振结构的固有频率时，就会引发谐振器件产生共振，在谐振频率下比在其他频率下以更大的振幅做往复运动。谐振器件就是通过共振产生较大的振幅，从而能更容易地感应外界刺激。MEMS/NEMS 谐振器按照其基本结构和典型工作模式，主要分为弯曲振动模态下的梁弦结构谐振器、扭转振动模态下的桨片结构谐振器、纵向振动模态下的体结构机械谐振器等。本节以单自由度系统为例介绍谐振器件的工作原理和动力学设计基础。

2.2.1　弯曲振动

1. 自由振动特性

MEMS/NEMS 谐振器的动力学特性分析对研究其传感和驱动的性能至关重要。

当谐振器在线性范围内工作时，振幅较小，单个谐振模态的动力学即可简化为线性谐振子的动力学问题，一般可简化为经典的弹簧-质量-阻尼系统来描述，如图 2-1 所示。

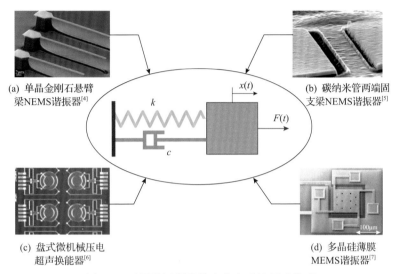

(a) 单晶金刚石悬臂梁NEMS谐振器[4]

(b) 碳纳米管两端固支梁NEMS谐振器[5]

(c) 盘式微机械压电超声换能器[6]

(d) 多晶硅薄膜MEMS谐振器[7]

图 2-1　不同谐振器的单自由度系统振动模型

对于单自由度系统，谐振器的动力学控制方程为

$$m\frac{\mathrm{d}^2x(t)}{\mathrm{d}t^2} + c\frac{\mathrm{d}x(t)}{\mathrm{d}t} + kx(t) = F(t) \tag{2-1}$$

式中，m、c 和 k 分别为谐振器的等效质量、阻尼系数和刚度系数；$F(t)$ 为外激励力。

当谐振器做自由振动时，$F(t) = 0$，可得如下齐次方程：

$$m\frac{\mathrm{d}^2x(t)}{\mathrm{d}t^2} + c\frac{\mathrm{d}x(t)}{\mathrm{d}t} + kx(t) = 0 \tag{2-2}$$

式中，谐振器的自然谐振频率和阻尼率分别为

$$\omega_0 = \sqrt{\frac{k}{m}} \tag{2-3}$$

$$\zeta = \frac{c}{2\sqrt{km}} \tag{2-4}$$

对于大部分 MEMS/NEMS 谐振器，其阻尼比很小，谐振器工作在欠阻尼工

况下。欠阻尼单自由系统的自由振动响应可表示为

$$x(t) = \mathrm{e}^{-\zeta \omega_0 t} \left[C_1 \cos(\omega_{\mathrm{d}} t) + C_2 \sin(\omega_{\mathrm{d}} t) \right] \tag{2-5}$$

式中，C_1 和 C_2 为常数，其值取决于谐振器的初始条件 $x(0)$ 和 $\mathrm{d}x(0)/\mathrm{d}t$。器件的阻尼固有频率为 $\omega_{\mathrm{d}} = \omega_0 \sqrt{1 - \zeta^2}$ 且以指数振荡衰减。

除阻尼比以外，品质因子是表征谐振器能量耗散的重要参数，可写为

$$Q = \frac{1}{2\zeta} = \frac{\sqrt{km}}{c} \tag{2-6}$$

2. 受迫振动特性

在简谐激励 $F(t) = F_0 \sin(\omega t)$ 作用下，谐振器以受迫频率振荡。因此，式 (2-1) 的稳态振幅可表示为

$$x(t) = \frac{F_0}{k} D(r, \zeta) \sin \left[\omega t - \theta(r, \zeta) \right] \tag{2-7}$$

式中，F_0 / k 为静变形；$D(r, \zeta)$ 和 $\theta(r, \zeta)$ 分别为动力放大系数和相位差，即

$$D(r, \zeta) = \frac{1}{\sqrt{(1 - r^2)^2 + (2\zeta r)^2}} \tag{2-8}$$

$$\theta(r, \zeta) = \arctan \left(\frac{2\zeta r}{1 - r^2} \right) \tag{2-9}$$

式中，$r = \omega / \omega_0$ 为频率比。系统的稳态响应与振动的初始条件无关，仅由系统的固有频率特性和简谐激励的频率及力幅值决定。

对于无阻尼系统，阻尼率 $\zeta = 0$，相位差为 0，动力放大系数可简化为 $D(r, \zeta) = 1/|1 - r^2|$，当频率比趋近于 0 时，动力放大系数趋近于 1；当频率比为 1 时，动力放大系数可达无穷大；当频率比趋近于无穷大时，动力放大系数趋近于 0。

对于有阻尼系统，当频率比接近 1 时，振幅迅速增大，这种现象为共振。最大振幅对应的频率为谐振频率，可表示为

$$\omega_{\mathrm{r}} = \omega_0 \sqrt{1 - 2\zeta^2} \tag{2-10}$$

产生共振时，器件的最大动力放大系数为

$$D_{\max} = \frac{1}{2\zeta \sqrt{1 - \zeta^2}} \tag{2-11}$$

在共振区内，阻尼比对动力放大系数的影响十分显著。当阻尼比较大时，动力放大系数增大缓慢；对于小阻尼系统，动力放大系数在共振区内迅速增大，且系统的稳态振幅为 $x_{\max} = F_0 Q/k$。

2.2.2 扭转振动

扭转结构是 MEMS/NEMS 谐振器的典型结构之一。扭转桨叶谐振器是最具代表性的集中参数模型谐振器，如图 2-2 所示。此结构中转动惯量集中在中间的桨叶上，悬挂桨叶的杆作为扭簧处理，其转动惯量忽略不计。

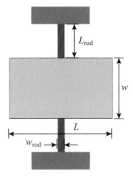

(a) 硅扭转桨叶红外探测辐射热计[8]　　(b) 谐振器模型

图 2-2　扭转桨叶谐振器及其模型

连接杆的扭转刚度可通过连接杆的势能和对应的集中参数模型求解。假设杆的横截面积不变，可得到线性的振型函数，即

$$U(x) = U_0 \frac{x}{L} \tag{2-12}$$

旋转轴的势能为

$$W_{\text{pot,max}} = \frac{1}{2} G I_{\text{p}} \int_0^{L_{\text{rod}}} \left(\frac{\partial U(x)}{\partial x} \right)^2 \mathrm{d}x \tag{2-13}$$

由此可得

$$W_{\text{pot,max}} = \frac{1}{2} U_0 \frac{G I_{\text{p}}}{L_{\text{rod}}} \tag{2-14}$$

该式等于集中参数系统的势能，即 $W_{\text{pot,max}} = \frac{1}{2} U_0^2 k_\varphi$，则长度为 L_{rod} 的杆的扭转刚度为

$$k_\varphi = \frac{GI_\mathrm{p}}{L_\mathrm{rod}} \tag{2-15}$$

式中，矩形截面杆的极惯性矩 $I_\mathrm{p} = h^3 w_\mathrm{rod} k_\mathrm{c}$。对于正方形杆（$h = w_\mathrm{rod}$），$k_\mathrm{c} = 0.141$；对于矩形杆（$h \ll w_\mathrm{rod}$），$k_\mathrm{c} = 1/3$。

厚度为 h 的桨叶的转动惯量为 $I_\varphi = \int_{-L/2}^{L/2} \rho w h x^2 \mathrm{d}x = \rho w h L^3 / 12$，则扭转桨叶谐振器的固有频率为

$$\omega_n = \sqrt{\frac{k_\varphi}{I_\varphi}} \tag{2-16}$$

2.2.3　纵向振动

基于纵向振动机理设计的微纳米体谐振器要比弯振、扭振的谐振器少见，它需要克服极小振动变形量检测难的问题。但是，此类体谐振器推动了量子光力学的发展，谐振频率高达吉赫兹量级[9,10]，还在红外探测应用方面取得了进展[11]，如图 2-3 所示。

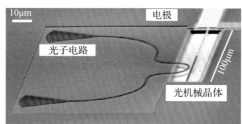
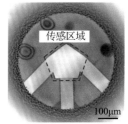

(a) 薄膜体声波谐振器[9]　　　　(b) AlN光机械谐振器[10]　　　　(c) 体声波谐振式红外
　　　　　　　　　　　　　　　　　　　　　　　　　　　　　　　　　　探测器[11]

图 2-3　纵向振动的体谐振器

考虑细梁中产生纵向位移 $u(x,t)$ 的纵波，如图 2-4 所示细梁纵向振动微元，所有施加在梁微元上的力必须平衡，包括惯性力 F_i 和来自邻近微元的力。假设横截面积为 A 的细梁截面上存在纵向应力 $\sigma(x,t)$，则力平衡方程可写为

$$F_\mathrm{i} = \rho A \frac{\partial^2 u(x,t)}{\partial t^2} \mathrm{d}x = A\big[\sigma(x+\mathrm{d}x,t) - \sigma(x,t)\big] \tag{2-17}$$

式中，ρ 为质量密度。考虑微元长度短，即 $\sigma(x+\mathrm{d}x,t) - \sigma(x,t) \approx \frac{\partial \sigma}{\partial x}\mathrm{d}x$，则式 (2-17) 可简化为

$$\rho \frac{\partial^2 u(x,t)}{\partial t^2} = \frac{\partial \sigma}{\partial x} \tag{2-18}$$

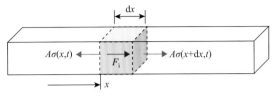

图 2-4　细梁的纵向振动

根据胡克定律，可将纵向应力表示为纵向变形的函数，即

$$\sigma(x,t) = E\varepsilon(x,t) = E\frac{\partial u(x,t)}{\partial x} \tag{2-19}$$

式(2-18)可写为一维波动方程，即

$$\frac{\partial^2 u(x,t)}{\partial t^2} = c_{\mathrm{L}}^2 \frac{\partial^2 u(x,t)}{\partial x^2} \tag{2-20}$$

式中，$c_{\mathrm{L}} = \sqrt{E/\rho}$ 为纵向振动波的传播速度，取决于介质的弹性和惯性，与其他因素无关。

一维波动方程(2-20)可通过分离变量进行求解，可写为

$$u(x,t) = U_n(x)\cos(\omega t) = U_{0,n}\phi_n(x)\cos(\omega t) \tag{2-21}$$

将式(2-21)代入波动方程，可得常微分方程为

$$\frac{\partial^2 \phi_n}{\partial x^2} + \beta_n^2 \phi_n = 0 \tag{2-22}$$

式中，$\beta_n = \omega/c_{\mathrm{L}}$。微分方程可由特定的边界条件得到以下形式的通解，即

$$\phi_n(x) = a\sin(\beta_n x) + b\cos(\beta_n x) \tag{2-23}$$

对于两端自由的情况，细梁的端部不存在应力，可以写为

$$\frac{\partial \phi_n(0)}{\partial x} = \frac{\partial \phi_n(L)}{\partial x} = 0 \tag{2-24}$$

将边界条件代入常微分方程(2-22)，可得 $a = 0$，$\sin(\beta L) = 0$，且满足 $\beta_n = n\pi/L(n = 1,2,\cdots)$。由此可计算得到谐振器的固有频率为

$$f_n = \frac{n\pi}{L} c_{\mathrm{L}} \tag{2-25}$$

由于纵向振动的梁两端均为自由端，则其振型为

$$U_n(x) = U_{0,n}\phi_n(x) = U_{0,n}\cos\left(\frac{n\pi}{L}x\right) \tag{2-26}$$

两端自由梁纵向振动的模态振型如图 2-5 所示。

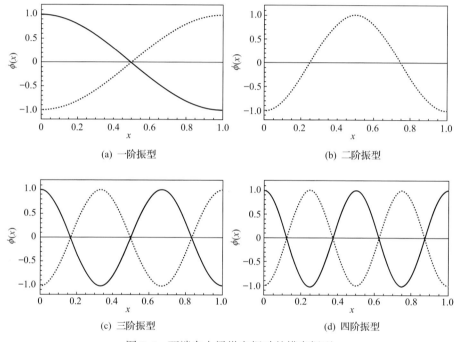

(a) 一阶振型   (b) 二阶振型

(c) 三阶振型   (d) 四阶振型

图 2-5 两端自由梁纵向振动的模态振型

当只有一端为自由端时，应力在梁端部消失，可以表示为

$$\frac{\partial U_n(0)}{\partial x} = U_n(L) = 0 \tag{2-27}$$

则谐振器的固有频率为

$$f_n = \pi \frac{2\pi - 1}{2} \frac{c_{\mathrm{L}}}{L} \tag{2-28}$$

2.2.4 机电模型

MEMS/NEMS 谐振器是将电信号转换为机械信号，因此需要采用小信号模型

以便能够获得机械谐振信息、电容馈通和外部电路的电容负载等各种电效应。机械系统与电子系统有许多相似之处，两者都可以利用线性系统理论建模，根据系统传递函数的极点和零点表述机械系统的响应。谐振原理中采用的集中参数质量-弹簧-阻尼系统运动方程与谐振 *RLC*(电阻、电感和电容)电路具有相同的表达形式。

谐振器工作过程中的机械能与电能相互转换，按照工作过程可把谐振器结构分成三个部分：输入变换器、机械振子和输出变换器。其中，输入变换器把施加在谐振器上的电信号转变成机械信号，机械振子通过自身机械部件的振动频率对工作信号滤波，最后输出变换器将机械信号再转变成电信号输出。谐振器机电信号转换流程如图 2-6 所示。具体来说，先把电压或电流信号转变为机械振动，由于机械结构的振动与结构本身的形状密切相关，信号如何处理取决于机械结构的几何形状，再将机械振动转换为适合电路处理的电信号输出。信号经过能量的形式转换后被处理，在机械和电气两个领域间进行转换，将质量、弹性系数机械量转变为电感、电容、电阻等电学量，机械结构形状确定时，对应的电学参数也确定。

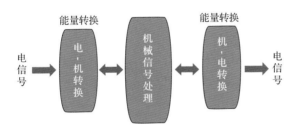

图 2-6　谐振器机电信号转换流程图

为了提供驱动振子进入谐振模式所需的机械力，利用换能器将电信号转换为机械行为，不同换能原理的谐振器依据不同的物理量工作，但是总体的转换机制不变。

2.3　动力学设计与性能参数

2.3.1　谐振频率

谐振频率是谐振器设计的关键参数之一，谐振器的谐振频率是在施加激励时，输出响应的振幅达到最大时的频率。对于 MEMS/NEMS 谐振器，每个谐振模态的频率都是由器件的几何尺寸和材料特性决定的，与其等效质量和等效刚度有关，通常采用谐振子来简化连续结构单个共振模态(固有模态)的动力学特性，即

$$\omega_n = \sqrt{\frac{k_{\text{eff},n}}{m_{\text{eff},n}}} \tag{2-29}$$

式中，$k_{\text{eff},n}$ 和 $m_{\text{eff},n}$ 分别为等效弹簧系数(等效刚度)和特定固有模态的等效质量，可以通过分析集中参数模型的势能、动能和连续体的机械能求得。为了设计出高频谐振器，可以采用高次模态或减小几何尺寸两种方法。由于结构尺寸会受到加工工艺的限制，且减小尺寸会影响谐振器的动态性能，故高阶模态的缺陷是品质因子低。

图 2-7 给出了不同 MEMS 谐振器的谐振频率比和结构长厚比之间的关系[12]。器件结构主要有固支梁和鼓膜结构，厚度从 250nm 到原子层变化。由图可以看出，随着器件特征尺寸的减小(长厚比增大)，实测谐振频率和理论值之比 $f_0/f_t = \sqrt{1 + \eta\varepsilon(L/t)}$ (ε 为应力，η 为应力相关参数)增大，且不同材料制备的器件谐振频率差别很大；随着应力增大，谐振频率变化明显，多数谐振器在应力主导区工作，且强烈依赖于器件特征尺寸。此外，内应力引起的机械刚度变化会使灵敏度和频率可调性下降，从而限制谐振器的动态性能。

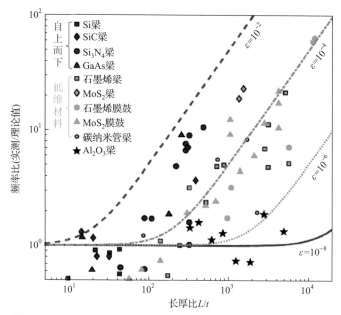

图 2-7　MEMS 谐振器谐振频率比和结构长厚比之间的关系[12]

接下来介绍两种计算谐振频率的方法。

1)瑞利能量法

以一维梁式谐振器为例，对比连续结构的动能和对应的集中参数系统的动能，二者的动能[13]为

$$\frac{1}{2}\rho A \int_0^L \left(\frac{\partial}{\partial t} U_{0,n} \phi_n(x) \cos(\omega t) \right)^2 \mathrm{d}x = \frac{1}{2} m_{\mathrm{eff},n} \left(\frac{\partial}{\partial t} z_0 \cos(\omega t) \right)^2 \tag{2-30}$$

等效参数取决于所选择的归一化振幅($U_n(x) = U_{0,n}\phi_n(x) = z_0$),当两个系统的振幅相等($U_{0,n} = z_0$)时,等效质量为

$$m_{\mathrm{eff},n} = \rho A \int_0^L \phi_n^{\ 2}(x)\mathrm{d}x \tag{2-31}$$

由此,根据本征频率方程可求得对应的等效刚度 $k_{\mathrm{eff},n}$,即

$$k_{\mathrm{eff},n} = \omega_n^2 m_{\mathrm{eff},n} \tag{2-32}$$

2)伽辽金法

伽辽金法作为一种通用方法,不仅可以求解等效质量,还可以求解其他等效参数。以一维无阻尼梁结构为例,在激励力 $F(x,t)$ 作用下,系统的动力学方程为

$$\rho A \frac{\partial^2 u(x,t)}{\partial t^2} + EI_z \frac{\partial^4 u(x,t)}{\partial x^4} = F(x,t) \tag{2-33}$$

假设梁仅在一个振动模态上运动,即 $u(x,t) = u_n(t)\phi_n(x)$,在方程两端同乘振型函数 $\phi_n(x)$ 再积分求解,可得集中参数模型的方程为

$$\rho A \ddot{u}_n(t) \int_0^L \phi_n^{\ 2}(x)\mathrm{d}x + EI_z u_n(t) \int_0^L \phi_n''^{\ 2}(x)\mathrm{d}x = \int_0^L F_n(x,t)\phi_n(x,t)\mathrm{d}x \tag{2-34}$$

由式(2-34)可定义等效质量 $m_{\mathrm{eff},n}$、等效刚度 $k_{\mathrm{eff},n}$ 和等效力 $F_{\mathrm{eff},n}$,则集中参数模型可写为

$$m_{\mathrm{eff},n}\ddot{u}_n(t) + k_{\mathrm{eff},n}u_n(t) = F_{\mathrm{eff},n}(t) \tag{2-35}$$

式中,各等效参数分别为

$$\begin{cases} m_{\mathrm{eff},n} = \rho A \int_0^L \phi_n^2(x)\mathrm{d}x \\ k_{\mathrm{eff},n} = EI_z \int_0^L \phi_n''^2(x)\mathrm{d}x \\ F_{\mathrm{eff},n} = \int_0^L F_n(x,t)\phi_n(x,t)\mathrm{d}x \end{cases} \tag{2-36}$$

伽辽金法可以用于求解不同的等效参数,并可以在二维谐振结构参数计算中推广。

2.3.2　品质因子

品质因子为一个能反映共振峰锐度的值，用 Q 表示。有几个关于品质因子的定义，均等价于小阻尼。品质因子的物理定义为共振时一个周期内能量储存和损耗的比值[14]，即

$$Q = 2\pi \frac{W}{\Delta W} \tag{2-37}$$

式中，W 为系统储存的总能量；ΔW 为一个振动周期内的能量损耗。

共振时系统的响应为 $x = A\cos(\omega_r t)$，则系统的总能量为

$$W = \frac{1}{2} m A^2 \omega_r^2 \tag{2-38}$$

耗散力为 $F_d = -c\dot{x}$，则单周期的能量损耗为

$$\Delta W = -\int_0^{2\pi/\omega_r} F_d \dot{x} \mathrm{d}t = \pi c A^2 \omega_r \tag{2-39}$$

由此可得

$$Q = 2\pi \frac{W}{\Delta W} = \frac{m\omega_r}{c} \tag{2-40}$$

则品质因子可写为

$$Q = \frac{\sqrt{1 - 2\zeta^2}}{2\zeta} \tag{2-41}$$

小阻尼时品质因子为 $Q \approx 1/(2\zeta)$。线性振子模型与实测振幅和相位滞后响应的拟合是得到品质因子的实用方法。因此，式 (2-7) 中的稳态振幅可重写为

$$B = \frac{F_0}{k} D(r, \zeta) = \frac{F_0/m}{\sqrt{(\omega_0^2 - \omega^2)^2 + \omega_0^2 \omega^2/Q^2}} \tag{2-42}$$

实测共振曲线由洛伦兹函数代替谐振子模型来拟合，然后基于 –3dB 带宽法提取品质因子。–3dB 带宽法基于 Q 在振荡电路中的定义，其表达式为

$$Q = \frac{\omega_r}{\Delta \omega_{-3\mathrm{dB}}} = \frac{\sqrt{1 - 2\zeta^2}}{2\zeta} \tag{2-43}$$

式中，$\Delta\omega_{-3\text{dB}}$ 为幅值曲线中能量为最大值的一半 $(B/\sqrt{2})$ 时的两个频率之差。对于小阻尼系统，该品质因子的定义等价于其物理定义。可以通过测量共振峰附近的幅频响应来获取品质因子，根据式(2-43)，谐振频率除以 -3dB 带宽即可得到小阻尼情况下的近似 Q，即

$$Q \approx \frac{\omega_{\text{r}}}{\omega_2 - \omega_1} \tag{2-44}$$

式中，ω_1、ω_2 对应的幅值增益为 $B_{\max}/\sqrt{2}$，又称半功率点，如图 2-8 所示。两个半功率频率(ω_1、ω_2)之差越小，谐振频率 ω_{r} 越高，谐振器件振动的幅频特性曲线尖锐度越高，其品质因子也就越高。因此，品质因子的大小能够反映谐振器件振动特性曲线的尖锐程度。

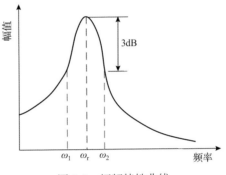

图 2-8 幅频特性曲线

在标准的电气测量中，功率响应的测定替代了幅频响应测量。功率和谐振器幅值的平方成正比，对于小阻尼系统，功率响应可以由洛伦兹函数 f_{L} 近似表示，该函数呈柯西分布，即

$$f_{\text{L}}(x, x_0, \Gamma, \vartheta) = \vartheta \frac{1}{\omega_0^2}\left[(\omega_0 - \omega)^2 + \left(\frac{1}{2}\Gamma\right)^2\right]^{-1} \tag{2-45}$$

式中，ϑ 为任意实数，$\Gamma = \delta\omega_{-3\text{dB}} \approx 2\zeta\omega_0$ 为半峰全宽。线性谐振器的功率响应和对应的洛伦兹函数对比如图 2-9 所示。

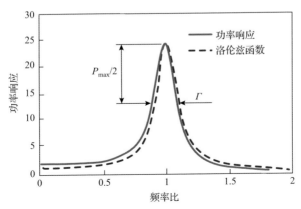

图 2-9 线性谐振器的功率响应和洛伦兹函数对比

由相频响应可以精确地确定品质因子，最大振幅和带宽均不能精确测量，而相频响应可以准确测量。Q可通过计算相频响应即式(2-9)在谐振频率点的斜率得到，即

$$\left.\frac{\partial \theta}{\partial \omega}\right|_{\omega=\omega_0} = \frac{1}{\zeta \omega_0} \approx \frac{2Q}{\omega_0} \tag{2-46}$$

当Q很大时，带宽很小且相角也变得陡峭，难以求解。衰荡法是直接利用阻尼谐振器的能量耗散求解品质因子。品质因子反映在机械结构上就是对等效阻尼的影响，在电参数上反映了等效电阻的大小，与测量谐振频率时的检测灵敏度和分辨率相关，降低能量损耗，减小等效电阻，就需要提高品质因子。高品质因子可以降低温度波动噪声和相位噪声，提高选频特性和器件的灵敏度。

MEMS/NEMS 谐振器的品质因子受几何尺寸、材料、环境等诸多因素的影响，如图 2-10 所示，不同材料制备的谐振器的品质因子差异较大；随着器件厚度减小，品质因子也减小。因此，提高谐振器件的品质因子至关重要，也是谐振器设计的核心问题。此外，频率和品质因子的乘积(即 $f \cdot Q$)也是机械谐振器件最重要的性能指标之一，低频时，当谐振周期远大于材料晶体的晶体弛豫时间，则理论上随着频率的变化 $f \cdot Q$ 的值仍然是常数。谐振器件的能量耗散机制与阻尼特性及调控技术将在第 5 章详述。

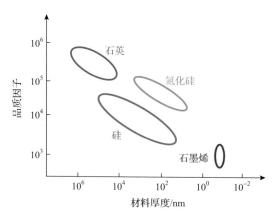

图 2-10   不同材料制备的器件品质因子随着材料厚度变化曲线[15]

2.3.3 动态范围

从动物中自然产生的感知功能到人工设计的复杂设备系统，关键在于有令人满意的动态范围，即非线性分岔前的最高信号电平(信号上限)和最低可检测电平(噪声下限，即本底噪声)之比[16,17]，如图 2-11 所示。

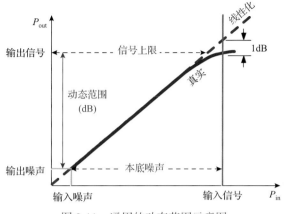

图 2-11　通用的动态范围示意图

　　动态范围也是表征谐振器性能的一个重要因素，在测量器件运动中，信号上限由非线性初始状态确定，噪声下限通过所有噪声过程来设置。器件特征尺寸缩减后，原子级薄膜厚度的鼓膜谐振器可以在高达 120MHz 的无线电频率下提供非常广的动态范围(高达约 110dB)，可以与处于音频频带的人耳听力相媲美[17,18]，如图 2-12 所示，人耳鼓膜的动态范围为 60～120dB，频率范围为 10Hz 左右到 10kHz，但是听力在此频率范围之外的动态范围下降很快；此外，其他动物，如普通家猫或者白鲸，在更高频段下的动态范围差不多甚至更宽。不同材料、不同几何结构形式的谐振器的动态范围也有很大的差异[19,20]。

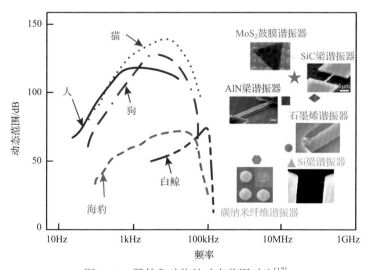

图 2-12　器件和动物的动态范围对比[17]

　　以下以二维薄膜圆盘式 NEMS 谐振器为例[17]，如图 2-13(a)所示，分析其动态范围与器件各参数之间的关系，参数包括器件尺寸、层数(即离散厚度)和初始内部张力等。考虑挠曲张力引起的圆薄膜谐振运动中的非线性动力学效应，其运动方程可写为

$$\ddot{x} + \frac{\omega_0}{Q}\dot{x} + \omega_0^2 x + \omega_0^2 \kappa^2 x^3 = \frac{F_{\text{ext}}}{M_{\text{eff}}} \tag{2-47}$$

式中，ω_0、Q 和 F_{ext} 分别为器件的谐振频率、品质因子和外激励力。薄膜圆盘的杜芬(Duffing)型非线性系数为

$$\kappa^2 = \frac{13 + 21\upsilon - 4\upsilon^2}{30(1+\upsilon)r^2\varepsilon} \tag{2-48}$$

式中，υ 为材料的泊松比；r 为膜的半径；ε 为初始应变。

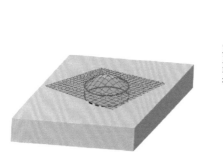

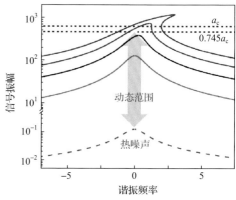

(a) 器件及谐振模态示意图　　　　　(b) 谐振器非线性动力学响应

图 2-13　二维薄膜圆盘式 NEMS 谐振器[16]

对于圆薄膜结构，进入双稳态的临界振幅为 a_c，即

$$a_c = \sqrt{\frac{8\sqrt{3}}{9\kappa^2 Q}} \tag{2-49}$$

图 2-13(b)给出了 Duffing 谐振器的非线性动力学响应。由图可看出临界振幅变化很明显，可认为其线性运行范围的上限为 $0.745a_c$，低于 a_c 的 1dB 压缩点。

　　动态范围的下限由所有随机过程的不相干性来确定，如热机械波动、量子噪声、气态物质吸附和解吸产生的噪声以及外部噪声源。对于动态范围下限(即本底噪声)，本质上受器件内布朗运动的限制，谐振时的位移频谱密度为

$$S_{x,\text{th}}^{1/2}(\omega_0) = \sqrt{\frac{4k_{\text{B}}TQ}{\omega_0^3 M_{\text{eff}}}} \tag{2-50}$$

式中，k_{B} 为玻尔兹曼常量；T 为温度；M_{eff} 为等效质量。

线性的动态范围定义为本底噪声与 1dB 压缩点之间的区域，以 dB 为单位，可定义为

$$\text{DR} = 20\lg\left(\frac{0.745a_{\text{c}}}{\sqrt{2S_{x,\text{th}}\Delta f}}\right) \tag{2-51}$$

式中，Δf 为测量带宽（按 $\Delta f = 1\text{Hz}$ 计），加入 $\sqrt{2}$ 是为了将 a_{c} 转换为均方根值。对于圆薄膜，有 $\omega_0 = \dfrac{2.405}{r}\sqrt{\dfrac{\varepsilon E_{\text{Y}}t}{\rho_{3\text{D}}t}}$，$M_{\text{eff}} = 0.2695\rho_{3\text{D}}\pi r^2 t$，其中 E_{Y} 为杨氏模量，t 为厚度，$\rho_{3\text{D}}$ 为材料的三维质量密度。联立式（2-48）和式（2-51），可得动态范围 DR 为

$$\text{DR} = 10\lg\left(\frac{1}{\Delta f}\frac{1+\upsilon}{13+21\upsilon-4\upsilon^2}\frac{1}{k_{\text{B}}TQ^2}\right) + 10\lg\left(\frac{rt\varepsilon^{5/2}E_{\text{Y}}^{3/2}}{\rho_{3\text{D}}^{1/2}}\right) + 常数 \tag{2-52}$$

值得注意的是，器件的品质因子会受到诸多因素的影响，如温度、压力、周围介质的黏性等。

临界振幅描述了非线性位移的起始值，a_{c} 值较小表明系统会较早地呈现非线性效应，且具有较强的非线性行为。对于自由振动的弹性梁结构，其非线性域的起始临界振幅为[18]

$$a_{\text{c}} = \omega_0\frac{L^2}{\pi^2}\sqrt{\frac{\rho\sqrt{3}}{EQ}} \tag{2-53}$$

式中，L 为梁结构的长度。对应地，纳米管、纳米线可看成直径为 d 的圆柱体，有 $A = \pi d^2/4$ 和 $I = \pi d^4/64$；对于宽度为 d、厚度为 t 的矩形梁，有 $A = dt$ 和 $I = td^3/12$。由此可得

$$\begin{cases} a_{\text{c}} = \dfrac{2}{\sqrt[4]{3}}\sqrt{\dfrac{1}{Q}\left(\dfrac{d^2}{4} + \dfrac{4T_0}{\pi^3 E}\dfrac{L^2}{d^2}\right)}, & 纳米管/线 \\[4mm] a_{\text{c}} = \dfrac{2}{\sqrt[4]{3}}\sqrt{\dfrac{1}{Q}\left(\dfrac{d^2}{3} + \dfrac{T_0}{\pi^2 E}\dfrac{L^2}{td}\right)}, & 矩形梁 \end{cases} \tag{2-54}$$

当不考虑残余张力 T_0 作用时，谐振器的动态范围(单位 dB)可写为

$$
\begin{cases}
\mathrm{DR} = 20\lg\left[2.41d\left(\dfrac{d}{L}\right)^{5/2} \times \sqrt{\dfrac{E^{3/2}}{Q^2 k_B T \Delta f \sqrt{\rho}}}\right], & \text{纳米管/线} \\[4mm]
\mathrm{DR} = 20\lg\left[3.9\sqrt{dt}\left(\dfrac{d}{L}\right)^{5/2} \times \sqrt{\dfrac{E^{3/2}}{Q^2 k_B T \Delta f \sqrt{\rho}}}\right], & \text{矩形梁}
\end{cases}
\tag{2-55}
$$

由式(2-55)可知，动态范围在很大程度上取决于长径比 L/d，并受直径大小影响较大，如图 2-14 所示不同材料制备的谐振器件的动态范围，包括单壁碳纳米管、多壁碳纳米管、铂(Pt)纳米线和碳化硅(SiC)矩形梁谐振器。室温下单壁碳纳米管和多壁碳纳米管器件的 Q 值低于 1000。采用单壁碳纳米管时，长度超过 $2\mu m$ 时动态范围甚至下降到 0dB 以下，使得该器件无法用作线性检测器。当温度或测量带宽变化时，响应曲线会沿垂直轴移动，但不改变其缩放性质。通常，具有最小直径的谐振器的动态范围也最小。

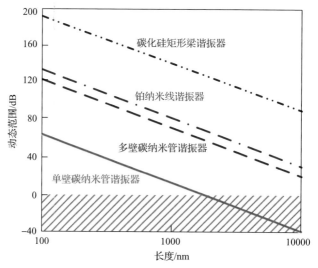

图 2-14 谐振器的动态范围和特征长度之间的关系[18]

残余张力 T_0 的作用，可能由热收缩差异引起，也可能由附近栅极上的直流电压引起。张力增大将导致谐振频率升高，由此会导致动态范围的变化，即

$$
\mathrm{DR} = 20\lg\left[3.08\frac{(f_0 L)^{5/2} d\rho}{Q\sqrt{E k_B T \Delta f}}\right]
\tag{2-56}
$$

式中，$f_0 = \dfrac{\omega_0}{2\pi}$。张力引起的共振频率的变化会使动态范围增大或减小。

2.4　谐振结构动力学设计与器件

在特定工作频率下，机械结构会发生谐振现象。MEMS/NEMS 谐振器可以按照其谐振频率、驱动方式、结构形式及加工工艺等几个方面进行分类：

(1)按谐振频率，可以分为低频谐振器、中频谐振器和高频谐振器；

(2)按驱动方式，可以分为静电驱动谐振器、压电驱动谐振器、电磁驱动谐振器、光热驱动谐振器等；

(3)按谐振结构，可以分为梳齿谐振器、弦线谐振器、梁式谐振器（悬臂梁谐振器、固支梁谐振器）、薄膜式谐振器、球壳式谐振器等；

(4)按加工工艺，可以分为表面微加工谐振器、体微加工谐振器、特殊微纳加工谐振器等。

(5)按模态振型，可以分为体波谐振器、弯曲谐振器、扭转谐振器、厚度剪切谐振器和声表面波谐振器等，如图 2-15 所示。

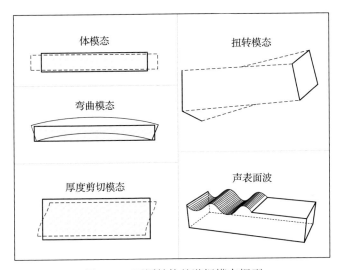

图 2-15　不同结构的谐振模态振型

MEMS/NEMS 谐振器结构除了有高品质因子和较宽的频率范围外，其主要特点还有：较好的频率控制调节性和开关特性、微调节适应性、几何形状多样性、材料选择灵活性和驱动激励选择的多样性（静电、压电、磁阻等）。本节按MEMS/NEMS 谐振器结构形式的不同，分别讨论梳齿谐振器、梁式谐振器、弦线谐振器、板式谐振器等的工作原理和动力学性能。

2.4.1　梳齿结构

在 MEMS/NEMS 谐振器中,梳齿谐振器是最早利用 MEMS 技术加工的器件之一,能实现机械能与其他能量之间的转换,且具有较大的振动幅值。20 世纪 80 年代,加利福尼亚大学伯克利分校 Tang 等[21]研制了第一个静电驱动微梳齿谐振器,如图 2-16(a)所示采用的微结构是梳齿状叉指电容式结构。由于微梳齿谐振器结构简单,可有效地避免平行电容板引起的静电非线性问题,且能与集成电路工艺兼容等,在 MEMS 研究领域中受到极高的重视,广泛应用于微振荡器与滤波器、谐振式加速度传感器、微陀螺仪、质量传感器与湿度传感器等器件[22-24]。图 2-16 为一些典型的梳齿谐振器应用。

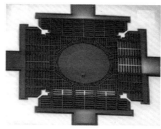

(a) 静电驱动微梳齿谐振器[21]　　　(b) 二自由度静电驱动直梳齿　　　(c) 角梳齿谐振式湿度传感器[23]
　　　　　　　　　　　　　　　　　谐振式陀螺仪[22]

图 2-16　典型梳齿谐振器及其应用[23]

按照支撑结构,梳齿谐振器可分为直脚形、弓形、多折叠形、蟹脚形、之字形等,如图 2-17 所示,对于相同特征尺寸的谐振器,弓形梁式梳齿谐振器的横向谐振频率小于直脚形谐振器的横向谐振频率,但是大于多折叠形梁式谐振器的横向谐振频率,相应的静态位移则是大于直脚形谐振器而小于多折叠形梁式谐振器。由于结构简单,与集成电路工艺兼容,梳齿谐振器已广泛用于谐振式微加速度计、微陀螺等。

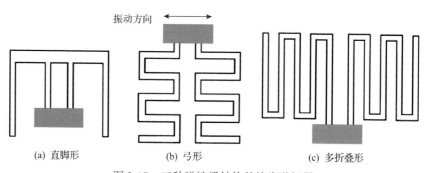

(a) 直脚形　　　　　　　(b) 弓形　　　　　　　(c) 多折叠形

图 2-17　三种弹性梁结构的梳齿谐振器

按照激励形式, 梳齿谐振器可分为静电驱动、磁驱动、压电驱动等类型。磁驱动梳齿谐振器是在硅结构上制造磁性材料, 利用电磁或者永磁体产生的磁场力进行驱动。硅材料不具有磁化性质, 不会影响磁场的分布, 因此可以采用磁场的变化来驱动结构振动。压电驱动梳齿谐振器与磁驱动梳齿谐振器相似, 也是在硅结构上制造压电层, 通过压电层的压电效应实现对器件的驱动。压电驱动是将电信号转变成机械振动, 在 MEMS 器件中也是常有的驱动方式之一。静电驱动梳齿谐振器是采用梳齿结构之间的电荷的库仑力作为驱动力, 使得梳齿之间相互吸引或者排斥来驱动器件振动。静电驱动相对简单, 控制难度小, 响应速度快且功耗低等, 在梳齿谐振器中应用最为广泛。

考虑如图 2-18 所示力传感器的梳齿谐振结构[25], 在基底座上形成均匀横截面的几何结构, 承受张力 F 作用时, 底座在 y 方向上的应变为

$$\varepsilon_y = \frac{F}{\tilde{E}_s A_s} \tag{2-57}$$

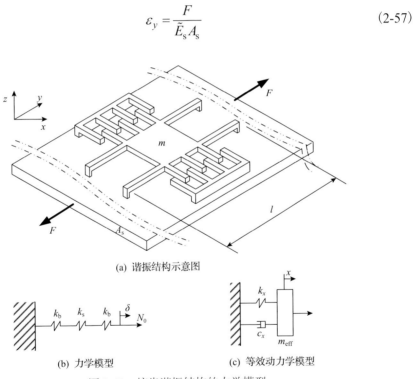

(a) 谐振结构示意图

(b) 力学模型   (c) 等效动力学模型

图 2-18 梳齿谐振结构的力学模型

由于梳齿谐振器相比底座柔性高, 假设梳齿直梁的锚间距在 y 方向以增量 $\delta = l\varepsilon_y$ 增加, 其中 l 为结构长度, 建立图 2-18(a)中右半部分结构的力学模型, 如图 2-18(b)所示。串联的弹簧力学模型中, k_s 为半移动结构的刚度, k_b 为纵向上梁的刚度, 且 $k_b = \tilde{E}A_b / l_b$, 式中 $\tilde{E}$、A_b 和 l_b 分别为有效杨氏模量、横截面积和单

个直梁的长度，从而可得图 2-18(b) 中梁在 y 方向上的刚度 k_y，计算公式如下：

$$\frac{1}{k_y} = \frac{1}{k_b} + \frac{1}{k_s} + \frac{1}{k_b} \tag{2-58}$$

由此，可得作用在直梁末端的轴向力为

$$N_0 = k_y \delta = \frac{k_b k_s}{k_b + 2k_s} l\varepsilon_y \tag{2-59}$$

在轴向力 N_0 作用下，直梁的刚度可表示为

$$k_x = \frac{48\tilde{E}_b I}{l_b^3}\left(1 + \frac{1}{10}\frac{l_b^2 N_0}{\tilde{E}_b I}\right) \tag{2-60}$$

式中，I 为梁横截面积的转动惯量。对于直梁，其等效质量为 $m_e = 13m_b/35$，可得整体结构的等效质量 m_{eff} 为

$$m_{eff} = m + 4m_e = m + \frac{52}{35}m_b \tag{2-61}$$

由此可得梳齿谐振器的固有频率为

$$f_n = \frac{1}{2\pi}\sqrt{\frac{k_x}{m_{eff}}} \tag{2-62}$$

将式 (2-60) 和式 (2-61) 代入式 (2-62)，可得

$$\frac{f_n}{f_{n0}} = \sqrt{1 + \frac{1}{10}\frac{l_b^2 N_0}{\tilde{E}_b I}} \tag{2-63}$$

式中，$f_{n0} = \dfrac{1}{2\pi}\sqrt{\dfrac{48\tilde{E}_b I}{m_{eff} l_b^3}}$ 表示 $N_0 = 0$ 处的固有频率，其中 l_b 为直梁的长度，频率变化远远小于初始自然频率，由此可得

$$\frac{\Delta f_n}{f_n} = \frac{f_n - f_{n0}}{f_n} = \frac{1}{20}\frac{l_b^2}{\tilde{E}_b I}N_0 \tag{2-64}$$

式中，$\Delta f_n = f_n - f_{n0}$ 为频率的变化。联立式 (2-59) 式 (2-64)，可得

$$\frac{\Delta f_n}{f_n} = \frac{1}{20}\frac{l_b^2}{\tilde{E}_b I}\frac{k_b k_s}{k_b + 2k_s}l\varepsilon_y \tag{2-65}$$

将式 (2-57) 代入式 (2-65)，且 $k_b = \tilde{E}A_b/l_b$ 和 $I = tw^3/12$，其中 t 和 w 分别为直梁的

厚度和宽度，由此可得力 F 作用引起的频率变化为

$$\frac{\Delta f_n}{f_n} = \frac{3}{5} \frac{l_b l}{w^2} \frac{1}{2 + k_b / k_s} \frac{F}{\tilde{E}_s A_s} \qquad (2\text{-}66)$$

若将移动结构看成刚体（$k_b / k_s \rightarrow 0$），且假设振动为小振幅，则式(2-66)可简化为

$$\frac{\Delta f_n}{f_n} = \frac{3}{10} \frac{l_b l}{w^2} \frac{F}{\tilde{E}_s A_s} \qquad (2\text{-}67)$$

由此可建立如图 2-18(c)所示的等效动力学模型，并获得系统的动态响应特性。

2.4.2 梁式结构

大多数 MEMS/NEMS 谐振器具有梁状的几何形状，在微机械加速度计、压力传感器、质量传感器和生物化学传感器等器件中有着广泛应用。图 2-19 为几类典型的梁式 MEMS/NEMS 谐振器[26-28]。

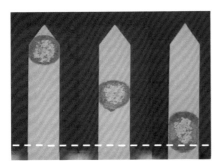

(a) 悬臂梁微机械谐振生物传感器

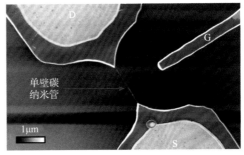

(b) 两端固支梁碳纳米管谐振器

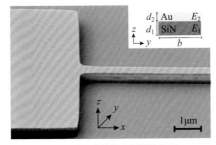

(c) 双层悬臂梁纳米机械谐振器

(d) 两端固支梁纳米机械谐振器

图 2-19 梁式 MEMS/NEMS 谐振器[26-28]

微纳尺度梁是 MEMS/NEMS 谐振器最基本的组成单元，其结构简单、易于加工制备，梁结构的变形、位移和运动可以实现多种不同物理量的变化，因此在谐

振器件设计中得到广泛应用。梁式谐振器常见的弹性支撑梁结构包括直脚悬臂梁、蟹脚梁、U 形折叠梁与蛇形折叠梁等。表 2-1 列出了谐振器件设计中较为常见的几种弹性支撑梁结构及其性能特点。

表 2-1　典型弹性支撑梁结构及其性能特点

结构图例	支撑类型	模态刚度	交叉耦合	应力释放	主要特点
	悬臂梁	小	小	有	结构简单、刚度小
	两端固支梁	大	小	无	结构简单、振幅小
	四角斜置	大	大	无	结构较简单、振幅小
	蟹脚梁 I	较大	较大	有	介于两端固支和 U 形折叠支撑结构之间
	蟹脚梁 II	较大	较大	有	空间结构紧凑
	U 形折叠梁	小	较小	有	综合性能较好
	蛇形折叠梁	小	大	有	刚度小、幅度大

在弹性支撑梁设计过程中，除了满足谐振器振动系统的基本弹性功能，还需要支撑梁具有一定的抗冲击能力，以免器件受到外力影响所引起的振动；支撑梁结构的加工工艺尽量简单，以便降低成本；整体结构能够易于释放工艺热处理导致的残余应力。

在微纳米谐振器设计中，梁的一维弯曲振动最为常见，且梁的几何结构多数是细长形（$L/h>10$）[29]。因此，在建立梁的弯曲振动模型时，梁单元的转动惯量和剪切变形可以忽略不计。假设梁为线弹性材料且存在小变形 $u(x,t)$，则细长梁的动力学控制方程为

$$EI\frac{\partial^4 u(x,t)}{\partial x^4} + \rho A\frac{\partial^2 u(x,t)}{\partial t^2} = F(x,t) \qquad (2\text{-}68)$$

式中，ρ 为质量密度；A 为横截面积；E 为弹性模量；I 为截面惯性矩；$F(x,t)$ 为外载荷激励项。该微分方程可采用分离变量法求解，位移函数可写为

$$u(x,t) = \sum_n a_n(t)U_n(x) \qquad (2\text{-}69)$$

由此可以得出谐振器的 n 阶模态解，梁振动受 $a_n(t)$ 影响较大，同时对于高品质因子的谐振器，可近似写为

$$a_n(t) = c_n \cos(\omega_n t) + d_n \sin(\omega_n t) \tag{2-70}$$

式中，c_n 和 d_n 是模态相关常数。将 $a_n(t)$ 和 $u(x,t)$ 代入方程(2-68)，可得梁在自由振动时（$F(x)=0$），其 n 阶模态振型的动力学方程为

$$\frac{\mathrm{d}^4 u_n}{\mathrm{d}x^4} - \frac{\lambda_n^4}{L^4} u_n = 0 \tag{2-71}$$

式中，L 为梁的长度；方程(2-71)的通解为

$$u_n(x) = A_n \sin\left(\frac{\lambda_n}{L}x\right) + B_n \cos\left(\frac{\lambda_n}{L}x\right) + C_n \sinh\left(\frac{\lambda_n}{L}x\right) + D_n \cosh\left(\frac{\lambda_n}{L}x\right) \tag{2-72}$$

其中，无量纲参数 $\lambda_n = L[\rho A \omega_n^2 / (EI)]^{1/4}$。由此可通过梁的边界条件求得 λ_n，从而确定 A_n、B_n、C_n 和 D_n（取决于归一化常数），进而求解出梁的 n 个模态振型，不同模态对应的固有频率为

$$f_n = \frac{\omega_n}{2\pi} = \frac{\lambda_n^2}{2\pi L^2}\sqrt{\frac{EI}{\rho A}} \tag{2-73}$$

1. 单层悬臂梁

对于单边固支梁或悬臂梁，如图 2-20(a)所示，根据 $x=0$ 处固定约束和 $x=L$ 处自由的边界条件，即得

$$\frac{\mathrm{d}u_n}{\mathrm{d}x}\bigg|_{x=0} = \frac{\mathrm{d}^2 u_n}{\mathrm{d}x^2}\bigg|_{x=L} = \frac{\mathrm{d}^3 u_n}{\mathrm{d}x^3}\bigg|_{x=L} \tag{2-74}$$

应用边界条件可得波数的特征方程为

$$\cos\lambda_n \cosh\lambda_n + 1 = 0 \tag{2-75}$$

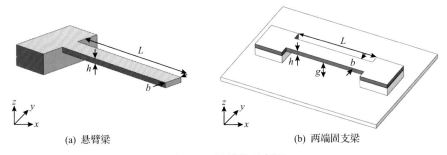

(a) 悬臂梁　　　　(b) 两端固支梁

图 2-20　梁结构示意图

上述方程的解代表不同的谐振模式，基础模态为 $n=1$，总结在表 2-2 中。因此，悬臂梁的模态振型可以表示为

$$U_n(x) = \frac{1}{K_n}\left[C_n\left(\cosh\left(\frac{\lambda_n x}{L}\right) - \cos\left(\frac{\lambda_n x}{L}\right)\right) - S_n\left(\sinh\left(\frac{\lambda_n x}{L}\right) - \sin\left(\frac{\lambda_n x}{L}\right)\right)\right] \quad (2\text{-}76)$$

式中，$K_n = 2\left(\sin\lambda_n\cosh\lambda_n - \cos\lambda_n\sinh\lambda_n\right)$，$C_n = \sinh\lambda_n + \sin\lambda_n$，$S_n = \cosh\lambda_n + \cos\lambda_n$。微悬臂梁振型归一化，即悬臂梁的最大振幅总是在其自由端。悬臂梁的前四阶振型如图 2-21 所示。

表 2-2 不同谐振模式下的悬臂梁和两端固支梁的 λ_n 值

模态阶数 n	悬臂梁的 λ_n	两端固支梁的 λ_n
1	1.8751	4.7300
2	4.6941	7.8532
3	7.8548	10.9955
>3	$(n-1)\pi + \pi/2$	$n\pi + \pi/2$

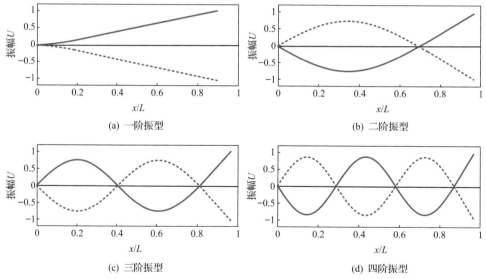

(a) 一阶振型   (b) 二阶振型   (c) 三阶振型   (d) 四阶振型

图 2-21 悬臂梁的前四阶振型

2. 多层悬臂梁

许多 MEMS/NEMS 谐振器都是多层复合结构，以多层悬臂梁振动为例，如图 2-22 所示，当复合层沉积在悬臂梁表面时，会引起谐振频率的变化。多层悬臂

梁弯曲时，假设悬臂梁的中性面仍保持其原始长度，是零应变平面，且到悬臂底面的距离为 z_N，即

$$z_N = \frac{\sum_i E_i h_i z_i}{\sum_i E_i h_i} \tag{2-77}$$

式中，E_i 为第 i 层的弹性模量；h_i 为厚度；z_i 为第 i 层的位置。多层悬臂梁的等效弯曲刚度 $EI_{\mathrm{eff}} = \sum_i E_i I_i$，其中 I_i 为第 i 层的面积惯性矩，且可表示为

$$I_i = \frac{wh^3}{12} + wh_i(z_N - z_i)^2 \tag{2-78}$$

由此可得，多层悬臂梁的等效刚度为

$$k_{\mathrm{eff}} = \frac{\lambda_n^4 \sum\limits_i E_i I_i}{4L^3} \tag{2-79}$$

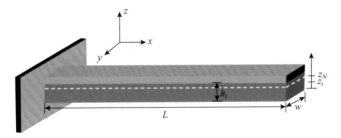

图 2-22　多层悬臂梁振动模型

由材料力学理论，悬臂梁的等效质量是其总质量的 1/4，且与振型无关。因此，多层悬臂梁的等效质量可表示为

$$m_{\mathrm{eff}} = \frac{Lw \sum\limits_i \rho_i h_i}{4} \tag{2-80}$$

式中，ρ_i 为第 i 层的密度。

根据定义式(2-29)，可得多层悬臂梁的固有频率表达式为

$$f_n = \frac{\lambda_n^2}{2\pi L^2} \sqrt{\frac{\sum\limits_i E_i I_i}{w \sum\limits_i \rho_i h_i}} \tag{2-81}$$

3. 两端固支梁

固支梁的两端均固定，如图 2-20(b) 所示，其边界条件为

$$u_n(0) = u_n(L) = \frac{\mathrm{d}u_n}{\mathrm{d}x}(0) = \frac{\mathrm{d}u_n}{\mathrm{d}x}(L) = 0 \qquad (2\text{-}82)$$

由此可得频率方程为

$$\cos\lambda_n \cosh\lambda_n - 1 = 0 \qquad (2\text{-}83)$$

式中，λ_n 值见表 2-2。两端固支梁的频率方程根的图像如图 2-23 所示。

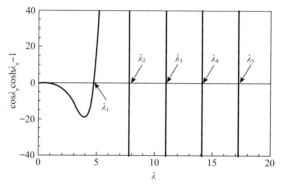

图 2-23   两端固支梁频率方程根的图像

固支梁的振型函数可以由边界条件求解，即

$$\phi_n(x) = \frac{1}{K_n}\left[C_n\left(\cosh\left(\frac{\lambda_n x}{L}\right) - \cos\left(\frac{\lambda_n x}{L}\right)\right) - S_n\left(\sinh\left(\frac{\lambda_n x}{L}\right) - \sin\left(\frac{\lambda_n x}{L}\right)\right)\right] \qquad (2\text{-}84)$$

式中，K_n 为使 $|\phi_n(x)|$ 取最大值时的归一化常数；$C_n = \sinh\lambda_n - \sin\lambda_n$；$S_n = \cosh\lambda_n - \cos\lambda_n$。除了位于 $x = L/2$ 处的基本模态，使 $|\phi_n(x)|$ 取最大值的位置不明显。两端固支梁归一化后的前四阶振型如图 2-24 所示。

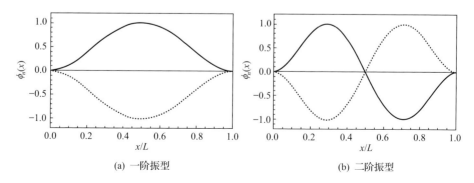

(a) 一阶振型   (b) 二阶振型

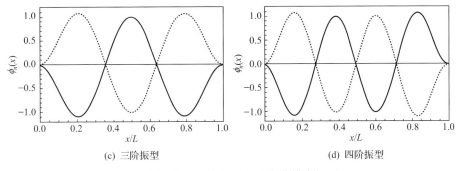

(c) 三阶振型　　　　　　　　　　　　　(d) 四阶振型

图 2-24　两端固支梁前四阶弯曲模态振型

2.4.3　弦线结构

一维纳米线或弦是谐振器的典型结构, 图 2-25 为不同材料制备而成的纳米弦线谐振器, 此类结构的优点是其具有非常高的品质因子。

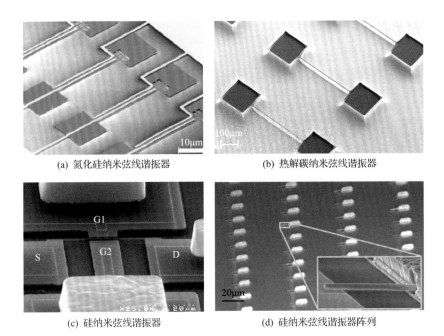

(a) 氮化硅纳米弦线谐振器　　　　　　(b) 热解碳纳米弦线谐振器

(c) 硅纳米弦线谐振器　　　　　　　(d) 硅纳米弦线谐振器阵列

图 2-25　不同材料制备的纳米弦线谐振器[30-33]

1. 弦线谐振器动力学模型

弦可以等效为两端固支且具有拉伸预应力的梁, 考虑轴向应力作用, 弦的振动模型如图 2-26 所示, 弦线机械谐振器的动力学控制方程为

$$EI\frac{\partial^4 z}{\partial x^4} - \sigma A\frac{\partial^2 z}{\partial x^2} + \rho A\frac{\partial^2 z}{\partial t^2} = F(x) \tag{2-85}$$

式中，σ 为轴向拉伸而产生的轴向应力。当张力作用极大时，弦的自由运动方程可写为

$$\frac{\partial^2 z}{\partial x^2} - \frac{\rho}{\sigma}\frac{\partial^2 z}{\partial t^2} = 0 \tag{2-86}$$

代入 $z(x,t) = \sum_n z_n(x,t) = \sum_n a_n(t)u_n(x)$，可得 n 个独立模态的振型，即

$$\frac{\partial^2 u_n}{\partial x^2} + \frac{\rho\omega_n^2}{\sigma}u_n = 0 \tag{2-87}$$

图 2-26　弦的振动模型

对于两端固定弦，其边界条件为 $u_n(0) = u_n(L) = 0$，可解得

$$u_n(x) = \sin\left(\frac{n\pi}{L}x\right) \tag{2-88}$$

其中，$|u_n(x)|$ 具有单位最大值，满足归一化条件。由此可得弦的前四阶模态振型如图 2-27 所示。

两端固定预应力梁的固有频率为

$$\omega_n = \frac{\lambda_n^2}{2\pi L^2}\sqrt{\frac{EI}{\rho A}}\sqrt{1 + \frac{\sigma AL^2}{\lambda_n^2 EI}} \tag{2-89}$$

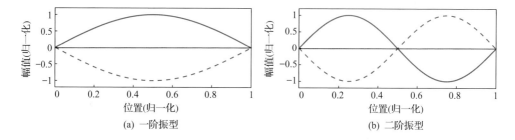

(a) 一阶振型　　　　　　　　　　　　(b) 二阶振型

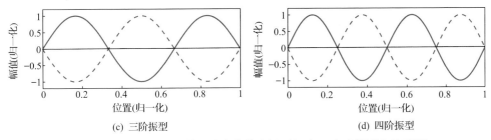

(c) 三阶振型　　　　　　　　(d) 四阶振型

图 2-27　两端固支弦的前四阶弯曲模态振型(0 和 1 表示梁固支的两端)

式中，$\lambda_n = n\pi$ 为特征方程的解。当拉伸力足够大时，$12\sigma AL^2 \gg (n\pi)^2 Eh^2$，抗弯刚度可以忽略不计，由此可得弦线谐振器的固有频率为

$$f_n = \frac{n\pi}{L}\sqrt{\frac{\sigma}{\rho}} \tag{2-90}$$

2. 弦线谐振器的温度依赖性

由式(2-89)可以看出，弦线谐振器的固有频率取决于长度、质量密度以及梁中的拉伸应力。当弦和基底(图 2-26)采用不同的材料时，弦和基底的热膨胀差影响结构中的应变。温度会引起弦中产生拉伸应力，弦的固有频率也随着温度而变化。当弦和基底随着温度线性膨胀时，温度引起的应变可写为

$$\varepsilon(T) = \varepsilon_0 - (\alpha_s - \alpha_f)(T - T_0) \tag{2-91}$$

式中，ε_0 为温度 T_0 下的应变；T 为温度；α_s 为弦的温度膨胀系数；α_f 为基底的温度膨胀系数。当弦为线弹性材料，且应变不超过弹性极限，则温度相关应力可定义为

$$\sigma = \alpha_0 - E(\alpha_s - \alpha_f)(T - T_0) \tag{2-92}$$

将式(2-92)代入式(2-90)，可得弦线谐振器的固有频率为[34]

$$f_n = \frac{\omega_n}{2\pi} = \frac{n}{2L}\sqrt{\frac{\sigma_0 - E(\alpha_s - \alpha_f)(T - T_0)}{\rho}} \tag{2-93}$$

如图 2-28 所示，在弦上覆盖聚合物层，聚合物层厚度为 h_p，温度膨胀系数为 α_p，质量密度为 ρ_p，杨氏模量为 E_p。多层弦线谐振器的谐振频率可写为

$$f_n = \frac{n}{2L}\sqrt{\frac{\{h_s[\sigma_{0,s} + (\alpha_f - \alpha_s)E_s] + h_p[\sigma_p + (\alpha_f - \alpha_p)E_p]\}(T - T_0)}{h_s\rho_s + h_p\rho_p}} \tag{2-94}$$

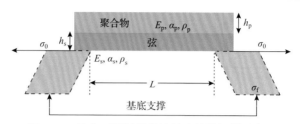

图 2-28　具有双层材料特性的弦线谐振器示意图

3. 弦线谐振器的品质因子

弦是具有预应力而无抗弯刚度的线状连续弹性体。假设弯曲挠度小、预应力大，拉伸刚度无穷大，忽略弦挠度对应力的影响，可以建立拉伸弦的谐振模型，品质因子高度依赖于结构中的残余应力。但是，由于该模型未考虑拉伸和弯曲损耗，振动弦在真空中的阻尼为零，与真实工况不符。MEMS/NEMS 谐振器中的弦包含具有特定弯曲刚度的梁，如果两端固支梁张应力大，即 $\sigma \gg (n\pi)^2 Eh^2 / (12L^2)$，其中 n 是模态数，h 是梁厚度，那么应力主导其力学性能而刚度可以忽略不计。

为得到拉伸弦的品质因子，需要考虑弦偏离中心位置产生的拉伸和弯曲应变能，由拉伸和弯曲产生的内阻尼可以表示为[35]

$$Q_{\text{inter,str}}^{-1} = \frac{\Delta W_{\text{elong}} + \Delta W_{\text{flex}}}{2\pi(W_{\text{pot}} + W_{\text{elong}} + W_{\text{flex}})} \tag{2-95}$$

式中，W_{pot}、W_{elong} 和 W_{flex} 分别为振动弦的势能、拉伸能、弯曲能；ΔW_{elong} 和 ΔW_{flex} 为一个周期内拉伸能和弯曲能的损耗。假设弦势能远大于弯曲能和拉伸能，则式（2-95）可简化为

$$Q_{\text{inter,str}}^{-1} = \left(\frac{W_{\text{elong}}}{W_{\text{pot}}}\right) Q_{\text{elong}}^{-1} + \left(\frac{W_{\text{flex}}}{W_{\text{pot}}}\right) Q_{\text{flex}}^{-1} \tag{2-96}$$

式中，$Q_{\text{elong}}^{-1} = \Delta W_{\text{elong}} / (2\pi W_{\text{elong}})$，$Q_{\text{flex}}^{-1} = \Delta W_{\text{flex}} / (2\pi W_{\text{flex}})$。式（2-96）中的权重因子均小于 1。因此，拉伸和弯曲变形产生内部阻尼大于拉伸弦的系统阻尼。

利用泰勒级数展开得到拉伸弦势能、拉伸应变能和拉伸能，将其代入式（2-96），可得拉伸弦由于拉伸耗散产生的系统阻尼为

$$Q_{\text{elong,str}}^{-1} = \frac{3(n\pi)^2}{16} \frac{E}{\sigma} \left(\frac{y_0}{L}\right)^2 Q_{\text{elong}}^{-1} \tag{2-97}$$

由此可知，通过降低振幅可以减少拉伸对弦内阻尼的影响。对于矩形截面，由弯曲应变能可得拉伸弦弯曲耗散产生的系统阻尼为

$$Q_{\text{flex,str}}^{-1} = \frac{(n\pi)^2}{12} \frac{E}{\sigma} \left(\frac{h}{L}\right)^2 Q_{\text{flex}}^{-1} \tag{2-98}$$

与拉伸导致的阻尼不同，弯曲阻尼与振幅无关，但与厚度有关。因此，拉伸弦的阻尼可用式 (2-98) 表示，但是弯曲阻尼效应 (如热弹性阻尼、表面损耗和材料阻尼) 不能直接应用到拉伸弦结构中。

如图 2-29 所示实测微梁的品质因子和 $Q_{\text{flex,str}}$ 对比，不考虑额外耗散影响，弦的最小阻尼远低于测量值。同时，在 $60 \sim 70 ℃$ 附近，梁开始表现出弦的特性，意味着阻尼不再由内部弯曲阻尼决定，其他耗散机制开始起主导作用[36, 37]。此外，纳米弦线通过在两端固支的长细梁上施加张力，采用高内应力材料 (如 Si_3N_4 等) 可制备纳米弦线谐振器[38-40]。

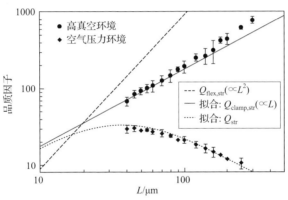

图 2-29 拉伸弦和微梁实测品质因子对比[36]

2.4.4 薄板结构

板和薄膜都是 MEMS/NEMS 谐振器中有解析解的二维结构。板的力学特征一般由其弯曲刚度决定，而薄膜的力学特征由结构内部的预拉伸应力决定，不用考虑弯曲刚度的影响。两者有共同的特点：可以由厚度为几十纳米乃至几埃的微膜制成，如单层石墨烯；较大的横向尺寸使得它们具有较好的光、电交互作用能力，可提高振动信号的传导效率。图 2-30 为两类典型的矩形板和圆形板 (圆盘) 谐振器。

(a) 悬臂式矩形板谐振器[41]

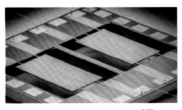
(b) 两端固支矩形板谐振器[42]

(c) 中心支撑圆盘谐振器[43]

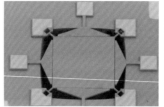

(d) 悬空方形板谐振器[44]　　　(e) 固支式方形板谐振器[45]　　　(f) 两端固支双圆盘平板谐振器[46]

图 2-30　微纳机械板谐振器

1. 矩形板

以下介绍的连续力学模型都是基于完全弹性、均匀和各向同性材料的一般假设。矩形板的振动方程可由二维波动方程给出，即

$$D_\mathrm{p}\nabla^2\nabla^2 u - \rho\frac{\partial^2 u}{\partial t^2} = 0 \tag{2-99}$$

式中，D_p 为板的弯曲刚度。对于简支边界约束的板结构振动，假设时间和空间变量分离，求解此方程得

$$u(x,y,t) = U(x,y)\cos(\omega t) \tag{2-100}$$

模态振型为正弦函数，即

$$U(x,y) = \sum_{n=0}^{\infty}\sum_{j=0}^{\infty} U_{0,nj}\sin\left(\frac{n\pi x}{L_x}\right)\sin\left(\frac{j\pi y}{L_y}\right) \tag{2-101}$$

式中，L_x 和 L_y 分别为 x 和 y 方向上的边长。将式 (2-100) 代入式 (2-99)，可得简支板的本征频率为

$$\omega_{n,j} = \pi^2\sqrt{\frac{D_\mathrm{p}}{\rho h}}\left(\frac{n^2}{L_x^2} + \frac{j^2}{L_y^2}\right) \tag{2-102}$$

对于正方形板 ($L = L_x = L_y$)，谐振频率可写为

$$\omega_{n,j} = \frac{\pi^2(n^2 + j^2)}{L^2}\sqrt{\frac{D_\mathrm{p}}{\rho h}} \tag{2-103}$$

以上分析方法可以直接求解简支板问题，但是简支板在微纳尺度上基本无法

实现。实际应用中采用的边界条件为四边固定或者悬空，如图 2-30(b)、(d)、(e)所示，但这些边界条件下的固有频率难以求解。为了解决这个问题，可用瑞利能量法求得基频近似解，板结构的最大动能和势能为

$$W_{\text{kin,max}} = \frac{\omega^2}{2} \rho h \iint U^2 \mathrm{d}x\mathrm{d}y \tag{2-104}$$

$$W_{\text{pot,max}} = \frac{1}{2} D_{\text{p}} \iint \left\{ (\nabla^2 U)^2 + 2(1-\upsilon)\left[\left(\frac{\partial^2 U}{\partial x \partial y} \right)^2 - \frac{\partial^2 U}{\partial x^2}\frac{\partial^2 U}{\partial y^2} \right] \right\} \mathrm{d}x\mathrm{d}y \tag{2-105}$$

对于矩形板，位移函数可写为

$$U(x,y) = c\left[x^2 - \left(\frac{L_x}{2} \right)^2 \right]^2 \left[y^2 - \left(\frac{L_y}{2} \right)^2 \right]^2 \tag{2-106}$$

且满足以下固支边界条件：

$$\frac{\partial U}{\partial x} = 0 \bigg|_{x=\pm L_x/2}, \quad \frac{\partial U}{\partial y} = 0 \bigg|_{y=\pm L_y/2} \tag{2-107}$$

将假设的振型函数(2-106)代入瑞利能量方程，可得固支板基态本征频率的近似解为

$$\omega_{1,1} = 6\sqrt{2}\sqrt{\frac{7L_x^4 + 4L_x^2 L_y^2 + 7L_y^4}{L_x^4 L_y^4}}\sqrt{\frac{D_{\text{p}}}{\rho h}} \tag{2-108}$$

对于正方形板（$L=L_x=L_y$），则简化为

$$\omega_{1,1} = \frac{36}{L^2}\sqrt{\frac{D_{\text{p}}}{\rho h}} \tag{2-109}$$

从定性分析的角度来看，基频的近似解(2-108)是正确的，因此矩形板弯曲的固有频率一般式可表示为

$$\omega_{n,j} = \alpha_{n,j}\frac{1}{L^2}\sqrt{\frac{D_{\text{p}}}{\rho h}} \tag{2-110}$$

式中，$\alpha_{n,j}$ 为本征频率常数。

2. 圆形板

对于圆形板，也可由瑞利能量法近似求解其基频，其最大势能和动能分别为

$$W_{\text{pot,max}} = \pi D_{\text{p}} \int_0^R \left\{ \left(\frac{\partial^2 U(r)}{\partial r^2} + \frac{1}{r} \frac{\partial U(r)}{\partial r} \right)^2 - 2(1-\upsilon) \frac{\partial^2 U(r)}{\partial r^2} \frac{1}{r} \frac{\partial U(r)}{\partial r} \right\} r \mathrm{d}r \quad (2\text{-}111)$$

$$W_{\text{kin,max}} = \pi \rho h \int_0^R \left[U(r) \right]^2 r \mathrm{d}r \quad (2\text{-}112)$$

固支边界圆形板的振型函数方程可近似表示为

$$U(r) = C_r \left[1 - \left(\frac{r}{R} \right)^2 \right]^2 \quad (2\text{-}113)$$

将振型函数 (2-113) 分别代入式 (2-111) 和式 (2-112)，可得 $W_{\text{pot,max}} = 32\pi D_{\text{p}} / (3R^2)$ 和 $W_{\text{kin,max}} = \pi h R^2 \rho / 10$，本征频率的近似值为

$$\omega_{1,0} \approx 10.33 \frac{1}{R^2} \sqrt{\frac{D_{\text{p}}}{\rho h}} \quad (2\text{-}114)$$

边界固支圆形板基频的近似解为

$$\omega_{n,j} = \alpha_{n,j} \frac{1}{R^2} \sqrt{\frac{D_{\text{p}}}{\rho h}} \quad (2\text{-}115)$$

式中，不同模态的 $\alpha_{n,j}$ 值可由瑞利-里茨法求得，如图 2-31 所示。

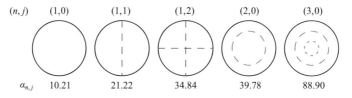

(n,j)	(1,0)	(1,1)	(1,2)	(2,0)	(3,0)
$\alpha_{n,j}$	10.21	21.22	34.84	39.78	88.90

图 2-31　固支边界圆形板的振型（n 为模数，j 为节点直径）

圆形板（圆盘）有一种特殊的边界条件，即中心固定，如图 2-30 (c) 所示，对应的 $\alpha_{n,j}$ 值见表 2-3。盘式谐振器有不同的振动模态，主要分为径向模态圆盘谐振器和酒杯式圆盘谐振器，也得到了广泛应用。

表 2-3　中心固定圆形板同心模态的本征频率常数 $\alpha_{n,j}$

n	$j=0$	$j=1$	$j=2$	$j=3$
1	3.75	20.91	60.68	119.7

2.4.5　薄膜结构

薄膜是 MEMS/NEMS 中为数不多的几个有解析解的二维结构，由高预应力的材料（如氮化硅）制成非常薄的板结构，在 MEMS/NEMS 谐振器中有很多应用[47-50]，如图 2-32 所示。本节主要介绍矩形和圆形薄膜两种结构形式的谐振器。

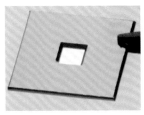
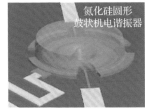
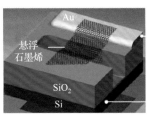

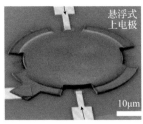

(a) 氮化硅矩形薄膜谐振器[47]　　(b) 氮化硅圆形鼓状薄膜谐振器[48]　　(c) 石墨烯梁式薄膜谐振器[49]

图 2-32　微纳机械薄膜谐振器

1. 矩形薄膜

对于矩形薄膜，其动力学控制方程可以通过弦的动力学方程推导得到，即

$$\frac{\partial^2 z}{\partial x^2} + \frac{\partial^2 z}{\partial y^2} - \frac{\rho}{\sigma}\frac{\partial^2 z}{\partial t^2} = 0 \tag{2-116}$$

为了求解上述方程，假设解 $z(x,y,t)$ 满足以下形式，即

$$z(x,y,t) = \sum_m \sum_n a_{mn}(t)\psi_{mn}(x,y) \tag{2-117}$$

式中，$\psi_{mn}(x,y) = u_m(x)v_n(y)$ 为二维振型函数，将该函数归一化，由式(2-117)可知，方程(2-116)的解满足 $R(x,t) = \sum_n a_n(t)r_n(x)$ 的二维形式，其中 $r_n(x) = \psi_{mn}(x,y)$。$a_{mn}(t)$ 可用于描述薄膜的振动，即

$$a_{mn}(t) = c_{mn}\cos(\omega_{mn}t) + d_{mn}\sin(\omega_{mn}t) \tag{2-118}$$

将函数 $a_{mn}(t)$ 代入方程 (2-116) 和 (2-117)，可得薄膜振动的动力学方程为

$$v_n\frac{\partial^2 u_m}{\partial x^2} + u_m\frac{\partial^2 v_n}{\partial y^2} + \frac{\rho\omega_{mn}^2}{\sigma}u_m v_n = 0 \tag{2-119}$$

可以通过矩形薄膜的边界条件求解上述方程，矩形薄膜 x 轴方向长度为 L_x，y 轴方向长度为 L_y，如图 2-33(i) 所示，固支边界条件为

$$\psi_{mn}(0,y) = \psi_{mn}(x,0) = \psi_{mn}(L_x,y) = \psi_{mn}(x,L_y) = 0 \tag{2-120}$$

假设方程 (2-119) 的解为 $u_m(x) = \sin(m\pi x/L_x)$ 和 $v_n(y) = \sin(n\pi y/L_y)$，可得薄膜的振型表达式为

$$\psi_{mn}(x,y) = \sin\left(\frac{m\pi x}{L_x}\right)\sin\left(\frac{n\pi y}{L_y}\right) \tag{2-121}$$

正弦函数形式使得 $|\psi_{mn}(x,y)|$ 满足归一化条件，矩形薄膜振动的前八阶振型如图 2-33 所示。同时，可以求得谐振频率为

$$f_{mn} = \frac{\omega_{mn}}{2\pi} = \frac{1}{2}\sqrt{\frac{\sigma}{\rho}\left[\left(\frac{m}{L_x}\right)^2 + \left(\frac{n}{L_y}\right)^2\right]} \tag{2-122}$$

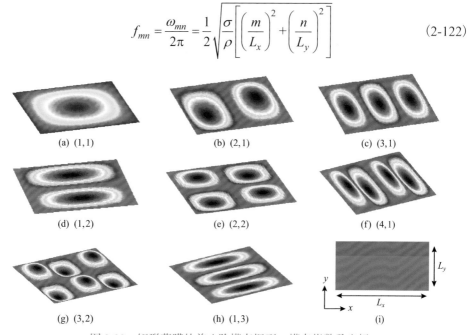

(a) (1,1)   (b) (2,1)   (c) (3,1)

(d) (1,2)   (e) (2,2)   (f) (4,1)

(g) (3,2)   (h) (1,3)   (i)

图 2-33   矩形薄膜的前八阶模态振型、模态指数及坐标

2. 圆形薄膜

对于圆形薄膜，引入二维拉普拉斯算子 ∇^2，可以推导出与方程(2-116)相互独立的坐标形式如下：

$$\nabla^2 z - \frac{\rho}{\sigma}\frac{\partial^2 z}{\partial t^2} = 0 \qquad (2\text{-}123)$$

式中，$\nabla^2 = \partial^2/\partial x^2 + \partial^2/\partial y^2$。

在分析圆形薄膜时，为便于计算，引入柱坐标系。采用拉普拉斯算子将方程(2-123)转换为柱坐标系下的形式，即

$$\frac{1}{s}\frac{\partial}{\partial s}\left(s\frac{\partial z}{\partial s}\right) + \frac{1}{s^2}\frac{\partial^2 z}{\partial \phi^2} - \frac{\rho}{\sigma}\frac{\partial^2 z}{\partial t^2} = 0 \qquad (2\text{-}124)$$

引入极坐标 s 和角坐标 ϕ，为了求解动力学方程(2-124)，假设解满足

$$z(s,\phi,t) = \sum_m \sum_n a_{mn}(t)\psi_{mn}(s,\phi) \qquad (2\text{-}125)$$

式中，$\psi_{mn}(s,\phi) = S_{mn}(s)\Phi_m(\phi)$ 为 s 和 ϕ 的函数。将其代入方程(2-124)，可得圆形薄膜振型的动力学方程为

$$\Phi_m \frac{1}{s}\frac{\partial}{\partial s}\left(s\frac{\partial S_{mn}}{\partial s}\right) + S_{mn}\frac{1}{s^2}\frac{\partial^2 \Phi_m}{\partial \phi^2} + \frac{\rho \omega_{mn}^2}{\sigma} S_{mn}\Phi_m = 0 \qquad (2\text{-}126)$$

对于半径为 a 的固定圆形薄膜，上述方程可通过代入边界条件 $\psi_{mn}(a,\phi)=0$ 求解。假设 $\Phi_m(\phi) = \cos(m\phi)$ 和 $S_{mn}(s) = J_m(\alpha_{mn}s/a)$，其中，$J_m$ 为第一类 Bessel 函数，α_{mn} 由 $J_m(\alpha_{mn})=0$ 来确定。当 $\Phi_m(\phi) = \cos(m\phi)$ 时，圆形薄膜的振型函数可写为

$$\psi_{mn}(s,\phi) = K_m \cos(m\phi) J_m\left(\frac{\alpha_{mn}s}{a}\right) \qquad (2\text{-}127)$$

式中，K_m 为归一化常数，以使 $|\psi_{mn}(s,\phi)|$ 的最大值为单位 1。圆形薄膜的前八阶模态如图 2-34 所示。由 Bessel 函数性质可知，径向对称模态($m=0$)在 $s=0$ 处有最大值，而所有其他模态($m>0$)在 $s=0$ 处有一节点(图 2-34)。

同时，可求得每阶模态的固有频率为

$$f_{mn} = \frac{\omega_{mn}}{2\pi} = \frac{1}{2\pi}\sqrt{\frac{\sigma}{\rho}}\frac{\alpha_{mn}}{a} = \frac{1}{2\pi}c_\sigma\frac{\alpha_{mn}}{a} \qquad (2\text{-}128)$$

式中，$c_\sigma = \sqrt{\sigma/\rho}$ 为薄膜中的弯曲波速。图 2-35(a)给出了圆形板和薄膜结构的谐振频率与圆盘半径之间的关系，当无量纲应力参数 $k_r = a\sqrt{T_i/D_p}$ 低于临界值时，谐振频率相对于 k_r 保持不变，并与半径 a 呈反平方比关系，属于板理论区域；当圆盘处于拉伸状态时，其与半径 a 成反比，此时属于薄膜力学行为。谐振频率随着薄膜上的张力增大而增大，当 k_r 增大时，谐振频率迅速增大。板和薄膜结构的力学模型之间的差异可由应力参数来区分，对于一阶振动模态，存在板到薄膜力学行为的过渡区（$2 < k_r < 20$）；对于更高的振动模态，过渡区随着 k_r 的增加而增加[51]。

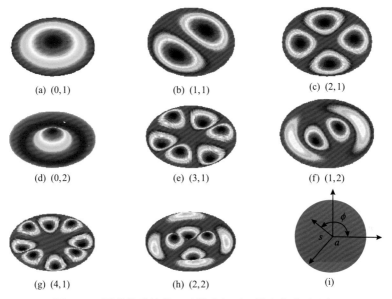

(a) (0,1)   (b) (1,1)   (c) (2,1)

(d) (0,2)   (e) (3,1)   (f) (1,2)

(g) (4,1)   (h) (2,2)   (i)

图 2-34   圆形薄膜的前八阶模态振型、模态指数及坐标

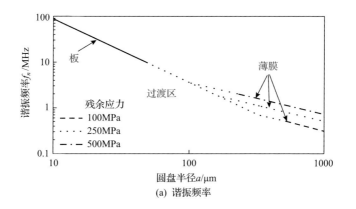

(a) 谐振频率

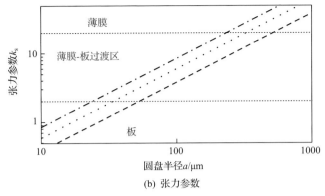

(b) 张力参数

图 2-35 谐振频率、张力参数与圆盘半径之间的关系[51]

对于圆形薄膜结构[48]，如图 2-32(b)所示，可以采用集中参数模型 Duffing 方程近似描述其非线性动力学响应[52]，即

$$m_{\text{eff}}\ddot{x} + c_{\text{m}}\dot{x} + k_1 x + k_3 x^3 = F_{\text{ele}}\cos(\omega t) \tag{2-129}$$

式中，x 为圆形薄膜中心的挠度；c_{m} 为阻尼系数；k_1 和 k_3 分别为线性刚度和非线性立方刚度；m_{eff} 和 F_{ele} 分别为等效质量和静电驱动力。系统的固有频率和品质因子分别为 $\omega_0^2 = k_1 / m_{\text{eff}}$ 和 $Q = m_{\text{eff}}\omega_0 / c_{\text{m}}$。

薄膜的非线性力学参数可以通过其势能和材料参数来确定，具有各向同性材料特性的圆形薄膜径向变形的势能可以近似表示为

$$U = \frac{1}{2}C_1 n_0 x^2 + \frac{1}{2}C_3(\upsilon)\frac{\pi Eh}{R^2}x^4 \tag{2-130}$$

式中，$n_0 = 0.69\pi^2 f_0^2 R^2 \rho h$ 为薄膜预拉伸张力，ρ 为薄膜密度，R 和 h 分别为薄膜的半径和厚度，当 $h/R < 0.001$ 时，弯曲刚度可忽略不计；无量纲函数 C_1 和 $C_3(\upsilon)$ 取决于薄膜的变形形状和材料泊松比 υ，C_1 表示在恒定拉伸预应力下拉伸膜所需的能量，$C_3(\upsilon)$ 表示张力增大时会导致薄膜大变形。由此，圆形薄膜的非线性力-变形关系可写为

$$F = \frac{\mathrm{d}U}{\mathrm{d}x} = k_1 x + k_3 x^3 = C_1 n_0 x + 2C_3(\upsilon)\frac{\pi Eh}{R^2}x^3 \tag{2-131}$$

函数 C_1 和 $C_3(\upsilon)$ 可以采用原子力显微镜、均匀气压法、非线性动力学方法确定。表 2-4 总结了三种膜变形对 k_1 和 k_3 的依赖关系。

表 2-4　不同变形形状对应的薄膜线性刚度 k_1 和非线性立方刚度 k_3 [15, 52, 53]

方法	线性刚度 k_1	非线性立方刚度 k_3	变形形状
原子力显微镜纳米压痕法	πn_0	$\dfrac{1}{1.05-0.15\upsilon-0.16\upsilon^2}\dfrac{Eh}{R^2}$	
均匀气压法	$4\pi n_0$	$\dfrac{8\pi}{3(1-\upsilon)}\dfrac{Eh}{R^2}$	
非线性动力学方法	$1.56 n_0$	$\dfrac{\pi}{1.27-0.97\upsilon-0.27\upsilon^2}\dfrac{Eh}{R^2}$	

2.4.6　球壳结构

相比于平面环状、盘状等二维谐振器，球壳式 MEMS 谐振器因其支撑损耗低、品质因子高、精度高和可靠性高等优点，在惯性传感与制导、信号处理、计时、频率控制等方面有着潜在的应用前景[54-56]。

2012 年，Zotov 等[54]首次提出了三维壳体谐振的概念，如图 2-36(a) 所示，陀螺仪在 –1000～1000°/s 范围内的标度因数(角增益)非线性度为 1%，也实现了谐振子频率对称性小于 10ppm(1ppm=10^{-6})、Q 值超过 100 万的谐振子[55]，如图 2-36(b) 所示。基于 MEMS 技术的微半球壳陀螺在其微型化过程中存在两个核心问题：高 Q 值微球壳体谐振器的设计与制备，微球壳体的高精度驱动和检测。

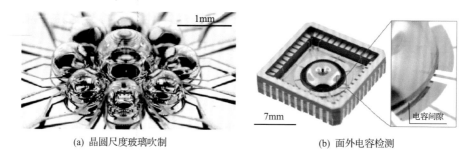

(a) 晶圆尺度玻璃吹制　　　　　　　(b) 面外电容检测

图 2-36　三维壳体谐振陀螺[54,55]

球壳式谐振器件采用的加工制备方法主要有两类：一类是基于 MEMS 体硅工艺、表面牺牲层工艺，通过各向同性刻蚀、电火花加工、化学机械抛光等加工技术可以制备出二氧化硅、多晶硅、金刚石等材料的球壳式谐振结构；另一类是基于玻璃热成型工艺，可以制备出玻璃等材料的谐振结构。球壳式谐振器的驱动方式主要有静电、压电、电磁三种，其中与静电驱动相比，电磁驱动、压电驱动能够产生较大的振幅，但是制备工艺与三维微加工技术的兼容性较差。因此，微球壳式谐振器件多采用静电驱动，谐振结构的电极有多种设计形状，如壳状、柱状、平面型、埋入型、掺杂型、可调谐型等。图 2-37 为高深宽比多晶硅/单晶硅组合工艺制备的多晶硅半球壳谐振器[57]，相应的陀螺样机灵敏度达到 $8.57\text{mV}/((°)\cdot\text{s})$，谐振器支撑结构(柱子)对其品质因子影响较大，为谐振结构设计的优化提供了指导。

 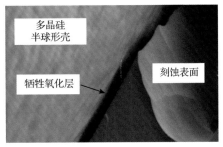

(a) 谐振器件   (b) 释放的多晶硅半球壳

图 2-37 多晶硅半球壳谐振器[57,58]

球壳式谐振器件设计的关键点在于其支撑结构的设计，光滑的、高度对称的球壳结构适于谐振器件，其几何形式与酒杯相似，轴对称的三维半球壳结构与衬底之间通过不同形式的支撑结构连接，有效减小谐振结构与衬底之间的能量耦合作用，因而球壳式 MEMS 谐振器具有较高的品质因子。因此，支撑结构不仅影响器件的谐振频率，而且影响支撑损耗和器件的品质因子。表 2-5 给出了不同支撑结构设计时谐振器件的能量耗散情况。结合工艺条件可以设计不同的谐振结构(壳体形状、支撑结构类型)，进行结构参数优化(壳体半径、壳体厚度、支撑结构的

表 2-5 不同支撑结构形式的球壳式谐振器件[57]

支撑结构	器件实例	能耗比(总能量/支撑能耗)
半球状		1.85×10^3
扁壳体		5.82×10^4
开口向下圆柱		9×10^7
开口向上圆柱		1.7×10^9

长度和半径、边界角等），得到设计器件的工作频率和品质因子，图 2-38 给出了不同材料谐振器品质因子和壳结构刚度之间的关系[59]。

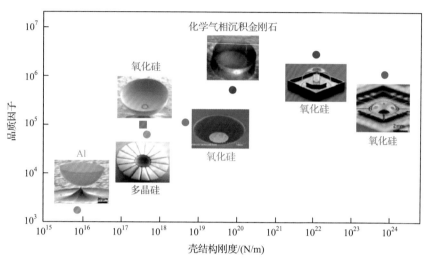

图 2-38 不同材料谐振器品质因子和壳结构刚度之间的关系[59]

球壳式谐振器的力学模型可以采用壳单元，利用瑞利能量法建立其动力学模型，并得到其振动特性。图 2-39 为直径为 a、厚度为 h 的薄半球壳的力学分析示意图，壳单元的整体位移分量为 φ、θ 和 a，局部位移分量分别为 u、v 和 w。假设壳结构为各向同性和几何对称，且自由边界条件，可得壳的动能 K_0 为

$$K_0 = \frac{1}{2}a\rho h\int_0^{\pi/2}\int_0^{2\pi}\left(\dot{u}^2 + \dot{v}^2 + \dot{w}^2\right)\sin\varphi\mathrm{d}\theta\mathrm{d}\varphi \tag{2-132}$$

式中，ρ 为壳的密度。壳的应变能可写为

$$U_0 = \frac{1}{2}a\int_0^{\pi/2}\int_0^{2\pi}\int_{-h/2}^{h/2}\left(\sigma_{11}\varepsilon_{11} + \sigma_{22}\varepsilon_{22} + \sigma_{12}\varepsilon_{12}\right)\sin\varphi\mathrm{d}r\mathrm{d}\theta\mathrm{d}\varphi \tag{2-133}$$

式中，U_0、$\sigma_{\alpha\beta}$ 和 $\varepsilon_{\alpha\beta}$ 分别为应变能、弯曲应力和弯曲应变。假设薄膜内无张力，且忽略直径方向的应变能。

壳的应力-应变本构关系可表示为

$$\sigma_{11} = \frac{E}{1-\mu^2}(\varepsilon_{11} + \mu\varepsilon_{22}), \quad \sigma_{22} = \frac{E}{1-\mu^2}(\varepsilon_{22} + \mu\varepsilon_{11}), \quad \sigma_{12} = \frac{E}{2(1+\mu)}\varepsilon_{12} \tag{2-134}$$

式中，$\varepsilon_{ij} = a\kappa_{ij}$，$i,j=1,2$；$E$、$\mu$ 和 κ 分别为壳中性面的杨氏模量、泊松比和曲率。曲率 κ 可以用 u、v 和 w 表示为

$$
\begin{cases}
\kappa_{11} = \dfrac{1}{a^2}\left(u_\varphi - w_{\varphi\varphi}\right) \\[2mm]
\kappa_{22} = \dfrac{1}{a^2}\left[\dfrac{v_\theta}{\sin\varphi} - \dfrac{w_{\theta\theta}}{\sin^2\varphi} + \cot\varphi\left(u - w\varphi\right)\right] \\[2mm]
\kappa_{12} = \dfrac{1}{a^2}\left[\sin\varphi\dfrac{\partial}{\partial\varphi}\left(\dfrac{v}{\sin\varphi} - \dfrac{w_\theta}{\sin^2\varphi}\right) + \dfrac{u_\theta - w_{\varphi\theta}}{\sin\varphi}\right]
\end{cases}
\tag{2-135}
$$

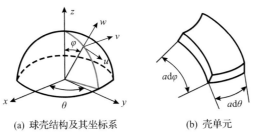

(a) 球壳结构及其坐标系　　　　(b) 壳单元

图 2-39　球壳结构的力学分析示意图

假设附加点质量只会改变壳的动能，但不改变势能。因此，含附加质量的壳总能可以表示为

$$
K_T = K_0 + K_M, \quad U_T = U_0
\tag{2-136}
$$

式中，$K_M = \sum_{i=1}^{n}\dfrac{1}{2}m_i\left(\dot{u}_M^2 + \dot{v}_M^2 + \dot{w}_M^2\right)$。

通过假设模态阵型函数，壳单元的位移可以假设为

$$
\begin{cases}
u = -Da\sin\varphi\tan^n\dfrac{\varphi}{2}\sin\left(n\theta\right)\mathrm{e}^{-\mathrm{i}\omega_0 t} \\[2mm]
v = Da\sin\varphi\tan^n\dfrac{\varphi}{2}\cos\left(n\theta\right)\mathrm{e}^{-\mathrm{i}\omega_0 t} \\[2mm]
w = Da\left(n + \cos\varphi\right)\tan^n\dfrac{\varphi}{2}\sin\left(n\theta\right)\mathrm{e}^{-\mathrm{i}\omega_0 t}
\end{cases}
\tag{2-137}
$$

式中，D、n 和 ω_0 分别为壳的振型振幅、模态阶数和固有频率。

类似于壳的位移函数，附加点质量的位移函数可假设为

$$
\begin{cases}
u = Da\sin\varphi\tan^n\dfrac{\varphi}{2}\sin n\left(\theta - \zeta\right)\mathrm{e}^{-\mathrm{i}\omega_0 t} \\[2mm]
v = Da\sin\varphi\tan^n\dfrac{\varphi}{2}\cos n\left(\theta - \zeta\right)\mathrm{e}^{-\mathrm{i}\omega_0 t} \\[2mm]
w = Da\left(n + \cos\varphi\right)\tan^n\dfrac{\varphi}{2}\sin n\left(\theta - \zeta\right)\mathrm{e}^{-\mathrm{i}\omega_0 t}
\end{cases}
\tag{2-138}
$$

式中，ζ 为相应振型函数方向转角的变化量，该变化量是由附加点质量引起的圆周方向角度变化。

由此可得壳的最大动能和势能为

$$K_{0\max} = \frac{1}{2}\omega_0^2 \pi D^2 a^2 \rho h \int_0^{\pi/2} \left[(n+\cos\varphi)^2 + 2\sin^2\varphi \right] \sin\varphi \mathrm{d}\varphi \qquad (2\text{-}139)$$

$$U_{0\max} = \frac{\pi D^2 h^3 E}{6(1+\mu)a^2} n^2 \left(n^2-1\right)^2 \int_0^{\pi/2} \left(\sin^{-3}\varphi \tan^{2n}\frac{\varphi}{2} \right) \mathrm{d}\varphi \qquad (2\text{-}140)$$

$$K_{M\max} = \sum_i \frac{1}{2} D^2 m_i \omega_n^2 \tan^{2n}\left(\frac{\varphi_i}{2}\right) \left[(n+\cos\varphi_i)^2 \sin^2\left(n(\theta_i-\zeta)\right) + \sin^2\varphi_i \right] \qquad (2\text{-}141)$$

式中，m_i 表示第 i 个点的质量。

拉格朗日函数可以表示为

$$L = U_{0\max} - \left(K_{0\max} - K_{M\max} \right) \qquad (2\text{-}142)$$

根据瑞利能量法，式(2-142)可以表示为 $\partial L / \partial D = 0$，求解可推导含附加质量的壳的固有频率为

$$f_n^2 = \omega_0^2 \left\{ 1 + \frac{\dfrac{1}{2}\sum_i m_i \tan^{2n}\left(\dfrac{\varphi_i}{2}\right)\left[(n+\cos\varphi_i)^2 \sin^2\left(n(\theta_i-\zeta_j)\right) + \sin^2\varphi_i \right]}{\dfrac{1}{2} a\pi\rho h \int_0^{\pi/2} \tan^{2n}\left\{ \dfrac{\varphi}{2}\left[(n+\cos\varphi)^2 + 2\sin^2\varphi \right] \right\} \sin\varphi \mathrm{d}\varphi} \right\}^{-1}, \quad j = \mathrm{H,L}$$

$$(2\text{-}143)$$

式中，j 表示频率的上、下分界，H 和 L 分别表示高频和低频。

2.4.7 扭转结构

扭振结构是谐振器设计中常见的结构之一，在 MEMS/NEMS 中有着广泛应用，如图 2-40 所示扭振 MEMS/NEMS 谐振器，可制成微纳尺度的静电计、磁力计、传感器等[60-64]，机械扭矩传感可达标准量子极限[65]，同时也是微型陀螺仪、扭摆式加速度计等 MEMS 惯性器件的重要元器件。

由于细长梁的扭振难以转换为电信或光信号，大部分的扭转机械谐振器都包含一个相对大的桨叶，可将小的扭转振动放大至可以被激励和检测。一般来说，扭转桨叶谐振器中，悬挂桨叶的杆的转动惯量可以忽略不计，扭振谐振器适宜用集中参数模型来描述，细长杆的扭转固有频率可根据瑞利能量法推导，其最大势能和动能分别为

$$W_{\text{pot,max}} = \frac{1}{2} GI_{\text{p}} \int_0^L \left[\frac{\partial U(x)}{\partial x} \right]^2 \mathrm{d}x \tag{2-144}$$

$$W_{\text{kin,max}} = \frac{1}{2} I_{\text{p}} \rho \omega^2 \int_0^L \left[U(x) \right]^2 \mathrm{d}x \tag{2-145}$$

式中，GI_{p} 为扭转刚度；G 为材料的剪切弹性模量；I_{p} 为截面极惯性矩；ρ 为密度。

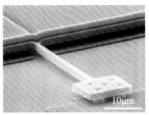

(a) 扭转机械测力计 Casimir[60]

(b) 扭转纳米机械静电计[62]

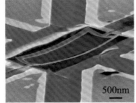

(c) 扭转纳机械谐振超导量子
干涉仪[63]

(d) 桨叶微机械质量
传感器[64]

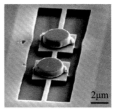

(e) 双桨叶磁力矩
传感器[61]

图 2-40 扭振 MEMS/NEMS 谐振器

假设两端固支杆的振型函数为

$$U_n(x) = c \sin\left(\frac{n\pi}{L} x \right) \tag{2-146}$$

则谐振器的固有频率为

$$f_n = \frac{n\pi}{L} \sqrt{\frac{G}{\rho}} = \frac{n\pi}{L} c_\varphi \tag{2-147}$$

式中，$c_\varphi = \sqrt{G/\rho}$ 为扭转振动波的传播速度。该固有频率类似于弦的弯曲振动和梁的纵向振动。三种结构本质上均可由一维波动方程来描述，该方程的解包含正弦驻波。

2.4.8　通道式谐振结构

为了提高 MEMS/NEMS 谐振器在液体环境中的检测精度，2003 年，Burg 等[66]

首次提出了通道式 MEMS 谐振器的概念，并于 2007 年创新设计了谐振器件[67]，如图 2-41 所示，该谐振器包含微悬臂梁、内部通道、微流控系统以及驱动电极，采用多晶硅镶嵌工艺和牺牲层刻蚀技术，加工内含微通道的悬臂梁结构，将流体从谐振结构的外部转移到内部，改变结构与流体之间的流固耦合作用，从而降低液体的附加质量和附加阻尼，为提高液体环境中的检测精度提供了新的思路。此类器件可用于检测液体环境中的微纳米颗粒，包括细菌、病毒、蛋白质分子、金属/塑料颗粒等，质量分辨率可达阿克量级。此外，该器件还可以用于表征流体密度、流体黏度、流体相变、颗粒位置等，在生物、医药、化工等领域有着广泛的应用前景。

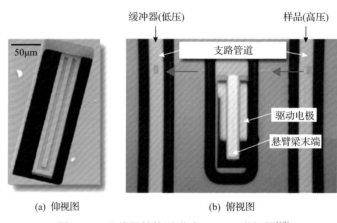

(a) 仰视图　　　　　　　　　　　　(b) 俯视图

图 2-41　悬臂梁结构通道式 MEMS 谐振器[67]

在结构设计和加工工艺方面，除了微梁式谐振器，微板、微管状结构的通道式 MEMS/NEMS 谐振器也相继报道[44, 68-73]，如图 2-42 所示。与基于微悬臂梁结构的谐振器相比，微板结构的谐振器频率高，有利于提高质量分辨率；微管结构的谐振器易加工，成本较低。同时，基于微梁结构的通道式 MEMS/NEMS 谐振器发展较为成熟，应用最为广泛。

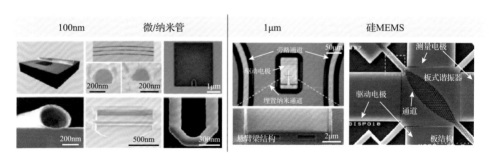

图 2-42　不同结构的通道式 MEMS/NEMS 谐振器[74]

Burg 等[66]首次报道的 MEMS/NEMS 谐振器的制造工艺依赖于牺牲多晶硅的长时间湿法蚀刻。具体而言，通过沉积在谐振器的结构材料(低应力氮化硅)顶部的牺牲层的沉积和图案来确定流体通道；然后用第二层氮化硅沉积层密封通道；牺牲多晶硅去除是通过在流体通道的两端(即入口和出口)定义接入孔，并将晶圆浸入湿蚀刻剂(KOH)中数小时后即可完成。图 2-43 为通道式 MEMS/NEMS 谐振器的微加工工艺流程、方法及器件照片[75]，微加工工艺主要分为两类：需要

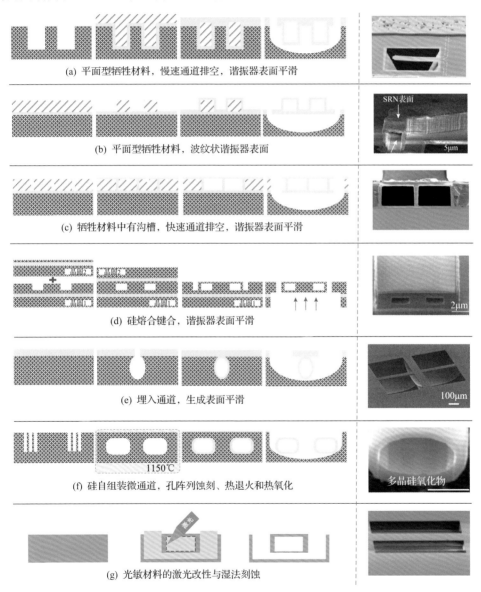

(a) 平面型牺牲材料，慢速通道排空，谐振器表面平滑

(b) 平面型牺牲材料，波纹状谐振器表面

(c) 牺牲材料中有沟槽，快速通道排空，谐振器表面平滑

(d) 硅熔合键合，谐振器表面平滑

(e) 埋入通道，生成表面平滑

(f) 硅自组装微通道，孔阵列蚀刻、热退火和热氧化

(g) 光敏材料的激光改性与湿法刻蚀

图 2-43 通道式 MEMS/NEMS 谐振器微加工工艺流程和方法[75]

沉积专用牺牲材料用于通道的制造工艺(图 2-43(a)～(c))和无需沉积牺牲材料的制造工艺(图 2-43(d)～(g))。机械结构中嵌入的微纳尺度通道制备也是器件最具挑战性的技术难题。

　　一般来说,检测物流经谐振器或与谐振器结合时,会产生与检测物质量和刚度成比例的相对频移。通道式 MEMS/NEMS 谐振器的动态工作模式主要有两类[75](图 2-44):①基于亲和性的捕获,即基于检测物在微通道功能化表面上的分子识别固定;②流动检测,当单个粒子穿过谐振器时,实时监测器件频率响应。

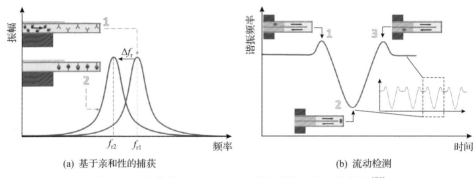

(a) 基于亲和性的捕获　　　　　　　　　　(b) 流动检测

图 2-44　通道式 MEMS/NEMS 谐振器的动态工作模式[75]

　　图 2-45 是采用聚焦离子束(focused ion beam, FIB)制备的不同壁厚的 SiO_2 空心微管 MEMS 谐振器的横截面,可以通过时间控制氧化加工具有相似初始几何形状的嵌入式空腔,氧化物外壳的厚度会显著改变器件的机械特性,如谐振频率和弹性刚度,随着空心微管壁厚的增大,谐振器的谐振频率和弹性刚度也增大,进而影响器件的性能。同时在驱动和测量方面,早期的通道式 MEMS/NEMS 谐振器

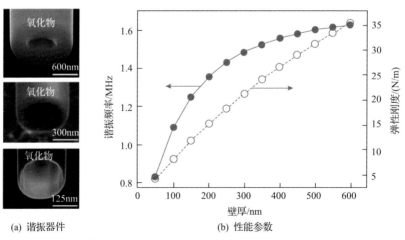

(a) 谐振器件　　　　　　　　　　(b) 性能参数

图 2-45　采用 FIB 制备的 SiO_2 空心微管 MEMS 谐振器性能参数和壁厚之间的关系[76]

多数采用静电驱动-光学测量的方式，静电驱动、光学测量是 MEMS/NEMS 中最为普遍的驱动方式和测量方法，但是静电激励具有固有的不稳定性，光学测量设备价格昂贵、体积大、使用不便，不利于谐振器的集成化。这促使压电驱动-压电测量、静电驱动-静电测量等不同驱动-测量方式得到发展，电学方法检测所需体积很小，便于使用和系统集成[44, 68-70]。通道式 MEMS/NEMS 谐振器的质量分辨率已从早期的 10^2fg 量级，逐步发展提高到 10^{-1}ag 量级，能够测量直径为 10nm 的悬浮颗粒的质量；此外，在测量悬浮颗粒质量的基础上，近年来也发展出多功能的谐振器件，能够检测颗粒密度、颗粒位置、细胞生长率、液体密度和黏度等参数。

参 考 文 献

[1] Voglhuber-Brunnmaier T, Jakoby B. Electromechanical resonators for sensing fluid density and viscosity—A review. Measurement Science and Technology, 2022, 33: 012001.

[2] Sementilli L, Romero E, Bowen W P. Nanomechanical dissipation and strain engineering. Advanced Functional Materials, 2022, 32(3): 2105247.

[3] Verma G, Mondal K, Gupta A. Si-based MEMS resonant sensor: A review from microfabrication perspective. Microelectronics Journal, 2021, 118: 105210.

[4] Kara V, Sohn Y I, Atikian H, et al. Nanofluidics of single-crystal diamond nanomechanical resonators. Nano Letters, 2015, 15(12): 8070-8076.

[5] de Bonis S L, Urgell C, Yang W, et al. Ultrasensitive displacement noise measurement of carbon nanotube mechanical resonators. Nano Letters, 2018, 18(8): 5324-5328.

[6] Pillai G, Li S S. Piezoelectric MEMS resonators: A review. IEEE Sensors Journal, 2020, 21(11): 12589-12605.

[7] Berman D, Krim J. Surface science, MEMS and NEMS: Progress and opportunities for surface science research performed on, or by, microdevices. Progress in Surface Science, 2013, 88(2): 171-211.

[8] Zhang X C, Myers E B, Sader J E, et al. Nanomechanical torsional resonators for frequency-shift infrared thermal sensing. Nano Letters, 2013, 13(4): 1528-1534.

[9] O'Connell A D, Hofheinz M, Ansmann M, et al. Quantum ground state and single-phonon control of a mechanical resonator. Nature, 2010, 464(7289): 697-703.

[10] Bochmann J, Vainsencher A, Awschalom D D, et al. Nanomechanical coupling between microwave and optical photons. Nature Physics, 2013, 9(11): 712-716.

[11] Chen C, Shang Z, Zhang F, et al. Dual-mode resonant infrared detector based on film bulk acoustic resonator toward ultra-high sensitivity and anti-interference capability. Applied Physics Letters, 2018, 112(24): 243501.

[12] Zhou J, Moldovan N, Stan L, et al. Approaching the strain-free limit in ultrathin nanomechanical

resonators. Nano Letters, 2020, 20(8): 5693-5698.

[13] Rao S S, 机械振动. 李欣业, 张明路, 译. 北京: 清华大学出版社, 2009.

[14] Miller J M L, Ansari A, Heinz D B, et al. Effective quality factor tuning mechanisms in micromechanical resonators. Applied Physics Reviews, 2018, 5(4): 041307.

[15] Yildirim T, Zhang L, Neupane G P, et al. Towards future physics and applications via two-dimensional material NEMS resonators. Nanoscale, 2020, 12(44): 22366-22385.

[16] Wang Z, Feng P X L. Dynamic range of atomically thin vibrating nanomechanical resonators. Applied Physics Letters, 2014, 104(10): 103109.

[17] Lee J, Wang Z, He K, et al. Electrically tunable single- and few-layer MoS_2 nanoelectromechanical systems with broad dynamic range. Science Advances, 2018, 4(3): eaao6653.

[18] Postma H W C, Kozinsky I, Husain A, et al. Dynamic range of nanotube- and nanowire-based electromechanical systems. Applied Physics Letters, 2005, 86(22): 223105.

[19] Molina J, Escobar J E, Ramos D, et al. High dynamic range nanowire resonators. Nano Letters, 2021, 21(15): 6617-6624.

[20] Stassi S, Cooperstein I, Tortello M, et al. Reaching silicon-based NEMS performances with 3D printed nanomechanical resonators. Nature Communications, 2021, 12(1): 1-9.

[21] Tang W C, Nguyen T C H, Howe R T. Laterally driven polysilicon resonant microstructures. Sensors and Actuators, 1989, 20(1-2): 25-32.

[22] Hong Y S, Lee J H, Kim S H. A laterally driven symmetric micro-resonator for gyroscopic applications. Journal of Micromechanics and Microengineering, 2000, 10(3): 452-458.

[23] Hosseinzadegan H, Pierron O N, Hosseinian E. Accurate modeling of air shear damping of a silicon lateral rotary micro-resonator for MEMS environmental monitoring applications. Sensors and Actuators A: Physical, 2014, 216: 342-348.

[24] Liu Z, Chen J, Yang W, et al. Dynamic behaviours of double-ended tuning fork based comb-driven microelectromechanical resonators for modulating magnetic flux synchronously. Journal of Micromechanics and Microengineering, 2021, 32(1): 014003.

[25] Sun Y, Nelson B J, Potasek D P, et al. A bulk microfabricated multi-axis capacitive cellular force sensor using transverse comb drives. Journal of Micromechanics and Microengineering, 2002, 12(6): 832-840.

[26] Platz D, Schmid U. Vibrational modes in MEMS resonators. Journal of Micromechanics and Microengineering, 2019, 29(12): 123001.

[27] Villanueva L G, Kenig E, Karabalin R B, et al. Surpassing fundamental limits of oscillators using nonlinear resonators. Physical Review Letters, 2013, 110(17): 177208.

[28] Seitner M J, Gajo K, Weig E M. Damping of metallized bilayer nanomechanical resonators at room temperature. Applied Physics Letters, 2014, 105(21): 213101.

[29] Hauer B D, Doolin C, Beach K S D, et al. A general procedure for thermomechanical calibration of nano/micro-mechanical resonators. Annals of Physics, 2013, 339: 181-207.

[30] Gajo K, Schüz S, Weig E M. Strong 4-mode coupling of nanomechanical string resonators. Applied Physics Letters, 2017, 111(13): 133109.

[31] Quang L N, Larsen P E, Boisen A, et al. Tailoring stress in pyrolytic carbon for fabrication of nanomechanical string resonators. Carbon, 2018, 133: 358-368.

[32] Koumela A, Hentz S, Mercier D, et al. High frequency top-down junction-less silicon nanowire resonators. Nanotechnology, 2013, 24(43): 435203.

[33] Li M, Bhiladvala R B, Morrow T J, et al. Bottom-up assembly of large-area nanowire resonator arrays. Nature Nanotechnology, 2008, 3(2): 88-92.

[34] Bose S, Schmid S, Larsen T, et al. Micromechanical string resonators: Analytical tool for thermal characterization of polymers. ACS Macro Letters, 2014, 3(1): 55-58.

[35] Schmid S, Jensen K D, Nielsen K H, et al. Damping mechanisms in high-Q micro and nanomechanical string resonators. Physical Review B, 2011, 84(16): 165307.

[36] Schmid S, Hierold C. Damping mechanisms of single-clamped and prestressed double-clamped resonant polymer microbeams. Journal of Applied Physics, 2008, 104(9): 093516.

[37] Suhel A, Hauer B D, Biswas T S, et al. Dissipation mechanisms in thermomechanically driven silicon nitride nanostrings. Applied Physics Letters, 2012, 100(17): 173111.

[38] Nguyen L Q, Larsen P E, Bishnoi S, et al. Fabrication of fully suspended pyrolytic carbon string resonators for characterization of drug nano-and microparticles. Sensors and Actuators A: Physical, 2019, 288: 194-203.

[39] Kim H, Shin D H, McAllister K, et al. Accurate and precise determination of mechanical properties of silicon nitride beam nanoelectromechanical devices. ACS Applied Materials & Interfaces, 2017, 9(8): 7282-7287.

[40] Beccari A, Visani D A, Fedorov S A, et al. Strained crystalline nanomechanical resonators with quality factors above 10 billion. Nature Physics, 2022, 18(4): 436-449.

[41] Kucera M, Wistrela E, Pfusterschmied G, et al. Characterisation of multi roof tile-shaped out-of-plane vibrational modes in aluminium-nitride-actuated self-sensing micro-resonators in liquid media. Applied Physics Letters, 2015, 107(5): 053506.

[42] Pfusterschmied G, Kucera M, Steindl W, et al. Roof tile-shaped modes in quasi free-free supported piezoelectric microplate resonators in high viscous fluids. Sensors and Actuators B: Chemical, 2016, 237: 999-1006.

[43] Gil-Santos E, Baker C, Nguyen D T, et al. High-frequency nano-optomechanical disk resonators in liquids. Nature Nanotechnology, 2015, 10(9): 810-816.

[44] Agache V, Blanco-Gomez G, Baleras F, et al. An embedded microchannel in a MEMS plate

resonator for ultrasensitive mass sensing in liquid. Lab on a Chip, 2011, 11(15): 2598-2603.

[45] Lee J E Y, Yan J, Seshia A A. Low loss HF band SOI wine glass bulk mode capacitive square-plate resonator. Journal of Micromechanics and Microengineering, 2009, 19(7): 074003.

[46] Acar M A, Atalar A, Yilmaz M, et al. Mechanically coupled clamped circular plate resonators: Modeling, design and experimental verification. Journal of Micromechanics and Microengineering, 2021, 31(10): 105002.

[47] Thompson J D, Zwickl B M, Jayich A M, et al. Strong dispersive coupling of a high-finesse cavity to a micromechanical membrane. Nature, 2008, 452(7183): 72-75.

[48] Zhou X, Venkatachalam S, Zhou R, et al. High-Q silicon nitride drum resonators strongly coupled to gates. Nano Letters, 2021, 21(13): 5738-5744.

[49] Bunch J S, van der Zande A M, Verbridge S S, et al. Electromechanical resonators from graphene sheets. Science, 2007, 315(5811): 490-493.

[50] Borrielli A, Bonaldi M, Serra E, et al. Active feedback cooling of a SiN membrane resonator by electrostatic actuation. Journal of Applied Physics, 2021, 130(1): 014502.

[51] Gualdino A, Chu V, Conde J P. Study of the out-of-plane vibrational modes in thin-film amorphous silicon micromechanical disk resonators. Journal of Applied Physics, 2013, 113(17): 174904.

[52] Davidovikj D, Alijani F, Cartamil-Bueno S J, et al. Nonlinear dynamic characterization of two-dimensional materials. Nature Communications, 2017, 8(1): 1-7.

[53] di Giorgio C, Blundo E, Pettinari G, et al. Mechanical, elastic, and adhesive properties of two-dimensional materials: From straining techniques to state-of-the-art local probe measurements. Advanced Materials Interfaces, 2022, 9(13): 2102220.

[54] Zotov S A, Trusov A A, Shkel A M. Three-dimensional spherical shell resonator gyroscope fabricated using wafer-scale glassblowing. Journal of Microelectromechanical Systems, 2012, 21(3): 509-510.

[55] Senkal D, Ahamed M J, Ardakani M H A, et al. Demonstration of 1 million Q-factor on microglassblown wineglass resonators with out-of-plane electrostatic transduction. Journal of Microelectromechanical Systems, 2014, 24(1): 29-37.

[56] Chu J, Liu X, Liu C, et al. Fundamental investigation of subsurface damage on the quality factor of hemispherical fused silica shell resonator. Sensors and Actuators A: Physical, 2022, 335: 113365.

[57] Tavassoli V, Hamelin B, Ayazi F. Substrate-decoupled 3D micro-shell resonators. IEEE Sensors Conference, 2016: 1-3.

[58] Shao P, Tavassoli V, Mayberry C L, et al. A 3D-HARPSS polysilicon microhemispherical shell resonating gyroscope: Design, fabrication, and characterization. IEEE Sensors Journal, 2015,

15 (9) : 4974-4985.

[59] Hamelin B, Tavassoli V, Ayazi F. Microscale pierced shallow shell resonators: A test vehicle to study surface loss. The 30th International Conference on Micro Electro Mechanical Systems, 2017: 1134-1137.

[60] Chan H B, Bao Y, Zou J, et al. Measurement of the Casimir force between a gold sphere and a silicon surface with nanoscale trench arrays. Physical Review Letters, 2008, 101 (3) : 030401.

[61] Losby J E, Sauer V T K, Freeman M R. Recent advances in mechanical torque studies of small-scale magnetism. Journal of Physics D: Applied Physics, 2018, 51 (48) : 483001.

[62] Cleland A N, Roukes M L. A nanometre-scale mechanical electrometer. Nature, 1998, 392 (6672) : 160-162.

[63] Etaki S, Konschelle F, Blanter Y M, et al. Self-sustained oscillations of a torsional SQUID resonator induced by Lorentz-force back-action. Nature Communications, 2013, 4 (1) : 1-5.

[64] Charandabi S C, Prewett P D, Hamlett C A, et al. Nano planar coil actuated micro paddle resonator for mass detection. Microelectronic Engineering, 2011, 88 (8) : 2229-2232.

[65] Kim P H, Hauer B D, Doolin C, et al. Approaching the standard quantum limit of mechanical torque sensing. Nature Communications, 2016, 7 (1) : 1-6.

[66] Burg T P, Manalis S R. Suspended microchannel resonators for biomolecular detection. Applied Physics Letters, 2003, 83 (13) : 2698-2700.

[67] Burg T P, Godin M, Knudsen S M, et al. Weighing of biomolecules, single cells and single nanoparticles in fluid. Nature, 2007, 446 (7139) : 1066-1069.

[68] Luo J, Liu S, Chen P, et al. Highly sensitive hydrogen sensor based on an optical driven nanofilm resonator. ACS Applied Materials & Interfaces, 2022, 14 (25) : 29357-29365.

[69] Ko J, Lee B J, Lee J. Towards highly specific measurement of binary mixtures by tandem operation of nanomechanical sensing system and micro-Raman spectroscopy. Sensors and Actuators B: Chemical, 2022, 367: 132133.

[70] Lee J, Chunara R, Shen W, et al. Suspended microchannel resonators with piezoresistive sensors . Lab on A Chip, 2011, 11 (4) : 645-651.

[71] 闫寒, 张文明. 微纳通道谐振器测量与表征中的动力学问题研究. 力学进展, 2019, 49: 201903.

[72] Zhang Y. Detecting the stiffness and mass of biochemical adsorbates by a resonator sensor. Sensors and Actuators B—Chemical, 2014, 202: 286-293.

[73] Dohn S, Schmid S, Amiot F, et al. Mass and position determination of attached particles on cantilever based mass sensors . Review of Scientific Instruments, 2007, 78 (10) : 103303.

[74] Ko J, Jeong J, Son S, et al. Cellular and biomolecular detection based on suspended microchannel resonators. Biomedical Engineering Letters, 2021, 11 (4) : 367-382.

[75] de Pastina A, Villanueva L G. Suspended micro/nano channel resonators: A review. Journal of Micromechanics and Microengineering, 2020, 30(4): 043001.

[76] Kim J, Song J, Kim K, et al. Hollow microtube resonators via silicon self-assembly toward subattogram mass sensing applications. Nano Letters, 2016, 16(3): 1537-1545.

第3章　谐振器件材料与加工工艺

3.1　概　　述

MEMS/NEMS 谐振器作为 MEMS/NEMS 中重要的功能性器件之一[1]，所采用的材料非常丰富，材料之间的差异也很大，这为器件设计、加工制备及封装等技术发展带来了机遇和挑战。MEMS/NEMS 谐振器材料不仅要求满足力学、电学、物理与化学等性能，还要和微纳加工工艺及封装技术相兼容。

常用的器件材料以硅基材料及其化合物为主，但随着低维材料、压电材料、聚合物材料、金刚石等功能材料的发展，这些材料在新型谐振器设计和制备中也得到广泛应用。掌握这些材料的特性和加工工艺对谐振器结构设计及应用技术的发展具有重要的支撑作用。本章主要介绍 MEMS/NEMS 谐振器制备中涉及的硅基材料、硅化合物、低维材料、压电材料、聚合物材料等的性能及材料功能差异性，并阐述不同谐振器件的加工工艺及技术。

3.2　硅　基　材　料

谐振器件的材料按其功能可分为结构材料和工艺材料两大类，结构材料以硅基材料为主，而工艺材料以聚合物材料为主。表 3-1 给出了 MEMS/NEMS 谐振器常用硅基材料的力学和物理性能[2]。

表 3-1　MEMS/NEMS 谐振器中常用硅基材料的性能

材料	杨氏模量 /GPa	屈服强度 /GPa	泊松比	密度 /(g/cm³)	热膨胀系数 /10⁻⁶℃⁻¹	热导率 /(W/(m·K))	比热容 /(J/(g·K))	熔点 /℃	相对介电常数
i	160	7	0.22	2.4	2.6	157	0.7	1415	11.7
SiO₂	73	8.4	0.17	2.2	0.55	1.4	1.0	1700	3.9
Si₃N₄	323	14	0.25	3.1	2.8	19	0.7	1800	4~8
SiC	450	21	0.14	3.2	4.2	500	0.8	1800	9.7
石英	107	9	0.16	2.65	0.55	1.4	0.79	1610	3.75

在 MEMS/NEMS 技术领域，硅是谐振器制备中最常用的材料，具有优越的力学性能，热稳定性较好。按晶格形式，硅可分为单晶硅、多晶硅和无定形硅。图 3-1 为不同晶格形式的硅基 MEMS 谐振器。与其他材料谐振器相比，硅基谐振

器的加工工艺较为成熟，因此此类谐振器有着广泛的应用。但是硅是脆性材料，在谐振器设计时需要考虑硅基的抗冲击脆性断裂行为。

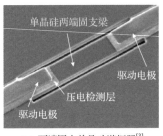

(a) 两端固支单晶硅谐振器[3]

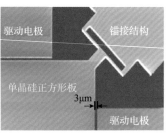

(b) 方板式单晶硅谐振器[4]

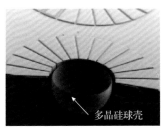

(c) 球壳式多晶硅谐振器[5]

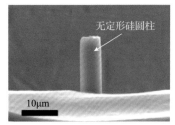

(d) 圆柱式无定形硅谐振器[6]

图 3-1　不同晶格形式的硅基 MEMS 谐振器

3.2.1　单晶硅

单晶硅是半导体行业中最重要、应用最广泛的基底材料。单晶硅内的硅原子按周期排列，一个硅原子的最外层的轨道上有四个电子，其与相邻的硅原子之间通过价电子之间的共价键相互连接，形成四面体单元。单晶硅的基本晶胞是由多个四面体组成的面心立方结构。硅晶体中的原子分布具有非对称性，材料具有良好的各向异性腐蚀特性、掩模材料兼容性等优异的性能。表 3-2 列出了单晶硅在不同方向上的杨氏模量和剪切模量等力学性能。

表 3-2　单晶硅在不同方向上的杨氏弹性和剪切模量

晶向方向	杨氏模量/GPa	剪切模量/GPa
<100>	129.5	79.0
<110>	168.0	61.7
<111>	186.5	57.5

3.2.2　多晶硅

多晶硅是指晶体内部各局部区域内原子周期排列，不同区域之间的原子排列方向不同的晶体结构，其结构可以看成由许多晶格方向不同的小单晶硅排列而成，是纯度达到半导体级的呈多晶状的硅材料。多晶硅的力学性能随着沉积方法不同而有所差异，其薄膜通常有很大的内应力，经常需要在高温（>900℃）下退火处理，以免在内应力下产生弯曲现象。多晶硅是目前 MEMS/NEMS 中最重要的材料之一，常用于表面微纳米器件的结构层。

多晶硅的加工工艺与条件决定了其材料特性，即使采用同一工艺制作试样，不同试验方法得到的材料特性也有所不同。采用不同加载方式进行多晶硅的轮转调度（round-robin）循环试验，所得结果会有一定的差异[7]，如表 3-3 所示。

表 3-3　多晶硅循环试验结果[7]

试验参数及结果	加利福尼亚大学伯克利分校	加利福尼亚理工学院	美国失效分析联盟	约翰斯·霍普金斯大学	
加载方式	弯曲	拉伸	弯曲	拉伸	拉伸
试样厚度/μm	1.9	1.9	2.0	1.5	3.5
试验数目	90	3	12	19	14
杨氏模量/GPa	174±20	132	137±5	136±14	142±25
断裂强度/GPa	2.8±0.5	—	2.7±0.2	1.3±0.2	1.3±0.1

此外，微纳加工工艺对多晶硅器件的性能也有很大影响，如图 3-2 所示，在多晶硅圆盘式谐振器表面制备氧化物涂层[8]，能够阻止多晶硅在高温封装过程中晶粒的迁移，从而有效地减小表面粗糙度，进而提高产能和晶片的均匀性。通过引入氧化物涂层工艺，谐振器件的谐振频率从 486kHz 减小到 93kHz，品质因子从55000 上升到 75000。

图 3-2　氧化物涂层工艺对谐振器表面的影响[8]

3.2.3　无定形硅

无定形硅又称非晶硅，是硅的一种同素异形体。在无定形硅中，并非所有的原子都与其他原子严格按照正四面体结构排列，部分硅原子存在悬空状态。因此，无定形硅的物理、电学和力学性能都比单晶硅差，但是其制造成本低，常用作掩模材料。

3.3　硅　化　合　物

二氧化硅(SiO_2)、氮化硅(Si_3N_4)和碳化硅(SiC)是 MEMS/NEMS 谐振器中常用的三种硅化合物材料。

3.3.1　二氧化硅

SiO_2 是一种无机物，有晶态和无定形两种形态，自然界中存在的 SiO_2 有石英、石英砂等。SiO_2 通常可以采用气相沉积、干/湿法，并通过氧化剂中加热硅基材料得到，反应中可通入蒸气或不通入蒸气。SiO_2 在 MEMS/NEMS 中主要有三个方面的应用：①作为硅衬底刻蚀或者扩散掩模材料，如可用于 KOH 溶液硅各向异性湿法刻蚀的掩模，可用于 SF_6 等离子体各向同性干法刻蚀硅的掩模，还可用在硅中扩散磷和硼时的掩模；②作为表面牺牲层，如磷掺杂后的 SiO_2，在 HF 酸中具有较快的刻蚀速度，是表面微加工工艺中的标准牺牲层材料；③作为热和电的绝缘体，在硅衬底生长其他薄膜之前，需要生长 SiO_2 绝缘层，且 SiO_2 在高温下具有回流特性，可以在一定程度释放残余应力。

如图 3-3 所示，Yu 等[9]采用自上而下的电子束光刻方法在 SOI 晶片上制备了硅基 NEMS 谐振器。首先，在 SOI 晶片的器件层上旋涂一层氢倍半硅氧烷（hydrogen silses quioxane, HSQ）；其次，利用电子束光刻刻蚀出纳米梁的二维图案；再次，采用电子束光刻工艺在结构表面上开出小窗口，释放出两端固支纳米梁。

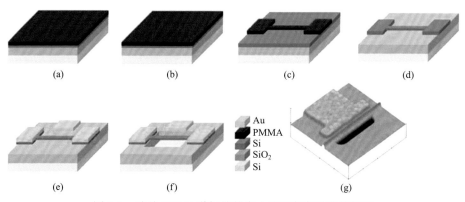

(a)　　　　　(b)　　　　　(c)　　　　　(d)

(e)　　　　　(f)　　　　　(g)

> Au
> PMMA
> Si
> SiO_2
> Si

图 3-3　硅基 NEMS 谐振器的自上而下制备工艺流程图
（SiO_2 作为牺牲层材料，PMMA 为聚甲基丙烯酸甲酯）[9]

在制备过程中，先后采用缓冲氧化物刻蚀液刻蚀大部分 SiO_2，然后采用临界点干燥法干燥，防止纳米梁产生粘连现象。SiO_2 层在谐振器制备过程中既起到释放牺牲层的作用，也作为电绝缘层，实现了器件的驱动和检测功能。

3.3.2 氮化硅

Si_3N_4 具有优异的物理化学特性，其化学性能稳定、热导率高、热膨胀系数小、耐磨性好，在谐振器件制备过程中起到了不可替代的作用。Si_3N_4 可以通过气相沉积方法，包括低压化学气相沉积和等离子体增强化学气相沉积，利用含硅的气体和氨气发生化学反应 $(3SiCl_2H_2+4NH_3 \longrightarrow Si_3N_4+6HCl+6H_2)$ 来制备。Si_3N_4 具有超强的抗氧化和抗腐蚀性，特别适合作为刻蚀掩模材料，可有效阻挡水汽和各种离子的扩散，可用于制备防水层和离子注入的掩模，也可用于制备器件的密封材料和高强度的电气绝缘层。

氧化硅基底上沉积的 Si_3N_4 纳米薄膜谐振器(图 3-4)的直径小于 $400\mu m$，谐振器的品质因子强烈依赖于谐振模态[10]。由于 Si_3N_4 薄膜的沉积工艺成熟，Si_3N_4 薄膜厚度可以制备至超薄(约 27nm)，且具有超高的品质因子和低弹性刚度，故 Si_3N_4 材料常应用于表面活性的生物化学传感器和光机械传感器。

(a) 光学显微镜图

(b) 蜂窝结构Si_3N_4薄膜阵列的
原子力显微镜图

图 3-4 Si_3N_4 圆形薄膜谐振器阵列[10]

为了减小谐振结构的表面应力，可以在刻蚀过程中沉积 Si_3N_4 牺牲层。如图 3-5 所示的硅微梁结构表面，在无沉积 Si_3N_4 牺牲层时，微梁结构被湿法刻蚀损坏，形成 Si_3N_4 锚结构，从而导致梁厚度不均匀，表面粗糙度增加(图 3-5(a))；通过低压化学气相沉积技术，在顶部硅层上沉积厚度为 15nm 的 Si_3N_4 牺牲层(图 3-5(b))，可使得微梁结构具有更均匀的厚度和表面，由此表明湿法蚀刻时沉积牺牲层可以有效提高表面性能[11]。

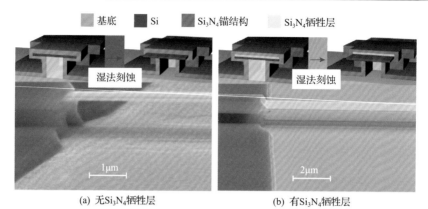

(a) 无Si₃N₄牺牲层　　　　　　　　　　(b) 有Si₃N₄牺牲层

图 3-5　湿法刻蚀过程中 Si₃N₄ 牺牲层对微梁谐振器表面的影响[11]

3.3.3　碳化硅

　　硅原料中一般都含有碳，高强度加热时会在坩埚底部沉积一层 SiC。因此，SiC 是生产单晶硅锭过程中形成的副产物之一，也可以通过各种沉积技术来制备。在高带隙半导体材料中，SiC 的物理、化学及力学性能相当优异，具有化学惰性和抗辐射性能，其热力学性质稳定。和硅相比，SiC 有更宽的禁带宽度(为硅的 2 倍)、更高的击穿电场(为硅的 7～10 倍)、更高的热导率(为硅的 3 倍以上)、更高的电子饱和率(为硅的 2 倍以上)以及更高的杨氏模量(为硅的 3 倍以上)。

　　SiC 有 250 多种多形体，较为常见的有立方密排的 3C-SiC 和六角密排的 4H-SiC、6H-SiC[12]。不同多形体的 SiC，其电学性能、杨氏模量和光学性能也不同。和六角形 SiC 相比，立方体 SiC 更适合 MEMS 加工工艺，目前已有多种 SiC 薄膜的沉积工艺，如分子束外延、反应磁控溅射、化学气相沉积等。由于 SiC 和硅衬底的热胀失配系数约为 8%，沉积温度越高，SiC 热应力越大。在高温条件下，SiC 具有良好的形貌稳定性和化学稳定性，可应用于极端环境下的 MEMS 谐振器。SiC 在高温下有很强的抗氧化性，在谐振器表面沉积一层 SiC 薄膜就可以保护器件在极端高温下不被损坏；此外，SiC 薄膜可以作为硅衬底的钝化层。

　　在谐振器件制备过程中，SiC 不仅作为主要的谐振结构，还在刻蚀底座时起到掩模的作用，使得器件的能量耗散低、品质因子高。Lee 等[12]在制备 3C-SiC 圆盘式 MEMS 谐振器时，先采用常压化学气相沉积方法在单晶硅(100)表面上沉积一层厚度为 500nm 的单晶碳化硅层，然后采用聚焦离子束纳米机械加工工艺在 SiC 层制备出内径为 40μm 的环状窗口，如图 3-6(a)所示。对器件表面的四个不同位置，即 3C-SiC 薄膜未释放部分、悬空 3C-SiC 边缘、悬空 3C-SiC 圆盘和器件底座，进行拉曼光谱测量，评估器件的材料成分及加工工艺对其力学性能的影响，如图 3-6(b)所示(分别对应图中①～④)，由于谐振结构引起的干涉拉曼增强，来自不同测量位置的 3C-SiC 的拉曼模式强度不同，在约 796.5cm^{-1} 处测量得到的拉曼信号明显匹配 3C-SiC 的特征拉曼模式，但与其他 SiC 多晶型不同（如 4H-SiC 约为 783cm^{-1}，6H-SiC 约为 789cm^{-1}）。

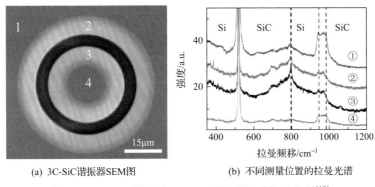

(a) 3C-SiC谐振器SEM图   (b) 不同测量位置的拉曼光谱

图 3-6   3C-SiC 圆盘式 MEMS 谐振器及其拉曼光谱[12]

3.4 低维材料

随着纳米加工工艺及技术日趋成熟，不同类型的纳米材料和不同维度的纳米结构不断涌现，在 NEMS 谐振器设计上得到广泛应用。由于 NEMS 谐振器的核心部分尺寸达到纳米尺度，纳米材料会表现出新的物理特性，影响 NEMS 材料特性的物理效应包括尺寸效应、表面效应、量子隧道效应和介电限域效应等。目前，采用自上而下(top-down)和自下而上(bottom-up)两类典型方法已成功制备出多种类型的 NEMS 谐振器。器件的功能材料主要包括一维纳米结构(碳纳米管、ZnO纳米线)、二维纳米结构(石墨烯、二硫化钼等)等不同低维度的材料。本节主要介绍碳纳米管、纳米线、石墨烯和二硫化钼等典型低维材料在 NEMS 谐振器中的应用。

3.4.1 碳纳米管

碳纳米管作为准一维纳米材料，是由一层或者多层石墨片按照一定螺旋角卷曲而成的直径为纳米量级的圆柱壳体，长径比在 1000 以上，按照石墨片的卷层可分为单壁碳纳米管、双壁碳纳米管和多壁碳纳米管，如图 3-7 所示。单壁碳纳米管是石墨片层卷而成的中空无缝管状结构，直径为 0.5～6.0nm，长度则达几百纳米到几十微米；多壁碳纳米管是由多个直径不等的单层管以范德瓦耳斯力同轴套构而成的，其外径一般为几纳米至几十纳米，内径为 0.5nm 至几纳米，层间距约为 0.34nm，长度一般在微米量级。

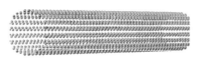

(a) 单壁碳纳米管   (b) 双壁碳纳米管   (c) 多壁碳纳米管

图 3-7　不同层数碳纳米管结构示意图

　　碳纳米管因其独特的一维结构和纳米级的尺寸而具有高比表面积、良好的表面吸附能力、高导电性和电子弹道传输特性等优异性能，尤其具有优越的力学性能，如表 3-4 所示，单壁碳纳米管及其管束、多壁碳纳米管的杨氏模量和拉伸强度等比其他材料都高。碳纳米管具有优异的力学、电学、光学及物理化学特性，为构筑 MEMS/NEMS 谐振器提供了巨大的潜力，在 NEMS 谐振器技术领域得到广泛应用，常用于质量、微力、气体、位移等物理量的谐振传感与测量。此外，碳纳米管谐振器的机械模式和单分子磁体、单电子电荷以及自旋等物理量具有较强的耦合作用，因此，此类谐振器可以用于探索纳米尺度下的物理现象，是一种品质优良的量子传感器件。

表 3-4　碳纳米管力学性能对比[13]

材料	杨氏模量/GPa	拉伸强度/GPa	密度/(g/cm³)
单壁碳纳米管	1054	75	1.5
单壁碳纳米管管束	563	约 150	1.3
多壁碳纳米管	1200	约 150	2.6
石墨	350	2.5	2.6
钢	208	0.4	7.8

　　碳纳米管谐振器设计主要采用悬臂梁、两端固支梁两种谐振结构，如图 3-8 所示为不同层数和谐振结构的碳纳米管谐振器，悬臂梁、固支梁微纳结构的动态特性可以用于测量电压与应力等参量。图 3-8(a)为一种悬臂梁单壁碳纳米管谐振器[14]，其谐振梁由长度约为 12μm、直径约为 31nm 的碳纳米管构成，采用光热激励、压电激励法来驱动谐振梁振动，通过光机械外差检测法来获取振动特性，其谐振频率可达 1.34～1.59MHz。图 3-8(b)为一种可调谐的两端固支梁单壁碳纳米管谐振器[15]，其谐振梁由长度约为 1μm、直径约为 4nm 的碳纳米管构成，采用静电激励法来驱动谐振梁振动，碳纳米管与底电极之间的电容发生周期性变化，进而引起碳纳米管的电导发生周期性变化，通过检测变化可以得到碳纳米管的振动规律，通过改变碳纳米管与底电极之间的直流电压，进而改变碳纳米管的轴向应力，可以调节谐振器件的振动频率，其谐振频率可达 200MHz，品质因子可达 200。

图 3-8(c)为两端固支梁双壁碳纳米管谐振器[16]，其谐振梁由长度约为 205nm，内、外直径分别为 1.44nm 和 1.78nm 的双壁碳纳米管构成，谐振频率可达 328.5MHz，品质因子可达 1000，可以利用质量吸附改变谐振结构的特性，通过测量碳纳米管和电极之间的场发射电流实现原子精度质量的测量，灵敏度高达 1.3×10^{-25}kg/Hz$^{1/2}$，相当于 0.40 个金原子质量。图 3-8(d)为一种两端固支梁多壁碳纳米管谐振器[17]，其谐振梁由长度约为 34.37μm，内、外直径分别 5.37nm 和 13.27nm 的多壁碳纳米管构成，谐振频率约为 127kHz，质量检测分辨率可达 15.51ag。谐振结构的动态响应特性会影响谐振器的响应带宽，可以通过多场耦合的方式维持谐振状态，利用激励参量对谐振结构的固有频率进行调制，进一步提高谐振器的谐振频率来实现更灵敏的传感性能。

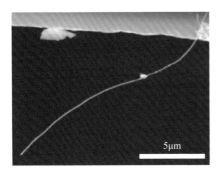

(a) 单壁碳纳米管-悬臂梁[14]

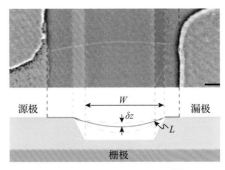

(b) 单壁碳纳米管-两端固支梁[15]

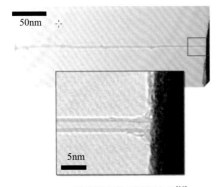

(c) 双壁碳纳米管-两端固支梁[16]

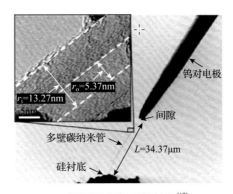

(d) 多壁碳纳米管-两端固支梁[17]

图 3-8　不同层数和谐振结构的碳纳米管谐振器

环境温度、初始张力等因素都会对谐振器件的性能产生影响。图 3-9 给出了单壁碳纳米管谐振器及其在不同温度下谐振频率的变化，谐振梁采用两端固支方式，谐振器的谐振频率在 340K 时出现突跳、离散性的下降现象，在 5~20MHz 量级，如图 3-9(c)和(d)所示，当温度在 300~450K 循环变化时，仍然可观察到这种迟滞行为。由于碳纳米管是在较高温度下制备的，当样品冷却到室温时，碳纳米管会变得松弛，对器件谐振频率的影响将会更加明显[18]。因此，温度对器件性能有着明显影响，表 3-5 列出了低温环境下不同材料制备的谐振器品质因子 Q 和温度 T 关联的尺度率[19]，即 $Q^{-1} \propto T^{\alpha}$，能量耗散对温度变化的依赖关系表明，可以通过降低环境温度来精确测量器件的品质因子。

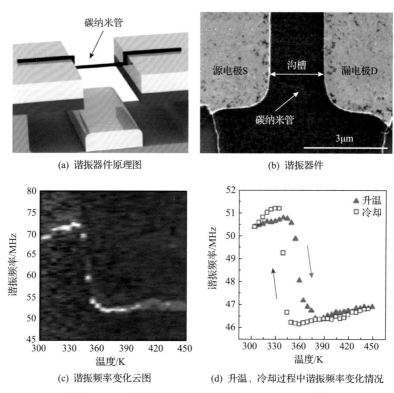

(a) 谐振器件原理图　　　　　　　　(b) 谐振器件

(c) 谐振频率变化云图　　　　　　　(d) 升温、冷却过程中谐振频率变化情况

图 3-9　温度对单壁碳纳米管谐振器性能的影响[20]

表 3-5　低温环境下谐振器品质因子 Q 和温度 T 关联的尺度率（$Q^{-1} \propto T^{\alpha}$）[19]

材料	谐振频率/MHz	温度范围/K	热膨胀系数 α /(10^{-5}/K)	激励/检测方式
碳纳米管	295.2	0.01～1	0.36	电场/电容
硅	12.0	0.1～2	0.36	磁势
超纳米金刚石	5～45	0.1～5	0.35	磁势
纳米金刚石	357	0.1～2	0.35	磁势
单晶金刚石	0.013～0.032	0.093～0.6	1.6	热/光学
砷化镓	15.8	0.04～6	0.32	磁势
石墨烯	65～75	4～90	0.35	漏极-源极电流/电容

3.4.2 纳米线

纳米线是一种横向被限制在 100nm 以下(纵向没有限制)的一维结构。根据组成材料的不同,纳米线可分为不同的类型,包括金属纳米线(如 Au、Ag、Cu 等)、半导体纳米线(如 InP、Si、ZnO、GaN 等)和绝缘体纳米线(如 SiO_2、TiO_2 等)。纳米线能够在超高频率范围内实现共振,可以在传感器和 NEMS 应用中提高灵敏度,已成为制备机械谐振器的重要材料。图 3-10 给出了不同材料制备的纳米线机械谐振器,尽管自上而下和自下而上合成的纳米线可以在真空中获得高品质因子,但是纳米线的几何结构特征限制了碳纳米管谐振器在空气中的灵敏度。

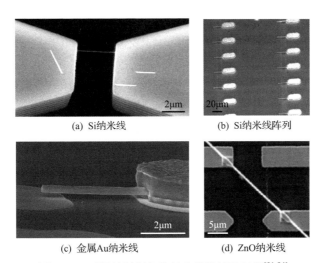

(a) Si纳米线 (b) Si纳米线阵列

(c) 金属Au纳米线 (d) ZnO纳米线

图 3-10 不同材料制备的纳米线机械谐振器[21-24]

为了确定纳米线的弹性模量、屈服强度和极限强度等力学性能,学者们发展了基于 MEMS 的拉伸测试、AFM/纳米压痕测试(用于拉伸/屈曲试验、三点或四点弯曲试验、悬臂端加载)、纳米压痕和共振测试等多种试验测试方法,如图 3-11 所示。基于 MEMS 的拉伸测试是纳米力学表征的有力工具,一般 MEMS 测试平台由微型驱动器和传感器组成,分别用于加载和测量,可以是热驱动或静电驱动(图 3-11(a))。纳米操纵器和 AFM 悬臂分别可用作执行器和负载传感器,三点弯曲试验是纳米线的另一种常用表征方法,采用该技术时纳米线被放置在沟槽上,AFM 针尖用于在纳米线的中点施加载荷(图 3-11(c)),载荷通过叶尖挠度测量,而纳米线的挠度被视为分步位移和叶尖挠度之差。纳米压痕常用于纳米机械表征,有时 AFM 尖端用作压头,压头和纳米线之间的相互作用可用于测量弹性模量和塑性。此外,还发展了通过外部纳米操纵器、静电夹持器加载方式的纳米线机械测试技术。

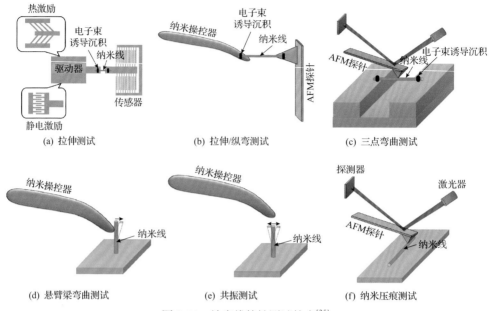

(a) 拉伸测试　　　　　　　(b) 拉伸/纵弯测试　　　　　(c) 三点弯曲测试

(d) 悬臂梁弯曲测试　　　　(e) 共振测试　　　　　　　(f) 纳米压痕测试

图 3-11　纳米线特性测试技术[25]

3.4.3　石墨烯

2004 年，英国曼彻斯特大学 Novoselov 等[26]发现了由一层碳原子构成的二维物质——石墨烯(graphene)，它是一种由单层六角元胞碳原子构成的蜂窝状二维晶体，是构成其他碳质材料的基本单元，如图 3-12 所示，从结构上石墨烯可以构

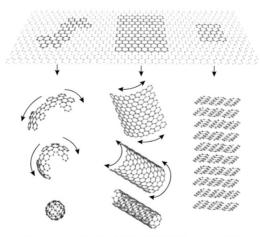

图 3-12　石墨烯及其衍生物结构示意图[27]

成各种碳的同素异形体：翘曲构成富勒烯(零维结构)，卷曲构成碳纳米管(一维结构)，堆垛成石墨(三维结构)[27]。

石墨烯是自然界最薄最坚韧的材料，几乎完全透明，其理论比表面积高达2630m²/g，作为二维纳米材料的代表，它具有高强度、高载流子迁移率、高导热率、高谐振频率等优越的机械、电学、物理和化学性能(表3-6)，并且兼具优越的力学性能(其杨氏模量高达1060GPa)以及独特的层状结构优势(如厚度小、表面积大和密度低等)，因此由它制备而成的谐振器件频率高、灵敏度高、体积小，在质量传感器、应变传感器和热传感器等方面有着广阔的应用前景。相比于碳纳米管，石墨烯更适于制备高性能谐振器。石墨烯 NEMS 谐振器技术已成为当前前沿研究的热点[28, 29]。

表 3-6   石墨烯与几种半导体材料性质对比

项目	石墨烯	Si	GaAs	GaN	4H-SiC
禁带宽度/eV	0	1.1	1.4	3.4	3.2
热导率/(W/(cm·K))	50	1.5	0.5	1.3	3.7
电子迁移率/(cm²/(V·s))	200000	1350	8500	1000	1000
电子饱和速率/(10^7cm/s)	>4	1	1.2	2.5	1.9

目前，石墨烯的制备方法是国内外石墨烯研究的焦点，主要分为物理方法和化学方法两类。常用的制备方法有机械剥离法、氧化还原法、外延生长法、化学气相沉积法、液相剥离法等。图 3-13 和表 3-7 给出了不同石墨烯制备方法在尺寸、

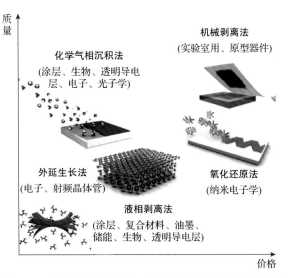

图 3-13   不同石墨烯制备方法的质量和价格差异对比[30]

表 3-7　不同石墨烯制备方法的特性对比[30]

制备方法	晶粒尺寸 /μm	样品尺寸 /mm	载流子迁移率 /(cm²/(V·s))	质量	产量
机械剥离法	>1000	>1	>2×10⁵	高	较低
液相剥离法	≤0.1	无限(由石墨烯薄片交叠形成)	100	中等	较低
氧化还原法	约100	无限(由石墨烯薄片交叠形成)	1	中等	大批量
化学气相沉积法	1000	约1000	10000	高	大批量
外延生长法	50	100	10000	中等	小批量

产量、质量和价格等方面的差异性。机械剥离法可制备出高质量、较大尺寸的石墨烯,一般在微米量级,最大可到毫米量级,缺点是产量低、成本高、可控性差,不能进行大批量生产。氧化还原法是广泛使用的制备方法之一,所制备的石墨烯层数少,成本低、产量大,但是产品质量及稳定性较差,会造成环境污染问题。外延生长法可制备单层或少数层较为理想的石墨烯,但是需要超高真空、高温制备条件,并且制备成本较高,难以实现大批量生产。化学气相沉积法可以制备面积大、质量高的单层石墨烯薄膜,适合大批量生产,但是工艺复杂,需要高温及相应的气体环境。目前,石墨烯的制备技术还不够成熟,低成本、大批量制备高质量、高纯度、多层石墨烯的技术仍是制约 MEMS/NEMS 发展及其应用的瓶颈之一。

　　表 3-8 列出了几种石墨烯 NEMS 谐振器的结构形式、制备工艺、激励与检测方法及其主要性能。从表中可以看出,如何获得超高频率、高品质因子是研究谐振器的最终目标,谐振器的性能不仅受表中所列许多因素的影响,而且受到石墨烯的形状、尺寸、厚度、约束条件及环境温度等因素影响。

表 3-8　石墨烯 NEMS 谐振器结构形式、制备工艺、激励与检测方法及其主要性能对比

结构形式	器件照片	制备工艺	激励与检测方法	主要性能 (基频 f_0,品质因子 Q)
两端固支双层石墨烯谐振器[31]		机械剥离法	静电、光学激励; 光学检测	真空室温下,$f_0 = 70\text{MHz}$; $Q = 78$
四端固支单层石墨烯正方形谐振器[32]		机械剥离法	光学激励; 光学检测	真空室温下,$f_0 = 66\text{MHz}$; $Q = 25$
两端固支阵列式谐振器[33]		外延生长法	光学激励; 光学检测	真空室温下,$f_0 = 3\sim100\text{MHz}$; $Q = 50\sim400$

续表

结构形式	器件照片	制备工艺	激励与检测方法	主要性能 （基频 f_0，品质因子 Q）
两端固支 单层石墨烯 谐振器[34]		机械剥离法	静电激励； 电学检测	真空下，$f_0 = 30 \sim 130\text{MHz}$； $Q \approx 100$（室温），$Q \approx 14000$（5K）
两端固支 单层石墨烯 谐振器[35]		化学气相 沉积法	光学激励； 电学检测	真空下，$f_0 = 5 \sim 75\text{MHz}$； $Q \approx 250$（室温），$Q \approx 10000$（9K）
鼓形石墨烯 谐振器[36]		氧化 还原法	光学激励； 光学检测	真空下，$f_0 = 10 \sim 110\text{MHz}$； $Q = 1500 \sim 4000$
膜状石墨烯 谐振器[37]		化学气相 沉积法	电学激励； 光学检测	真空室温下，$f_0 \approx 10.7\text{MHz}$， $Q = 910$
鼓形三层石墨 烯谐振器[38]		机械剥离法、 干式转印法	光热激励； 光学检测	室温下，$f_0 \approx 10.7\text{MHz}$， $Q = 81$

　　虽然石墨烯 NEMS 谐振器技术得到了迅速发展，但是微波频段的谐振器件仍存在几个问题：①器件结构不够完善，石墨烯具有极高的杨氏模量，但是对于厚度较小的石墨烯结构，当频率需要达到微波频段时，会增加器件制备、激励和检测难度，如全局背栅结构的石墨烯机电谐振器，由于受微波频段寄生参数影响较大，器件的激励与检测很难实现；②激励与检测方法较为缺乏，目前用于石墨烯 NEMS 谐振器的激励与检测主要是电学混频技术，但是该方法检测速度较慢，石墨烯器件很难在高频器件和电路中得到应用；③非线性效应尤为突出，石墨烯有着广泛而有趣的非线性行为，从非线性阻尼[39]到电压可调 Duffing 系数[40]等，如何利用非线性效应设计超高频、高性能的石墨烯 NEMS 谐振器成为亟需解决的难题。各种新颖的研究方法如连续体模型、分子动力学模型和有限元模型等都可用来研究石墨烯 MEMS 谐振器性能。目前石墨烯 NEMS 谐振器的设计主要是面向质量传感器、加速度计、应变传感器、压力传感器等应用方面，但是大多数停留在理论试验阶段[41,42]。

3.4.4　二硫化钼

　　MoS_2 是一种典型的过渡金属硫属化合物，具有与石墨烯相似的二维层状结构，层与层之间由微弱的范德瓦耳斯力结合堆垛形成块体。MoS_2 特有的晶体结构使得它具有许多优异的物理和化学性能、极高的机械强度，它的杨氏模量甚至高于钢铁，变形量高达 11% 时也不会断裂，同时还具备可调的电学特性、半导体特性好、尺寸小、超薄、柔软、透光性好等优点，在微纳电子学、传感、能源等领域有着广泛的应用前景。

　　MoS_2 也是制备纳米机械谐振器的热门材料之一。MoS_2 纳米机械谐振器可在高频（3～30MHz）、甚高频（30～300MHz）情况下工作。下面以 MoS_2 纳米机械谐振器为例介绍器件的典型特征，如图 3-14 所示单层 MoS_2 及其谐振器阵列[43]，在 SiO_2/Si 衬底上采用化学气相沉积法生长出单层 MoS_2 薄膜，在孤立的三角形单层 $CVD-MoS_2$ 薄膜上显示了钼（Mo）和硫（S）亚晶格结构。图 3-15 给出了一种 MoS_2 纳米机械谐振器的加工技术[44]。采用水辅助剥离和基于聚二甲基硅氧烷（polydimethylsiloxane, PDMS）干法转移技术可制备大规模悬浮 MoS_2 纳米机械谐振器阵列，具体的微加工工艺如下：①在 SiO_2/Si 衬底上，以硫和 MoO_3 作为前体通过化学气相沉积法生长出 MoS_2，将衬底切成均匀覆盖 MoS_2 的小块；②为转移 MoS_2 薄膜，将基板片轻轻压到 PDMS 印模上并用透明胶带固定，随后在其表面滴上去离子（deionized, DI）水滴，并保证可以渗入 $SiO_2/MoS_2/PDMS$ 界面，同时防止样品在剥离过程中滑动；③过 1～2min 后分离衬底，可将 MoS_2 薄膜大面积地转移到 PDMS 印模上；④在不使用任何液体溶剂的情况下，将 MoS_2 薄膜转移到

(a) SiO_2/Si 衬底上化学气相沉积生长的
单层 MoS_2 薄膜

(b) MoS_2 纳米机械谐振器阵列的 SEM 图像

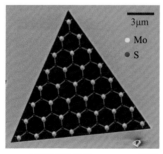

(c) 三角形单晶单层 $CVD-MoS_2$ 薄膜
的 SEM 图像

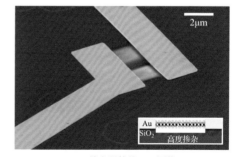

(d) 单个器件的 SEM 图像

图 3-14　MoS_2 纳米机械谐振器阵列[43]

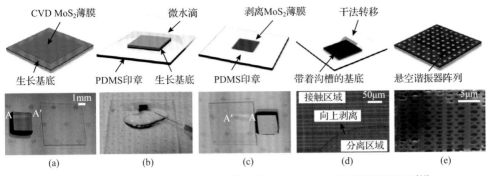

图 3-15 水辅助剥离和干法转移技术制备 MoS_2 纳米机械谐振器阵列[44]

带有微沟槽阵列（深度为 290nm，直径为 0.5～2μm）的衬底上；⑤用氮气干燥 PDMS 印章确保不会有液体残留，即可制备出数千个悬浮 MoS_2 鼓面谐振器阵列。整个加工工艺过程简便、快速，可推广应用于不透水二维材料加工。

图 3-16 给出了不同二维层和异质结构的面内刚度和预张力之间的关系[45]。二维层的预张力不仅取决于转移过程，还取决于其固有的力学性能，原因在于该参数与转移后预张力的弹性能有关。因此，不同的单层或异质结构可以具有不同的预张力。单层 MoS_2、WS_2 和石墨烯的平均预应力分别为 $(0.11\pm0.04)\,N/m$、$(0.15\pm0.03)\,N/m$ 和 $(0.20\pm0.05)\,N/m$。此外，异质结构 MoS_2/WS_2 和 $MoS_2/$石墨烯的预张力几乎是两层预张力之和，分别为 $(0.25\pm0.05)\,N/m$ 和 $(0.35\pm0.05)\,N/m$。由此可知，相同转移过程中层的预张力是顺序堆叠增加的。表 3-9～表 3-11 分别列出了制备纳米机械谐振器所用二维材料（单层）的力学性能，对比不同二维材料的结构特性、面内刚度、弹性模量、泊松比、强度和弯曲刚度及断裂性能等特性，不同材料的特性差异很大。

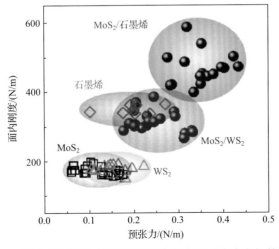

图 3-16 不同二维层和异质结构的面内刚度和预张力之间的关系[45]

表 3-9　不同二维材料的结构特性[46]

二维材料	晶体结构	层厚度/nm	密度/(kg/m³)	晶格常数
石墨烯	六角形	0.334	2200	2.42
MoS₂	三角棱柱	0.65	5060	3.18
h-BN	六角形	0.325	2100	2.50
WS₂	三角棱柱	0.65	7500	3.18
WSe₂	三角棱柱	0.7	9320	3.31
MoSe₂	三角棱柱	0.65	6900	3.31
WTe₂	三角棱柱	0.65	9430	3.54
BP	褶皱蜂窝状	0.5	2690	—
MoTe₂	三角棱柱	0.65	7780	3.55

表 3-10　制备纳米机械谐振器所用二维材料（单层）的力学性能[46]

二维材料	面内刚度/(N/m)	弹性模量/GPa	泊松比	强度/GPa	弯曲刚度/(N/m)
石墨烯	340	1000	0.13~0.20	130	1~2.4
MoS₂	180	270	0.27	22	9.61~10.2
h-BN	—	865	0.21	70.5	0.86~1.54
WS₂	177	272	0.21	—	13.4
WSe₂	596~1615	167.3	0.19	12.4	11.9
WTe₂	71.29	—	0.26	—	
MoSe₂	—	177.2	0.23	4.8	6.39~10.14
MoTe₂	79.9~94.07	—	0.24	—	
BP	23	41.3	0.40	—	
硼烯	212	—	0.14	—	0.79

表 3-11　不同二维材料的断裂性能[46]

二维材料	断裂韧性-能量释放率/(J/m²)	应力强度因子/(MPa·m^{1/2})
石墨烯	15.9	4
MoS₂	33.48~39.73	1.3~1.8
h-BN	0.038~0.072	5.56
BP	5.66~16.66	

3.5　压 电 材 料

　　压电薄膜和器件一直是 MEMS/NEMS 技术的研究热点之一。压电材料因易于实现自传感和自驱动等优点，在 MEMS/NEMS 谐振器设计制备中得到广泛应用[47]，而体积更小、成本更低、性能更出色的压电 MEMS/NEMS 谐振器不断涌现，使得谐振器中使用的压电材料也得到巨大发展。MEMS/NEMS 谐振器中常用的压电材料主要有氮化铝(AlN)、锆钛酸铅压电陶瓷(PZT)、氧化锌(ZnO)、氮化镓(GaN)和铌酸锂(LiNbO$_3$)等。本节简单介绍压电谐振器中的机电耦合系数、压电材料的基本性能、制备工艺及典型器件等。

3.5.1 机电耦合系数

谐振器件中的机电耦合系数是能量转换效率的重要参数[48]。分析压电效应作用时，引入压电本构方程，如式(3-1)和式(3-2)所示，其中 S_j 为机械应变，σ_j 为机械应力，E_i 为电场强度，D_i 为电位移，c_{ij} 为弹性刚度常数，s_{ij} 为弹性柔度系数，ε_{ii} 为介电常数。参数的上标，如 E，表示当电场不变时材料的弹性柔度。压电常数 d_{ij} 和 e_{ij} 为三阶张量，可以用 3×6 的矩阵表示，其中指数 $i=1\sim3$ 表示法向电场或位移方向，$j=1\sim3$ 表示法向机械应力或应变，$i=4\sim6$ 表示剪切应变或应力。

$$D_i = d_{ij}\sigma_j + \varepsilon_{ii}^{\mathrm{T}}E_i \quad \text{或} \quad D_i = e_{ij}S_j + \varepsilon_{ii}^{\mathrm{S}}E_i \tag{3-1}$$

$$S_j = s_{ij}^{\mathrm{E}}\sigma_j + d_{ij}E_i \quad \text{或} \quad T_j = c_{ij}^{\mathrm{E}}S_j - e_{ij}E_i \tag{3-2}$$

这些方程能够描述正、逆压电效应之间的基本关系。在式(3-1)的正压电效应中，机械应力 σ_j 和机械应变 S_j 在材料的 i 面上产生电位移 D_i 的大小分别取决于 d_{ij} 和 e_{ij}。类似地，由式(3-2)表示的逆压电效应可以通过压电常数张量将产生的法向和剪切应力或应变与外加电场联系起来。一般来说，具有较大的压电常数 d（单位为 pC/N）的材料适用于驱动器，而压电常数 e 较大的材料适用于传感器。

为了补偿复合结构中带有夹持端的压电薄膜（通常在硅衬底上的电极层之间），需要计算有效 d_{ij} 和 e_{ij}。式(3-3)和式(3-4)中的下标 f 是为了说明这不是压电材料的固有特性。

$$d_{33,\mathrm{f}} = d_{33} - \frac{2s_{13}^{\mathrm{E}}}{s_{11}^{\mathrm{E}} + s_{12}^{\mathrm{E}}}d_{31} \tag{3-3}$$

$$e_{31,\mathrm{f}} = e_{31} - \frac{c_{13}^{\mathrm{E}}}{c_{33}^{\mathrm{E}}}e_{33} \tag{3-4}$$

压电谐振器中的耦合系数同时取决于压电材料和谐振器的设计。定义压电材料的机电耦合系数有多种方法，但每个定义都有自己的特点，且都密切相关，一般表达式可写为

$$k_{33}^2 = \frac{d_{33}^2}{\varepsilon_{33}^{\mathrm{T}}s_{33}^{\mathrm{E}}} \tag{3-5}$$

耦合系数是式(3-5)的平方根，表示压电材料中机械(电)能转化为输入电(机械)能的比例。平面耦合系数 k_p 为薄圆盘中的径向耦合系数，当在厚度方向施加电场时，厚度耦合系数 k_t 与元件横向夹紧时的 k_{33} 相同。机械品质因子描述振动体中与应力同向的应变和与应力异向的应变之比，它可以表征机电共振谱的锐度，在谐振器中具有重要作用。

3.5.2　氮化铝薄膜

氮化铝(AlN)作为一种具有高热导率、高硬度和高刚度的电绝缘材料，其薄膜的沉积工艺具有非常好的可重复性，是所有基于压电薄膜的射频器件的首选材料。

原则上，AlN 可以在保证无氧状态下通过薄膜工艺来生长，通过简单的刻蚀测试就可以确定薄膜的极性，许多薄膜易在表面平行的最密集平面的方向上生长，有不同的取向：面心立方结构的(111)取向薄膜，有 Al、Cu、Pt 等；六方体心结构的(0001)取向，有 Ti、Zr 等；(110)取向的有 Mo、W 等。在化学气相沉积类型的工艺中，可以利用金薄膜或微粒作为种晶获得(0001)取向。图 3-17 给出了该方法制备的具有非常好晶体质量的 AlN 片晶，侧切面具有与气相相关的低表面能量[49]。因此，为了得到优异的(0001)取向 AlN 薄膜，保证(0001)晶粒的唯一成核方向是先决条件，AlN 薄膜在光滑表面上生长时具有良好的压电性能。表 3-12 列出了 MEMS/NEMS 中应用较为成熟的三种压电材料性能对比。

(a) 950℃

(b) 1000℃

(c) 1100℃

(d) 1200℃

图 3-17　化学气相沉积工艺制备的硅片上生长的 AlN(0001)片晶[49]

表3-12 MEMS/NEMS常用压电材料性能对比

参数	AlN	PZT	ZnO
压电常数 d_{31}/(pC/N)	−1.5	−88	−2.2
居里点/℃	>1000	200～350	较低、不耐高温
CMOS兼容性	兼容	不兼容	兼容
安全性	无毒	有毒	无毒

AlN薄膜材料广泛应用于MEMS/NEMS谐振器制备工艺中。图3-18给出了制备90μm×40μm悬臂梁谐振器的光刻工艺过程[50]：在200mm硅片上全层沉积SiN(600nm)/Pt(100nm)/AlN(50nm)/Pt(25nm)叠层(图3-18(a1))；采用离子束蚀刻对顶部铂层和氮化铝层进行蚀刻(图3-18(a2))；使用后续离子束蚀刻和反应离子蚀刻对底部铂层和氮化硅层进行图案化处理(图3-18(a3))；对硅衬底进行各向同性XeF₂蚀刻(图3-18(a4))，从而释放悬臂结构，得到50nm厚AlN压电悬臂梁谐振器，具有优良的频率稳定性，检测极限高达53zg/μm。

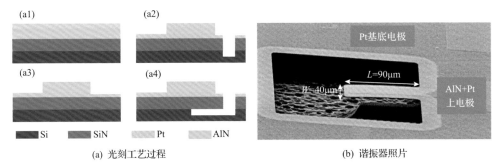

图3-18 AlN压电悬臂梁谐振器的光刻工艺过程及其照片[50]

3.5.3 PZT压电薄膜

锆钛酸铅(PZT)是薄膜压电MEMS/NEMS中占主导地位的铁电材料。PZT薄膜因具有较高的机电耦合系数、介电常数、压电应力常数等特性，在MEMS/NEMS谐振器应用中有独特的优势。PZT薄膜材料可以通过多种工艺实现沉积，主要有溅射工艺、金属有机化合物化学气相沉积和化学溶液沉积等。沉积方法要求严格控制化学计量，防止非铁电结构的成核。PZT沉积可以使用多种衬底，但对衬底和金属氧化物层都有要求，PZT的生长受到成核的控制，从而能操控薄膜的晶体取向，提高薄膜材料的性能。

一种典型PZT薄膜MEMS制备过程中[51,52]，压电复合材料作为均匀的覆盖层沉积在基底上，最常见的衬底是硅基材料，另一种选择是SOI衬底，如图3-19

所示。PZT 谐振器通常使用各种弹性层，一般为 SiO_2 或 Si_3N_4，硅基 PZT 谐振器能兼顾有效机电耦合，强机电耦合与较低机械品质因子的组合会促进硅基 PZT 谐振器技术的发展。

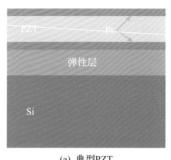 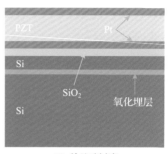

(a) 典型PZT 　　　　　　　　　(b) 单晶硅衬底

图 3-19　PZT 横截面示意图[51]

在谐振器件中采用压电材料时，谐振器的能量转换效率对设计来说很重要，为了量化能量转换效率，可以定义一个有效机电耦合系数，即

$$k_{\mathrm{eff}}^2 = \frac{f_{\mathrm{p}}^2 - f_{\mathrm{s}}^2}{f_{\mathrm{p}}^2} \tag{3-6}$$

式中，f_{s} 和 f_{p} 分别为阻抗幅值最小和最大时的频率。该耦合系数很大程度上受压电材料特性的影响，同时要满足谐振器设计的要求。图 3-20 给出了 AlN、PZT 薄膜谐振器的有效耦合系数和电极层与压电层厚度之比的关系[53]。对于 AlN 薄膜谐振器，随着电极层厚度的增加，金电极和铝电极的 k_{eff}^2 开始增加，并在厚度比分

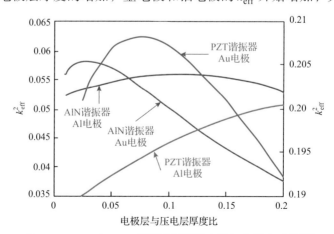

图 3-20　AlN 和 PZT 薄膜谐振器的有效机电耦合系数[53]
(左侧纵坐标对应 AlN，右侧纵坐标对应 PZT)

别为 0.03 和 0.12 附近达到最大值。有效耦合系数的增大归因于声驻波分布与外加电势线性分布的匹配。随着电极厚度的进一步增大，k_{eff}^2 下降，主要是因为更多的谐振器体积被非压电电极材料占据。采用比铝具有更高声阻抗的薄层金电极对 k_{eff}^2 有明显的影响，与 AlN 薄膜谐振器不同，PZT 薄膜谐振器的 k_{eff}^2 在厚度比 0～0.2 的范围内随铝电极层厚度的增大而增大。但是对于金电极，当厚度比接近 0.075 时，k_{eff}^2 达到最大值后随着金电极厚度的增大而减小。

如图 3-21 所示，采用紫外线光刻与平面加工相结合的自上而下方法[54]，在晶圆规模上同时制备 PZT 薄膜 NEMS 谐振器，器件有不同几何结构的多层叠层悬臂梁阵列，压电堆在单个结构上的集成始于底部电极的沉积，在集成水平上 PZT 压电常数 $d_{31} = 15\text{fm/V}$。谐振器在室温环境下的谐振频率可达兆赫兹范围，在真空中的品质因子约为 900，在空气中的品质因子约为 130，PZT 表现出最佳的压电和介电性能。此外，通过剥离形成 PZT 图形是传统干法和湿法蚀刻技术的一种可替代方法，前者由于物理损伤和化学污染的综合作用，会恶化 PZT 材料的性能，而后者则需要使用氢氟酸(HF)溶液，该溶液可能与其他蚀刻剂敏感材料不兼容。

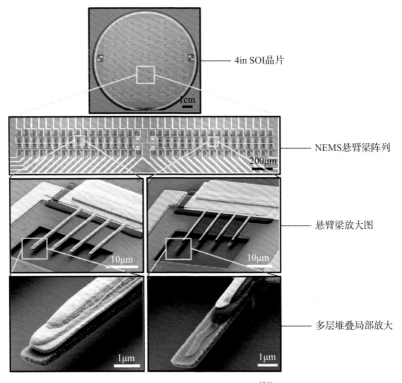

图 3-21　PZT 纳米谐振器[54]

3.5.4　氮化镓

大多数化合物半导体由于晶体结构的不对称性而具有压电特性，其中氮化镓(GaN)同时在电学和力学性能方面都表现突出，具有宽的直接带隙和高的压电耦合系数。表 3-13 列出了多种化合物半导体的压电特性。

表 3-13　化合物半导体的弹性性质(c_{33}、c_{11}、c_{13})、压电特性(e_{33}、e_{13}、k_{33}^2)和介电常数(ε)[55]

材料	晶体结构	c_{33}/GPa	c_{11}/GPa	c_{13}/GPa	e_{33}/GPa	e_{13}/GPa	k_{33}^2/%	ε
GaN	纤锌矿	398	293	106	0.65	−0.33	2.0	9.5
AlN	纤锌矿	373	304	108	1.46	−0.6	6.87	9.4
ZnO	纤锌矿	210.9	193	105.1	0.89	−0.51	8.5	10.9
GaAs	闪锌矿	118	118	—	−0.12	—	0.106	12.9
BeO	纤锌矿	488	454	77	0.02	−0.02	0.001	7.74
InP	闪锌矿	101	101		0.04		0.014	12.5

高质量 GaN 薄膜通常是外延生长的，主要有分子束外延、金属有机化合物化学气相沉积等方法。最适合 GaN 生长的衬底包括碳化硅(SiC)和蓝宝石，但是这些衬底的成本很高，使用普通硅衬底会产生因 GaN 和硅衬底交界面晶格失配引起的位错。压电 MEMS 谐振器的发展得益于压电半导体材料的多种刻蚀方法，如用金属作为掩模版的电感耦合等离子体反应离子刻蚀(ICP-RIE)方法可获得平滑且垂直的侧壁。如图 3-22 所示，采用微图形化石墨烯点作为局部成核层，在非晶 SiO₂/Si 衬底上生长 GaN 微盘阵列[56]。通过化学气相沉积在镍膜上合成石墨烯薄膜，并使用标准转移方法将其转移到 SiO₂/Si 衬底上；然后使用带有负抗蚀剂的光刻技术对石墨烯薄膜进行图案化。使用抗蚀剂作为蚀刻掩模，通过氧等离子体蚀刻，形成直径为 3μm、间距为 10μm 的六边形微粒阵列(图 3-22(b))。在 GaN 生长之前，氧化锌(ZnO)纳米结构可采用金属有机气相外延(metal-organic vapor phase epitaxy, MOVPE)在石墨烯微图案上生长，以增强 GaN 的成核和结晶，ZnO 纳米壁在石墨烯微图案内部生长，中间层在石墨烯层上异质外延生长高质量 GaN 薄膜中起着关键作用。最后可以在 ZnO 涂层的石墨烯微点阵列上选择性地生长 GaN 微盘，如图 3-22(d)所示，在微图案化石墨烯薄膜上生长了具有平顶表面和侧壁的六角 GaN 微盘阵列。

与其他常用的压电陶瓷材料相比，GaN 半导体材料不仅具有压电效应，还具有压阻效应，GaN 的高压电响应特性使其很适用于谐振器件，比其他压阻材料更有优势。2009 年，Faucher 等[57]率先将器件工作在动态谐振模式下，设计了随时间变化的谐振梁结构，通过观测放置于两端固支点处的源漏电流，对其振动响应进行传感检测，如图 3-23 所示。在两端固支梁结构中，弯曲谐振模态被压电激发，器件中压阻主要位于源极之间，由于 AlGaN 和 GaN 的压电系数不同，动态应力会引起二维电子气密度发生变化，整个 GaN 缓冲层产生的表面电荷也对电流起调节作用。高品质因子和单片集成能力使 GaN 谐振器成为低相位噪声定时基准应用的最佳选择，GaN 谐振器对红外辐射具有极好的灵敏度，而对背景噪声的灵敏度较低。

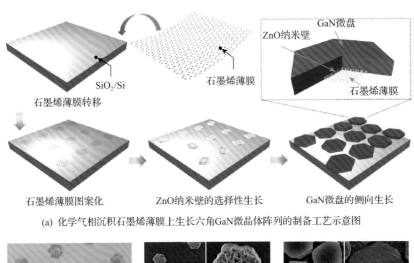

(a) 化学气相沉积石墨烯薄膜上生长六角 GaN 微晶体阵列的制备工艺示意图

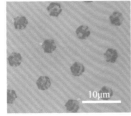

(b) 化学气相沉积石墨烯薄膜的光学图像

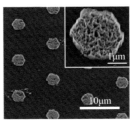

(c) 石墨烯薄膜上生长的 ZnO 纳米壁

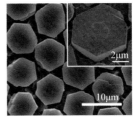

(d) ZnO 涂层石墨烯薄膜上生长的六角 GaN 微盘

图 3-22　GaN 微晶体圆盘阵列[56]

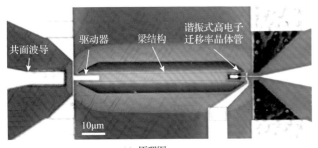

(a) 原理图

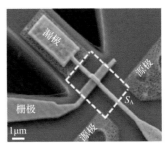

(b) 器件图

图 3-23　GaN 两端固支梁谐振器[57]

3.5.5　铌酸锂

铌酸锂(LiNbO₃)材料作为一种合成材料，具有高度的各向异性，不同切向的
LiNbO₃有着不同的材料特性。

受到 SOI 技术的启发，不同方式的晶体离子切割技术可以实现 LiNbO₃ 薄膜
制备，该技术主要采用氢离子(H^+)或氦离子(He^+)，结合直接键合或者黏合键合
工艺。如图 3-24 所示离子切割和 LiNbO₃ 薄膜转移的典型流程，整个单晶薄膜转
移过程中，合适的能量可使得离子穿透表面，注入的离子用来产生缺陷并生成片
晶或微腔。在加工过程中，通常会用到 SiO₂ 中间层，晶圆的键合过程要求被键合
的材料和载体晶圆的表面完全清洁无污染物。键合后对晶圆叠层进行热处理，最
后将供体晶圆从晶圆叠层上完全剥离，即可得到被转移的 LiNbO₃ 薄膜。

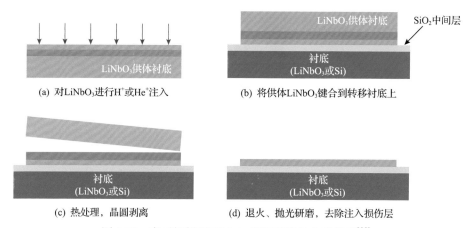

(a) 对LiNbO₃进行H^+或He^+注入　　　　(b) 将供体LiNbO₃键合到转移衬底上

(c) 热处理，晶圆剥离　　　　　　　(d) 退火、抛光研磨，去除注入损伤层

图 3-24　离子切割和 LiNbO₃ 薄膜转移的典型流程[55]

由于 LiNbO₃ 是惰性物质，只能和少数化学物以一般的速度发生反应，故有效
的刻蚀技术更适用于不同切向和构造的 LiNbO₃ 薄膜。电感耦合等离子体刻蚀作为
一种有效的刻蚀技术，可以很好地控制刻蚀外形，其中用电感耦合等离子体实现
各向异性刻蚀特性[58]，如图 3-25 所示，流程中一般使用硬刻蚀掩模(SiO₂、Cr、
Ni 或 Au)，可以通过湿法刻蚀或以光刻胶为掩模的反应离子刻蚀来对其进行图案
化处理。在典型的高电感耦合等离子体功率的反应离子刻蚀方法中对于 LiNbO₃
的选择性很低，根据与其他微加工步骤和刻蚀气体的相容性，所选择的硬质掩模
可以是电介质，也可以是金属。最重要的是，硬刻蚀掩模要在相应的反应离子刻
蚀过程中提供相对于 LiNbO₃ 的选择性，且也能适应高温环境(>120℃)。能有效
刻蚀 LiNbO₃ 薄膜的氟基化学气体主要有 SF_6、CHF_3 或 C_4F_8 等成分，在高功率电
感耦合等离子体下产生刻蚀反应。如图 3-26 所示，由于 LiNbO₃ 的各向异性，同

样的刻蚀技术对不同切向的 $LiNbO_3$ 会生成不同的刻蚀外形。

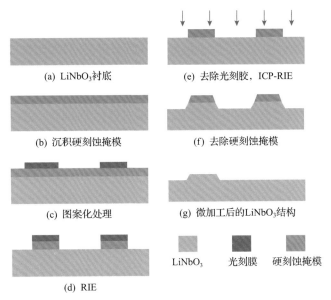

(a) $LiNbO_3$衬底

(e) 去除光刻胶，ICP-RIE

(b) 沉积硬刻蚀掩模

(f) 去除硬刻蚀掩模

(c) 图案化处理

(g) 微加工后的$LiNbO_3$结构

$LiNbO_3$　　光刻膜　　硬刻蚀掩模

(d) RIE

图 3-25　ICP-RIE 材料 $LiNbO_3$ 的流程[55]

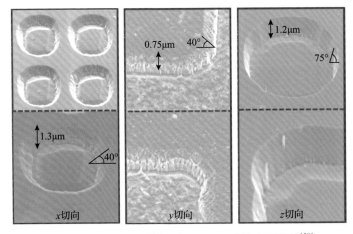

x切向　　　　y切向　　　　z切向

图 3-26　ICP-RIE 不同切向 $LiNbO_3$ 后的表面形貌[58]

压电薄膜作为一种新兴的材料，具有高机电耦合系数和品质因子。利用压电薄膜，在谐振时，可将机械域和电学域的能量相互转换。压电谐振器研究的重点是获得更高的机电耦合系数、品质因子和晶圆级的频率转变等三个参数的最优组合。为了能够满足射频频谱的标准要求，压电 MEMS/NEMS 谐振器的发展面临许多设计难题，包括更低的损耗、更高的带宽性能、更好的温度稳定性、高功率容量和线性度，以及频率可调谐性与频率转变。

3.6 聚合物材料

聚合物作为 MEMS/NEMS 技术发展中的一类新型材料,具有重量轻、成本低、加工灵活等优势,适用于低成本批量制造和封装技术,在 MEMS/NEMS 谐振器制备中得到广泛应用;同时,聚合物结构柔韧性好、抗冲击能力强、电阻率高及良好的生物兼容性,适合作为绝缘材料。MEMS/NEMS 谐振器中常用的聚合物材料有 PDMS、PMMA、聚酰亚胺、SU-8 与碳氟化合物等。根据聚合物的力学拉伸性能,聚合物可分为纤维、塑料和橡胶三类,如表 3-14 所示。图 3-27 为基于聚合物材料制备的不同结构的谐振器[59, 60]。

表 3-14   纤维、塑料和橡胶三类聚合物的力学性能对比

力学性能	纤维	塑料	橡胶
拉伸率上限/%	<10	20~100	100~1000
弹塑性	可逆性弹性变形	可逆性弹性变形	完全瞬时弹性变形
结晶率	很高	中等	无定形
初始杨氏模量/Pa	$10^9 \sim 10^{10}$	$10^7 \sim 10^8$	$10^5 \sim 10^6$

(a) SU-8悬臂梁   (b) PMMA两端固支梁   (c) PMMA薄膜结构

图 3-27   基于聚合物材料制备的谐振器[59,60]

3.6.1 工艺材料

聚合物一般是由有机小分子构造而成的长链分子,其材料特点为机械强度低、熔点低和导电性差,适合作为器件的工艺材料,主要有 PDMS、PMMA、SU-8 等。

PDMS 作为一种人造橡胶材料,具有很好的机械弹性、电绝缘性、透光性、与硅片有良好的黏合力和生物兼容性,广泛应用于流体中使用的谐振器和柔性传感器中。PMMA 一般用来旋涂形成薄膜作为表面牺牲层进行深离子刻蚀,具有光敏特性的 PMMA 薄膜可以作为 X 射线或者电子束光刻工艺中的光刻胶。此外,PMMA 还可以用作微纳米谐振器制备过程中的转移材料。聚酰亚胺具有很好的化

学稳定性、低于 400℃时的热稳定性与力学性能,一般用作绝缘薄膜、衬底、黏合膜及应力释放层。SU-8 是一种基于环氧树脂的负性聚合物光刻胶,对波长在 350～400nm 的紫外线十分敏感,常用于制备微加工光刻工艺中的掩模材料。在表面微加工中,SU-8 还可以用于厚的表面牺牲层,其材料特性见表 3-15。碳氟化合物具有优异的化学惰性、热稳定性和非可燃性,常用于绝缘层、表面覆盖层或者黏附层,此类聚合物薄膜可以通过旋涂或等离子体增强化学气相沉积方法制备。在谐振器的制备过程中,碳氟化合物一般用作电绝缘层、黏附键合剂以及减小摩擦力的表面涂层。

表 3-15　SU-8 材料特性

参数	取值	参数	取值
密度/(kg/m³)	1218	比热容/(J/(kg·K))	1200
杨氏模量/GPa	4.02	热导率/(W/(m·K))	0.3
泊松比	0.26	耐热度/℃	约 300
平面应变弹性模量/GPa	4.30	热膨胀系数/10⁻⁶K⁻¹	52
抗拉强度/MPa	60	玻璃化转变温度/℃	210

3.6.2　结构材料

随着柔性电子技术迅猛发展,柔性聚合物除了作为工艺材料用于谐振器制备,还可作为谐振器件的结构材料[61, 62]。相对于传统硬质硅基材料,聚合物柔性结构材料制备过程简单、价格低等,柔性聚合物谐振器可广泛应用于疾病诊断、环境监测和可穿戴技术等领域。因此,聚苯乙烯(PS)、PMMA、聚碳酸酯(PC)和 SU-8 等聚合物具有高透光性、功能化表面和生物兼容性,可实现特定的谐振特性。

以热解碳基的静电驱动谐振器为例[63],介绍电化学热解碳基谐振器的制备工艺流程(图 3-28)。首先,采用低压化学气相沉积方法将 200nm 低应力氮化硅薄膜沉积在抛光晶上,Si_3N_4 层在电极和衬底之间作为绝缘层;利用反应离子蚀刻工艺在 Si_3N_4 层中刻蚀一个窗口,并用光刻胶作为刻蚀掩模将谐振器的最终长度定义为 400μm;刻蚀后,利用等离子体剥离光刻胶,使用旋涂机在晶圆顶部旋涂厚度为 7μm 的 SU-8 器件层,通过紫外线光刻定义 WE(工作电极)和 CE(对电极)的图案;接下来,采用硅刻蚀机,以 SF_6 为反应气体,对各向同性硅结构进行反应离子蚀刻来释放 SU-8 结构,蚀刻后,进行热解过程,并通过电子束蒸发来沉积;最后,为了钝化接触引线,使用与上述器件层相同的工艺旋涂 SU-8 薄膜并图案化。钝化层的旋涂工艺不仅不会影响悬臂梁式碳基谐振器,而且易于实现晶圆完全覆盖旋涂。

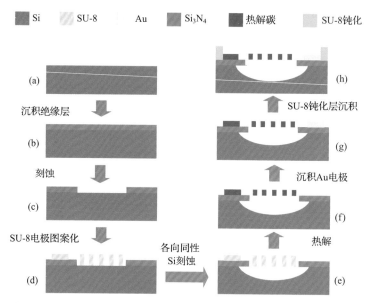

图 3-28　电化学热解碳基谐振器的制备工艺流程图[63]

图 3-29(a) 为制备后带有电化学碳谐振器的电极芯片，工作电极包含五个热解碳基谐振器，可用于质量传感。由于热解过程中的收缩，器件层的厚度在制备过程中发生变化，最初 SU-8 的厚度为 7μm，热解过程后，碳厚度为 717nm。导电聚合物 3,4-乙烯二氧噻吩单体(PEDOT)沉积在谐振器上，图 3-29(b)给出了加工过程中的电沉积剖面，图 3-29(c) 为沉积 3min 后的谐振器件,可以看出 PEDOT 沉积在悬浮热解碳基谐振器的所有表面上。利用热解碳的良好的导电性，将上述谐振器用于电化学气相沉积的质量传感器，测量得到 PEDOT 导电聚合物沉积前器件的谐振频率为 $(143.3 \pm 3.4)\,\mathrm{kHz}$，利用公式 $\Delta m = m_0 \left\{ \left[f_0 / (f_0 - \Delta f) \right] - 1 \right\}$，由谐振频率偏移量得出 PEDOT 导电聚合物在谐振器表面 15min 沉积的质量为 8ng。

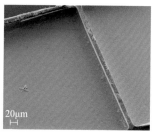
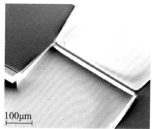

(a) 电极区域(含5个谐振器)显微图　　(b) 谐振器上沉积聚合物　　(c) 单个悬浮碳谐振器

图 3-29　热解碳基谐振器[63]

3.7　金刚石材料

金刚石是碳结晶为立方晶体结构的一种材料，金刚石晶体中，碳原子半径小，因而其单位体积键能很大，使它比其他材料硬度都高，是已知材料中硬度最高的。金刚石材料还具有禁带宽度大（5.5eV）、热导率高（最高可达 120W/(cm·K)）、传声速度最高、介电常数小、介电强度高等特点。金刚石材料具有力学、电学、热学、声学、光学、耐蚀等优越性能，是目前 MEMS/NEMS 技术发展中非常理想的半导体材料[64]。

聚晶金刚石（PCD）和类金刚石薄膜广泛应用于 MEMS/NEMS 谐振器设计及制备。PCD 不仅具有单晶金刚石（SCD）的许多特性，而且可以在大面积衬底上生长，具有良好的薄膜生长速率、厚度和结构均匀性，适合大规模生产，可在大面积衬底上制备出基于金刚石薄膜的 MEMS/NEMS 谐振器，如图 3-30 所示。PCD 有三种不同的形式：微晶金刚石（MCD，粒径尺寸大于等于 1μm）、纳米金刚石（NCD，粒径尺寸为 10～100nm）和超纳米金刚石（UNCD，粒径尺寸为 3～5nm）。部分金刚石材料的性质如表 3-16 所示。

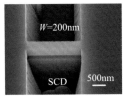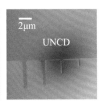

(a) SCD固支梁　　　　(b) MCD半球　　　　(c) NCD圆盘　　　　(d) UNCD悬臂梁

图 3-30　不同形式的金刚石谐振器[65-68]

表 3-16　NEMS 谐振器所用金刚石材料性质（常温环境）[19]

材料	弹性模量/GPa	密度/(kg/m³)	泊松比	比热容/(J/(kg·K))	热导率/(W/(m·K))
超纳米金刚石	1200	3500	0.2	2760～3490	2000
纳米金刚石	800～1100	3500	0.069	—	1000
单晶金刚石	450～1100	3500	0.057	—	1～12

在如图 3-31 所示三种不同微观结构、表面形貌和性能的 PCD 薄膜[69]，即 NCD、UNCD 和 MCD 薄膜中，MCD 的类金刚石品质最高，在 1332cm⁻¹ 处有高强度 sp³ 峰。

如图 3-32 所示单晶金刚石纳米悬臂梁谐振器制备工艺流程，器件制备所用的基材为化学气相沉积得到的单晶金刚石片，基于多晶金刚石模具的"模板-辅助"再抛光工艺，将基片厚度均匀性提高到小于 1μm，抛光后采用两种不同的键合方

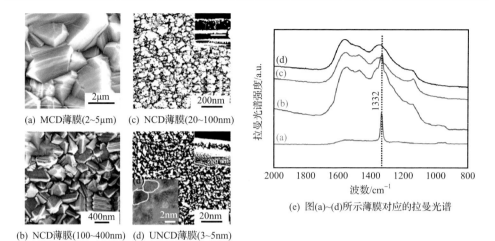

(a) MCD薄膜(2~5μm)　(c) NCD薄膜(20~100nm)

(b) NCD薄膜(100~400nm)　(d) UNCD薄膜(3~5nm)

(e) 图(a)~(d)所示薄膜对应的拉曼光谱

图 3-31　硅上生长的 PCD 薄膜的 SEM 图像和特性[69]

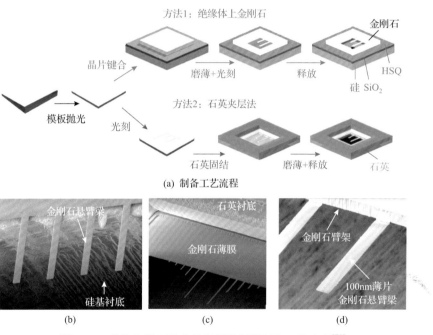

(a) 制备工艺流程

(b)　　　　　　　(c)　　　　　　　(d)

图 3-32　单晶金刚石纳米悬臂梁谐振器制备工艺流程[70]

法：一种是采用氢倍半硅氧烷(HSQ)抗蚀剂作为中间体，将金刚石晶圆直接键合到带有热氧化物的硅衬底上，该方法通用性好，绝缘体上金刚石(diamond-on-insulator, DOI)技术适用于后续多种类型的光刻；另一种是将金刚石板夹在两个 SiO_2 基板之间，从而形成融合的"石英夹层"结构，该方法的优点是石英既可以作为基板材料，也可以作为掩模材料，抛光处理更简单快捷。基片抛光后，采用氩氯(Ar/Cl)等反应离子体将金刚石器件层刻蚀减薄至 500nm；最后，通过标准光学光刻定义悬臂梁结构,再结合背面刻蚀法完全释放悬臂梁结构。对于采用石英夹层法制成的器件,在悬臂梁基部保留约 5μm 厚的金刚石壁架,以减少夹持损失;而对于DOI 器件,SiO₂ 层充当夹持结构。

此外,UNCD 薄膜是一种全新的功能纳米材料,其晶粒尺度在几纳米量级,既具备普通金刚石的高硬度和弹性模量、极好的耐磨性和化学稳定性,又有非常优异的表面性能,如低的表面粗糙度、摩擦系数和黏附性能,因此,UNCD 是制作高可靠性、长寿命 MEMS/NEMS 谐振器的理想材料。

参 考 文 献

[1] Verma G, Mondal K, Gupta A. Si-based MEMS resonant sensor: A review from microfabrication perspective. Microelectronics Journal, 2021, 118: 105210.

[2] 蒋庄德. MEMS 技术及应用. 北京: 高等教育出版社, 2018.

[3] Piazza G, Abdolvand R, Ho G K, et al. Voltage-tunable piezoelectrically-transduced single-crystal silicon micromechanical resonators. Sensors and Actuators A: Physical, 2004, 111(1): 71-78.

[4] Lee J E Y, Bahreyni B, Zhu Y, et al. A single-crystal-silicon bulk-acoustic-mode microresonator oscillator. IEEE Electron Device Letters, 2008, 29(7): 701-703.

[5] Shao P, Tavassoli V, Mayberry C L, et al. A 3D-HARPSS polysilicon microhemispherical shell resonating gyroscope: Design, fabrication, and characterization. IEEE Sensors Journal, 2015, 15(9): 4974-4985.

[6] Vukovic N, Healy N, Suhailin F H, et al. Ultrafast optical control using the Kerr nonlinearity in hydrogenated amorphous silicon microcylindrical resonators. Scientific Reports, 2013, 3(1): 1-5.

[7] 张泰华, 杨业敏, 赵亚溥, 等. MEMS 材料力学性能的测试技术. 力学进展, 2002, 32(4): 545-562.

[8] Ahn C H, Ng E J, Hong V A, et al. Characterization of oxide-coated polysilicon disk resonator gyroscope within a wafer-scale encapsulation process. Journal of Microelectromechanical Systems, 2015, 24(6): 1687-1694.

[9] Yu L, Pajouhi H, Nelis M R, et al. Tunable, dual-gate, silicon-on-insulator(SOI)nanoelectro-mechanical resonators. IEEE Transactions on Nanotechnology, 2012, 11(6): 1093-1099.

[10] Adiga V P, Ilic B, Barton R A, et al. Modal dependence of dissipation in silicon nitride drum resonators. Applied Physics Letters, 2011, 99(25): 253103.

[11] Baek I B, Byun S, Lee B K, et al. Attogram mass sensing based on silicon microbeam resonators. Scientific Reports, 2017, 7(1): 1-10.

[12] Lee J, Zamani H, Rajgopal S, et al. 3C-SiC microdisk mechanical resonators with multimode resonances at radio frequencies. Journal of Micromechanics and Microengineering, 2017, 27(7): 074001.

[13] Lu J P, Han J. Carbon nanotubes and nanotube-based nano devices. International Journal of High Speed Electron and Systems, 1998, 9(1): 101-123.

[14] Yoshinaka A, Yuasa Y, Hiroshima S, et al. Photothermal excitation of cantilevered carbon nanotube resonators. Applied Physics Express, 2012, 5(7): 075101.

[15] Sazonova V, Yaish Y, Üstünel H, et al. A tunable carbon nanotube electromechanical oscillator. Nature, 2004, 431(7006): 284-287.

[16] Jensen K, Kim K, Zettl A. An atomic-resolution nanomechanical mass sensor. Nature Nanotechnology, 2008, 3(9): 533-537.

[17] Wu W, Palaniapan M, Wong W K. Multiwall carbon nanotube resonator for ultra-sensitive mass detection. Electronics Letters, 2008, 44(18): 1060-1061.

[18] Urgell C, Yang W, de Bonis S L, et al. Cooling and self-oscillation in a nanotube electromechanical resonator. Nature Physics, 2020, 16(1): 32-37.

[19] Imboden M, Mohanty P. Dissipation in nanoelectromechanical systems. Physics Reports, 2014, 534(3): 89-146.

[20] Aykol M, Hou B, Dhall R, et al. Clamping instability and van der Waals forces in carbon nanotube mechanical resonators. Nano Letters, 2014, 14(5): 2426-2430.

[21] He R, Feng X L, Roukes M L, et al. Self-transducing silicon nanowire electromechanical systems at room temperature. Nano Letters, 2008, 8(6): 1756-1761.

[22] Li M, Mayer T S, Sioss J A, et al. Template-grown metal nanowires as resonators: Performance and characterization of dissipative and elastic properties. Nano Letters, 2007, 7(11): 3281-3284.

[23] Khaderbad M A, Choi Y, Hiralal P, et al. Electrical actuation and readout in a nanoelectromechanical resonator based on a laterally suspended zinc oxide nanowire. Nanotechnology, 2011, 23(2): 025501.

[24] Li M, Bhiladvala R B, Morrow T J, et al. Bottom-up assembly of large-area nanowire resonator arrays. Nature Nanotechnology, 2008, 3(2): 88-92.

[25] Nasr Esfahani M, Alaca B E. A review on size-dependent mechanical properties of nanowires. Advanced Engineering Materials, 2019, 21(8): 1900192.

[26] Novoselov K S, Geim A K, Morozov S V, et al. Electric field effect in atomically thin carbon films. Science, 2004, 306(5696): 666-669.

[27] Geim A K, Novoselov K S. The rise of graphene. Nature Materials, 2007, 6: 183-191.

[28] Chen C, Hone J. Graphene nanoelectromechanical systems. Proceedings of the IEEE, 2013, 101(7): 1766-1779.

[29] Zang X, Zhou Q, Chang J, et al. Graphene and carbon nanotube(CNT) in MEMS/NEMS applications. Microelectronic Engineering, 2015, 132: 192-206.

[30] Novoselov K S, Fal V I, Colombo L, et al. A roadmap for graphene. Nature, 2012, 490(7419): 192-200.

[31] Bunch J S, van der Zande A M, Verbridge S S, et al. Electromechanical resonators from graphene sheets. Science, 2007, 315(5811): 490-493.

[32] Bunch J S, Verbridge S S, Alden J S, et al. Impermeable atomic membranes from graphene sheets. Nano Letters, 2008, 8(8): 2458-2462.

[33] Shivaraman S, Barton R A, Yu X, et al. Free-standing epitaxial graphene. Nano Letters, 2009, 9(9): 3100-3105.

[34] Chen C, Rosenblatt S, Bolotin K I, et al. Performance of monolayer graphene nanomechanical resonators with electrical readout. Nature Nanotechnology, 2009, 4(12): 861-867.

[35] Zande A M, Barton R A, Alden J S, et al. Large-scale arrays of single-layer graphene resonators. Nano Letters, 2010, 10(12): 4869-4873.

[36] Robinson J T, Zalalutdinov M, Baldwin J W, et al. Wafer-scale reduced graphene oxide films for nanomechanical devices. Nano Letters, 2008, 8(10): 3441-3445.

[37] Blaikie A, Miller D, Alemán B J. A fast and sensitive room-temperature graphene nanomechanical bolometer. Nature Communications, 2019, 10(1): 1-8.

[38] Ye F, Lee J, Feng P X L. Electrothermally tunable graphene resonators operating at very high temperature up to 1200K. Nano Letters, 2018, 18(3): 1678-1685.

[39] Eichler A, Moser J, Chaste J, et al. Nonlinear damping in mechanical resonators made from carbon nanotubes and graphene. Nature Nanotechnology, 2011, 6(6): 339-342.

[40] Weber P, Guttinger J, Tsioutsios I, et al. Coupling graphene mechanical resonators to superconducting microwave cavities. Nano Letters, 2014, 14(5): 2854-2860.

[41] Hu H, Yu R, Teng H, et al. Active control of micrometer plasmon propagation in suspended graphene. Nature Communications, 2022, 13(1): 1-9.

[42] Carvalho A F, Kulyk B, Fernandes A J S, et al. A review on the applications of graphene in mechanical transduction. Advanced Materials, 2022, 34(8): 2101326.

[43] Samanta C, Arora N, Raghavan S, et al. The effect of strain on effective Duffing nonlinearity in the CVD-MoS_2 resonator. Nanoscale, 2019, 11(17): 8394-8401.

[44] Jia H, Yang R, Nguyen A E, et al. Large-scale arrays of single-and few-layer MoS_2 nanomechanical resonators. Nanoscale, 2016, 8(20): 10677-10685.

[45] Liu K, Yan Q, Chen M, et al. Elastic properties of chemical-vapor-deposited monolayer MoS_2, WS_2, and their bilayer heterostructures. Nano Letters, 2014, 14(9): 5097-5103.

[46] Androulidakis C, Zhang K, Robertson M, et al. Tailoring the mechanical properties of 2D materials and heterostructures. 2D Materials, 2018, 5(3): 032005.

[47] Pillai G, Li S S. Piezoelectric MEMS resonators: A review. IEEE Sensors Journal, 2020, 21(11):

12589-12605.

[48] Tadigadapa S, Mateti K. Piezoelectric MEMS sensors: State-of-the-art and perspectives. Measurement Science and Technology, 2009, 20(9): 092001.

[49] Shi S C, Chattopadhyay S, Chen C F, et al. Structural evolution of AlN nano-structures: Nanotips and nanorods. Chemical Physics Letters, 2006, 418(1-3): 152-157.

[50] Ivaldi P, Abergel J, Matheny M H, et al. 50nm thick AlN film-based piezoelectric cantilevers for gravimetric detection. Journal of Micromechanics and Microengineering, 2011, 21(8): 085023.

[51] Pulskamp J S, Bedair S S, Polcawich R G, et al. Electrode-shaping for the excitation and detection of permitted arbitrary modes in arbitrary geometries in piezoelectric resonators. IEEE Transactions on Ultrasonics, Ferroelectrics, and Frequency Control, 2012, 59(5): 1043-1060.

[52] Smith G L, Pulskamp J S, Sanchez L M, et al. PZT-based piezoelectric MEMS technology. Journal of the American Ceramic Society, 2012, 95(6): 1777-1792.

[53] Chen Q, Wang Q M. The effective electromechanical coupling coefficient of piezoelectric thin-film resonators. Applied Physics Letters, 2005, 86(2): 022904.

[54] Dezest D, Thomas O, Mathieu F, et al. Wafer-scale fabrication of self-actuated piezoelectric nanoelectromechanical resonators based on lead zirconate titanate(PZT). Journal of Micromechanics and Microengineering, 2015, 25(3): 035002.

[55] Bhugra H, Piazza G. Piezoelectric MEMS Resonators. New York: Springer International Publishing, 2017.

[56] Baek H, Lee C H, Chung K, et al. Epitaxial GaN microdisk lasers grown on graphene microdots. Nano Letters, 2013, 13(6): 2782-2785.

[57] Faucher M, Grimbert B, Cordier Y, et al. Amplified piezoelectric transduction of nanoscale motion in gallium nitride electromechanical resonators. Applied Physics Letters, 2009, 94(23): 233506.

[58] Gong S, Piazza G. Design and analysis of lithium-niobate-based high electromechanical coupling RF-MEMS resonators for wideband filtering. IEEE Transactions on Microwave Theory and Techniques, 2012, 61(1): 403-414.

[59] Yoon Y, Chae I, Thundat T, et al. Hydrogel microelectromechanical system(MEMS)resonators: Beyond cost-effective sensing platform. Advanced Materials Technologies, 2019, 4(3): 1800597.

[60] Keller S, Haefliger D, Boisen A. Fabrication of thin SU-8 cantilevers: Initial bending, release and time stability. Journal of Micromechanics and Microengineering, 2010, 20(4): 045024.

[61] Tu X, Chen S L, Song C, et al. Ultrahigh Q polymer microring resonators for biosensing applications. IEEE Photonics Journal, 2019, 11(2): 1-10.

[62] Mathew R, Ravi Sankar A. A review on surface stress-based miniaturized piezoresistive SU-8

polymeric cantilever sensors. Nano-micro Letters, 2018, 10(2): 1-41.

[63] Quang L N, Halder A, Rezaei B, et al. Electrochemical pyrolytic carbon resonators for mass sensing on electrodeposited polymers. Micro and Nano Engineering, 2019, 2: 64-69.

[64] Liao M. Progress in semiconductor diamond photodetectors and MEMS sensors. Functional Diamond, 2022, 1(1): 29-46.

[65] Adiga V P, Sumant A V, Suresh S, et al. Mechanical stiffness and dissipation in ultrananocrystalline diamond microresonators. Physical Review B, 2009, 79(24): 245403.

[66] Sartori A F, Belardinelli P, Dolleman R J, et al. Inkjet-printed high-Q nanocrystalline diamond resonators. Small, 2019, 15(4): 1803774.

[67] Auciello O, Aslam D M. Review on advances in microcrystalline, nanocrystalline and ultrananocrystalline diamond films-based micro/nano-electromechanical systems technologies. Journal of Materials Science, 2021, 56(12): 7171-7230.

[68] Heidari A, Chan M L, Yang H A, et al. Hemispherical wineglass resonators fabricated from the microcrystalline diamond. Journal of Micromechanics and Microengineering, 2013, 23(12): 125016.

[69] Fuentes-Fernandez E M A, Alcantar-Peña J J, Lee G, et al. Synthesis and characterization of microcrystalline diamond to ultrananocrystalline diamond films via hot filament chemical vapor deposition for scaling to large area applications. Thin Solid Films, 2016, 603: 62-68.

[70] Tao Y, Boss J M, Moores B A, et al. Single-crystal diamond nanomechanical resonators with quality factors exceeding one million. Nature Communications, 2014, 5(1): 1-8.

第4章 非线性现象与动力学效应

4.1 概　述

随着微纳加工技术和新型低维材料的快速发展，MEMS/NEMS 谐振器的工作频率已达吉赫兹量级以上，其最高品质因子可达数亿，不仅具有极高的灵敏度，还具有极小的能量耗散，因此在工作中容易产生几何非线性、材料非线性、参数共振、非线性模态耦合、同步等现象[1-4]。复杂的服役环境、耦合作用，以及不可避免的非线性因素制约了 MEMS/NEMS 谐振器技术的发展，迫切需要认识掌握复杂环境和激励条件下谐振器件的非线性效应和动力学行为[5,6]。

如图 4-1 所示，MEMS/NEMS 谐振器中存在多样性的非线性来源、非线性现象与效应及动力学表征方法等。本章主要阐述 MEMS/NEMS 谐振器中存在的非线性因素和非线性现象，详细介绍谐振器非线性振动的动力学特性和形成机理，阐述刚度非线性诱导的结构软化和硬化、多稳态现象、吸合失稳和对称破缺现象，介绍多模态耦合振动下 MEMS 谐振器振幅饱和、频率稳定、内禀局域模和频率梳现象产生的物理机制及其对谐振器性能的影响规律，归纳总结非线性效应在 MEMS/NEMS 谐振器中的作用和应用优势，可为深入探究谐振器动力学设计提供理论参考和技术支持，促进非线性 MEMS/NEMS 谐振器技术发展。

图 4-1　MEMS/NEMS 谐振器中的非线性效应及动力学表征方法简图

4.2 非线性因素

MEMS/NEMS 谐振器中存在多种非线性因素，在各种驱动力作用下存在材料非线性、几何非线性、静电力非线性、阻尼非线性、测量非线性等，各物理场、谐振单元、振动模态之间存在复杂的能量转换关系，导致谐振器的共振频率出现振幅依赖性，动力学响应出现分岔和混沌行为，因而影响了谐振器件的工作精度，降低了其运行稳定性等[7-12]。

4.2.1 材料非线性

材料非线性是器件最直接的非线性来源之一，应力和应变之间不再符合线性关系。材料非线性常常源于谐振器件的大变形状态，可由有限变形引起的柯西应力来描述，包括几何效应和材料刚度效应[7]，即

$$\sigma_{ij}(X) = \frac{\rho_X}{\rho_a} \frac{\partial X_i}{\partial a_k} \frac{\partial X_j}{\partial a_k} \left(c_{ijkl}\eta_{kl} + c_{ijklmn}\eta_{kl}\eta_{mn} \right) \tag{4-1}$$

式中，下标 X 为有限变形时的质点坐标；下标 a 为未变形状态的坐标；ρ_X 和 ρ_a 分别为变形和未变形状态时的密度；c_{ijkl} 和 c_{ijklmn} 分别为第二阶、第三阶刚度张量；η_{kl} 为拉格朗日应变，可通过超声波测量和理论分析得到。由此可计算非线性应变相关的工程杨氏模量为

$$E = \frac{T}{\varepsilon} = E_0 \left(1 + Y_1\varepsilon + Y_2\varepsilon^2 \right) \tag{4-2}$$

式中，T 为工程应力（力与初始变形面积之比）；ε 为在未变形坐标下的位移梯度（工程应变）；E_0 为线性杨氏模量；Y_1 和 Y_2 分别为大应变引起的一阶和二阶修正系数。表 4-1 列出了梁和板拉伸状态时的非线性杨氏模量计算值。

表 4-1 梁和板拉伸状态时的非线性杨氏模量计算值

项目	E_0/GPa	Y_1	Y_2
梁（[100]拉伸）	130	0.65	−4.6
板拉伸	181	−2.8	−8.3

若材料的载荷和形变关系不满足胡克定律，则出现材料非线性，即载荷-位移关系呈非线性，如材料的弹塑性、松弛、蠕变等。对于一维材料制备的碳纳米管谐振器，二维材料石墨烯、MoS_2 制备的纳米机械谐振器等，其自身的材料特点会表现出强的材料非线性和几何非线性。由于不同的谐振器具有不同的工作模态，需

要考虑特定工作模态下应力-应变分布，才能准确地分析谐振器的非线性振动特性。

4.2.2　几何非线性

　　MEMS/NEMS 谐振器中的几何非线性是指结构的弹性恢复力和位移之间不再满足线性关系，几何非线性实质造成了谐振器恢复力的非线性，非理想边界、轴

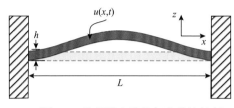

向应力、几何大变形等都是产生几何非线性的重要因素[9, 10]。

　　两端固支梁结构是微谐振器件中一类常用的敏感元件，如图 4-2 所示，谐振器结构在初始张力 $N_0 = \sigma A$ 作用下，振动梁的纵向应变 ε 产生的张力为

图 4-2　谐振器中的几何非线性特征

$$\begin{aligned} N\big(u(x,t)\big) &= N_0 + EA\varepsilon \\ &= \sigma A + EA\frac{1}{2L}\int_0^L\left(\frac{\partial u(x,t)}{\partial x}\right)^2 dx \end{aligned} \tag{4-3}$$

式中，E 为杨氏模量；A 为横截面积；L 为梁的长度。弯曲过程中其弹性势能由弯曲势能和轴向拉压势能两部分组成，即

$$W_{弹} = \frac{1}{2}\int_0^L EI\left(\frac{\partial^2 u(x,t)}{\partial x^2}\right)^2 dx + P\int_0^L \frac{1}{2}\left(\frac{\partial u(x,t)}{\partial x}\right)^2 dx \tag{4-4}$$

式中，EI 为抗弯曲刚度；P 为弯曲导致的轴向力。当材料处于线弹性阶段时，根据胡克定律，轴向力可写为

$$P = \frac{EA}{2L}\int_0^L\left(\frac{\partial u(x,t)}{\partial x}\right)^2 dx \tag{4-5}$$

　　由此，根据欧拉-伯努利梁分析理论，可得谐振器的动力学方程为

$$\rho A\frac{\partial^2 u(x,t)}{\partial t^2} + c\frac{\partial u(x,t)}{\partial t} + EI\frac{\partial^4 u(x,t)}{\partial x^4} - \left[\sigma A + \frac{EA}{2L}\int_0^L\left(\frac{\partial u(x,t)}{\partial x}\right)^2 dx\right]\frac{\partial^2 u(x,t)}{\partial x^2} = F(x,t) \tag{4-6}$$

式中，ρ 为密度；c 为阻尼系数；$F(x,t)$ 为外激励力，有静电、压电、热、电磁、光等多种驱动形式。方括号中的第二项就是非线性项，此时微分方程不再为 $u(x,t)$ 的线性方程，而是一类几何非线性，即由于运动引发纵向张力增大引起的模态等效刚度的非线性。

对于几何非线性，当谐振结构振幅较小时，欧拉-伯努利理论中关于无穷小应变、小转动等假设仍然有效；当谐振结构振幅和系统的特征尺度相当时，几何非线性不可忽略。上述几何非线性效应在弯曲振动模式的谐振器中非常显著；对于体振动模式的谐振器，最常见的几何非线性是在大变形时泊松效应引起的体积变化。材料和几何非线性的产生机理不同，但是都属于机械非线性特征。因此，对于 MEMS/NEMS 谐振器中存在的机械非线性，需要进行详细分析。

4.2.3　驱动非线性

MEMS/NEMS 谐振器的驱动方式较多，静电驱动是最常见的驱动技术之一。由于激励力会改变谐振子的势阱，故会产生非线性效应。静电驱动谐振器中的非线性有固有力学非线性和静电激励相关的非线性，力学非线性取决于谐振器材料和几何形状。

静电激励相关的非线性主要由可变间隙电容传导引起，并受谐振器和电极的几何形状影响，静电激励力可简化为集中参数模型[8]，即

$$F = \frac{\mathrm{d}U_\mathrm{e}}{\mathrm{d}x} \tag{4-7}$$

式中，电极与谐振器之间的静电能 U_e 为

$$U_\mathrm{e} = \frac{h}{2}\varepsilon_0 \left(V_\mathrm{dc} - V_\mathrm{ac}\right)^2 \sum_{i=1}^{N} \int_{L_i} \left(\frac{1}{d_0 - n \cdot x(L)}\right) \mathrm{d}L \tag{4-8}$$

式中，ε_0 为介电常数；N 为电极总数；$x(L)$ 为谐振器沿电极方向的位移分布；L 为谐振器长度；n 为每个电极表面外法向的单位矢量；h 为谐振器厚度；d_0 为初始间隙长度；V_dc 和 V_ac 分别为直流偏置电压和交流激励电压；下标 i 表示单个电极。由于不同振型对应的位移梯度不同，引入振型修正系数 η，即

$$n \cdot x(L) = \eta x_0 \tag{4-9}$$

式中，x_0 为谐振器的最大位移。对式(4-8)进行泰勒级数展开，可得关于 x_0 的静电刚度系数为

$$k_\mathrm{e} \approx -\frac{h}{2}\varepsilon_0 V_\mathrm{b}^2 \sum_{i=1}^{N} \int_{L_i} \left(\frac{2}{d_0^3}\eta_i^2 + \frac{3}{d_0^4}\eta_i^3 x_0 + \frac{4}{d_0^5}\eta_i^4 x_0^2\right) \mathrm{d}L \tag{4-10}$$

式中，静电刚度系数前的负号表明静电驱动力降低了等效刚度系数，括号中的第一项为可变项，可在小变形时也能直接影响谐振频率。因此，偏置电压会改变第

一阶静电刚度系数(k_{0e})，从而影响谐振器的固有频率，静电调频效应关系为

$$f_0 = \frac{1}{2\pi}\sqrt{\frac{1}{m}(k_{0m}+k_{0e})} \approx \frac{1}{2\pi}\sqrt{\frac{1}{m}\left(k_{0m}-\frac{N\varepsilon_0 V_b^2 A}{d_0^3}\right)} \tag{4-11}$$

4.2.4 阻尼非线性

阻尼非线性和能量耗散是影响 MEMS/NEMS 谐振器性能至关重要的因素之一[11, 12]。阻尼非线性的作用机制非常复杂，具有形式多元性、尺度相关性、温度依赖性、服役环境不确定性等特征，随着尺寸的缩减，热弹性阻尼、压膜阻尼、支撑阻尼等耗散机制对谐振系统动力学性能的影响很大，是制约 MEMS/NEMS 谐振器动力学性能的瓶颈问题。MEMS/NEMS 谐振器中的能量耗散与阻尼特性将在第 5 章详述。

4.3 刚度硬化与软化效应

MEMS/NEMS 谐振器中的非线性效应多数是由刚度非线性导致的，非线性刚度会引起刚度硬化和软化[13-15]，刚度硬化和软化效应能够诱导分岔、吸合失稳、对称破缺以及混沌等复杂动力学行为。

谐振器的刚度软化主要由非线性静电力导致，其刚度硬化主要由几何非线性导致。如图 4-3 所示静电驱动两端固支梁谐振器的力学模型，在外激励力作用下，含黏性阻尼的 MEMS/NEMS 谐振器的非线性振动可用 Duffing 方程描述[16]，即

$$m\frac{\partial^2 x}{\partial t^2} + \gamma\frac{\partial x}{\partial t} + k_1 x + k_2 x^2 + k_3 x^3 = F\cos(\omega t) \tag{4-12}$$

式中，x 为谐振器的振动位移；m 为谐振器等效质量；γ 为阻尼系数；k_1、k_2、k_3 分别为等效线性刚度系数、平方刚度系数、立方刚度系数；对于对称结构，$F\cos(\omega t)$ 为外激励载荷。刚度非线性由静电恢复刚度和立方非线性恢复力决定，当静电力非线性占主导时表现为软化特性，几何非线性占主导时表现为硬化特性，刚度项的表达式可写为

$$K = k_1 x + k_2 x^2 + k_3 x^3 \tag{4-13}$$

包含线性恢复力、平方恢复力和立方恢复力组成的刚度非线性，其中平方恢复力项由静电力决定，立方恢复力项由谐振结构和静电力决定，系统响应可表示为振动幅值和谐振频率之间的关系，即

$$f_0' = f_0 + \kappa X_{max}^2 \tag{4-14}$$

式中，f_0 为系统固有频率；$X_{\max}$ 为谐振时的最大位移振幅。谐振系统的刚度硬化和软化取决于非线性刚度函数 κ，即

$$\kappa = \frac{3k_3}{8k_1}f_0 - \frac{5k_2^2}{12k_1^2}f_0 \tag{4-15}$$

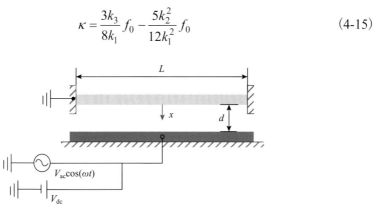

图 4-3　谐振器的力学模型示意图

由式 (4-15) 可知频移的方向由 κ 决定：当 $\kappa > 0$ 时，微梁在振动过程中，弹性恢复力与振动幅值之间满足非线性关系，此时刚度可以写成线性恢复力和立方非线性恢复力的叠加，并产生刚度硬化现象，谐振器的谐振频率随着振动幅值增大而增大，幅频响应呈现右偏现象，系统表现为硬化非线性行为；当 $\kappa < 0$ 时，静电力与微梁的振幅存在非线性关系，此时刚度为弹性恢复力和静电恢复刚度的叠加，并产生刚度软化现象，谐振器的谐振频率随着振动幅值的增大而降低，幅频响应呈现左偏现象，系统表现为软化非线性行为；当 $\kappa = 0$ 时，系统在小幅振动下表现为线性振动，如图 4-4 所示。

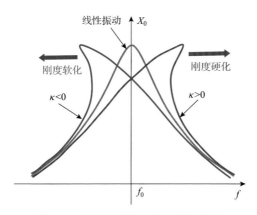

图 4-4　非线性刚度软化和硬化现象

对于静电驱动 MEMS/NEMS 谐振器，系统的动力特性和器件的操作参数、几何参数与材料特性有关，且静电力会改变结构的动力特性。将非线性静电力在平

衡点 $x=0$ 处进行泰勒级数展开，可得

$$F_e = \frac{1}{2}\varepsilon_0\varepsilon_r A \frac{V^2}{(d_0-x)^2} = \frac{1}{2}\varepsilon_0\varepsilon_r A \frac{V^2}{d^2}\left(1+\frac{2}{d}x+\frac{3}{d^2}x^2+\cdots\right) \quad (4\text{-}16)$$

假设静电变形较小，高阶项忽略不计，则非线性静电力可线性化为

$$\frac{1}{2}\varepsilon_0\varepsilon_r A \frac{V^2}{(d-x)^2} = \frac{1}{2}\varepsilon_0\varepsilon_r A \frac{V^2}{d^2}\left(1+\frac{2}{d}x+\frac{3}{d^2}x^2\right) \quad (4\text{-}17)$$

静电力会软化谐振结构刚度，严重影响系统的动力特性。对于谐振器件，可得到线性的、平方的、立方的和高阶的刚度系数表达式，且静电刚度与极板间隙的平方成反比。采用模态扩展法可得静电软化模态刚度 k_j 为

$$k_j = k_j' - k_s = k_j' - \frac{\varepsilon_0\varepsilon_r A V_0^2 \cos^2(\omega t)}{d^3} - \frac{3\varepsilon_0\varepsilon_r A V_0^2 \cos^2(\omega t)}{2d^4} \quad (4\text{-}18)$$

式中，k_j' 为系统固有等效刚度；k_s 为静电软化刚度；V_0 为加载极性电压。

由式(4-18)可知，k_j 具有时变性，且与加载电压有关，表明静电力软化的微结构模态刚度呈周期性，一阶、二阶模态刚度 k_1 和 k_2 的数值仿真结果如图 4-5 所示。模态刚度随着加载电压的频率 ω 呈周期性减小趋势，此种变化在较大的 V_0 时更为明显。因此，静电驱动 MEMS/NEMS 结构会随着加载电压的变化起到软化作用，对整个系统的动力学特性也会产生影响。

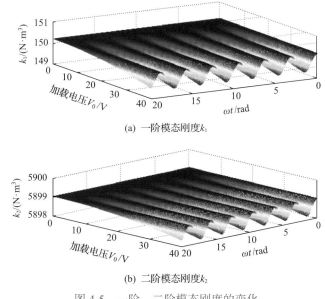

(a) 一阶模态刚度k_1

(b) 二阶模态刚度k_2

图 4-5 一阶、二阶模态刚度的变化

4.4　双稳态现象

双稳态是指运动范围内具有两个稳定平衡状态，结构发生双稳态转换时，系统势能从一个局部势能极小点到达另一个局部势能极小点，同时伴随能量的储存与释放过程。结构发生双稳态转换需要外界输入足够的跃迁能量跃过结构势能极大值的不稳定平衡点，当跃过最大势能位置后，结构不需要外载荷便可跳转到第二个稳态位置，发生跳跃现象，并且在该稳态不损耗能量，双稳态之间的弹突跳变现象和结构在自然界中随处可见。利用双稳态现象和结构设计实现高性能的MEMS/NEMS 驱动器和传感器有着显著优势[17, 18]。

双稳态是 MEMS/NEMS 谐振器中常见的非线性动力学现象之一，可分为静力学双稳态和动力学双稳态，前者是由于非线性刚度多项式中存在负刚度项，导致谐振系统存在多个势阱；后者是谐振器振动过程中存在两个吸引子。静电驱动微梁结构是最常见的 MEMS 谐振子，非线性刚度项由静电力和弹性恢复力组成，当驱动电压超过一定临界值时，谐振结构出现两个稳定状态，非线性刚度可表示为

$$K = \kappa_1 x_e + \kappa_2 x_e^3 + \kappa_3 x_e^5 + \kappa_4 x_e^7 + \cdots \tag{4-19}$$

式中，κ_1、κ_2、κ_3、κ_4 用于确定平衡点的个数和稳定性，平衡点可表示为 $(x_e, 0)$。

当系统出现两个稳定平衡点时，应满足以下条件：

$$\begin{cases} \kappa_1 < 0 \\ \kappa_2 > 0 \\ (q/2)^2 + (p/3)^3 < 0 \end{cases} \tag{4-20}$$

式中，

$$p = -\kappa_3^2/(3\kappa_4^2) + \kappa_2/\kappa_4, \qquad q = 2\kappa_3^3/(27\kappa_4^3) - \kappa_2\kappa_3/(3\kappa_4^2) + \kappa_1/\kappa_4$$

对于双稳态系统，原平衡点失稳形成鞍结分岔点，势能函数在原点产生势垒点；两个新的稳定平衡点在原点两侧产生，势能函数在此处产生两个势阱点；靠近固定电极部分存在两个不稳定的平衡点，对应着势能函数两个势垒点。当中心势垒点的能量低于双侧势垒点的能量时，系统存在两个同宿轨道和一个异宿轨道，此时系统容易发生复杂的动力学现象，当驱动力较小时，系统在一侧平衡点附近做小幅简谐振动，随着驱动力增大，系统的运动跃过中间势垒点，可能发生稳定的双势阱运动、多倍周期运动、概周期运动或者混沌运动，如图 4-6(a) 所示；当系统三个势垒点的势能一致时，系统存在两个异宿轨道，此时系统在小幅周期力

作用下主要以周期振动为主，很难发生概周期和混沌运动，如图 4-6(b)所示。

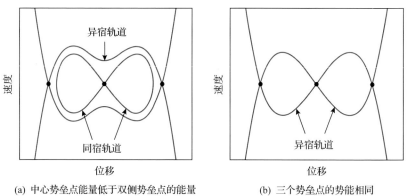

(a) 中心势垒点能量低于双侧势垒点的能量　　　(b) 三个势垒点的势能相同

图 4-6　双稳态系统中的同宿、异宿轨道

　　静力学双稳态要求谐振系统存在两个稳态的平衡点，而动力学双稳态不同，可以存在于单一势阱系统中，例如，Duffing 振子系统两个周期鞍结分岔点之间存在两种稳定的周期振动现象，如图 4-7(a)所示。图 4-7(b)描述了 MEMS 谐振器的 Duffing 系统全局动力学行为，系统中存在两个吸引子。此外，MEMS/NEMS 参数激励系统、自激励系统和模态耦合系统都普遍存在双稳态现象。

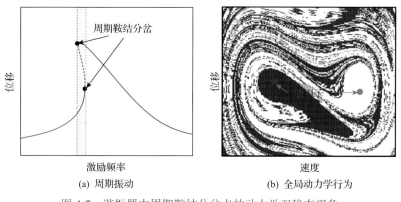

(a) 周期振动　　　　　　　　　　(b) 全局动力学行为

图 4-7　谐振器中周期鞍结分岔点的动力学双稳态现象

4.5　吸 合 现 象

　　吸合(pull-in)效应是静电驱动 MEMS/NEMS 谐振器中一种典型的失稳行为[19]，主要由非线性静电力和结构非线性力耦合作用，图 4-8 描述了桨叶式悬臂梁结构的静电吸合现象[20]。当吸合行为产生时，可动结构与固定极板接触，系统的等效线性固有频率为零。吸合失稳存在两面性：①各类静电微开关、质量传感与检测

技术等可以利用吸合原理工作；②对于静电驱动 MEMS/NEMS 谐振器，吸合行为会影响系统的动态性能，使得谐振器件无法正常工作，甚至导致谐振结构产生破坏失效[21]。

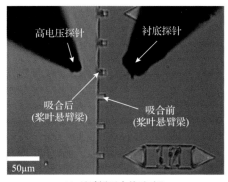

(a) 悬臂梁吸合前后对比　　　　　　　　(b) 微梁三维重构图

图 4-8　桨叶式悬臂梁结构的静电吸合现象[20]

4.5.1　静电吸合效应

由静电力作用产生的吸合效应会引起系统不稳定，限制其稳定运动范围。吸合电压是静电驱动 MEMS/NEMS 设计的基本参数。图 4-9 为平行板电容器与弹性元件相连的物理模型，其中平行板电容器的下极板固定，质量为 m 的上极板与弹簧连接可上下运动，系统运动极板主要受到静电力和弹性恢复力两者的相互作用。

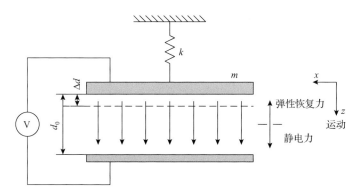

图 4-9　平行板电容器与弹性元件相连的物理模型

由于静电力与 $1/d_0^2$ 相关，很明显存在非线性，同时弹性恢复力与运动位移相关，是一种线性力。忽略系统固有阻尼的影响，不同加载电压作用时，由静电力和弹性恢复力之间的平衡关系

$$F_e = \frac{1}{2} \frac{\varepsilon_0 \varepsilon_r}{d_0^2} V^2 = F_{me} = kz \tag{4-21}$$

可得极板变形后的间距为

$$d = d_0 - z = d_0 - \frac{1}{2} \frac{\varepsilon_0 \varepsilon_r A}{k \left(d_0 - z \right)^2} V^2 \tag{4-22}$$

式中，k 为极板等效弹性刚度系数。

运动位移 z 满足

$$z^3 - d_0 z^2 + \frac{\varepsilon_0 \varepsilon_r A V^2}{2k} = 0 \tag{4-23}$$

由式(4-23)可解出加载电压 V 与位移 z 之间的对应关系，即

$$V(z) = \sqrt{\frac{2k}{\varepsilon_0 \varepsilon_r A} z^2 (d_0 - z)} \tag{4-24}$$

平行板电容器系统的合力为

$$F_{net} = -\frac{\varepsilon_0 \varepsilon_r A}{2d_0^2} V^2 + k(d_0 - z) \tag{4-25}$$

根据稳定性条件 $\frac{\partial F_{net}}{\partial z} < 0$，有 $k > \frac{\varepsilon_0 \varepsilon_r A}{z^3} V^2$，将 $k = \frac{\varepsilon_0 \varepsilon_r A}{z^3} V^2$ 代入式(4-25)，且合力为零，则当运动位移为 $z = z_{pull-in} = 2d_0/3$ 时，加载电压达到最大值，即吸合电压 $V_{pull-in}$ 为

$$V_{pull-in} = \sqrt{\frac{d_0 \cdot 2k}{3\varepsilon_0 \varepsilon_r A} \left(d_0 - \frac{d_0}{3} \right)} = \sqrt{\frac{8d_0^3 k}{27\varepsilon_0 \varepsilon_r A}} \tag{4-26}$$

如图 4-10 所示静电变形与加载电压之间的关系，当电压为 $V < V_{pull-in}$（即 $z > z_{pull-in}$）时，上极板保持稳定状态；当电压为 $V > V_{pull-in}$（即 $z < z_{pull-in}$）时，极板间会出现吸合现象，系统处于不稳定状态。随着间隙的减小，静电力的非线性特性变得更强（$F_e \propto z^{-2}$），弹性恢复力还是线性的（$F_{me} \propto d_0 - z$），因此会引起静电吸合的不稳定性，平衡点位于两作用力相等的位置，吸合前极板的最大稳定变形为 $d_0/3$。实际中通常在极板中间加一个隔板，避免极板相接触而导致短路现象，若极板与隔板接触，则随着电压的减小，电容器发生迟滞现象。

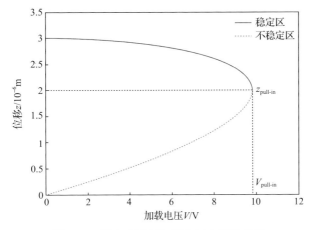

图 4-10 静电变形与加载电压之间的关系

　　吸合效应主要分为静态吸合和动态吸合两类[22]，其中静态吸合失稳分析不考虑阻尼以及直流电压变化过程中的惯性效应等影响因素，假设直流电压加载为一准静态过程，此时系统可近似为一个保守系统。当直流电压增大至临界电压时，系统存在不稳定平衡点，此时的电压即吸合电压，失稳的临界点即吸合位置；动态吸合研究则充分考虑直流电压突变所导致的惯性效应、阻尼、交流电压激励等因素对吸合位置及吸合电压的影响。因此，静态吸合分析有助于认识系统的稳定区间以及对应保守系统的全局特性；动态吸合研究建立在静态吸合失稳基础上，更贴近实际工况。对于具有活动部件的 MEMS/NEMS 谐振器，外激励交流电压的扰动也会导致吸合失稳行为，静、动态吸合效应均有益于谐振器的优化设计。

4.5.2 静态吸合失稳

　　如图 4-11 所示，静电驱动微梁机械谐振器在直流电压作用下会产生静态吸合行为，在静态吸合过程中，当直流电压为零时，谐振结构保持原有的平衡状态，随着直流电压的增大，谐振结构发生弯曲变形，当直流电压达到吸合电压时，谐振器发生吸合现象。

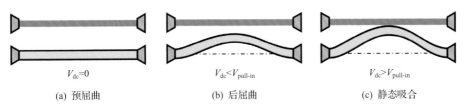

图 4-11 谐振器静态吸合失稳行为示意图

　　谐振器的静态吸合失稳行为主要采用单自由度模型或连续体模型模拟，单自由度模型可以通过微分求解法或者伽辽金离散法得到，方程表述如下：

$$Sw + \alpha_1 w^3 = \alpha_2 \frac{V_{dc}^2}{(1-w)^2} \tag{4-27}$$

式中，w 为横向位移；前两项为结构的恢复力项，S 为等效线性刚度系数，α_1 为等效立方刚度系数；α_2 为静电驱动力系数；V_{dc} 为驱动直流电压。吸合发生时，系统存在一个鞍结分岔点，可得分岔方程为

$$(S + 3\alpha_1 w^2)(1-w)^2 - 2(Sw + \alpha_1 w^3)(1-w) = 0 \tag{4-28}$$

由于吸合位置处于 0～1，可得

$$\delta w^2(3 - 5w) + 1 - 3w = 0 \tag{4-29}$$

式中，$\delta = \alpha_1 / S$ 定义为等效的几何非线性参数。

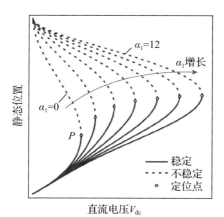

图 4-12　不同几何非线性刚度下的吸合电压和吸合位置[23]

由式(4-29)可知，吸合发生的位置满足 $1/3 < w < 3/5$。忽略中性面伸长引起的几何非线性时，吸合位置可达极小值 $1/3$；当中心面伸长引起的几何非线性项系数远大于线性刚度项时，吸合位置接近极大值 0.6。单自由度系统的分析结果可定性给出吸合位置的决定因素，然而由连续体模型计算得到的吸合位置极小值约为 0.39，远高于单自由度预测结果，因此单自由度模型对吸合位置的预测结果偏小，不适合进行定量分析。图 4-12 给出了不同几何非线性刚度对谐振器吸合位置的影响[23]。

4.5.3　动态吸合失稳

动态吸合失稳主要是由驱动电压过大和外界干扰因素综合作用导致的动态失稳现象。目前，动态吸合行为主要采用数值和试验方法进行预测，通过幅值响应判断谐振器的动态吸合区域[24]。图 4-13 给出了扫频工况下谐振器的幅频响应曲线。

如图 4-14 所示基于动态吸合失稳的智能传感器的工作原理及特性[25-27]，谐振器设计在接近动态吸合区的固定频率下工作，当器件处于工作频率、初始状态在吸合区域外时，随着气体吸附在谐振器表面，传感器的总质量增加，工作频率和吸合频带之间的差值为阈值，一旦气体质量引起的频率增量超过阈值，就会产生

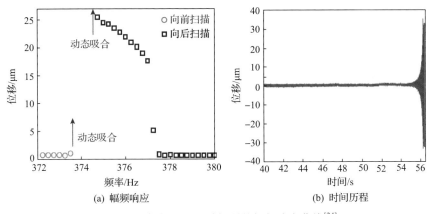

(a) 幅频响应　　　　　　　　　　　　　(b) 时间历程

图 4-13　扫频工况下谐振器的幅频响应曲线[24]

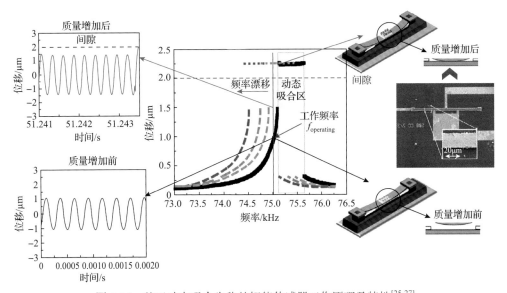

图 4-14　基于动态吸合失稳的智能传感器工作原理及特性[25-27]

频率漂移，频率响应曲线向左移动，工作点就会落入吸合区域内，从而导致上电极吸合到下电极。动态吸合失稳类似于气体触发开关，可在吸合区域外的安全稳定范围内选择工作频率，并根据噪声分析确定该范围的限值，工作频率范围的上限取决于增加的质量。该传感器可以测量气体浓度并可自动切换，无需微控制器和复杂电路。

　　由于动态吸合发生时，谐振器发生大幅振动行为，基于小变形假设的材料力学建模和摄动分析方法无法对动态吸合行为进行准确的预测，现阶段主要采用数值方法分析不同物理参数下的动态吸合行为，迫切需要发展动态吸合的理论分析和试验预测方法，这对静电驱动 MEMS/NEMS 谐振结构的优化设计具有指导意义。

4.6　对称破缺现象

对称破缺(symmetry breaking)现象意味着仅含奇次谐波周期解的失稳和含有奇、偶次谐波稳态周期解的出现[28]，如图4-15所示对称破缺后的环形表面[29]。同时，对称破缺现象也是诱导倍周期分岔、混沌等复杂动力学行为的一个重要原因，MEMS/NEMS 谐振器中存在的对称破缺效应也可用于发展新的传感和检测技术[30]。

图 4-15　对称破缺后的环形表面[29]

4.6.1　对称破缺的力学模型

MEMS 谐振器中的对称破缺现象一般与静电力的非线性和结构的不对称有关[31,32]。如图4-16所示单极板静电驱动微拱形结构，是一类典型的非对称系统，具有明显的对称破缺现象，其动力学方程为

$$\ddot{w}+w^{iv}+c\dot{w}=\alpha\left(\int_{0}^{L}2hz_{0}w'-w'^{2}\mathrm{d}x\right)(hz_{0}''-w'')+\frac{\beta}{(1+hz_{0}-w)^{2}} \qquad (4\text{-}30)$$

式中，w 为微拱形结构的振动幅值；c 为阻尼系数；β 为驱动电压参数。

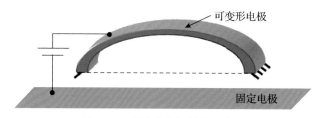

图 4-16　微拱形谐振结构示意图

在不同直流电压作用下，微拱形谐振结构的静态平衡位置数量是有区别的，如图4-17(a)所示，稳定的静态平衡位置代表谐振器的势阱点，其动力学行为主要

表现为势阱附近的周期振动，由于平方非线性刚度的存在，势阱两侧存在明显的势能非对称分布，在运动过程中能够产生典型的不对称振动，并且出现偶数次谐波，诱发对称破缺现象。此外，在一定的激励条件和结构设计参数时，对称破缺效应还能够进一步导致谐振器产生动态突跳和吸合动力学行为，如图 4-17(b) 给出的不同的微拱形谐振结构高度和驱动电压下谐振器吸合和突跳行为的动态演化规律。

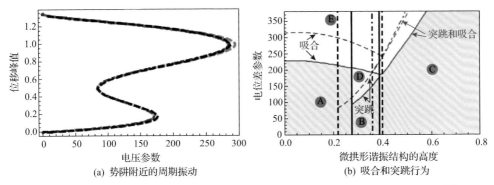

(a) 势阱附近的周期振动

(b) 吸合和突跳行为

图 4-17 不同电压驱动参数和不同拱高下微拱形谐振结构的非线性动力学特性[32]

4.6.2 对称破缺的作用机制

微机电系统中的对称破缺现象可用于微弱信号的检测和质量传感[33, 34]。在机械谐振器中，结构的弯曲振动会破坏弹性势能的对称性，产生对称破缺现象，利用这一现象可检测以近零频率探测纳米管谐振腔的运动，即共振诱导的低频振动行为。如图 4-18 所示，碳纳米管谐振器被两个金属电极夹住，悬浮在沟槽上，沟槽底部为栅极，可利用对称破缺现象来检测纳米管谐振器的运动。

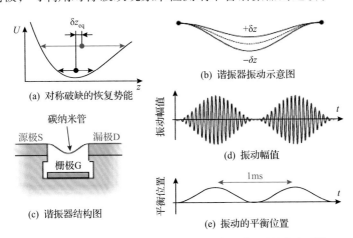

(a) 对称破缺的恢复势能

(b) 谐振器振动示意图

(c) 谐振器结构图

(d) 振动幅值

(e) 振动的平衡位置

图 4-18 碳纳米管谐振器中的对称破缺现象及检测原理[33]

　　在弯曲的纳米管中，势能相对于平衡位置的位移是不对称的，如图 4-18(a)所示，会导致恢复力中的非线性项与位移呈二次关系，即 $F_r = m\beta \times \delta z^2(t)$，其中 m 为谐振器的等效质量，β 为量化对称破缺效应强度的常数，$\delta z(t)$ 为给定模式下谐振器的横向位移。对称破缺效应的机理如下：对于具有初始弯曲状态的两端固支的谐振器，在振动过程中，向上和向下的位移产生的变形量是不对称的，如图 4-18(b)所示。在对称破缺的电势中，振型的平衡位置取决于振型的振幅 z_{vib}。当谐振器振动时 $\delta z(t) = z_{vib} \cos(\omega t)$，恢复力的二次项变为

$$F_r = m\beta \frac{z_{vib}^2}{2} + m\beta \frac{z_{vib}^2}{2} \cos(2\omega t) \tag{4-31}$$

式中，等号右边第一项为与时间无关的力，第二项为 2ω 处的运动，在平衡位置 δz_{eq} 处产生了漂移。换言之，可以通过改变 z_{vib} 来调整平衡位置。

　　对称破缺与纳米管谐振器动力学行为之间有着密切的关系，通过改变振幅可以使运动的平衡位置产生偏移，运动的时间尺度具有与振幅相关的衰减特征。对称破缺调控的谐振频率依赖于施加在栅极上的恒定电压和驱动力振幅，考虑器件的热运动时，可预计位移的功率谱在零频率处出现峰值，其宽度与松弛时间成反比，因此可以通过对称破缺进行检测。

　　在栅极上施加直流、交流电压驱动谐振器产生振动，通过振荡电压进行调幅，其振动位移的表达式可写为

$$\delta z(t) = z_{vib} \times \cos(\omega_{drive} t - \varphi_m) \times [1 - \cos(\omega_{AM} t)] \tag{4-32}$$

式中，ω_{drive} 为激励频率；φ_m 为响应和驱动力的相位差；ω_{AM} 为调制频率。振幅调制幅度为 100%，在源电极加载直流电压 V_{dc}，然后用锁相放大器从漏极测量器件的低频电流，即可测量碳纳米管谐振器的对称破缺程度，如图 4-18(c)和(d)所示。对称破缺可以接近零的频率探测碳纳米管谐振器的运动，同时会影响系统的动力学特性，拓展机械共振的频谱，但是也会导致碳纳米管谐振器的品质因子明显下降，在室温下会降至 100 以下。

4.7　同　步　现　象

　　同步是自然界中一种常见现象，如萤火虫的节律性眨眼、人类心脏起搏细胞的活动等。同步定义为多个振荡器相互之间的弱耦合产生的对振荡节律的自调制过程[4]，也称为耦合系统同步振荡，可以同时执行多个振荡器的协同振动，通常伴随着频率锁定或相位锁定现象，在信号处理、计时器定时、互联网计算等领域

有巨大的应用潜力。

4.7.1 耦合系统中的同步现象

早期关于 MEMS/NEMS 中的同步现象和效应主要集中在理论分析方面，利用耦合振荡器网络作为数据存储系统[35,36]，阐释耦合系统中同步的诱导机制[37]，明确同步效应的参数设计原则和频率稳定性增强作用[38]。对于 MEMS/NEMS 谐振器系统，多个谐振器之间通过耦合单元传播振动能量，从而产生机械相互作用并发生同步现象。已有许多关于同步现象的试验研究报道，研究多采用静电力、光或挠曲等方式将不同的谐振器进行电耦合或机械耦合。

2007 年，Shim 等[39]率先通过机械耦合的设计方式实现了双梁之间的同步试验，如图 4-19 所示。通过激励其中一个微梁产生亚谐波和超谐波共振，可以观测未被激励的另一微梁在同步效应下的共振频率响应，在基频的不同次谐波频率下会有多个频率捕捉区域。静电耦合作用会使得 MEMS 谐振器产生互同步现象[40]，非线性强度、耦合强度等系统参数对频率锁定区域都有明显的影响，立方刚度非线性越强，同步带宽越大，因此同步现象可用于提高频率稳定性和降低相位噪声。

(a) 固支梁谐振器

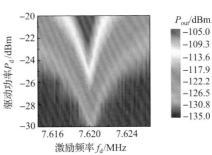

(b) 亚谐波相位同步

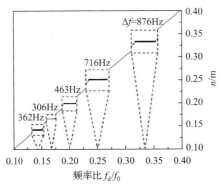

(c) 同步范围

图 4-19 机械耦合系统中的同步现象[39]

光机耦合具有低损耗、可控的耦合效应，易实现不同复杂几何形状和物理尺寸。机械振荡器之间的光耦合作为一种独特的同步诱导机制被广泛应用。2012 年，Zhang 等[41]首次设计研制了光机械振荡器(图 4-20)，通过光腔辐射场产生光机耦合，从而使得机械振荡器中发生同步现象；通过改变激光泵浦功率，实现双机械振荡器或振荡器阵列之间的同步。此外，同步信号中的相位噪声可以降低到单个振荡器的热机械噪声极限以下。

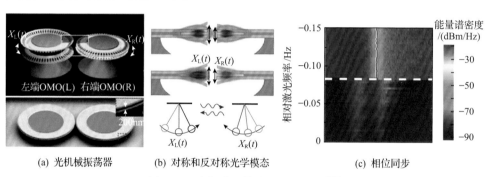

(a) 光机械振荡器   (b) 对称和反对称光学模态   (c) 相位同步

图 4-20   光耦合系统中的同步现象[41]

$X_L(t)$-左光机械振荡器位移；$X_R(t)$-右光机械振荡器位移

4.7.2   同步效应的作用机制

谐振器件的同步基本上依赖于耦合单元的非线性刚度，机械振动能量通过非线性弹簧传递给相邻的振子，振子在非线性弹簧处发生频率转换。Duffing 振子作为最简单的微机械谐振系统，可用于解释 MEMS/NEMS 谐振器发生同步效应的诱导机制。图 4-21 为梳齿谐振器同步现象的测试原理图[42]，通过设计闭环反馈电路补偿谐振器的固有阻尼来保持谐振器的自持续振荡，其动力学方程可以写为

$$m\ddot{x} + \gamma\dot{x} + kx + k_3 x^3 = F_0 \cos(\phi + \phi_0) + F_s \cos(\Omega_s t) \quad (4\text{-}33)$$

式中，m、γ、k、k_3、F_0 和 F_s 分别为等效质量、阻尼系数、弹性系数、立方刚度、自持力和外激励扰动；$F_s \cos(\Omega_s t)$ 为外部激励信号，设计合理的反馈相位和系统参数，可使得谐振响应和外部驱动信号的频率一致，达到同步的效果。

无量纲简化后的动力学方程为

$$\ddot{x} + Q^{-1}\dot{x} + x + \beta x^3 = f_0 \cos(\phi + \phi_0) + f_s \cos(\Omega_s' t) \quad (4\text{-}34)$$

式中，Q 为品质因子；ϕ_0 为相位偏移量；ϕ 为瞬态振荡相位；

$$\beta = k_3/k ; \qquad f_0 = F_0/k ; \qquad f_s = F_s/k ; \qquad \Omega_s' = \Omega_s / \sqrt{k/m}$$

通过摄动分析可知，当 $\Omega'_0 - \Delta\Omega' < \Omega'_s < \Omega'_0 + \Delta\Omega'$ 时，系统会出现同步现象，谐振器振动和外激励信号振动一致。其中，Ω'_0 为无外激励信号时系统的响应频率，$\Delta\Omega'$ 为驱动信号频率和系统固有频率的范围区间，

$$\Omega'_0 = \frac{1}{\sqrt{2}}[1 + (1 + 3\beta Q^2 f_0^2)^{1/2}]^{1/2}$$

$$\Delta\Omega' = \frac{f_s}{2Qf_0}\left[1 + \left(\frac{3\beta Q A_0^2}{2\Omega'_0}\right)^2\right]^{1/2}$$

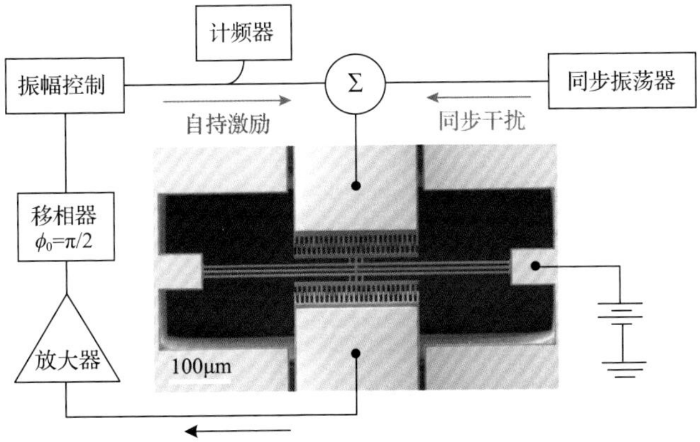

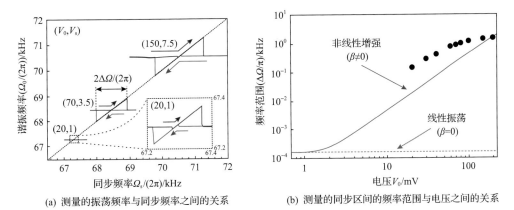

图 4-21 梳齿谐振器同步现象的测试原理图[42]

如图 4-22 所示梳齿谐振器中的同步动力学行为。图 4-22(a) 给出了不同系统参数时非线性振荡器的同步范围，当外界激励频率和自持系统响应频率相同时（虚线），能够实现同步现象。选取不同的激励电压 (V_0, V_s)，通过正扫和反扫，当频

(a) 测量的振荡频率与同步频率之间的关系

(b) 测量的同步区间的频率范围与电压之间的关系

图 4-22 梳齿谐振器中的同步动力学行为

率范围满足 $\Omega'_0 - \Delta\Omega' < \Omega'_s < \Omega'_0 + \Delta\Omega'$ 时，响应频率和外界信号频率一致，可以实现信号同步。图 4-22(b) 给出了不同激励电压下同步区间的频率范围，对于线性耦合系统，同步区间的频率范围和激励载荷之间的关系不明显；对于非线性耦合系统，随着激励载荷信号的增强，同步区间的频率范围会大幅度提高，说明非线性刚度更有利于实现信号的同步。通过上述方程也可以解释，非线性系统中存在的刚度硬化和软化现象有利于拓宽系统振动频率的区间，进而实现同步现象。

在 MEMS/NEMS 振荡器中，同步有频率锁定、相位锁定效应，它可以提高频率稳定性、降低相位噪声等，对于提高振荡器和传感器的性能至关重要[43]。此外，同步现象也可用于改善陀螺仪性能、放大电荷感应等[44, 45]。

4.8　随机共振现象

随机共振是非线性动力系统中的一种反直观的现象。输入的弱信号在噪声的作用下能被放大和优化，在合适的噪声强度下，系统的输出信噪比可达到极大值。在 MEMS/NEMS 中，随机共振可以通过两种方式产生：与振子非线性相互作用，直接传递噪声能量；使器件的固有参数产生噪声[46]。

4.8.1　随机共振实验观测

随机共振是在非线性双稳态 MEMS/NEMS 谐振器中普遍存在的现象之一。2016 年，Monifi 等[47]首次报道了微环式光机械谐振系统中混沌诱导随机共振现象，发现了光机械介导的两个光场之间的混沌转移，使它们沿着相同的路径进入混沌。随着泵浦功率增大，信噪比会增大，达到临界值后，又会降低(图 4-23(b))。当泵浦关闭时(功率为 0mW)，探测信号的信噪比为-10dB。这种效应即随机共振，非线性系统对弱输入信号的响应通过特定水平的随机噪声的存在而优化，即输入信号的噪声增强响应。Lin 等[48]通过随机共振机理测量纳米机械谐振器上微气体流动的波动，在如图 4-23(c) 所示双稳态纳米弦机械谐振器中观察到外激励调制和流固相互作用的波动引起的随机共振，微气体波动引起的随机变化时长约为12.5s，采用随机共振可增强信号，使其从随机过渡到周期共振。如图 4-23(d) 所示随机过渡区的傅里叶谱图，功率密度达到峰值，最大能量功率谱密度约为 0.5mV^2/Hz，通过测量不同压差下微气流的功率谱密度得到它们之间的线性关系。因此，将微流体涨落与纳米机械谐振器相结合，能为信号放大和微流体检测提供一种实用的表征方法。

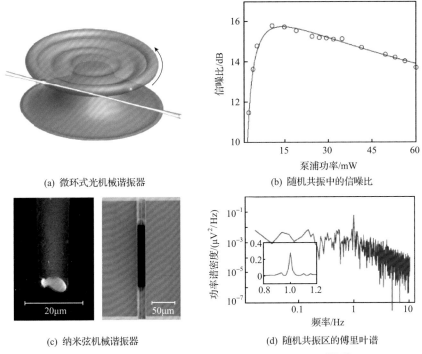

(a) 微环式光机械谐振器
(b) 随机共振中的信噪比

(c) 纳米弦机械谐振器
(d) 随机共振区的傅里叶谱

图 4-23　MEMS/NEMS 谐振器中的随机共振现象[47, 48]

4.8.2　随机共振机理

随机共振的发生需要三个不可缺少的要素有：非线性系统、弱信号和噪声源。双稳态系统在一定条件下能够发生随机共振现象，以非线性朗之万(Langevin)方程描述的经典的随机共振模型为

$$\dot{x} = ax - bx^3 + X\cos(Kt+r) + \Gamma(t) \tag{4-35}$$

式中，a 和 b 分别为线性刚度系数和非线性刚度系数；X 和 K 分别为周期信号的强度和频率；$\Gamma(t)$ 为均值为零的高斯白噪声。当系统的周期驱动力和噪声信号均为零时，系统存在两个稳态解 $x = \pm\sqrt{a/b}$ 和一个不稳定解 $x = 0$，此时的势函数为

$$V(x) = -\frac{1}{2}ax^2 + \frac{1}{4}bx^4 \tag{4-36}$$

当添加调制信号时，势垒高度为 $\Delta V = V(0) - V\left(\sqrt{a/b}\right) = a^2/(4b)$，势函数的一般形式可写为

$$V(x,t) = -\frac{1}{2}ax^2 + \frac{1}{4}bx^4 - Xx\cos(Kt) \tag{4-37}$$

此时势垒高度是时间的函数，并且发生周期变化，令 $\Delta V_{\min}=V_1$，$\Delta V_{\max}=V_2$，可以得到如图 4-24 所示的势能曲线，在周期驱动信号下势能曲线的最大势能和最小势能发生周期性变化。任何信号都存在一个驱动力临界值，当驱动力小于临界值时，系统只能在一个势阱附近做周期振动；当驱动力大于临界值时，系统有可能在两个稳态之间做大范围振动。但是当引入一个适当强度的弱白噪声时，在信号和噪声共同作用下，即使周期驱动力小于临界值，系统也有可能克服某一势阱约束而跃入另一势阱中，形成随机共振现象。

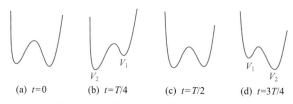

(a) $t=0$　　　(b) $t=T/4$　　　(c) $t=T/2$　　　(d) $t=3T/4$

图 4-24　周期信号下系统的势能曲线

为了提高微纳传感器的检测灵敏度，随机信号可以用来增大检测信号幅值。MEMS/NEMS 谐振器在非线性区间振动过程中，会表现出明显的 Duffing 双稳态现象，当驱动力幅值在临界值以上时，响应在有限频率范围内成为频率的多值函数，系统进入双稳态[49]。在随机噪声工况下，振荡器能够克服双稳态之间的能量势垒，在不同稳态之间来回切换。通过谐波信号来激励谐振器，在频率不变时上下扫幅，计算两种响应之间的差值，并且在一定频率范围内进行重复，可以确定谐振器的双稳态区间，如图 4-25（a）所示。

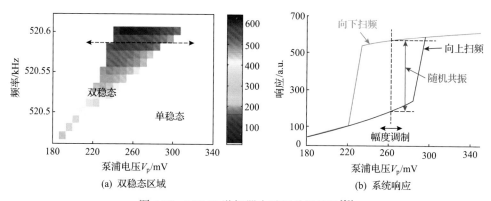

(a) 双稳态区域　　　　　　　　　　　　　(b) 系统响应

图 4-25　NEMS 谐振器中随机共振特性[50]

当谐振器在无附加噪声下进行振幅调制时，谐振器在各自的滞后支路中会产生较小的振幅振荡，如图 4-25（b）所示。当增加适当的噪声量时，谐振器会与调制信号同步并从一种状态跃向另一种状态，且振幅较大，呈现随机共振现象。为了解析这一现象，引入单自由度的 Duffing 振子方程来描述，即

$$\ddot{x} + 2\mu\dot{x} + \omega_0^2(1+\kappa x^2)x = F(t) \tag{4-38}$$

式中，μ 为阻尼系数；κ 为非线性刚度系数；$F(t)$ 为外界驱动信号，其具体表达式为

$$F(t) = f_p[1 + A_{\text{mod}}\cos(\Omega t)]\cos(\omega_p t) + F_n(t) \tag{4-39}$$

式 (4-39) 驱动信号包含振幅调制信号和噪声信号两部分，振幅调制信号幅值为 f_p，频率为 ω_p，调制频率为 Ω 且远小于 ω_p，调制幅度 A_{mod} 小于 1，$F_n(t)$ 表示零均值的高斯白噪声信号，噪声的自相关函数为 $\langle F_n(t)F_n(0) \rangle = 2D\delta(t)$，其中噪声强度为 D。

如图 4-26 所示 NEMS 谐振器时域和频域下的检测结果，在调制信号作用下，驱动信号的噪声强度从上到下依次增大，当噪声强度达到一定条件时，在每半个信号的调制周期，谐振器就会在两个稳态之间实现一次跳跃，明显可见噪声的存在能够实现振幅调制信号的放大，并达到随机共振现象。共振现象为微弱信号的探测提供了技术支撑。

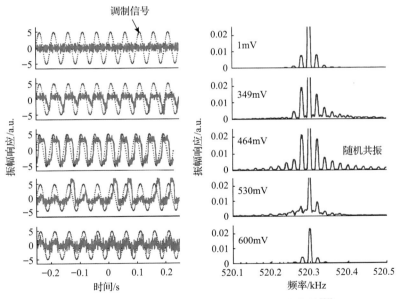

图 4-26　时域和频域下谐振器件的动态响应曲线[50]

4.9　非线性模态耦合效应

MEMS/NEMS 谐振器具有由系统本征特性决定的模态，当系统振动频率等于模态频率 (谐振频率) 时，谐振系统以相同的频率和固定的相位运动，该运动由其

无数个模态叠加而成，这些模态取决于系统的结构、材料及边界条件。一般来说，线性系统的本征模态是相互独立的，满足线性振动的叠加原理，可以在不影响其他模态的情况下激励或者抑制单一模态的振动。对于大多数实际的谐振器系统，存在的非线性因素会导致不同模态之间的能量传递，引起模态耦合效应，呈现丰富的非线性模态耦合现象。从模态之间的能量交换率来看，模态耦合也可分为强耦合和弱耦合两类。

4.9.1 模态耦合形式

根据谐振器动力学方程中耦合项的不同形式，非线性模态耦合的普遍形式主要有色散耦合、参量耦合、内共振耦合等。本节简要介绍几种常见的模态耦合。

1. 色散耦合

MEMS/NEMS 谐振器中，色散耦合是指器件的某一模态受到较大外加载荷时，共振耦合作用使得谐振器在该模态产生较大应变，导致谐振器的其他模态发生变化，也是模态之间发生的最普遍的非线性耦合现象之一[51, 52]。

在研究碳纳米管谐振器中两种本征模态之间的非线性相互作用时，Castellanos-Gomez 等[53]发现了谐振器中色散耦合产生的模态频率漂移现象，如图 4-27 所示不同栅极电压下碳纳米管谐振器的频率响应，在谐振器的高阶模态(模态 B)附近进行扫频激励，当该扫频信号的频率等于模态 B 的谐振频率时，该模态的振幅达到最大，在碳纳米管中形成内应力，从而使低阶模态(模态 A)的谐振频率发生变化。此时，对模态 A 的谐振频率进行追踪，可以看出频率会随着模态 B 振幅的增大而产生偏移跳跃。

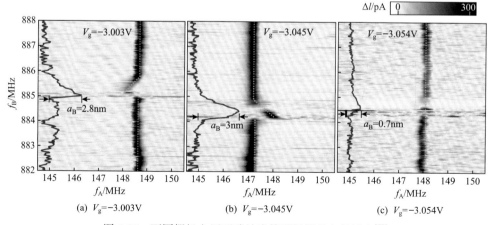

图 4-27   不同栅极电压下碳纳米管谐振器的色散耦合[53]

模态之间发生的色散耦合现象可用以下运动方程来描述[53],即

$$u_i + \eta_i u_i + \omega_i^2 u_i + \sum_{j,k,l} \alpha_{ijkl} u_j u_k u_l = f_i \cos(\Omega_i t) \qquad (4\text{-}40)$$

式中,η_i 为阻尼系数;ω_i 为模态的谐振频率;f_i 为作用在第 i 个模态上的激励力;u 为模态位移,i、j、k 和 l 表示不同模态的下标。对于单一模态,方程 (4-40) 退化成带有三阶非线性项的 Duffing 方程,而对于多个模态,α 项则表示由于模态位移诱导的内应力会产生模态色散耦合,且内应力可写为

$$T(t) = T_0 + \frac{\tau}{2} \sum_{j,k,l} u_j u_k u_l I_{jkl} \qquad (4\text{-}41)$$

式中,T_0 为静止状态下谐振器的残余应力;τ 为与谐振器几何结构相关的参数;I_{jkl} 为三次惯性矩。

2. 参量耦合

在 MEMS/NEMS 谐振器中,模态的参量耦合是指在谐振器系统运动方程中增加时变耦合项,模态的耦合系数也是时变量,当谐振结构的振幅被激励到足够大时,振动模态之间的色散耦合会普遍存在。模态的参量耦合本质上是通过参量激励引起的器件振幅的变化来调制目标模态的本征频率,从而实现两个模态之间的能量相互传递,可用于微机电陀螺、纳米机械力检测和分子传感等应用[54, 55]。

Mahboob 等[56]首次提出将 MEMS 谐振器的二阶模态类比为声子腔,并基于一阶模态振动时产生的应力对二阶模态谐振频率进行调控,通过施加边带(两个模态的和/差频)激励转移两个模态之间的声子,从而得到模式劈裂、噪声抑制等现象(图 4-28)。机械谐振器模态参量耦合的运动方程可用 Duffing 振子与参量耦合项之和来描述,即

$$\begin{cases} \ddot{X}_1 + \gamma_1 \dot{X}_1 + \omega_1^2 X_1 (1 + \beta_1 X_1^2) = \Gamma X_2 \cos(\omega_\mathrm{p} t) \\ \ddot{X}_2 + \gamma_2 \dot{X}_2 + \omega_2^2 X_2 (1 + \beta_2 X_2^2) = \Lambda \cos(\omega_\mathrm{s} t) + \Gamma X_1 \cos(\omega_\mathrm{p} t) \end{cases} \qquad (4\text{-}42)$$

式中,X_1、X_2 为模态位移;γ_1、γ_2 为阻尼系数;β_1、β_2 为 Duffing 系数;ω_1、ω_2 分别为两个模态的本征频率;Λ 为参量耦合系数;$\omega_\mathrm{p} = \omega_\mathrm{p}^{\pm} + \delta_\mathrm{p}$ 为参量激励信号的频率,$\omega_\mathrm{p}^{\pm}$ 为两个模态本征频率的和/差频,δ_p 为和/差频附近的微扰动。Γ 和 ω_s 分别为驱动模态 2 振动的信号幅值和频率,$\omega_\mathrm{s} = \omega_2 + \delta_\mathrm{s}$,其中 δ_s 为在模态 2 附近的频率微扰动。在方程 (4-42) 中,两个模态之间的能量交换和自身的位移相关,同时由于增加了参量激励信号,耦合项中位移的系数成为随着时间变化的余

弦函数，两个模态产生了参量化耦合。

2020 年，Zhang 等[57]利用模态的参量耦合，设计制备了包含三个串联耦合的石墨烯纳米机械振子的 NEMS。通过微波驱动实现了两端振子振动模式之间能量的相干传递；利用中间振子作为力学开关，电学调控两端振子振动的模式耦合强度、相干振荡速度，实现了对 NEMS 振动模式的电学相干调控(图 4-29)，研究结

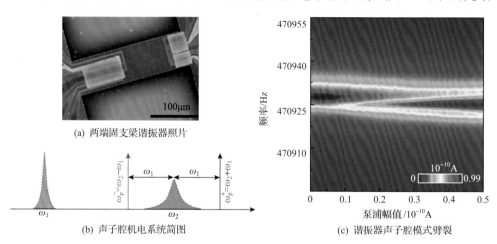

(a) 两端固支梁谐振器照片

(b) 声子腔机电系统简图

(c) 谐振器声子腔模式劈裂

图 4-28　MEMS 谐振器中模态的参量耦合[56]

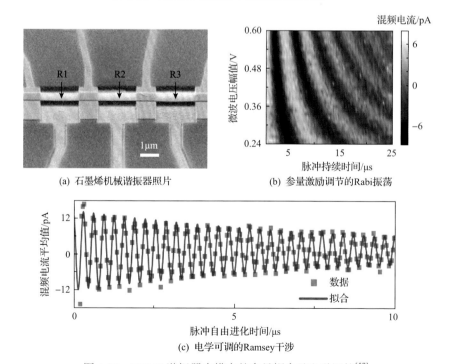

(a) 石墨烯机械谐振器照片

(b) 参量激励调节的Rabi振荡

(c) 电学可调的Ramsey干涉

图 4-29　NEMS 谐振器中模态的参量耦合及电学调控[57]

果为设计基于 NEMS 谐振器的信息处理器件,特别是利用振动模式相位信息编码的逻辑器件提供了新思路。

3. 内共振耦合

内共振是 MEMS/NEMS 谐振器工作中一种常见的非线性耦合现象。当耦合的模态频率比为整数或近似整数时,非线性耦合和非线性能量传递变得更强,谐振系统会发生内共振(或称自参量共振),此时某个模态的能量会传递到另一个与之发生内共振的模态,或者在这两个模态之间产生非线性相互作用。

内共振现象既可以在单个机械谐振器的不同模态之间产生,也可以在不同谐振器之间产生。近年来对于频率关系为 1∶1、1∶2、1∶3 的内共振现象报道较多,如图 4-30 所示。MEMS/NEMS 谐振器,有固支梁、拱形梁、二维材料薄膜、碳纳米管等材料和结构,其工作中会发生内共振耦合现象。内共振已在谐振器频率稳定、能量采集和相干能量转移等方面得到应用,它可以改善非线性机械谐振器的自激振荡的频率稳定性。非线性机械谐振器已成为射频 MEMS 器件中滤波器和混频器的理想器件。

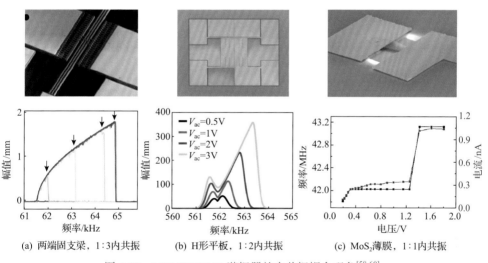

(a) 两端固支梁,1∶3内共振　　(b) H形平板,1∶2内共振　　(c) MoS₂薄膜,1∶1内共振

图 4-30　MEMS/NEMS 谐振器的内共振耦合现象[58-60]

4.9.2　模态耦合形成的力学机理

MEMS/NEMS 谐振器中模态耦合产生的力学机理包括内模态耦合和外模态耦合两种形式,前者是由器件结构本身非线性导致的,后者是由器件机械耦合单元或多物理场耦合导致的[3]。前面所述的几何非线性、驱动非线性、阻尼非线性、随机扰动等因素都会导致模态之间无法解耦,阵列式谐振器件中多自由度谐振结构

之间的模态耦合会引起复杂的非线性动力学行为[61]。图 4-31 描述了模态耦合形成的力学机理，也给出了模态耦合产生的必要条件。

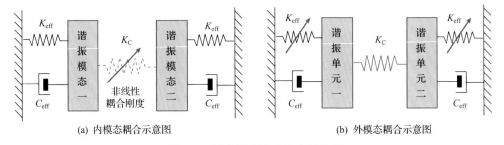

(a) 内模态耦合示意图   (b) 外模态耦合示意图

图 4-31   模态耦合形成的力学机理

内模态耦合振动通过非线性项诱发参数激励振动导致耦合，外模态耦合振动通过耦合刚度项诱发强迫振动导致耦合。表 4-2 列出了两种耦合振动行为的差异。

表 4-2   内模态和外模态耦合振动特性对比

参数与特性	内模态耦合振动	外模态耦合振动
驱动力	要求驱动力达到耦合振动临界值	无要求
驱动频率	要求驱动频率在一定范围	固有频率附近
耦合形式	不同振动模态通过几何非线性耦合	不同谐振单元通过机械/电容耦合
耦合刚度项	非线性耦合刚度为主	线性耦合刚度为主
分岔行为	平衡点附近存在跳跃现象	平衡点附近不存在跳跃现象

1. 内模态耦合振动

如图 4-32 所示两类不同谐振结构内模态耦合的力学机理，在外激励和附加约束等非线性作用下，直梁谐振结构、折叠梁谐振结构的前几阶固有频率会满足一定的比例关系，引起结构内部模态之间产生相互耦合作用。图 4-32(a)为静电驱动直梁谐振结构，静电场能够调控直梁的谐振频率，驱动电压作用下谐振结构振动过程中不同模态之间会发生耦合现象，两端固定约束在结构变形过程中会产生轴向应力，引起结构刚度的非线性，进而使得谐振器中产生横向弯曲模态和轴向拉伸模态之间耦合振动、不同横向弯曲模态之间的耦合振动等。

如图 4-32(b)所示压电驱动折叠梁结构，折叠梁产生的内模态耦合振动原理和两端固支梁有所区别，其耦合不是由轴向应力引起的，而是由振动过程中结构的几何非线性导致的，其二自由度模态耦合动力学方程为

$$\begin{cases} m_a \dfrac{\mathrm{d}^2 x_{ai}}{\mathrm{d}t^2} + c\dfrac{\mathrm{d}x_{ai}}{\mathrm{d}t} + F_a(x_{ai},t)+F_{ca}(x_{ai},x_{bi}) = 0 \\[3mm] m_b \dfrac{\mathrm{d}^2 x_{bi}}{\mathrm{d}t^2} + c\dfrac{\mathrm{d}x_{bi}}{\mathrm{d}t} + F_b(x_{bi})+F_{cb}(x_{ai},x_{bi}) = 0 \end{cases} \tag{4-43}$$

式中，x_{ai} 和 x_{bi} 分别为两个振动模态偏离平衡位置的位移；m_a 和 m_b 为等效质量；F_a 和 F_b 分别为驱动模态的恢复力和耦合模态的恢复力；F_{ca} 和 F_{cb} 为振动模态之间的耦合强度。

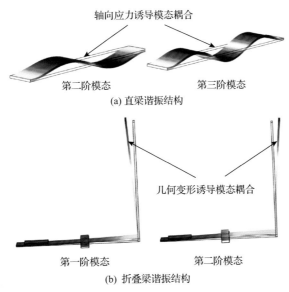

(a) 直梁谐振结构

(b) 折叠梁谐振结构

图 4-32　不同谐振结构内模态耦合的力学机理

　　内模态耦合振动区别于外模态耦合振动的特点是系统含有的耦合强度项为非线性恢复力。内模态耦合振动现象的产生需要满足：①振动模态之间的固有频率近似满足整数比关系；②驱动力的强度超过模态耦合的临界值。对于 1∶2 内模态耦合振动[62]，其产生的基本物理条件为

$$\frac{a_{2\mathrm{r}}^2}{4\omega_2^2} > 2\kappa_2(\delta+\varDelta) + 2\kappa_2\sqrt{[(\delta+\varDelta)^2+c_n^2]} \tag{4-44}$$

式中，摄动参数 δ 和 $\varDelta$ 分别为驱动频率和固有频率之间的差、驱动模态固有频率和非驱动模态固有频率的 2 倍差；c_n 为系统的等效阻尼；$a_{2\mathrm{r}}$ 为模态耦合强度。当耦合振动产生时，随着驱动模态振幅增强，系统的能量从驱动模态转移到非驱动模态。内模态耦合振动过程中会伴随产生一些非线性动力学分岔行为，主要有

超临界分岔和亚临界分岔两种形式。根据非线性动力学理论，超临界分岔在分岔点附近导致稳定的周期解，亚临界分岔导致不稳定的周期解。通过阐述临界点的分岔行为，可以判断系统周期解的稳定性，内模态耦合振动的典型分岔方程为

$$c_n^2 + [(\delta + \Delta) + \kappa_2 a_2^2]^2 - \frac{a_{2\mathrm{r}}^2 a_2^2}{4\omega_2^2} + 2\kappa_1[(\delta + \Delta) + \kappa_2 a_2^2]a_1^2 = 0 \tag{4-45}$$

式中，a_1 和 a_2 分别为非驱动模态和驱动模态的振幅。

利用方程解的存在性条件可以得到分岔的判别式为

$$M = \kappa_1[a_{2\mathrm{r}}^2(\delta + \Delta) + 4\omega_2^2 \kappa_2 c_n^2] \tag{4-46}$$

当 $M < 0$ 时，系统产生亚临界分岔，随着驱动模态振动的增强，非驱动模态存在跳跃现象；当 $M > 0$ 时，系统产生超临界分岔，随着驱动模态振动的增强，非驱动模态平稳产生。同时，当 $M = 0$ 时，驱动模态的振动阈值达到最小，此时相对小的驱动力都会导致系统产生耦合振动行为。

图 4-33 给出了系统的分岔行为随着驱动参数的变化规律，随着驱动电压的增大，系统模态之间的耦合系数增大，有利于产生耦合动力学行为。当驱动频率在非驱动模态固有频率的整数倍附近时，谐振器能够发生亚临界分岔行为，诱导非驱动模态的振幅产生跳跃现象；随着驱动频率逐渐远离这一区间，谐振器件的振动主要以超临界分岔行为为主，非驱动模态在平衡点附近不存在跳跃现象。

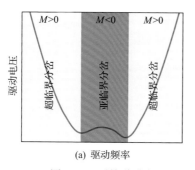
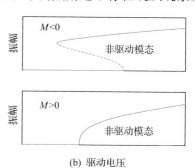

(a) 驱动频率　　　　　　　　　　　(b) 驱动电压

图 4-33　系统分岔行为随着驱动频率和驱动电压的变化情况

模态之间相互作用会导致复杂的非线性动力学现象，内模态耦合和外模态耦合振动行为是有所区别的。如图 4-34(a) 所示，P1、P2、P3 和 P4 表示耦合振动的临界点，当驱动频率低于 P1 处的临界频率时，系统不存在耦合振动行为；当驱动频率在 P1 处的临界频率和 P2 处的临界频率之间时，产生耦合振动行为，但此时系统只有一个稳定的周期解；当驱动频率在 P2 处的临界频率和 P3 处的临界频率之间时，存在耦合振动行为，并伴随着两个稳定的周期解和一个不稳定的周期解，由于非线性项的耦合影响，两阶模态之间存在复杂的能量交换，此外还呈现一些

不同于 Duffing 系统的现象。例如，单一模态下存在两个共振峰值，此时两个幅值对应于系统两个轴向应力分布和静电力值，进而引起第二阶模态下的两个共振频率值。当系统的非驱动模态进入共振时，会调整谐振器的轴向力和静电力，影响驱动振动模态的共振频率和振幅；反之，又会影响轴向力和静电力，这种反馈机制也会导致内模态耦合振动的复杂性。图 4-34(b) 为内模态耦合振动时系统的幅频响应曲线，内模态耦合振动的特点是非驱动模态的动力学响应只发生在特定频率区间，随着振动幅值超过临界振幅，系统的振动能量从驱动模态转移到非驱动模态，同时驱动模态振幅被抑制。此外，内模态耦合振动会诱发高余维分岔现象，产生概周期运动行为，如图 4-35 所示，不同物理参数下折叠梁结构前两阶模态的时间历程响应，此时出现了概周期运动行为。

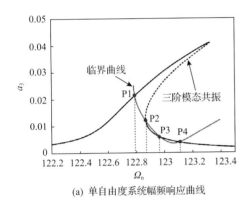
(a) 单自由度系统幅频响应曲线

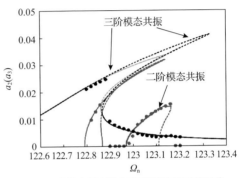
(b) 内模态耦合振动时系统的幅频响应曲线

图 4-34　谐振器幅频响应特性

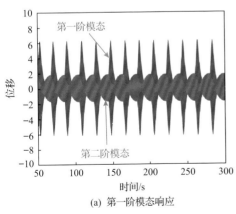
(a) 第一阶模态响应

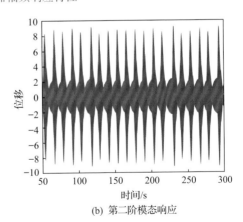
(b) 第二阶模态响应

图 4-35　内模态耦合振动系统的概周期运动

2. 外模态耦合振动

外模态耦合振动是不同谐振结构之间由于耦合单元导致的振动能量传递，如

电容耦合谐振结构、机械耦合谐振结构[63,64]。如图 4-36(a)所示，耦合梁谐振器系统的动力学方程可写为

$$\begin{cases} m_a \dfrac{\mathrm{d}^2 x_{ai}}{\mathrm{d}t^2} + \dfrac{\mathrm{d}x_{ai}}{\mathrm{d}t} + F_a(x_{ai},t) - k_1 x_{bi} = 0 \\ m_b \dfrac{\mathrm{d}^2 x_{bi}}{\mathrm{d}t^2} + \dfrac{\mathrm{d}x_{bi}}{\mathrm{d}t} + F_b(x_{bi}) - k_1 x_{ai} = 0 \end{cases} \tag{4-47}$$

式中，k_1 为线性耦合刚度项，由于两个谐振器本身存在非线性刚度项，耦合刚度无法进行解耦，导致两个模态之间存在能量传递，产生非线性模态耦合现象。图 4-36 和图 4-37 分别给出了机械耦合和电容耦合两种外模态耦合振动中最为典型的谐振结构。

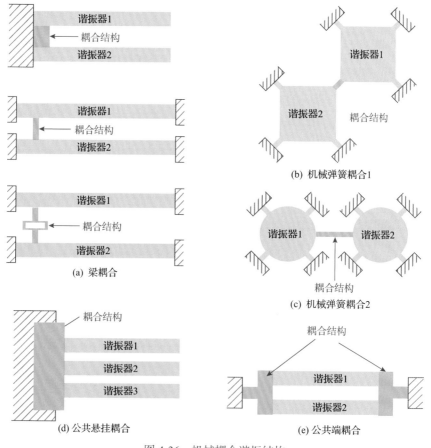

图 4-36　机械耦合谐振结构

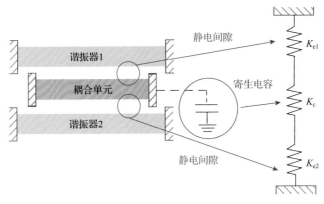

图 4-37　电容耦合谐振结构

图 4-36 中，谐振器 1 和谐振器 2 为不同的梁、板、圆盘等结构，通过压电、热、光激励等方式进行驱动，在变形过程中产生刚度非线性，谐振器阵列通过端部的支撑产生耦合刚度，引起模态耦合效应。图 4-37 中，梁结构通过静电方式进行驱动，在变形过程中产生几何非线性和静电力非线性，两根梁通过电容耦合实现能量传递。

外模态耦合振动主要通过线性刚度项实现能量传递，在 MEMS/NEMS 谐振器中有广泛应用，如模态局部化现象。在利用模态局部化现象进行检测过程中，常常忽略非线性因素的影响，当非线性刚度项较大时或者大变形振动过程中，非线性对耦合系统动力学行为的影响至关重要。如图 4-38 所示二自由度电容耦合 MEMS 谐振器外模态耦合振动的幅频响应曲线[65]，与内模态耦合振动行为相比，其最大的特点是非驱动单元在全频段都存在非线性动力学行为，在共振频率附近的振动达到峰值。此外，随着驱动幅值的增大，谐振单元的幅频响应曲线出现不

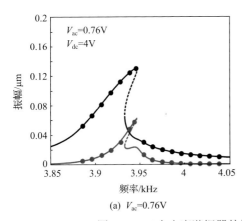

(a) $V_{ac}=0.76V$

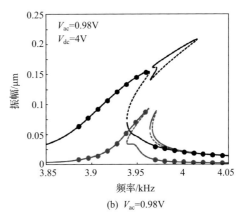

(b) $V_{ac}=0.98V$

图 4-38　二自由度谐振器外模态耦合振动的幅频响应曲线

连续现象,如图 4-38(b)所示,这是由于共振频率和阻尼的相互影响诱导了反共振现象,使得在反共振频率附近的驱动能量不能造成谐振器大幅振动,而是停留在平衡点附近做小幅振动。

4.9.3 振幅饱和现象

饱和现象是指谐振系统在模态耦合作用下产生的某一模态振幅的饱和行为,是一种特殊的非线性模态耦合振动现象。与一般谐振系统中幅值和激励力呈正相关不同,具有饱和现象的谐振系统在振动幅值达到上限阈值后,振动幅值不会再继续随着激励力幅值的增加而发生变化[66]。

在 MEMS 谐振器中,随着激励力水平的不断增加,检测电信号会出现饱和现象,可利用钟摆和弹簧模式两种不同模态的耦合振动来解释检测信号产生饱和的原因[67],如图 4-39 所示。

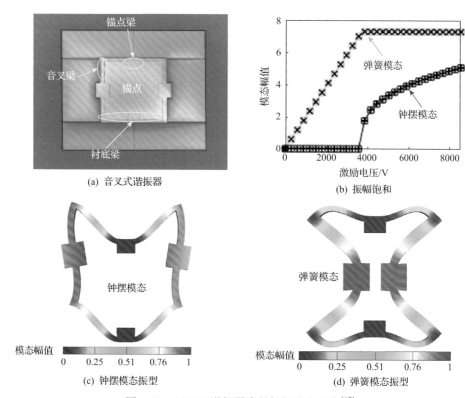

(a) 音叉式谐振器

(b) 振幅饱和

(c) 钟摆模态振型

(d) 弹簧模态振型

图 4-39　MEMS 谐振器中的振幅饱和现象[67]

饱和现象的基本原理可以用耦合的 Mathieu 方程或 Duffing 方程来阐述,即随着振动能量不断输入 Duffing 振子系统,当输入能量超过参数激励系统的振动阈值时,Duffing 振子系统的振动能量达到饱和,输入的振动能量直接进入参数激励

系统中，在 Duffing 振子系统中即会出现振动饱和现象，其动力学方程可写为

$$\begin{cases} \ddot{p} + \omega_1^2 p = -d_1 q^2 - \gamma_1 \dot{p} - G\cos(\Omega t) \\ \ddot{q} + \omega_2^2 q = -d_2 pq - \gamma_2 \dot{q} \end{cases} \tag{4-48}$$

式中，p 和 q 分别为两个不同模态偏离平衡位置的位移；ω_1 和 ω_2 分别为两种不同模态的无量纲固有频率。当 $\Omega \approx \omega_1 \approx 2\omega_2$ 时，系统易发生振幅饱和现象，当振幅 p 达到一定阈值时，输入的振动能量直接转移到 q 中。

如图 4-39(b)所示，MEMS 谐振器在发生振幅饱和时，系统振幅会随着激励力幅值产生变化，当交流电压低于 4000V 时，外界输入的激励能量进入 Duffing 振子系统，引起谐振器的强迫振动，振动幅值和激励电压幅值呈明显的正相关，此时系统不会发生模态耦合振动行为；当交流电压超过 4000V 时，参数激励系统会达到激励的临界值，系统的振动能量在模态之间发生转移，不同模态振型(钟摆和弹簧模式)时的振幅也不同，强迫振动的幅值不再随着激励力的增大而变化，外界激励能量直接进入参数激励系统，即发生振幅饱和现象；发生振幅饱和的临界电压值为 4000V，它和系统的结构参数、驱动频率、模态耦合系数密切相关。

振幅饱和现象是一种特殊的内模态耦合振动行为，大多数发生在 1：2 内共振 MEMS 谐振器中，同时要求结构不存在立方非线性刚度。MEMS 谐振器的振幅饱和现象能够避免结构的直接驱动模态产生大变形，进而诱发吸合或者结构破坏等非线性动力学行为，在一定程度上降低了结构的最大位移，能够起到保护器件的作用。目前针对振幅饱和的研究还局限于二自由度系统，随着谐振结构自由度的增加，振幅饱和的物理条件有待确定，外模态耦合振动是否存在振幅饱和现象也需要进一步验证。

4.9.4 内禀局域模

孤立子是由非线性场所激发、无奇异性、能量不色散、形态稳定的准粒子，是一种既典型又重要的非线性现象，内禀局域模(intrinsic localized mode，ILM)或称离散呼吸子(discrete breather)，作为一类重要的非线性局域能量现象得到了广泛关注[68]。1988 年，Sievers 等利用旋转波近似和格林函数方法[69]，首次在完整晶格中发现了一种由晶格的离散性和非线性相互作用所导致的内禀局域模，该局域模在空间上是高度局域的，在时间上是周期振荡的；此外，该非线性局域模仅涉及几个粒子振动，且其振动频率位于线性频带之外。

1. 基本原理与模型

作为最简单的非线性晶格模型，Fermi-Pasta-Ulam 模型(简称 FPU 模型)在一维非线性晶格中的孤立子研究方面有着重要地位，如图 4-40 所示，它描述的是

由一系列周期排列的粒子通过非线性弹簧与其最邻近粒子连接而形成的一维简单晶格，可表示为

$$H = \sum_{n=1}^{N}\left[\frac{p_n^2}{2m} + \frac{k_2}{2}(x_{n+1}-x_n)^2 + \frac{k_3}{3}(x_{n+1}-x_n)^3 + \frac{k_4}{4}(x_{n+1}-x_n)^4\right] \quad (4\text{-}49)$$

式中，p_n 和 x_n 分别为第 n 个格点的动量和偏离平衡位置的位移；m 为原子质量；k_2、k_3 和 k_4 分别为最邻近格点的简谐、立方和四次方耦合系数。当 $k_3 \neq 0$ 和 $k_4 = 0$ 时，式(4-49)就简化为 FPU-α 模型，此时格点间的相互作用势是非对称的；当 $k_3 = 0$ 和 $k_4 \neq 0$ 时，式(4-49)就简化为 FPU-β 模型，此时格点间的相互作用势是对称的，众所周知，该模型中有两类内禀局域模的基本模式，即 Sievers-Takeno 模式和 Page 模式，如图 4-41 所示。

图 4-40　FPU 模型示意图

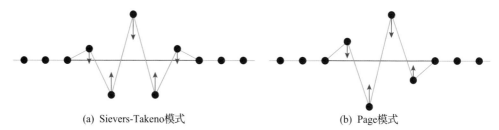

(a) Sievers-Takeno模式　　　　　　(b) Page模式

图 4-41　Sievers-Takeno 模式和 Page 模式的内禀局域模

　　为了说明此类能量局域现象，可以将内禀局域模定义为：在周期和离散的体系中存在的空间上局域、时间上周期和稳定的元激发。其中离散呼吸子强调的是由周期晶格的离散性保证其稳定性的空间局域、时间上周期振荡的元激发；内禀局域模强调的是由晶体内在的非线性而非杂质或缺陷导致的空间上局域的振动。

　　2. 非线性内禀局域模现象

　　能量局域化的普遍存在已有许多试验相继证实和报道[70-74]。为了观测非线性内禀局域模现象，晶格至少满足非线性和均质化特征，微纳光刻技术适用于加工非线性、均质晶格，便于在微纳系统中开展内禀局域模的试验观测研究，MEMS谐振器阵列中的非线性能量局域化现象逐渐被广泛关注。2003 年，Sato 等[70]首次在微机械悬臂梁谐振器阵列试验中观察到此种空间局域性的振动，如图 4-42 所示。在该阵列(248 根悬臂梁)中，长、短悬臂梁交替布置(长度分别为 55μm 和 50μm)，以使区域边界模式可以通过外部均匀激励来激发；悬臂梁作为非线性振荡器，其

非线性主要来源于柔性梁的几何非线性。微悬臂梁是由厚度为 300nm 的氮化硅
(Si_3N_4)薄膜蚀刻而成的，宽度为 15μm，间距为 40μm；外延薄膜结构由悬臂梁变
形产生弯曲，该外延结构会引起悬臂梁之间的耦合效应(图 4-42(b))。在外激励作
用下，微悬臂梁阵列产生非线性振动，经过几十毫秒以后，可以试验观测到微悬
臂梁阵列的振动呈现出与驱动器同步的、锁定的内禀局域模现象(图 4-42(c)中黑
色水平线)。MEMS 谐振器阵列的复杂动力学模型可描述为

$$\begin{cases} m_a \dfrac{d^2 x_{ai}}{dt^2} + \dfrac{m_a}{\tau}\dfrac{dx_{ai}}{dt} + k_{2a}x_{ai} + k_{4a}x_{ai}^3 + k_1(2x_{ai}-x_{bi}-x_{bi-1}) = m_a\alpha \\ m_b \dfrac{d^2 x_{bi}}{dt^2} + \dfrac{m_b}{\tau}\dfrac{dx_{bi}}{dt} + k_{2b}x_{bi} + k_{4b}x_{bi}^3 + k_1(2x_{bi}-x_{ai}-x_{ai-1}) = m_b\alpha \end{cases} \quad (4\text{-}50)$$

式中，m_a 和 m_b 为邻近微悬臂梁单元的质量；x_{ai} 和 x_{bi} 分别为微悬臂梁端部的位
移；τ 为能量寿命；k_{2a} 和 k_{2b} 为简谐弹簧刚度系数；k_{4a} 和 k_{4b} 为四次弹簧刚度系
数；k_1 为简谐耦合系数；α 为微悬臂梁运动加速度。计算机模拟内禀局域模的产
生、锁定和衰减过程，一旦关闭外激励作用，锁定内禀局域模自然衰减(图 4-42(d))，
此结果类似于图 4-42(c)所示试验观测现象。

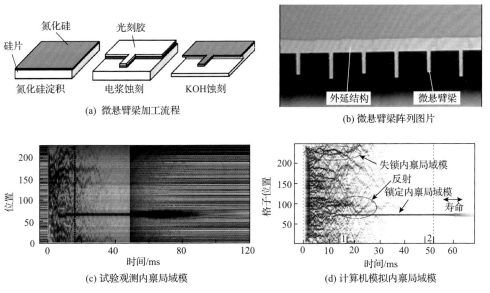

图 4-42 微机械悬臂梁谐振器阵列中的非线性内禀局域模现象[70]

利用不同非谐信号还可以在悬臂梁 MEMS 谐振器阵列上实现内禀局域模的
激光操控[72]，如图 4-43 所示，图中暗部区域对应于较高激励状态下的内禀局域模。
图 4-43(a)为非简谐振情况下产生的排斥作用，当激光光斑接近时，内禀局域模受

到排斥后跳跃闪离；当激光光斑远离时，内禀局域模保持固定姿态。图 4-43(b) 为软非简谐振情况下产生的吸引作用，内禀局域模被激光光斑吸引和捕获，捕获的内禀局域模随着激光光斑移动而发生变化，当切断激光作用时，内禀局域模也保持固定状态。

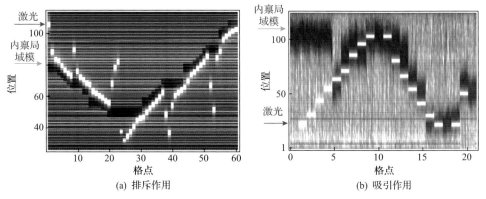

(a) 排斥作用　　　　　　　　　　(b) 吸引作用

图 4-43　内禀局域模的激光操控[72]

图 4-44 为不同模拟方式下的杂质模-内禀局域模交互作用结果对比示意图。对于线性系统，如图 4-44(a)所示，局域模会出现在高于或低于平面带态，主要依赖于线性弹簧常数变化的符号。对于具有硬非谐振性的非线性阵列，会在带态之上产生一个静态的内禀局域模，无论杂质模是低于带态，还是高于内禀局域模频率，内禀局域模均会被排斥；当杂质模高于带态，但是低于内禀局域模频率时，内禀局域模均会被吸引。对于具有软非谐振性的非线性阵列(图 4-44(c))，内禀局域模会出现在带态之下，且其被排斥或吸引作用情况与图 4-44(b)正好相反。

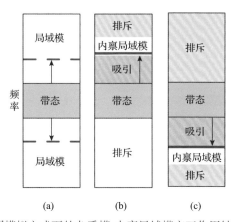

(a)　　　　　(b)　　　　　(c)

图 4-44　不同模拟方式下的杂质模-内禀局域模交互作用结果对比示意图

4.9.5　频率梳

频率梳是由模态耦合引起的一种特殊非线性行为,如 MEMS/NEMS 谐振器动力学响应在频谱上会表现出一系列等间距的离散谱线。一般工况下,机械系统中存在多种驱动信号或者存在两个以上的模态耦合,导致不同频率之间发生参数混合,从而产生频率梳现象。

如图 4-45(a)所示横向驱动的梳齿谐振器[75],器件的前两阶振动模态分别为平面内弯曲振动和平面外扭转振动,两模态之间的相互作用引起频率梳现象。谐振器通过静电驱动形式直接激励弯曲振动模态,当施加足够大的驱动力时,由于系统存在硬非线性特性,弯曲振动模态的响应曲线如图 4-45(b)所示。由于弯曲振动模态和扭转振动模态满足 1∶3 内共振的条件,随着驱动力增强,在扫频过程中,当频率低于 Duffing 振子方程的周期鞍结分岔点时,系统发生跳跃现象,突跳点的频率为扭转振动模态频率的 1/3。然而,在驱动振幅足够大的情况下,当驱动频率为 Duffing 振子鞍结分岔点时,系统会表现出复杂的周期调制现象,如图 4-45(c)所示,在频谱上表现为频率梳现象(图 4-45(d))。

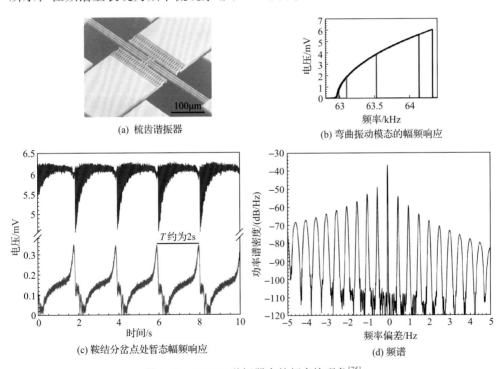

(a) 梳齿谐振器

(b) 弯曲振动模态的幅频响应

(c) 鞍结分岔点处暂态幅频响应

(d) 频谱

图 4-45　MEMS 谐振器中的频率梳现象[75]

频率梳的产生原理可以用以下方程简单描述[76],即

$$\ddot{u} + \mu\dot{u} + [1 + f_p \cos(\Omega_p t)]u = f \cos(\Omega_d t) \tag{4-51}$$

式中，u 和 f 分别为无量纲位移和驱动幅值；Ω_d 为驱动频率；$f_p \cos(\Omega_p t)$ 为刚度调制参数，其中 Ω_p 为泵浦频率，刚度调制可以通过参数激励或者模态耦合刚度项实现。当驱动频率在谐振频率附近同时调制频率小于谐振频率时，谐振器响应可以近似表达为

$$u = Ae^{it} + Be^{i(1+\Omega_p)t} + Ce^{i(1-\Omega_p)t} + De^{i(1+2\Omega_p)t} + Ee^{i(1-2\Omega_p)t} + cc + \cdots \tag{4-52}$$

式中，A、B、C、D 和 E 为幅值系数，由驱动电压确定，此时谐振器的响应频率为 $1 \pm n\Omega_p$，产生频率梳现象。

图 4-46 为不同调制频率和梳齿时 MEMS 谐振器的频谱图。谐振器不同频率峰值之间的间隔和调制频率是一致的，但是不同频率时的振动能量呈现不对称分布，左侧振动能量明显高于右侧。此外，调制频率越大，频率梳的能量衰减程度也越大。目前，关于频率梳的研究主要集中在声光器件中，随着结构的复杂化和驱动的多样化，频率梳的振动机理尚未完全清晰，特别是多模态耦合振动下频率梳的产生机制及频率梳现象在 MEMS/NEMS 器件中的应用有待探索。

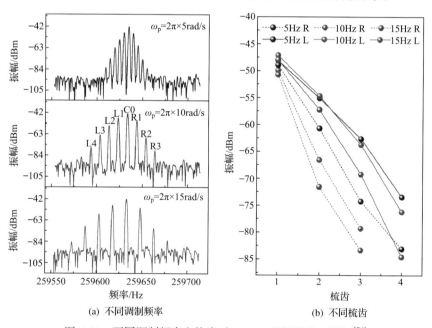

(a) 不同调制频率　　　　　(b) 不同梳齿

图 4-46　不同调制频率和梳齿时 MEMS 谐振器的频谱图[76]

不同谐振单元之间的能量传递也可以诱导频率梳现象，其动力学模型可以采用 Duffing-Mathieu 耦合谐振的形式。当驱动幅值超过 Mathieu 参激振动的临界值

时，谐振系统表现为双频谱峰值的周期振动，如图 4-47 所示。周期振动的稳定性可以利用劳斯判据进行判断，随着驱动频率的改变，当谐振系统的衰减系数存在一对纯虚根时，周期振动的振幅发生 Hopf 分岔并出现失稳现象，进而诱导频率梳现象。因此，Duffing-Mathieu 谐振模型发生频率梳需要满足以下条件：①Mathieu 振子和 Duffing 振子之间的固有频率近似满足 1：2；②Mathieu 方程达到参激振动的驱动幅值；③改变驱动参数，使周期振动的幅值出现 Hopf 分岔，谐振系统失稳转化为频率梳振动。近期研究发现，在不满足条件①的前提下，也可以通过 Duffing 方程的硬化特性实现模态耦合振动。

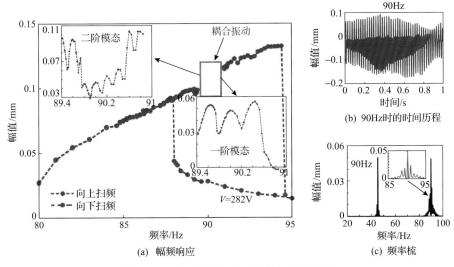

图 4-47　模态耦合振动诱导的频率梳现象

图 4-48 给出了 Duffing-Mathieu 耦合谐振下频率梳现象的演变过程：当驱动幅值比较小时，谐振系统存在典型的周期振动；随着驱动幅值的增大，振幅发生 Hopf 分岔并诱导频率梳现象，在庞加莱截面表现为准周期振动现象；当驱动幅值继续增大并超过一定程度时，频率梳现象消失，谐振系统的振动出现混沌现象。

此外，模态耦合振动行为还会导致 MEMS/NEMS 谐振器的相位同步、延迟衰减、高余维分岔等复杂的动力学现象。目前研究的模态耦合振动行为主要集中在二自由度的模态耦合行为，随着维度的增大，会出现更多的复杂非线性效应，同时也对高维模态耦合振动行为的分析方法提出了更高的要求。表 4-3 列出了各类 MEMS/NEMS 谐振器非线性现象的对比，由于非线性效应需要在特定的物理参数下才能实现，更应该关注可调控的参数设计，保证器件在加工和驱动误差下能够正常工作。

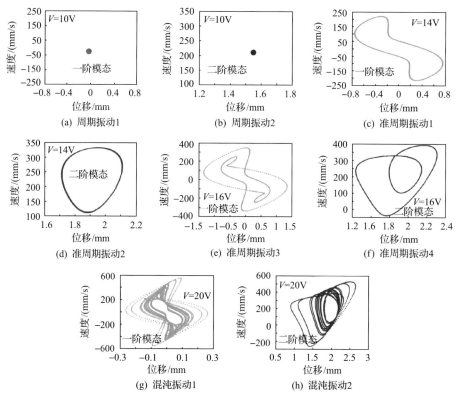

图 4-48 Duffing-Mathieu 耦合谐振下频率梳现象的演变过程

表 4-3 各类 MEMS/NEMS 谐振器非线性现象的对比

非线性效应	主要特点	形成原因	典型应用
模态耦合	幅频特性相互影响	耦合刚度和非线性刚度存在	质量传感
频率稳定性	谐振频率恒定	模态耦合或者反馈控制	计时器
同步	锁相	模态耦合或者同步控制	电子通信
对称破缺	振动不对称	二次非线性刚度	信号检测
随机共振	信噪比提升	噪声和周期信号的协同作用	信号检测
静电吸合	电极接触	静电恢复力大于弹簧恢复力	微开关、传感
内禀局域模	能量局域化	局部的模态耦合	能量采集
频率梳	等间距频谱	模态耦合作用下的响应破缺	开关、放大器

非线性 MEMS/NEMS 谐振器能够通过强迫激励、参数激励维持振动,也能通过内共振、组合共振、超谐和亚谐共振产生非线性动力学响应,并且产生概周期运动、双 Hopf 分岔运动、模态耦合、自维持振动、对称破缺、频率稳定等各种复杂

的非线性现象。为此，迫切需要从 MEMS/NEMS 谐振器的目标和性能出发，充分利用非线性动力学特性，设计研发具有相应非线性振动行为的 MEMS/NEMS 谐振器，提出结构-材料-功能一体化的设计方法，同时注重非线性器件操作使用的可靠性和可重复性。

4.10　频率稳定性

频率稳定性是反映谐振器件在一定时间范围内产生相同频率的综合能力，是表征 MEMS/NEMS 谐振器性能的重要参数[77]，直接决定着谐振器的检测极限。因此，谐振器的频率稳定性问题得到普遍关注[78-80]。要解决频率稳定性难题[81]，首先谐振器必须在系统外部提供稳定能量的情况下保持周期性运动；其次，振荡频率必须由系统本身自发产生，作为一种自维持的动力系统，不需要任何外部周期输入。本节简要介绍 MEMS/NEMS 谐振结构中频率波动的原因以及实现频率稳定性的原理。

4.10.1　频率波动的原因

随着谐振器尺寸达到微纳尺度，热机械噪声、温度波动噪声、吸附-脱附噪声、动量交换噪声以及各种非线性因素会导致 MEMS/NEMS 器件的频率发生严重波动。

频率波动 $\delta\omega$ 定义为

$$\delta\omega = \frac{1}{N}\sqrt{\sum_{i=1}^{N}(\omega_i - \omega_0)^2}, \quad SNR = 1 \tag{4-53}$$

式中，SNR 为信噪比；$\delta\omega$ 表征谐振器件的频率稳定性，$\delta\omega$ 越小，频率稳定性越好。频率稳定性主要受噪声影响，根据噪声产生机制不同，有热机械噪声、温度波动噪声、吸附-脱附噪声、动量交换噪声等[80]。在噪声源作用下，谐振器件会产生随机运动，从而引起频率的波动。频率波动的有效谱密度记为 $S_\omega(\omega)$，$\delta\omega$ 与 $S_\omega(\omega)$ 之间的关系为

$$\delta\omega = \left[\int_{\omega_0 - \pi\Delta f}^{\omega_0 + \pi\Delta f} S_\omega(\omega)\mathrm{d}\omega\right]^{1/2} \tag{4-54}$$

式中，Δf 为测量带宽，$\Delta f = 1/(2\pi\tau)$，其中 τ 是测量的平均时间。

分子热运动会使谐振器件产生随机运动，引起热机械噪声。由于谐振器件的热容很小，环境变化易引起器件的温度波动，谐振器件的尺寸和材料参数都与温度有关，因而温度波动也会导致频率波动。吸附在谐振器件表面的气体分子，会

改变谐振器件的质量，从而影响谐振频率，分子的随机吸附和脱附会使谐振器件的频率降低或升高，引起吸附-脱附噪声。气体分子与谐振器之间的动量交换也会引起器件的随机运动，从而产生动量交换噪声。不同噪声类型均会引起频率波动 $\delta\omega$，如表 4-4 所示，其中 ω_0 为谐振频率，Q 为谐振器品质因子，k_B 为玻尔兹曼常量，T 为热力学温度，E_C 为谐振器的最大驱动能力，ω 为振动频率，c_s 为谐振器材料的声速，α_T 为材料的热膨胀系数，g 为热导，τ_T 为结构的热时间常数，N_a 为谐振器表面吸附位点的数量，σ_{occ}^2 为每个位点占用概率的方差，τ_r 为一个吸附-脱附周期的相关时间，m_{mole} 为单个气体分子的质量，Q_{gas} 为谐振器在气体耗散影响下的品质因子。

表 4-4　不同噪声类型引起的频率波动

类型	$S_\omega(\omega)$	$\delta\omega$
热机械噪声	$\dfrac{\omega_0^5}{Q^3}\dfrac{k_BT}{E_C}\dfrac{1}{\left(\omega^2-\omega_0^2\right)^2+\omega^2\omega_0^2/Q^2}$	$\left(\dfrac{k_BT}{E_C}\dfrac{\omega_0\Delta f}{Q}\right)^{\frac{1}{2}}$
温度波动噪声	$\left(-\dfrac{22.4c_s^2}{\omega_0^2l^2}\alpha_T+\dfrac{2}{c_s}\alpha_T\dfrac{\partial c_s}{\partial T}\right)^2\dfrac{\omega_0^2k_BT^2}{\pi g\left[1+(\omega-\omega_0)^2\tau_T^2\right]}$	$\left[\dfrac{1}{2\pi^2}\left(-\dfrac{22.4c_s^2}{\omega_0^2l^2}\alpha_T+\dfrac{2}{c_s}\dfrac{\partial c_s}{\partial T}\right)\times\dfrac{\omega_0^2k_BT^2}{g}\dfrac{\arctan\left(2\pi\Delta f\tau_T\right)}{\tau_T}\right]^{1/2}$
吸附-脱附噪声	$\dfrac{2\pi\omega_0^2N_a\sigma_{occ}^2\tau_r}{\left[1+(\omega-\omega_0)^2\tau_r^2\right]}\left(\dfrac{m_{mole}}{m_0}\right)^2$	$\dfrac{1}{2\pi}\dfrac{m_{mole}\omega_0\sigma_{occ}}{m_0}\left[N_a\arctan\left(2\pi\Delta f\tau_r\right)\right]^{1/2}$
动量交换噪声	$\dfrac{\omega_0^5}{Q^3}\dfrac{k_BT}{E_C}\dfrac{1}{\left(\omega^2-\omega_0^2\right)^2+\omega^2\omega_0^2/Q_{gas}^2}$	$\left(\dfrac{k_BT}{E_C}\dfrac{\omega_0\Delta f}{Q_{gas}}\right)^{\frac{1}{2}}$

在这些噪声中，温度波动噪声、吸附-脱附噪声以及动量交换噪声可以通过调节谐振器的工作环境来减弱甚至消除，而热机械噪声是由分子热运动引起的，只有当温度达到绝对零度时才会降为零。因此，热机械噪声在 MEMS/NEMS 谐振器中普遍存在，并且由热机械噪声引起的 $\delta\omega$ 是理论上能够测量的最小频率漂移，决定了谐振器频率稳定性的极限[77]。

以通道式 MEMS/NEMS 谐振器为例，频率稳定性对其性能的影响主要有两个方面：一是谐振器的质量分辨率，二是被检测颗粒的最小停留时间。根据谐振器的质量检测原理可知，噪声影响下的最小可检测质量 δm_{min} 可表示为 $\delta m_{min}=-2m_0\cdot\delta\omega/\omega_0$，$\delta\omega$ 越小，分辨率越高。当采用流动式检测时，颗粒必须在通道中停留足够的时间，从而使可检测信号高于本底噪声。最小停留时间为

$$\tau_{acq}=\frac{S_x}{Q^2\Delta x_{max}^2}\frac{m_0^2}{\Delta m_p^2}(\mathrm{SNR})^2 \tag{4-55}$$

式中，$\Delta x_{\max}$ 为谐振器在线性范围内的最大振幅；S_x 为噪声引起的位移功率谱密度，与谐振器的频率稳定性有关；Δm_{p} 为被检测颗粒的悬浮质量；SNR 为信噪比。被检测物的悬浮质量越大，颗粒的最小停留时间越短。对于长 20μm、宽 4μm、厚 0.7μm 的微通道谐振器，检测悬浮质量为 80ag 的颗粒时，最小停留时间为 0.3μs，而检测悬浮质量为 4ag 的颗粒时，最小停留时间达到 0.13ms[78]。最小停留时间影响检测通量，停留时间越短，检测通量越高。因此，检测微小颗粒时，检测通量较低。

图 4-49 展示了不同质量的谐振器的频率波动情况，横坐标表示设备的质量级别，纵坐标表示频率波动的阿伦方差，谐振器质量越小，频率波动越明显，图中橙色和绿色分别表示热噪声的理论极限和试验中观察的频率波动，结果显示目前没有一项研究达到了热机械噪声设定的频率稳定极限，并且试验结果始终大于理论极限至少一个数量级。现有 MEMS/NEMS 谐振器的频率稳定性远没有达到由热机械噪声引起的稳定性极限，而是大约高两个数量级。Sansa 等[77]为了解释这一现象，通过试验研究了室温下单晶硅谐振器的频率特性，结果表明，除了仪器噪声、热机械噪声、温度波动噪声等已知噪声源，还存在引起谐振器频率波动的未知噪声源，这可能是谐振器件无法达到稳定性极限的关键原因。因此，迫切需要深入研究谐振器件频率波动的物理机理，为提高谐振器的频率稳定性、开发更高性能的谐振器奠定理论基础。

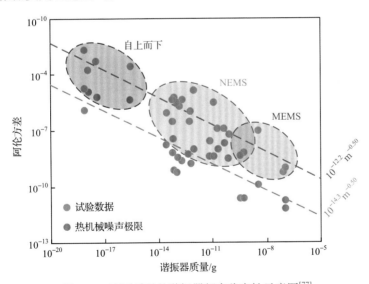

图 4-49　不同质量的谐振器频率稳定性示意图[77]

4.10.2　频率稳定性的作用机制

机械谐振器几乎是每个电子系统的基本部件，需要一个基准频率来保持正常工作[82]。MEMS/NEMS 谐振器因其能够与标准半导体加工兼容，同时在小型传感器件中有着极高的灵敏度和快速响应。随着振动结构尺寸缩减到微纳尺度，只有在振幅比较小时才有线性响应，这常常会限制工作的振幅，降低其动态范围、功率处理能力和信噪比。因此，谐振器工作时的动态响应往往是非线性的，器件的振动频率明显依赖于振动幅值，大大降低了系统的频率稳定性。此外，非线性系统的共振频率处存在分岔跳跃行为，各种环境噪声能够使得分岔现象提前或者延迟发生，也会影响共振频率的稳定性。

近年来，研究人员提出了利用模态耦合振动实现频率稳定的方法，能够极大改善非线性系统中的频率波动问题。Antonio 等[42]利用内共振原理耦合了两个不同振动模态，有效地稳定了非线性自维持微谐振器的振动频率，为利用固有非线性实现低频噪声提供了新策略；Li 等[62]研究了机械耦合谐振结构 1∶1 外模态耦合下频率稳定性的产生机理。基于模态耦合振动的频率稳定性机理可以分为两类[83]：一类是通过控制电路中的反馈相位进行主动控制实现频率稳定性；另一类是利用谐振单元的耦合刚度被动实现频率稳定性。

由于系统存在非线性刚度，单自由度自维持谐振器共振频率和振动幅值之间存在明显的依赖关系。为了解决频率失稳问题，可选取二自由度自维持谐振器，并通过控制电路将其耦合在一起，如图 4-50 所示。两个自维持谐振器之间的振动能量通过相位相互传递，最终实现频率稳定的过程，可以用以下动力学方程来描述，即

$$\begin{cases} \ddot{x}_1 + \mu_1 \dot{x}_1 + \omega_1^2 x_1 + \beta_1 x_1^3 = f_0(\sin\phi_1 + \sin\phi_2) \\ \ddot{x}_2 + \mu_2 \dot{x}_2 + \omega_2^2 x_2 + \beta_2 x_2^3 = f_0(\sin\phi_1 + \sin\phi_2) \end{cases} \tag{4-56}$$

式中，x_1 和 x_2 分别为两个谐振器偏离平衡位置的位移；ϕ_1 和 ϕ_2 分别为谐振器振动过程中的相位反馈，一般选取 $\pi/2$ 的相位差。

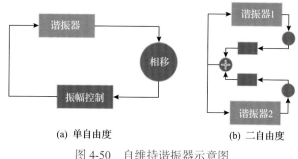

(a) 单自由度　　　　　　　　　(b) 二自由度

图 4-50　自维持谐振器示意图

谐振器的动力学行为可写为

$$\begin{cases} x_1 = A_1 \cos\phi_1 = A_1 \cos(\omega_1 t + \varphi_1) \\ x_2 = A_2 \cos\phi_2 = A_2 \cos(\omega_2 t + \varphi_2) \end{cases} \tag{4-57}$$

当二自由度谐振器固有频率接近时，满足 1：1 内共振条件，利用摄动理论可得

$$\begin{cases} 2\omega_1 \upsilon_1 A_1 - \dfrac{3}{4}\beta_1 A_1^3 = -2\omega_2 \upsilon_2 A_2 + \dfrac{3}{4}\beta_2 A_2^3 = f_0 \sin\Delta \\ \mu_1 \omega_1 A_1 = \mu_2 \omega_2 A_2 = f_0(1 + \cos\Delta) \end{cases} \tag{4-58}$$

式中，$\Delta = \phi_2 - \phi_1$，$\upsilon_1 = \Omega - \omega_1$，$\upsilon_2 = \Omega - \omega_2$，$\Omega$ 为两个谐振器响应的振动频率。

由此，可得谐振器的频率响应为

$$\frac{\Omega - \omega_1}{\mu_1} + \frac{\Omega - \omega_2}{\mu_2} = za^2 \tag{4-59}$$

式中，$a = f_0(1 + \cos\Delta)$，$z = \dfrac{3}{8}\left(\dfrac{\beta_1}{\mu_1^3 \omega_1^3} + \dfrac{\beta_2}{\mu_2^3 \omega_2^3} \right)$。

当 $z = 0$ 时，系统的振动频率与振幅无关，满足频率稳定性的要求。同时，利用谐振结构的模态耦合作用也可以实现频率的稳定性。如图 4-51 所示不同驱动力作用下谐振器共振频率的变化情况，在驱动电压位于 $20 \sim 30\text{mV}$ 区间内，谐振器的共振频率基本维持在某一固定值附近，此时系统的振动频率不会随着振动幅值发生改变，达到了谐振器在非线性振动区间的频率稳定性。这种现象也可以用两个耦合的动力学方程进行解释：

$$\begin{cases} m_1 \ddot{x}_1 + c_1 \dot{x}_1 + m_1 \omega_1^2 x_1 + k_3 x_1^3 = F_0 \cos(\phi_1(t) - \varphi_0) + J(x_2 - x_1) \\ m_2 \ddot{x}_2 + c_2 \dot{x}_2 + m_2 \omega_2^2 x_2 = J(x_1 - x_2) \end{cases} \tag{4-60}$$

式中，m_1 和 m_2 为两个谐振器的质量；ω_1 和 ω_2 为两个谐振器的固有频率；J 为两个谐振器之间的耦合刚度。假设两个固有频率之间近似满足 1：1 关系并且谐振器 2 的固有频率略大于谐振器 1 的固有频率，则可以通过摄动分析得到系统谐振频率 ν 的表达式为

$$\nu^2 = \omega_1^2 + j_1 + \frac{j_1 j_2 (\nu^2 - \omega_2^2 - j_2)}{\nu^2 \varepsilon_2^2 + (\nu^2 - \omega_2^2 - j_2)^2} + \frac{\beta}{\nu^2} \left(\frac{F_0/m_1}{\varepsilon_1 + \dfrac{\varepsilon_2 j_1 j_2}{\nu^2 \varepsilon_2^2 + (\nu^2 - \omega_2^2 - j_2)^2}} \right)^2 \tag{4-61}$$

式中，$\varepsilon_i = c_i/m_i$，$j_i = J/m_i$，$\beta = 4k_3/(3m_1)$。当驱动力在一定范围内时，谐振频率近似为常数。

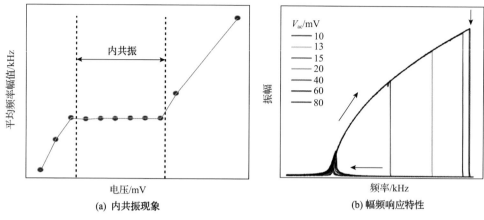

图 4-51　基于模态耦合振动的频率稳定原理图

此外，环境干扰和电压噪声也是影响谐振传感器动态稳定性的重要因素，为研究电压波动对耦合系统频率稳定性的影响，引入模态耦合后系统的动力学方程为

$$\frac{\mathrm{d}^2 u_1}{\mathrm{d}t^2} + c'\frac{\mathrm{d}u_1}{\mathrm{d}t} + \omega_{\mathrm{n}}^2 u_1 + k_{1a}u_1^3 = (f + \xi(t))\cos(\Omega t) \tag{4-62}$$

式中，波动部分 $\xi(t)$ 表示由交流电压幅值波动引起的驱动力随机调制噪声，将电压波动 $\xi(t)$ 假设为高斯白噪声。

如图 4-52 所示模态耦合系统电压噪声对幅频响应特性的影响，当驱动电压达到频率稳定性要求时，电压噪声基本对分岔频率没有影响，否则电压噪声导致分

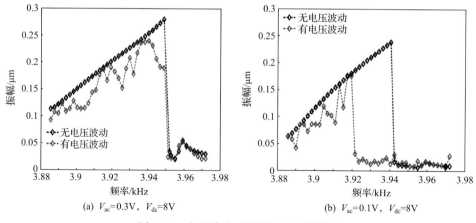

图 4-52　电压波动对频率稳定性的影响

岔频率，严重影响非线性振动系统的频率稳定性。因此，基于模态耦合振动的稳频方法可以克服外界噪声对分岔频率的影响，提高传感器的鲁棒性。这种现象可以解释为：当频率稳定时，共振频率由谐振单元的固有频率决定，电压波动不会影响固有频率；当频率稳定性消失时，共振频率由驱动力决定，电压波动对峰值频率有重要影响。

参 考 文 献

[1] Comi C, Zega V, Corigliano A. Non-linear mechanics in resonant inertial micro sensors. International Journal of Non-Linear Mechanics, 2020, 120: 103386.

[2] Chakraborty G, Jani N. Nonlinear dynamics of resonant microelectromechanical system(MEMS): A Review. Mechanical Sciences, 2021: 57-81.

[3] Hajjaj A Z, Jaber N, Ilyas S, et al. Linear and nonlinear dynamics of micro and nano-resonators: Review of recent advances. International Journal of Non-Linear Mechanics, 2020, 119: 103328.

[4] Asadi K, Yu J, Cho H. Nonlinear couplings and energy transfers in micro-and nano-mechanical resonators: Intermodal coupling, internal resonance and synchronization. Philosophical Transactions of the Royal Society A: Mathematical, Physical and Engineering Sciences, 2018, 376(2127): 20170141.

[5] Lee J, Shaw S W, Feng P X L. Giant parametric amplification and spectral narrowing in atomically thin MoS_2 nanomechanical resonators. Applied Physics Reviews, 2022, 9(1): 011404.

[6] Catalini L, Rossi M, Langman E C, et al. Modeling and observation of nonlinear damping in dissipation-diluted nanomechanical resonators. Physical Review Letters, 2021, 126(17): 174101.

[7] Kaajakari V, Mattila T, Oja A, et al. Nonlinear limits for single-crystal silicon microresonators. Journal of Microelectromechanical Systems, 2004, 13(5): 715-724.

[8] Yang Y, Ng E J, Polunin P M, et al. Nonlinearity of degenerately doped bulk-mode silicon MEMS resonators. Journal of Microelectromechanical Systems, 2016, 25(5): 859-869.

[9] Agarwal M, Mehta H, Candler R N, et al. Scaling of amplitude-frequency-dependence nonlinearities in electrostatically transduced microresonators. Journal of Applied Physics, 2007, 102(7): 074903.

[10] Tiwari S, Candler R N. Using flexural MEMS to study and exploit nonlinearities: A review. Journal of Micromechanics and Microengineering, 2019, 29(8): 083002.

[11] Zaitsev S, Shtempluck O, Buks E, et al. Nonlinear damping in a micromechanical oscillator. Nonlinear Dynamics, 2012, 67(1): 859-883.

[12] Imboden M, Mohanty P. Dissipation in nanoelectromechanical systems. Physics Reports, 2014, 534(3): 89-146.

[13] Wu C C, Zhong Z. Capacitive spring softening in single-walled carbon nanotube

[43] Feng J, Ye X, Esashi M, et al. Mechanically coupled synchronized resonators for resonant sensing applications. Journal of Micromechanics and Microengineering, 2010, 20(11):115001.

[44] Defoort M, Taheri-Tehrani P, Nitzan S H, et al. Impact of synchronization in micromechanical gyroscopes. Journal of Vibration and Acoustics, 2017, 139(4): 040906.

[45] Pu D, Wei X, Zhu W, et al. Amplifying charge-sensing in micromechanical oscillators based on synchronization. Sensors and Actuators A: Physical, 2022, 339: 113517.

[46] Singh P, Yadava R D S. Stochastic resonance induced performance enhancement of MEMS cantilever biosensors. Journal of Physics D: Applied Physics, 2020, 53(46): 465401.

[47] Monifi F, Zhang J, Özdemir Ş K, et al. Optomechanically induced stochastic resonance and chaos transfer between optical fields. Nature Photonics, 2016, 10(6): 399-405.

[48] Lin S, Tian T, Yin P, et al. Micro-gas flow induced stochastic resonance of a nonlinear nanomechanical resonator. Chinese Physics Letters, 2021, 38(2): 020502.

[49] Badzey R L, Mohanty P. Coherent signal amplification in bistable nanomechanical oscillators by stochastic resonance. Nature, 2005, 437(7061): 995-998.

[50] Almog R, Zaitsev S, Shtempluck O, et al. Signal amplification in a nanomechanical Duffing resonator via stochastic resonance. Applied Physics Letters, 2007, 90(1): 013508.

[51] Sun F, Dong X, Zou J, et al. Correlated anomalous phase diffusion of coupled phononic modes in a sideband-driven resonator. Nature Communications, 2016, 7(1): 1-8.

[52] Gajo K, Rastelli G, Weig E M. Tuning the nonlinear dispersive coupling of nanomechanical string resonators. Physical Review B, 2020, 101(7): 075420.

[53] Castellanos-Gomez A, Meerwaldt H B, Venstra W J, et al. Strong and tunable mode coupling in carbon nanotube resonators. Physical Review B, 2012, 86(4): 041402.

[54] Zhou X, Zhao C, Xiao D, et al. Dynamic modulation of modal coupling in microelectromechanical gyroscopic ring resonators. Nature Communications, 2019, 10(1): 1-9.

[55] Cho S, Cho S U, Jo M, et al. Strong two-mode parametric interaction and amplification in a nanomechanical resonator. Physical Review Applied, 2018, 9(6): 064023.

[56] Mahboob I, Nishiguchi K, Okamoto H, et al. Phonon-cavity electromechanics. Nature Physics, 2012, 8(5): 387-392.

[57] Zhang Z Z, Song X X, Luo G, et al. Coherent phonon dynamics in spatially separated graphene mechanical resonators. Proceedings of the National Academy of Sciences, 2020, 117(11): 5582-5587.

[58] Chen C, Zanette D H, Czaplewski D A, et al. Direct observation of coherent energy transfer in nonlinear micromechanical oscillators. Nature Communications, 2017, 8(1): 1-7.

[59] Sarrafan A, Bahreyni B, Golnaraghi F. Development and characterization of an H-shaped microresonator exhibiting 2∶1 internal resonance. Journal of Microelectromechanical Systems,

2017, 26(5): 993-1001.

[60] Samanta C, Yasasvi Gangavarapu P R, Naik A K. Nonlinear mode coupling and internal resonances in MoS$_2$ nanoelectromechanical system. Applied Physics Letters, 2015, 107(17): 173110.

[61] Buks E, Roukes M L. Electrically tunable collective response in a coupled micromechanical array. Journal of Microelectromechanical Systems, 2002, 11(6): 795-22-795-27.

[62] Li L, Zhang Q, Wang W, et al. Nonlinear coupled vibration of electrostatically actuated clamped-clamped microbeams under higher order modes excitation. Nonlinear Dynamics, 2017, 90(3): 1593-1606.

[63] Zhao C, Montaseri M H, Wood G S, et al. A review on coupled MEMS resonators for sensing applications utilizing mode localization. Sensors and Actuators A: Physical, 2016, 249: 93-111.

[64] Hajhashemi M S, Rasouli A, Bahreyni B. Improving sensitivity of resonant sensor systems through strong mechanical coupling. Journal of Microelectromechanical Systems, 2015, 25(1): 52-59.

[65] Li L, Zhang W, Wang J, et al. Bifurcation behavior for mass detection in nonlinear electrostatically coupled resonators. International Journal of Non-Linear Mechanics, 2020, 119: 103366.

[66] van der Avoort C, van der Hout R, Bontemps J J M, et al. Amplitude saturation of MEMS resonators explained by autoparametric resonance. Journal of Micromechanics and Microengineering, 2010, 20(10): 105012.

[67] Atabak S, Behraad B, Farid G. Analytical modeling and experimental verification of nonlinear mode coupling in a decoupled tuning fork microresonator. Journal of Microelectromechanical Systems, 2018, 27(3): 398-406.

[68] Flach S, Gorbach A V. Discrete breathers-advances in theory and applications. Physics Reports, 2008, 467(1): 1-116.

[69] Sievers A J, Takeno S. Intrinsic localized modes in anharmonic crystals. Physical Review Letters, 1988, 61(8): 970-973.

[70] Sato M, Hubbard B E, Sievers A J, et al. Observation of locked intrinsic localized vibrational modes in a micromechanical oscillator array. Physical Review Letters, 2003, 90(4): 044102.

[71] Sato M, Hubbard B E, English L Q, et al. Study of intrinsic localized vibrational modes in micromechanical oscillator arrays . Chaos, 2003, 13(2): 702-715.

[72] Sato M, Hubbard B E, Sievers A J, et al. Optical manipulation of intrinsic localized vibrational energy in cantilever arrays. EPL, 2004, 66(3): 318-323.

[73] Niedergesäß B, Papangelo A, Grolet A, et al. Experimental observations of nonlinear vibration localization in a cyclic chain of weakly coupled nonlinear oscillators. Journal of Sound and

Vibration, 2021, 497: 115952.

[74] Shimada T, Shirasaki D, Kinoshita Y, et al. Influence of nonlinear atomic interaction on excitation of intrinsic localized modes in carbon nanotubes . Physica D, 2010, 239(8): 407-413.

[75] Czaplewski D A, Chen C, Lopez D, et al. Bifurcation generated mechanical frequency comb. Physical Review Letters, 2018, 121(24): 244302.

[76] Yang Q, Wang X, Huan R, et al. Asymmetric phononic frequency comb in a rhombic micromechanical resonator. Applied Physics Letters, 2021, 118(22): 223502.

[77] Sansa M, Sage E, Bullard E C, et al. Frequency fluctuations in silicon nanoresonators. Nature Nanotechnology, 2016, 11: 552-558.

[78] Arlett J L, Roukes M L. Ultimate and practical limits of fluid-based mass detection with suspended microchannel resonators. Journal of Applied Physics, 2010, 108: 084701.

[79] Cleland A N, Roukes M L. Noise processes in nanomechanical resonators. Journal of Applied Physics, 2002, 92: 2758-2769.

[80] Ekinci K L, Yang Y T, Roukes M L. Ultimate limits to inertial mass sensing based upon nanoelectromechanical systems. Journal of Applied Physics, 2004, 95: 2682-2689.

[81] van Beek J T M, Puers R. A review of MEMS oscillators for frequency reference and timing applications. Journal of Micromechanics and Microengineering, 2012, 22(1): 013001.

[82] Zhang T, Ren J, Wei X, et al. Nonlinear coupling of flexural mode and extensional bulk mode in micromechanical resonators. Applied Physics Letters, 2016, 109(22): 224102.

[83] Matheny M H, Grau M, Villanueva L G, et al. Phase synchronization of two anharmonic nanomechanical oscillators. Physical Review Letters, 2014, 112(1): 014101.

第5章 能量耗散机理与阻尼技术

5.1 概 述

MEMS/NEMS 谐振器广泛应用于高频和高精度的微传感器及微执行器。在谐振器件工作过程中，品质因子是衡量其动力学特性的关键指标，而能量耗散是影响谐振器件品质因子的重要因素，一直是制约 MEMS/NEMS 谐振器性能提升和应用发展的关键问题[1-3]：一方面，从尺度效应和表面效应来看，随着器件特征尺度的减小，比表面积显著增大，表/界面作用力将显著增强，必然导致器件品质因子的减小；另一方面，能量耗散是影响 MEMS/NEMS 动力学特性的关键因素，例如，静电驱动梳齿式 MEMS 谐振器件在空气中的品质因子约为真空中的 1/1300，空气阻尼对 MEMS 谐振器件的动力学性能影响非常大。因此，为了获得高频、高品质因子、高性能的 MEMS/NEMS 谐振器及系统，清楚认识其能量耗散机理并提出有效的调控方法具有重要意义。

MEMS/NEMS 中的能量耗散机理一般可分为两大类型(图 5-1)。

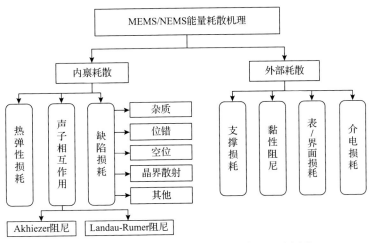

图 5-1 MEMS/NEMS 中的能量耗散机理示意图

内禀耗散(intrinsic dissipation)，主要是由材料的内耗而引起的，其宏观表现为机械热噪声，对于理想不含缺陷的晶体材料，内禀耗散机理包括热弹性耗散(thermoelastic dissipation,TED)、声波和固体中的热声子之间的相互作用(Akhiezer阻尼和 Landau-Rumer 阻尼)，以及声波和固体中的电子之间的相互作用；对于含有缺陷的晶体材料，需要考虑由于杂质、位错、空位、同位素、晶界散射等缺陷导致的诸多能量耗散。

外部耗散(extrinsic dissipation)，主要是指非理想结构设计以及复杂工作环境引起的能量耗散，包括非真空环境下(气体/流体环境)的黏性阻尼、支撑损耗、表/界面损耗、介电损耗等耗散形式。

此外，还有多种能量耗散机制是目前很少被探讨，甚至还未被发现或认识的。总之，能量耗散机理及其调控方法是 MEMS/NEMS 谐振器动力学研究的基本问题，如果能够提出精准的阻尼模型和合理的调控方法，可以大大避免设计时的盲目性。

5.2 能量耗散的基本定义与表征

振动状态中的 MEMS/NEMS 器件，即使与外界完全隔绝，其机械振动也会逐渐衰减，这种使机械能量耗散变为热能的现象称为内禀耗散，即器件在振动过程中由于内部原因而引起的能量损耗。从能量平衡角度来看，内禀耗散是微纳器件结构与周围环境维持热平衡的结果。另外，在非真空工作环境下，周围环境与器件的相互作用也会导致能量耗散。

能量耗散可以用品质因子的倒数(Q^{-1})来表征，品质因子是衡量谐振器件性能的一个决定性因素，其定义为

$$Q = 2\pi \frac{储存的能量}{每个振动周期耗散能量} = 2\pi \frac{W_0}{\Delta W} \tag{5-1}$$

式中，W_0 为器件在振动过程中所储存的总能量；ΔW 为谐振器件每个振动周期所损耗的能量，且 $\Delta W = \sum_i \Delta W_i$，其中 ΔW_i 为第 i 个耗散机制在每个振动周期所损耗的能量。

对于一个理想、无能量耗散的谐振器件，品质因子应该是无穷大的，但实际上器件在运行过程中总会产生能量耗散，而且有多种能量耗散机制，限制了谐振器件的品质因子。从能量耗散的途径来看，谐振器件受不同内禀耗散和外部耗散机制作用，可表示为

$$(Q^{-1})_{\text{total}} = 2\pi \frac{\sum_i \Delta W_i}{W_0} = \sum_i Q_i^{-1} = \sum Q_{内部}^{-1} + \sum Q_{外部}^{-1} \tag{5-2}$$

众所周知，准确得到谐振器的品质因子是非常困难的，目前对各种能量耗散机理的认识还不够清楚，未能建立起描述各种耗散机制的准确模型。一般来说，

在研究谐振系统的能量耗散机理时，都是先针对性地分析每一种能量耗散机制，再利用总的品质因子模型来描述，即

$$(Q^{-1})_{\text{total}} = \frac{1}{Q_{\text{anchor}}} + \frac{1}{Q_{\text{air/fluid}}} + \frac{1}{Q_{\text{surface}}} + \frac{1}{Q_{\text{TED}}} + \frac{1}{Q_{\text{phonon}}} + \frac{1}{Q_{\text{other}}} \qquad (5\text{-}3)$$

该式每一项代表相应的能量耗散机制对总能量耗散的贡献，不同机制作用下的能量耗散具有"并联"特征。由品质因子的定义式(5-1)可知，谐振系统所储存的能量 W_0 主要是由弹性变形产生的应变能。在 MEMS/NEMS 的能量耗散中，和体积相关的能量耗散机制(如热弹性阻尼、声子相互作用等)随着特征尺度的减小而减小；和表面积相关的能量耗散机制(如黏性阻尼、表面损耗等)随着特征尺度的减小而增大，如 Q_{surface} 正比于器件的表面与体积比，对于大多数微谐振器，这个比值很大，所以 Q_{surface} 也相对较大。因此，随着 MEMS/NEMS 特征尺度的减小，能量耗散 Q^{-1} 增大，品质因子 Q 随着特征尺度的减小而减小，如图 5-2 所示。

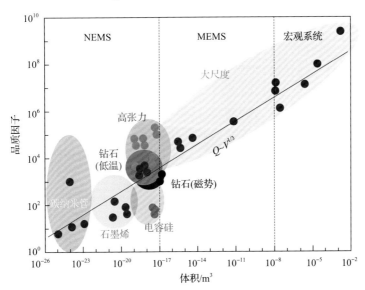

图 5-2 谐振器件品质因子与特征尺度之间的对应变化关系[1]

5.3 热弹性阻尼

弹性固体运动通常处于非平衡状态，当振动能量转变成热能传递且热传导为不可逆过程时，能量的损耗称为热弹性阻尼[4]。如图 5-3 所示，当物体(梁)弯曲振动时，受拉伸的一边产生张应力，温度下降，受挤压的一边产生压应力，温度上升，物体内部的应变场使得物体内部产生温度场，而物体内部为了达到平衡状

态，温度场的温度梯度效应会驱使热对流，热弹性阻尼就是此不可逆的传热过程造成的能量耗散现象。只要材料的热膨胀系数不为零，热弹性阻尼就必然存在。热弹性阻尼作为一种基本的本征能量耗散机制，是影响 MEMS/NEMS 谐振器设计与制造的关键因素之一，不仅制约着器件品质因子的上限，还会影响器件的精确度、灵敏度和噪声特性。

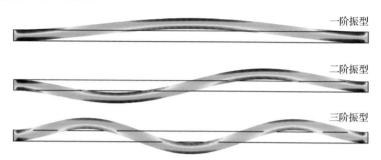

图 5-3　微梁弯曲振动时的应力与温度分布云图

5.3.1　滞弹性的基本概念与 Zener 耗散模型

Zener 首次提出滞弹性(anelasticity)的概念，并从玻尔兹曼的线性叠加原理出发，推导出各种滞弹性效应之间的定量关系。

滞弹性的特征是在加载或卸载时，应变不是瞬时达到其平衡值，而是通过一种弛豫过程来完成其变化，如图 5-4(a)所示，应力去除后应变有一部分(ε_0)发生瞬时回复，剩余一部分则缓慢回到零，这种现象称为弹性后效；又如图 5-4(b)所示，要保持应变不变，应力就要逐渐松弛达到平衡值 $\sigma(\infty)$，称为应力弛豫现象[5]。由于应变落后于应力，在适当的频率的振动应力作用下就会出现耗散现象，称为弛豫型耗散。

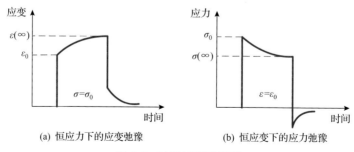

(a) 恒应力下的应变弛豫　　　　　　(b) 恒应变下的应力弛豫

图 5-4　弛豫过程示意图

Zener 的黏弹性标准模型是将胡克定律推广到最一般形式的线性均匀方程，即

$$\sigma + \tau_\varepsilon \dot{\sigma} = M_R (\varepsilon + \tau_\sigma \dot{\varepsilon}) \tag{5-4}$$

式中，σ 和 ε 分别为应力和应变。当应变为常量时，应力将以松弛时间 τ_ε 产生指数松弛。类似地，当应力保持不变时，应变将以松弛时间 τ_σ 产生指数松弛。M_R 为松弛发生后的相关模量，$M_U = M_R(\tau_\sigma/\tau_\varepsilon)$ 为未松弛时的模量值。

当系统受到周期变化的载荷 $\sigma(t) = \sigma_0 e^{i\omega t}$ 和 $\varepsilon(t) = \varepsilon_0 e^{i\omega t}$ 作用时，应力和应变的幅值与复数模量有关，且该模量是频率的函数，固体的耗散或内摩擦量 (Q^{-1}) 定义为每振动弧度能量损失率，耗散量等于复数弹性模量的虚部和实部之比，即

$$Q^{-1} = \Delta E_M \frac{\omega\tau}{1+(\omega\tau)^2} \tag{5-5}$$

式中，$\tau = \sqrt{\tau_\sigma \cdot \tau_\varepsilon}$，其中 τ_σ 为应力保持为常量时的应变弛豫时间，τ_ε 为应变保持不变时的应力弛豫时间；$\Delta E_M = (E_U - E_R)/\sqrt{E_U \cdot E_R}$ 为弛豫强度，其中 E_U 为未弛豫弹性模量，E_R 为弛豫弹性模量，同时两模量之间满足关系 $E_U/E_R = \tau_\sigma/\tau_\varepsilon$。

1937 年，Zener 最早预言并证实了热弹性阻尼现象的存在[6,7]，引入复杨氏模量和复频率解释热弹性阻尼的产生机制，并定义一个新参数"热弹性阻尼品质因子"衡量能量耗散的程度，建立并发展了热弹性阻尼理论，率先推导出悬臂梁的一维热弹性阻尼解析表达式，即

$$Q_Z^{-1} = \frac{E\alpha_T^2 T_0}{C_p} \frac{\omega\tau_Z}{1+(\omega\tau_Z)^2} \tag{5-6}$$

式中，C_p 为定压比热容；α_T 是线性热膨胀系数；T_0 为环境温度；ω 为振动频率；E 为杨氏模量；τ_Z 为松弛时间，且 $\tau_Z = b^2/(\pi^2\chi)$，其中 b 为梁的宽度，χ 为固体的热扩散率。

5.3.2 LR 热弹性阻尼模型

2000 年，Lifshitz 等[4]基于 Zener 热弹性阻尼理论，给出了梁在弯曲振动时的一维热弹性阻尼的 LR 理论模型，该模型未改变 Zener 模型的基础物理学部分，而是更加精确地求解了热传导控制方程。Zener 模型中的温度场表示成各阶热模态叠加形式，而 LR 模型中的温度场则直接用复数函数描述。

1. 微梁振动控制方程

如图 5-5 所示，有一薄弹性梁，长度为 L_b，横截面尺寸为 $b \times c$，梁的轴向为 x 轴。以下讨论热弹性微梁在外载荷 P 作用下做受迫简谐振动时的控制方程，微梁在最开始时处于零应力应变状态，且梁上温度处处为 T_0。假设梁受到载荷作用的位移场为 $u_i (i = x, y, z)$，温度场为 $T = T_0 + \theta$，θ（单位为 K）表示梁上各点温度增量。与应变分量 ε_{ij}、应力分量 σ_{ij} 一样，u_i 和 θ 都是空间坐标和时间的函数。

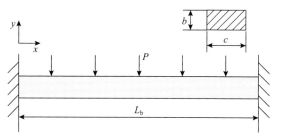

图 5-5　薄弹性微梁示意图

首先，考虑微梁在 y 方向的横向振动 $Y(x)$，采用欧拉-伯努利假设：梁的横向尺寸与长度相比很小，并且梁的横截弯曲的曲率半径在弯曲过程中都垂直于梁的中性面。另外，假定梁的表面只有应力分量 σ_{xx} 作用，根据胡克定律，热弹性梁的本构关系可简写为

$$\varepsilon_{xx} = \frac{1}{E_b}\sigma_{xx} + \alpha_T\theta$$

$$\varepsilon_{yy} = \varepsilon_{zz} = -\frac{\upsilon}{E_b}\sigma_{xx} + \alpha_T\theta \tag{5-7}$$

$$\varepsilon_{xy} = \varepsilon_{yz} = \varepsilon_{zx} = 0$$

式中，E_b 和 υ 分别为梁的杨氏模量和泊松比。

由梁的基本理论可知，梁在离中性面距离为 y 处的纵向应变分量 ε_{xx} 为 y/R，梁弯曲的曲率 $1/R$ 为 $-\partial^2 Y/\partial x^2$，因此梁的弯曲应变场中的非零项可以表示为 $\varepsilon_{xx} = -y(\partial^2 Y)/(\partial x^2)$ 和 $\varepsilon_{yy} = \varepsilon_{zz} = \upsilon y(\partial^2 Y)/(\partial x^2) + (1+\upsilon)\alpha_T\theta$。根据等温梁弯曲变形理论，若不考虑梁受热耦合作用，可得梁的弯曲变形控制方程为

$$\rho A\frac{\partial^2 Y}{\partial t^2} + \frac{\partial^2}{\partial x^2}\left(E_b I_b\frac{\partial^2 Y}{\partial x^2} + E_b\alpha_T I_T\right) = 0 \tag{5-8}$$

式中，ρ 和 A 分别为梁的密度和横截面积；I_b 和 I_T 分别为梁的截面和热力惯性矩，且

$$I_b = \int_A y^2\mathrm{d}y\mathrm{d}z = \frac{b^3 c}{12}, \quad I_T = \int_A y\theta\mathrm{d}y\mathrm{d}z \tag{5-9}$$

考虑梁内的热弹性耦合效应，要求得梁内温度分布，可补充梁的热传导方程，即

$$\frac{\partial\theta}{\partial t} = \chi\nabla^2\theta - \frac{E_b\alpha_T T}{(1-2\upsilon)C_V}\frac{\partial}{\partial t}\sum_j\varepsilon_{jj} \tag{5-10}$$

为使问题易于求解，可进行两项简化：首先，由于 $\theta \ll T_0$，在式 (5-10) 中的第二项中，可以用 T_0 来代替 T，同时又不失精度要求，如果不做如此简化势必会给问题带来非线性，从而增加求解的难度；其次，梁的横截面在 y 方向的热量梯度要远大于其在轴线方向的热量梯度，且由于在 z 方向长度为无穷大，可以认为其热量在该方向没有变化。因此，可用 $\partial^2\theta / \partial y^2$ 替代 $\nabla^2\theta$，将其代入式 (5-10)，可得

$$\left(1 + 2\Delta_{\mathrm{E}}\frac{1+\upsilon}{1-2\upsilon}\right)\frac{\partial\theta}{\partial t} = \chi\frac{\partial^2\theta}{\partial y^2} + y\frac{\Delta_{\mathrm{E}}}{\alpha_{\mathrm{T}}}\frac{\partial}{\partial t}\frac{\partial^2 Y}{\partial x^2} \qquad (5\text{-}11)$$

2. 热弹性方程求解

为了求解热弹性耦合对微梁做谐振时的影响，假设

$$Y(x,t) = Y_0(x)\mathrm{e}^{\mathrm{i}\omega t}, \quad \theta(x,y,t) = \theta_0(x,y)\mathrm{e}^{\mathrm{i}\omega t} \qquad (5\text{-}12)$$

由式 (5-11) 可求得梁横截面的温度分布，并将其代入自由振动控制方程 (5-8)，可得到梁的振动模态和频率。通常，振动频率的实部 $\mathrm{Re}(\omega)$ 给出了梁在热弹性耦合作用下的新特征频率，虚部 $|\mathrm{Im}(\omega)|$ 则表示振动的衰减程度。热弹性阻尼的大小为品质因子的倒数，即

$$Q^{-1} = 2\left|\frac{\mathrm{Im}(\omega)}{\mathrm{Re}(\omega)}\right| \qquad (5\text{-}13)$$

将式 (5-12) 代入式 (5-11)，由于 Δ_{E} 是个小量，只要在结果中对其进行量级为 Δ_{E}^2 的修正，方程左边含有 Δ_{E} 的项就可以忽略不计，得到关于 θ_0 的方程，即

$$\frac{\partial^2\theta_0}{\partial y^2} = \mathrm{i}\frac{\omega}{\chi}\left(\theta_0 - \frac{\Delta_{\mathrm{E}}}{\alpha_{\mathrm{T}}}\frac{\partial^2 Y_0}{\partial x^2}y\right) \qquad (5\text{-}14)$$

求解上述方程，可得

$$\theta_0 - \frac{\Delta_{\mathrm{E}}}{\alpha}\frac{\partial^2 Y_0}{\partial x^2}y = A_{\mathrm{c}}\sin(ky) + B_{\mathrm{c}}\cos(ky) \qquad (5\text{-}15)$$

式中，A_{c} 和 B_{c} 的值待定，且

$$k = \sqrt{\mathrm{i}\frac{\omega}{\chi}} = (1+\mathrm{i})\sqrt{\frac{\omega}{2\chi}} \qquad (5\text{-}16)$$

为了求解 A_c 和 B_c 的值，认为梁的边界无热流通过，即在 $y = \pm b/2$ 处，$\partial \theta_0 / \partial y = 0$，则可得温度分布为

$$\theta_0(x,y) = \frac{\Delta_E}{\alpha} \frac{\partial^2 Y_0(x)}{\partial x^2}\left[y - \frac{\sin(ky)}{k\cos(bk/2)} \right] \tag{5-17}$$

将温度场函数(5-17)代入式(5-9)可计算出 I_T，并将其代入梁的运动微分方程，可得

$$\omega^2 Y_0 = \frac{E_b I_b}{\rho A}\{1 + \Delta_E[1 + f(\omega)]\}\frac{\partial^4 Y_0}{\partial x^4} \tag{5-18}$$

式中，复数函数 $f(\omega)$ 为

$$f(\omega) = f(k(\omega)) = \frac{24}{b^3 k^3}\left[\frac{bk}{2} - \tan\left(\frac{bk}{2}\right) \right] \tag{5-19}$$

梁的振动方程(5-18)在形式上和不考虑热弹性耦合作用时等温梁的运动方程相似，唯一的区别是与频率有关的模量取代了等温时的杨氏模量，即

$$E_\omega = E_b\{1 + \Delta_E[1 + f(\omega)]\} \tag{5-20}$$

当 ω 很大时，$f(\omega) \to 0$，此时的杨氏模量接近于它绝热状态时的值，$E_{ad} = E_b(1+\Delta_E)$；当 ω 很小时，$f(\omega) \to -1$，杨氏模量则恢复到其等温状态时的值 E_b；对于中间频率 ω 值，E_ω 是个复数。

在等温状态下，梁的振动模态为

$$Y_0(x) = A_c \sin(qx) + B_c \cos(qx) + C_c \sinh(qx) + D_c \cosh(qx) \tag{5-21}$$

式中，A_c、B_c、C_c、D_c 和 q 的值均可由梁的边界条件求得，对于两端固支梁，$q_n L = a_n = \{4.730, 7.853, 10.996, \cdots\}$；对于悬臂梁，$q_n L = a_n = \{1.875, 4.694, 7.855, \cdots\}$。

因此，对于热弹性截面梁，振动的固有频率 ω 和 q_n 之间的关系为

$$\omega = \sqrt{\frac{E_\omega I_b}{\rho A}}q_n^2 = \omega_0\sqrt{1 + \Delta_E[1 + f(\omega)]} \tag{5-22}$$

式中，ω_0 为等温条件下的固有频率。

由于 $\Delta_E[1+f(\omega)]$ 相对于 1 是小量，对式(5-22)中根号项进行泰勒级数展开，并忽略 Δ_E^2 以上的高次项，可得

$$\omega = \omega_0\left\{1 + \frac{\Delta_E}{2}[1 + f(\omega_0)]\right\} \tag{5-23}$$

由此可得振动频率的实部和虚部分别为

$$
\begin{cases}
\mathrm{Re}(\omega) = \omega_0 \left[1 + \dfrac{\Delta_{\mathrm{E}}}{2} \left(1 - \dfrac{6}{\xi^3} \dfrac{\sinh\xi - \sin\xi}{\cosh\xi + \cos\xi} \right) \right] \\[4mm]
\mathrm{Im}(\omega) = \omega_0 \dfrac{\Delta_{\mathrm{E}}}{2} \left(\dfrac{6}{\xi^3} \dfrac{\sinh\xi + \sin\xi}{\cosh\xi + \cos\xi} - \dfrac{6}{\xi^2} \right)
\end{cases}
\tag{5-24}
$$

式中，无量纲系数 $\xi = b\sqrt{\dfrac{\omega_0}{2\chi}}$。标准化频率变化量 $[\mathrm{Re}(\omega) - \omega_0]/(\omega_0\Delta_{\mathrm{E}})$ 和标准化衰

减量 $\mathrm{Im}(\omega)/(\omega_0\Delta_{\mathrm{E}})$ 与 ξ 之间的关系，如图 5-6 所示，从图中可以看出，当归一化
频率 $\xi = 2.225$ 时，微梁共振频率的虚部有最大值，且此时热弹性阻尼出现峰值
（Debye 峰）。

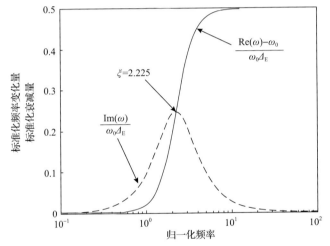

图 5-6　热弹性耦合作用下微梁弯曲振动时的频率变化和衰减曲线

根据质量因子的定义式(5-13)，可推导出微梁热弹性阻尼系数的表达式为

$$
Q_{\mathrm{LR}}^{-1} = \frac{\alpha_{\mathrm{T}}^2 T_0 E}{C_{\mathrm{p}}} \left(\frac{6}{\xi^2} - \frac{6}{\xi^3} \frac{\sinh\xi + \sin\xi}{\cosh\xi + \cos\xi} \right)
\tag{5-25}
$$

比较 LR 模型(5-25) 和 Zener 模型(5-6)，可以看出两种模型的系数相同，即

$$
\Delta_{\mathrm{E}} = \frac{\alpha_{\mathrm{T}}^2 T_0 E}{C_{\mathrm{p}}}
\tag{5-26}
$$

图 5-7 为归一化热弹性阻尼 $Q^{-1}/\Delta_{\mathrm{E}}$ 随 ξ 的变化曲线，图中描述了所有情况下
发生小挠度弯曲的矩形细梁热弹性阻尼变化，纵坐标为阻尼对 Δ_{E} 的相对大小，

当 ξ 较小时，Q^{-1} 随着 ξ 增大而增大；当 ξ 较大时，Q^{-1} 随着 ξ 增大而减小，当 $\xi = 4.426Q^{-1}/\Delta_E$ 时，LR 模型和 Zener 模型所得热弹性阻尼峰值大小相同，均为 $Q^{-1}/\Delta_E = 0.49$，且峰值与梁的几何尺寸无关，而只与材料的 E_b、α、C_p 等和温度相关热动力学属性有关。当 ξ 在 4.426 附近时，由硅的热学性质可知，在室温条件下品质因子不会超出 $10^3 \sim 10^4$ 范围。

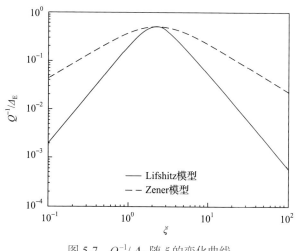

图 5-7　Q^{-1}/Δ_E 随 ξ 的变化曲线

表 5-1 列出了几种微梁和微平板谐振器件的热弹性阻尼解析模型，因为不同的模型在预测谐振器件热弹性阻尼时会存在一定的差异，所以需要针对不同的谐振器件几何结构、边界条件进行对比分析，可以通过计算机械能损失，也可以从熵产角度来建立热弹性阻尼的解析模型。

表 5-1　几种热弹性阻尼解析模型

模型	阻尼 Q^{-1} 表述式	谐振器件结构	边界条件
Zener 经典模型	$Q_Z^{-1} = \Delta_E \dfrac{\omega\tau_Z}{1+(\omega\tau_Z)^2}$		任意边界
Zener 高阶模型	$Q_Z^{-1} = \Delta_E \sum_j f_j \dfrac{\omega\tau_j}{1+(\omega\tau_j)^2}$	梁类	任意边界
LR 模型	$Q_{LR}^{-1} = \Delta_E \left(\dfrac{6}{\xi^2} - \dfrac{6}{\xi^3} \dfrac{\sinh\xi + \sin\xi}{\cosh\xi + \cos\xi} \right)$		任意边界
Sun 模型[8]	$Q_S^{-1} = Q_{LR}^{-1} \dfrac{1+\upsilon}{1-2\upsilon}$	圆形平板	固支、简支
Li 模型[9]	$Q_L^{-1} = Q_{LR}^{-1} \dfrac{1+\upsilon}{1-\upsilon}$	圆形/矩形平板	固支、简支

5.3.3 微尺度薄板热弹性阻尼特性

1. Cosserat 理论

与经典弹性理论不同，Yang 等[10]率先提出的 Cosserat 理论不再把材料看成理想的、连续的、均匀变形体，单元体选取也不再是任意小的微元体，而是考虑材料内部微结构影响。假设单元体具有一定的尺度，且假设每种材料粒子不仅有 3 个位置自由度 u_i ($i=1,2,3$)，还有 3 个旋转自由度 ω_i ($i=1,2,3$)。在区域范围 Π 内，各向同性线弹性体材料的应变能 U 为

$$U = \frac{1}{2}\int_{\Pi}(\sigma_{ij}\varepsilon_{ij} + m_{ij}\eta_{ij})\mathrm{d}v, \quad i,j = 1,2,3 \tag{5-27}$$

其中，σ_{ij} 为应力张量，ε_{ij} 为应变张量，m_{ij} 为耦合应力张量，η_{ij} 为曲率张量，它们可定义为

$$\sigma_{ij} = \lambda\,\mathrm{tr}(\varepsilon_{ij})I + 2\mu\varepsilon_{ij} \tag{5-28}$$

$$\varepsilon_{ij} = \frac{1}{2}[\nabla u + (\nabla u)^{\mathrm{T}}] \tag{5-29}$$

$$m_{ij} = 2l^2\mu\chi_{ij} \tag{5-30}$$

$$\eta_{ij} = \frac{1}{2}[\nabla\varphi + (\nabla\varphi)^{\mathrm{T}}] \tag{5-31}$$

式中，λ 和 μ 为拉梅常数，且 $\lambda = E\upsilon/[(1+\upsilon)(1-2\upsilon)]$，$\mu = E/[2(1+\upsilon)]$，$E$ 为材料的弹性模量，υ 为泊松比；l 为材料的本征长度，一般为微纳米量级。u_i 为位移场向量，φ_i 为旋转场向量，且

$$\varphi_i = \frac{1}{2}\mathrm{curl}(u_i) \tag{5-32}$$

由式(5-29)和式(5-31)可知，应变张量 ε_{ij} 和曲率张量 η_{ij} 是对称的，显而易见，应力张量 σ_{ij} 和耦合应力张量 m_{ij} 也是对称的，即 $\sigma_{ij} = \sigma_{ij}^{\mathrm{T}}$，$m_{ij} = m_{ij}^{\mathrm{T}}$。本征长度参数 l 主要用来表征耦合应力。

2. 微板振动控制方程

图 5-8 为微板结构示意图及其笛卡儿坐标系，板的长度、宽度和厚度分别为 a、b 和 h。以下讨论热弹性微板在外载荷作用下受迫简谐振动时的控制方程[11,12]，首先，考虑微板在 z 方向的挠动 $\tilde{W}(x,y,t)$，采用 Kirchhoff 板理论的基本假设：板的纵向尺寸与横向尺寸相比很小，并且板的横截弯曲的曲率半径在弯曲过程中都垂

直于板的中性面。另外，假定板的表面只有应力分量 σ_{xx}、σ_{yy} 和 γ_{xy} 作用，此时热弹性板的本构关系适用于如下形式的胡克定律，即

$$
\begin{cases}
\varepsilon_{xx} = \dfrac{\sigma_{xx}}{(\lambda + 2\mu)E_b} + \alpha\theta, \quad \varepsilon_{yy} = \dfrac{\sigma_{yy}}{(\lambda + 2\mu)E_b} + \alpha\theta \\[3mm]
\varepsilon_{zz} = -\upsilon\dfrac{\sigma_{xx} + \sigma_{yy}}{(\lambda + 2\mu)E_b} + \alpha\theta, \quad \gamma_{xy} = \sigma_{xy}/(2\mu), \quad \gamma_{yz} = \gamma_{zx} = 0
\end{cases}
\tag{5-33}
$$

式中，α 为线性热扩展系数；θ 为温度变化量。根据 Kirchhoff 板的基本假设及理论，板内任意一点的位移场可以表示为

$$
\tilde{U}(x,y,z,t) = z\psi_x(x,y,t), \quad \tilde{V}(x,y,z,t) = z\psi_y(x,y,t), \quad \tilde{W}(x,y,z,t) = W(x,y,t) \tag{5-34}
$$

式中，$\tilde{U}$、$\tilde{V}$ 和 $\tilde{W}$ 分别为 x、y 和 z 位移矢量分量；W 为微板在 z 方向的中性面平面位移；$\psi_x(x,y,t)$、$\psi_y(x,y,t)$ 为微板横截面的法向沿 x 轴和 y 轴的近似旋转角度；t 为时间。基于小变形假设可表示为

$$
\psi_x(x,t) = -\frac{\partial W(x,y,t)}{\partial x}, \quad \psi_y(x,t) = -\frac{\partial W(x,y,t)}{\partial y} \tag{5-35}
$$

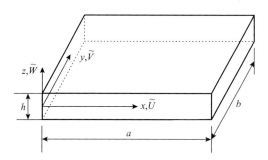

图 5-8　微板的结构示意图及其笛卡儿坐标系

由微板的基本理论可知，微板的弯曲应变场中非零项可以由上述方程得到，即

$$
\begin{cases}
\varepsilon_{xx} = z\dfrac{\partial\psi_x}{\partial x} = -z\dfrac{\partial^2 W}{\partial x^2}, \quad \varepsilon_{yy} = z\dfrac{\partial\psi_y}{\partial y} = -z\dfrac{\partial^2 W}{\partial y^2} \\[3mm]
\varepsilon_{zz} = \upsilon z\left(\dfrac{\partial^2 W}{\partial x^2} + \dfrac{\partial^2 W}{\partial y^2}\right) + (1+\upsilon)\alpha\theta \\[3mm]
\gamma_{xy} = z\left(\dfrac{\partial\psi_x}{\partial y} + \dfrac{\partial\psi_y}{\partial x}\right) = -2z\dfrac{\partial^2 W}{\partial x\partial y}, \quad \gamma_{xz} = \gamma_{yz} = 0
\end{cases}
\tag{5-36}
$$

将式(5-34)和式(5-35)代入式(5-32)，可得

$$\varphi_x = \frac{1}{2}\left(\frac{\partial \tilde{W}}{\partial y} - \frac{\partial \tilde{V}}{\partial z}\right) = \frac{1}{2}\frac{\partial W}{\partial y}$$

$$\varphi_y = \frac{1}{2}\left(\frac{\partial \tilde{U}}{\partial z} - \frac{\partial \tilde{W}}{\partial x}\right) = -\frac{1}{2}\frac{\partial W}{\partial x} \qquad (5\text{-}37)$$

$$\varphi_z = \frac{1}{2}\left(\frac{\partial \tilde{V}}{\partial x} - \frac{\partial \tilde{U}}{\partial y}\right) = -\frac{z}{2}\frac{\partial^2 W}{\partial x \partial y}$$

然后，将式(5-37)代入式(5-30)，可得

$$\eta_{xx} = \frac{\partial^2 W}{\partial x \partial y}, \quad \eta_{yy} = -\frac{\partial^2 W}{\partial x \partial y}, \quad \eta_{xy} = \frac{1}{2}\left(\frac{\partial^2 W}{\partial y^2} - \frac{\partial^2 W}{\partial x^2}\right), \quad \eta_{zz} = \eta_{yz} = \eta_{zx} = 0 \quad (5\text{-}38)$$

由于其泊松效应很小，可以忽略不计，由此将式(5-36)代入式(5-33)，变换后可得

$$\sigma_{xx} = \frac{E(1-\upsilon)}{(1+\upsilon)(1-2\upsilon)}\left[-z\frac{\partial^2 W(x,y,t)}{\partial x^2} - \alpha\theta\right]$$

$$\sigma_{yy} = \frac{E(1-\upsilon)}{(1+\upsilon)(1-2\upsilon)}\left[-z\frac{\partial^2 W(x,y,t)}{\partial y^2} - \alpha\theta\right] \qquad (5\text{-}39)$$

$$\sigma_{xy} = -\frac{E}{1+\upsilon}z\frac{\partial^2 W}{\partial x \partial y}$$

同理，联合式(5-38)和式(5-30)，可得

$$m_{xx} = \frac{El^2}{1+\upsilon}\frac{\partial^2 W}{\partial x \partial y}, \quad m_{yy} = -\frac{El^2}{1+\upsilon}\frac{\partial^2 W}{\partial x \partial y}, \quad m_{xy} = \frac{El^2}{1+\upsilon}\left(\frac{\partial^2 W}{\partial y^2} - \frac{\partial^2 W}{\partial x^2}\right) \quad (5\text{-}40)$$

$$m_{zz} = m_{yz} = m_{zx} = 0$$

基于耦合应力理论，系统的应变能包含经典应力和耦合应力项，并且可将应变及对称曲率张量表达为位移向量形式。将式(5-36)、式(5-38)、式(5-39)和式(5-40)代入式(5-27)，可得到热弹性微板应变能为

$$\Pi = \frac{1}{2}\int_0^a \int_0^b \int_{-h/2}^{h/2} \left\{ \frac{E(1-\upsilon)}{(1+\upsilon)(1-2\upsilon)}\left[\left(z\frac{\partial^2 W}{\partial x^2} + \alpha\theta\right)\left(z\frac{\partial^2 W}{\partial x^2}\right) + \left(z\frac{\partial^2 W}{\partial y^2} + \alpha\theta\right)\left(z\frac{\partial^2 W}{\partial y^2}\right)\right] \right.$$

$$\left. +2z^2\frac{E}{1+\upsilon}\left(\frac{\partial^2 W}{\partial x \partial y}\right)^2 + \frac{El^2}{1+\upsilon}\left[2\left(\frac{\partial^2 W}{\partial x \partial y}\right)^2 + \frac{1}{2}\left(\frac{\partial^2 W}{\partial y^2} - \frac{\partial^2 W}{\partial x^2}\right)^2\right] \right\} \mathrm{d}x\mathrm{d}y\mathrm{d}z$$

$$(5\text{-}41)$$

在板理论中，方程 (5-41) 中的 $[(\partial^2 W / \partial x^2)(\partial^2 W / \partial y^2) - (\partial^2 W / \partial x \partial y)^2]$ 项被称为 "高斯曲率"，其在复杂的微分几何曲面中起到重要作用。对于四边固支或简支的矩形微板，$\int_0^a \int_0^b [(\partial^2 W / \partial x^2)(\partial^2 W / \partial y^2) - (\partial^2 W / \partial x \partial y)^2] \mathrm{d}x\mathrm{d}y = 0$，即高斯曲率的积分为零。如此，该方程可简化为

$$\Pi = \frac{1}{2} \int_0^a \int_0^b \left\{ (D_0 + D_1) \left[\left(\frac{\partial^2 W}{\partial x^2} \right)^2 + \left(\frac{\partial^2 W}{\partial y^2} \right)^2 + 2 \left(\frac{\partial^2 W}{\partial x \partial y} \right)^2 \right] + D_0 I_\mathrm{T} \left(\frac{\partial^2 W}{\partial x^2} + \frac{\partial^2 W}{\partial y^2} \right) \right\} \mathrm{d}x\mathrm{d}y$$

$$(5\text{-}42)$$

式中，D_0 和 D_1 为无量纲系数，且 $D_0 = \dfrac{Eh^3 (1-\upsilon)}{12(1+\upsilon)(1-2\upsilon)}$，$D_1 = \dfrac{El^2 h}{2(1+\upsilon)}$；$I_\mathrm{T}$ 为截面热力惯性矩，$I_\mathrm{T} = \dfrac{12\alpha}{h^3} \displaystyle\int_{-h/2}^{h/2} z\theta \mathrm{d}z$。

热弹性微板的动能为

$$T = \frac{1}{2} \int_0^a \int_0^b \left\{ \rho h \left(\frac{\partial W}{\partial t} \right)^2 + \frac{\rho h^3}{12} \left[\left(\frac{\partial \psi_x}{\partial t} \right)^2 + \left(\frac{\partial \psi_y}{\partial t} \right)^2 \right] \right\} \mathrm{d}x\mathrm{d}y \qquad (5\text{-}43)$$

式中，ρ 为梁的密度。

由此，根据 Hamilton 原理 $\delta \left[\displaystyle\int_{t_1}^{t_2} (T - \Pi) \mathrm{d}t \right] = 0$，可推导出热弹性微板的动力学控制方程为

$$(D_0 + D_1) \left(\frac{\partial^4 W}{\partial x^4} + \frac{\partial^4 W}{\partial y^4} + 2 \frac{\partial^4 W}{\partial x^2 \partial y^2} \right) + \frac{D_0}{2} \left(\frac{\partial^2 I_\mathrm{T}}{\partial x^2} + \frac{\partial^2 I_\mathrm{T}}{\partial y^2} \right) - \rho h \frac{\partial^2 W}{\partial t^2} = 0 \qquad (5\text{-}44)$$

热弹性微板的动力学控制方程 (5-44) 主要由三个部分组成：与 $D_0 \cdot \nabla^4 W$ 和 $\rho h \ddot{W}$ 相关部分项和板的经典动力学方程相同；$D_1 \cdot \nabla^4 W = El^2 h / 2(1+\upsilon) \cdot \nabla^4 W$ 项表征尺度效应，且通过尺度参数 l 将材料的尺寸特征纳入新的动力学模型中；另外，$D_0 / 2 \cdot (\partial^2 I_\mathrm{T} / \partial x^2 + \partial^2 I_\mathrm{T} / \partial y^2)$ 项表征微板的热弹性耦合效应。如此，考虑尺度效应的热弹性微板的动力学控制方程便得以建立，当 $l = 0$ 时，系统将退化为经典的热弹性板模型。

考虑板内的热弹性耦合效应，要求板内温度场分布，需补充板的热传导方程，即

$$\frac{\partial \theta}{\partial t} = \chi \nabla^2 \theta - \frac{\alpha E_\mathrm{b} T}{(1-2\upsilon) C_\mathrm{V}} \frac{\partial}{\partial t} \sum_i \varepsilon_{jj} \qquad (5\text{-}45)$$

为使问题易于求解，进行如下简化：首先，由于 $\theta \ll T_0$，在式(5-45)中的第二项中，可以用 T_0 来代替 T，同时又不失精度要求，如果不做如此简化势必会给问题带来非线性，从而增加求解的难度；其次，板的横截面在 z 方向的热量梯度要远大于其他方向的热量梯度，可以认为其热量在 x、y 方向没有变化。因此，可用 $\partial^2\theta / \partial z^2$ 代替 $\nabla^2\theta$，将其代入式(5-45)，并联合式(5-36)，可得

$$\left(1 + 2\Delta_E \frac{1+\upsilon}{1-2\upsilon}\right)\frac{\partial\theta}{\partial t} = \chi\frac{\partial^2\theta}{\partial z^2} + z\frac{\Delta_E}{\alpha}\frac{\partial}{\partial t}\left(\frac{\partial^2 W}{\partial x^2} + \frac{\partial^2 W}{\partial y^2}\right) \tag{5-46}$$

式中，Δ_E 为热弹性体的松弛强度，可以表示为杨氏模量的变化，即 $\Delta_E = (E_{ad} - E)/E = E\alpha^2 T_0 / C_p$。其中，$E_{ad}$ 为未松弛时(或等温)的杨氏模量，C_p 为固定压力或应力下单位体积的热容量。

3. 热弹性方程求解

为了求解热弹性耦合对微板做谐振振动时的影响，假设：

$$W(x,y,t) = w_0(x,y)\,\mathrm{e}^{\mathrm{i}\omega t}, \quad \theta(x,y,z,t) = \theta_0(x,y,z)\,\mathrm{e}^{\mathrm{i}\omega t} \tag{5-47}$$

将式(5-47)代入式(5-46)，可得

$$\theta_0 = z\frac{\Delta_E}{\alpha}\left(\frac{\partial^2 w_0}{\partial x^2} + \frac{\partial^2 w_0}{\partial y^2}\right) + A_c\sin(kz) + B_c\cos(kz) \tag{5-48}$$

式中，A_c 和 B_c 为待定值，且 $k = \sqrt{\mathrm{i}\omega/\chi} = (1+\mathrm{i})\sqrt{\omega/(2\chi)}$。为了求解 A_c 和 B_c，假设微板的边界无热流，即在 $y = \pm h/2$ 处，$\partial\theta_0 / \partial z = 0$，由此可得温度分布为

$$\theta_0(x,y,z) = \frac{\Delta_E}{\alpha}\left(\frac{\partial^2 w_0}{\partial x^2} + \frac{\partial^2 w_0}{\partial y^2}\right)\left[z - \frac{\sin(kz)}{k\cos(kh/2)}\right] \tag{5-49}$$

利用式(5-49)可计算出 I_T，即

$$\begin{aligned}
I_T &= \frac{12\alpha}{h^3}\int_{-h/2}^{h/2} z\left[\frac{\Delta_E}{\alpha}\left(\frac{\partial^2 w_0}{\partial x^2} + \frac{\partial^2 w_0}{\partial y^2}\right)\left(z - \frac{\sin(kz)}{k\cos(kh/2)}\right)\right]\mathrm{d}z \\
&= \frac{12\Delta_E}{h^3}\left[\frac{h^3}{12} + \frac{h}{k^2} - \frac{2}{k^3}\tan\left(\frac{hk}{2}\right)\right]\nabla^2 w_0
\end{aligned} \tag{5-50}$$

将 I_T 代入微板的运动微分方程(5-44)，可得

$$\left(D_0 + D_1 + \frac{D_0}{2}\Delta_E[1+f(\omega)]\right)\nabla^4 W - \rho h\ddot{W} = 0 \qquad (5\text{-}51)$$

式中，复数函数 $f(\omega) = f(k(\omega)) = \dfrac{24}{b^3 k^3}\left[\dfrac{hk}{2} - \tan\left(\dfrac{hk}{2}\right)\right]$。对于四边简支微平板，可假设板的振动模态为

$$w_0(x,y) = \sum_{m=1}^{\infty}\sum_{n=1}^{\infty} B\sin\left(\frac{m\pi x}{a}\right)\sin\left(\frac{n\pi y}{b}\right) \qquad (5\text{-}52)$$

式中，B 为常数，m、n 为模态数。将式(5-47)和式(5-52)代入式(5-51)，可得

$$\left[\pi^4\left(\frac{m^2}{a^2} + \frac{n^2}{b^2}\right)^2 - \frac{\rho h\omega^2}{D'}\right]Be^{i\omega t}\sin\left(\frac{m\pi x}{a}\right)\sin\left(\frac{n\pi y}{b}\right) = 0 \qquad (5\text{-}53)$$

其中，$D' = D_0 + D_1 + D_0\Delta_E[1+f(\omega)]/2$。为使该条件(5-53)均能满足微平板上的各点，必须有

$$\pi^4\left(\frac{m^2}{a^2} + \frac{n^2}{b^2}\right)^2 - \frac{\rho h\omega^2}{D'} = 0 \qquad (5\text{-}54)$$

由此可得，考虑尺度效应时，四边简支微平板的自由振动固有频率为

$$\omega = \pi^2\sqrt{\frac{D'}{\rho h}\left(\frac{m^2}{a^2} + \frac{n^2}{b^2}\right)} = \omega_0\sqrt{1 + \frac{D_1}{D_0} + \frac{\Delta_E}{2}[1+f(\omega)]} \qquad (5\text{-}55)$$

式中，ω_0 为微平板在等温条件下的固有频率，$\omega_0 = \pi^2(m^2/a^2 + n^2/b^2)\sqrt{D_0/(\rho h)}$。由于 $\Delta_E[1+f(\omega)]/[2(1+D_1/D_0)]$ 相对于 1 是小量，对式(5-55)中的根号项进行泰勒级数展开，并忽略 Δ_E^2 以上的高次项，可得

$$\omega = \omega_0\left[\sqrt{1 + \frac{D_1}{D_0}} + \frac{\Delta_E}{4\sqrt{1 + D_1/D_0}}(1+f(\omega))\right] \qquad (5\text{-}56)$$

式中，无量纲系数 $\xi = b\sqrt{\omega_0/(2\chi)}$。由此可分别提取式(5-56)的实部和虚部为

$$\text{Re}(\omega) = \omega_0\left[\sqrt{1 + \frac{D_1}{D_0}} + \frac{\Delta_E}{4\sqrt{1 + D_1/D_0}}\left(1 - \frac{6}{\xi^3}\frac{\sinh\xi - \sin\xi}{\cosh\xi + \cos\xi}\right)\right] \qquad (5\text{-}57)$$

$$\text{Im}(\omega) = \omega_0\frac{\Delta_E}{4\sqrt{1 + D_1/D_0}}\left(\frac{6}{\xi^3}\frac{\sinh\xi + \sin\xi}{\cosh\xi + \cos\xi} - \frac{6}{\xi^2}\right) \qquad (5\text{-}58)$$

4. 热弹性阻尼特性

用于模拟分析的矩形微板几何结构参数如下：长度 $a=200\mu m$、宽度 $b=200\mu m$ 和厚度 $h=10\mu m$。

1) 特征尺度参数的影响

若不考虑尺度效应的影响（$l=0$），所建模型便与经典热弹性微板模型相似。图 5-9 给出了不同材料特征尺度参数时微板谐振结构的标准化频率变化率 $[\text{Re}(\omega)-\omega_0]/(\omega_0\Delta_E)$ 和标准化频率衰减率 $\text{Im}(\omega)/(\omega_0\Delta_E)$ 随归一化工作频率 ξ 的变化情况。如图 5-9(a) 所示，当变量 ξ 接近临界值 $\xi_0=2.225$ 时，标准化频率变化率会产生一个阶跃。如图 5-9(b) 所示，微板谐振器的标准化频率衰减率会随着工作频率的增大先增大后减小。考虑尺度效应的标准化频率偏移率 $[\text{Re}(\omega)-\omega_0]/(\omega_0\Delta_E)$ 不仅大于未考虑尺度效应的相应值，而且会随着材料特征尺度参数 l 的增大而增大。谐振频率随着材料特征尺度参数增大是由于尺度效应会使微板弯曲刚度增大。此外，频率衰减率随着材料特征尺度参数 l 单调降低的变化规律表明：尺度效应会使微板谐振结构的能量耗散大幅度下降。

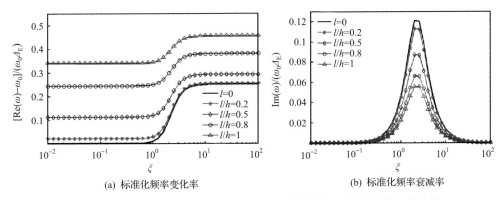

(a) 标准化频率变化率   (b) 标准化频率衰减率

图 5-9　不同材料特征尺度参数时微板谐振结构的标准化频率的变化情况

图5-10(a) 给出了微板结构中的归一化热弹性阻尼变化率 Q^{-1}/Δ_E 随工作频率 ξ 的变化曲线，描述了所有工作频率情况下发生小挠度弯曲振动的微板热弹性阻尼的变化。当 ξ 值较小时，热弹性阻尼 Q^{-1} 随着 ξ 增大而增大；当 ξ 值较大时，Q^{-1} 随着 ξ 的增大而减小。与已有文献[13]报道的结果相比，考虑尺度效应的热弹性阻尼要小于经典值，而且热弹性阻尼峰值会随着无量纲材料特征尺度参数 l/h 的增大而减小；同时，系统的临界阻尼频率却没有发生明显的变化。为了进一步对比与分析，图 5-10(b) 描述了不同材料特征尺度参数时尺度效应引起的热弹性阻尼相对变化率 $(Q^{-1}-Q_0^{-1})/Q^{-1}$ 的变化：当无量纲变量 ξ 接近临界值时，热弹性阻尼相对变化率发生阶跃变化，且随着材料特征尺度参数增大，阶跃幅度不断减小。

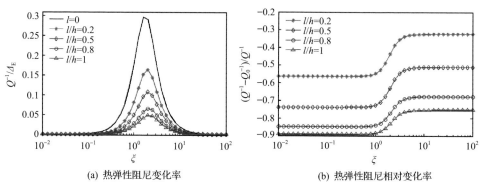

(a) 热弹性阻尼变化率　　　　　　　　　　　(b) 热弹性阻尼相对变化率

图 5-10　不同材料特征尺度参数时微板谐振结构热弹性阻尼变化率及其相对变化率的变化曲线

　　表 5-2 列出了四端固支(C-C)和四端简支(S-S)微板谐振器前五阶模态时的品质因子。由表可见，两种边界条件下微板结构的品质因子均随着材料特征尺度参数 l/h 的增大而增大，且四端固支微板的品质因子要高于四端简支微板的相应值，都会随着模态阶数增加而增大，材料的尺度效应对薄板谐振结构的品质因子有着较大的影响。

表 5-2　不同特征尺度参数时四端固支和四端简支微板谐振器
前五阶模态时的品质因子　　　　　　　　(单位：10^5Hz)

模态阶数	1	2	3	4	5	模态阶数	1	2	3	4	5
	0	0.7352	1.6920	1.6920	2.6280	4.1716	0	1.5347	2.7831	2.7831	4.0179	5.8567
	0.2	0.8601	1.9795	1.9795	3.0745	4.8804	0.2	1.7954	3.2560	3.2560	4.7006	6.8518
S-S l/h	0.4	1.2349	2.8419	2.8419	4.4142	7.0069	C-C l/h	0.4	2.5777	4.6747	4.6747	6.7487	9.8373
	0.6	1.8595	4.2794	4.2794	6.6469	10.551	0.6	3.8815	7.0391	7.0391	10.162	14.813
	0.8	2.7340	6.2919	6.2919	9.7726	15.513	0.8	5.7069	10.349	10.349	14.941	21.779
	1.0	3.8583	8.8793	8.8793	13.791	21.892	1.0	8.0538	14.605	14.605	21.085	30.735

　　图 5-11 描绘了不同材料特征尺度参数时微板谐振器的热弹性阻尼随其几何结构尺寸的变化规律，由于热弹性阻尼 Q^{-1} 会随着 ξ 增加而先增大后减小，且 $\xi^2 = a_1^2 h^3/(4\sqrt{3}L^2 l_{\mathrm{T}})$，所以不难理解，不同的几何结构尺寸都会引起一个峰值阻尼。对于不同长度或宽度的薄板 MEMS 谐振器，当谐振结构的工作频率与其有效热扩散率相当时，将会产生最大的能量耗散。同时，不论结构尺寸如何变化，系统的热弹性阻尼都会随着材料特征尺度参数增大而减小。

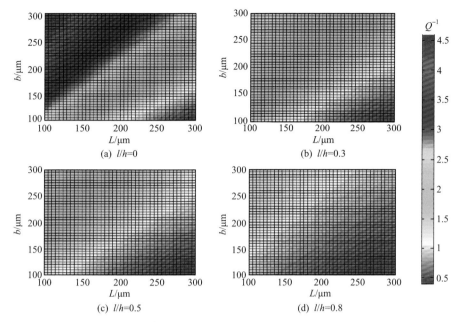

图 5-11　不同材料特征尺度参数时微板谐振器的热弹性阻尼随其长度和宽度的变化曲线

2) 环境温度的影响

已有许多相关报道,环境温度对薄板 MEMS 谐振器中的热弹性阻尼影响非常显著,随着环境背景温度升高,器件中的热弹性阻尼也会增大,从而导致器件的品质因子下降,给谐振器件动态性能提升带来了设计难题。

图 5-12 描述了不同环境温度下薄板 MEMS 谐振器的品质因子随材料特征尺度参数和薄板厚度的变化规律。由图 5-12(a)可以看出,器件的品质因子会随着环境温度的上升而减小,但会随着材料特征尺度参数 l 的增大而增大。由图 5-12(b)可以看出,器件的品质因子随着薄板厚度增大先减小后增大,当品质因子取最小值时存在一个微板临界特征厚度 h^*,当环境温度较高时,其对应的特征厚度 h^* 较小。为了对薄板结构进行优化设计,一般通过求解关系式 $\mathrm{d}Q^{-1}/\mathrm{d}h=0$ 获得该临界特征厚度,器件品质因子的表达式较为复杂,通常很难获得 h^* 的解析表达式或精确解。但是,当无量纲变量 ξ 接近其临界值 $\xi_0=2.225$ 时,薄板 MEMS 谐振器的热弹性阻尼可达最大值,满足关系式

$$\xi=b\sqrt{\omega^{\mathrm{c}}/(2\chi)}, \quad \chi=k_{\mathrm{e}}/(C_{\mathrm{p}}\rho), \quad \omega^*=\pi^2\sqrt{(D_0+D_1)/(\rho h^*)}(m^2/a^2+n^2/b^2)$$

从而可推导出临界特征厚度 h^* 的解析表达式为

$$h^*=\sqrt{\frac{12(1+\upsilon)(1-2\upsilon)E}{(1-\upsilon)\rho}\left(\frac{a^2}{m^2b^2+n^2a^2}\frac{2k_{\mathrm{e}}\xi_0^2}{\pi^2C_{\mathrm{p}}}\right)^2-\frac{6(1-2\upsilon)}{1-\upsilon}l^2} \qquad (5\text{-}59)$$

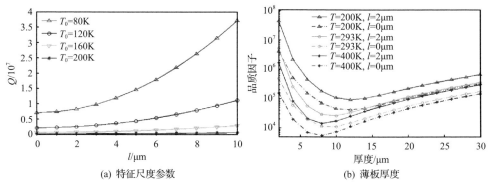

图 5-12　不同环境温度下谐振器的品质因子随材料特征尺度参数和薄板厚度的变化曲线

　　由式(5-59)可知,薄板 MEMS 谐振器的临界特征厚度 h^* 将会随着材料特征尺度参数或模态数的增大而增大。因为热扩散率 χ 会随着环境温度上升而减小,因而可判断出临界特征厚度 h^* 也会随着环境温度上升而减小。

　　图 5-13 直观描述了不同环境温度及不同材料特征尺度参数时薄板临界特征厚度的变化趋势:临界特征厚度将会随着环境温度或材料特征尺度参数增大而减小。通常,MEMS 谐振器性能优劣可以由其谐振频率和品质因子的乘积($\omega \cdot Q$)来判断,薄板 MEMS 谐振器的谐振频率随其厚度增大会线性增大,势必在最大谐振频率与最小品质因子间存在一个辩证关系。因此,薄板 MEMS 谐振器的设计厚度需要针对具体的实际情况进行优化。

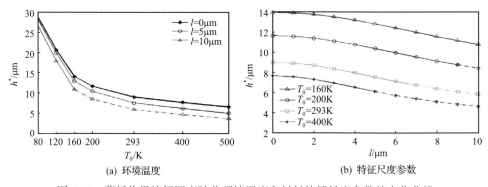

图 5-13　薄板临界特征厚度随着环境温度和材料特征尺度参数的变化曲线

3)材料特性的影响

　　图 5-14 描述了不同材料(单晶硅、复合硅、碳化硅、金刚石及多晶硅等)的薄板结构谐振器的热弹性阻尼变化率及其相对变化率随 ξ 的变化曲线。当材料特征尺度参数 $l = 0\mu m$ 时,如图 5-14(a)所示,可以明显看到单晶硅材料制成的谐振结构具有最高的峰值阻尼,并依次大于复合硅及碳化硅,热弹性阻尼越大意味着能

量耗散越严重，多晶硅材料的能量耗散相对较小，是微机械谐振结构设计的优选
材料。图 5-14(b) 给出了材料尺度参数为 $l/h = 0.2$ 时薄板谐振结构的热弹性阻尼相
对变化率的变化趋势，对于不同材料的微板结构，热弹性阻尼相对变化率的差异
性很大。

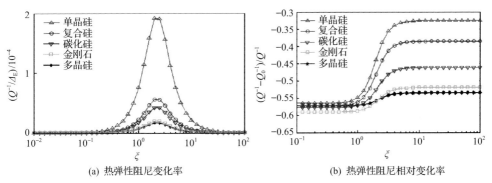

(a) 热弹性阻尼变化率   (b) 热弹性阻尼相对变化率

图 5-14　不同材料的薄板结构热弹性阻尼变化率和热弹性阻尼相对变化率随 ξ 的变化曲线

图 5-15 给出了不同结构材料和材料特征尺度参数时谐振器件的品质因子 Q 随
薄板厚度的变化规律，可以看出，由于尺度效应的影响，不同材料时器件的品质
因子有很大变化。当薄板厚度小于 $5\mu m$ 时，考虑尺度效应时单晶硅微板器件的品
质因子会超过不考虑尺度效应时碳化硅微板器件的品质因子，甚至还会大于多晶
硅基薄板器件的相应值。此外，当薄板厚度 h 小于临界特征厚度 h^* 时，不同材料
薄板谐振结构的品质因子相差较小；但是当 $h > h^*$ 时，不同材料薄板谐振结构的
品质因子相差很大。表 5-3 列出了不同材料特征尺度参数和结构材料时微板谐振
器件的品质因子对比情况。

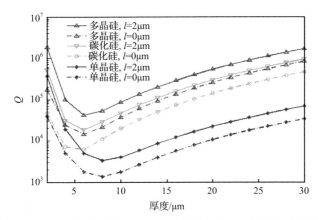

图 5-15　不同结构材料和材料特征尺度参数时谐振器件的品质因子随薄板厚度的变化曲线

表 5-3　不同材料特征尺度参数和结构材料下微板谐振器的品质因子（单位：10^4）

材料 l/h	单晶硅	多晶硅	碳化硅	复合硅	金刚石
0	0.3469	7.3520	3.8963	1.3040	4.3120
0.2	0.3978	8.6013	4.6092	1.5235	5.2701
0.4	0.5504	12.349	6.7477	2.1818	8.1445
0.6	0.8047	18.595	10.312	3.2791	12.935
0.8	1.1607	27.340	15.302	4.8153	19.642
1	1.6185	38.583	21.717	6.7905	28.265

5.4　声波-热声子相互作用

声波-热声子相互作用是 MEMS/NEMS 谐振器中的重要内禀能量耗散机制之一[14-16]，主要包括声波波长远大于声子平均自由程（$\omega \leqslant 1/\tau_{\mathrm{ph}}$）的 Akhiezer 阻尼和声波波长小于声子平均自由程（$1/\tau_{\mathrm{ph}} \ll \omega \leqslant k_{\mathrm{B}}T/\hbar$）的 Landau-Rumer 阻尼。

声波-热声子相互作用的动力学行为可以用玻尔兹曼方程来描述，可表示为[17]

$$\left(\frac{\partial n(k,s)}{\partial t} \right)_{\mathrm{coll}} = \frac{\partial n(k,s)}{\partial t} + v \cdot \nabla_r n(k,s) + \frac{F}{\hbar} \nabla_k n(k,s) \tag{5-60}$$

式中，$n(k,s)$ 为大量声子的统计分布随时间 t 变化的函数；k 为动量矢量；r 为空间位置矢量；v 为声子速度；F 为施加在声子的系统外力。式（5-60）右边的所有项被认为是漂移相关项，左边则为声波-热声子碰撞产生的随机散射项，与弛豫时间密切相关。图 5-16 给出了用于描述声子动力学的玻尔兹曼输运方程及其在各个不同域内的近似模型，沿着时间尺度方向，弛豫时间用于近似模拟声子碰撞；当长度尺度接近声子平均自由程时，可采用摄动方法模拟声子分布函数的偏差，基于玻尔兹曼方法的适用性范围可扩展至声子波长和振动周期尺度。

如果将谐振器看成一个无限长的声波导，则声波在固体中传播的吸收系数可定义为

$$\alpha(\omega) = \frac{1}{2} \frac{\text{平均耗散能}}{\text{波的平均能流密度}} \tag{5-61}$$

式中，$\alpha(\omega)$ 描述波振幅随着传播距离变化的衰减规律，它和声波的频率 ω、品质因子 Q 以及声波速度 v_{a} 之间的关系可写为

$$Q = \pi \frac{\omega}{v_{\mathrm{a}} \alpha(\omega)} \tag{5-62}$$

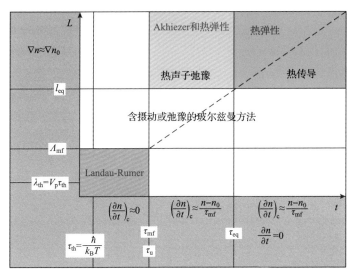

图 5-16　固体超声衰减规律及其与相对时间和长度尺度之间的关系

通常,还可以采用品质因子 Q 和频率 f 的乘积 $f \cdot Q$ 作为优值来表征谐振器的能量耗散机制,即

$$f \cdot Q = \frac{\omega^2}{2v_a \alpha(\omega)} \tag{5-63}$$

5.4.1　Akhiezer 阻尼

如果声波波长远大于声子平均自由程($\omega \leqslant 1/\tau_{\mathrm{ph}}$),那么可以认为声波和热声子的整个系综相互作用,产生了 Akhiezer 效应[16, 18]。Akhiezer 阻尼耗散是由应变波和结构振动模态之间的差异引起的,结构的内禀振动模态构成热声子,可以采用含两个振动模态的简化模型来描述该耗散机制,如图 5-17 所示。振动模态用两个谐波振子表示,振子在初始状态时保持平衡,第一个振子的热能为 $k_{\mathrm{B}}T$,应变波会调节振子的势能和频率,频率的下降意味着瞬态模比平衡状态时声子的占有率要低,从应变波中转移了能量,这种热扩散的不可逆性导致了应变波的衰减。

玻尔兹曼方程(5-60)是一个复杂的积分微分方程,使得直接求解非常困难,通常采用弛豫时间近似简化处理,热声子的弛豫时间为

$$\tau_{\mathrm{ph}} = \frac{3\kappa}{v_a V_{\mathrm{D}}^2} \tag{5-64}$$

式中,κ 为热传导系数;V_{D} 为 Debye 声速。一般来说,n 是非常复杂的函数,在 Akhiezer 区域($\omega \leqslant 1/\tau_{\mathrm{ph}}$),其虚部对应固体谐波振动的衰减率 Γ[15,19],即

$$\Gamma = \frac{f W_{\mathrm{lost}}}{v_{\mathrm{a}} e_{\mathrm{stored}}} = \frac{4\pi^2 f^2 \gamma_{\mathrm{avg}}^2 c_{\mathrm{v}} T \tau}{3\rho v_{\mathrm{a}}^3} \tag{5-65}$$

式中，c_{v} 为比热容；γ_{avg} 为平均 Gruneisen 常数；W_{lost} 为单位体积内的局部能量损耗；e_{stored} 为单位体积内储存的能量。

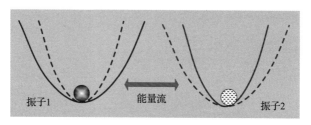

图 5-17　Akhiezer 阻尼的物理机制示意图

根据能量衰减关系，谐振器中总的能量耗散为

$$E_{\mathrm{lost}} = \int_V W_{\mathrm{lost}} \mathrm{d}V = \int_V \frac{v_{\mathrm{a}} e_{\mathrm{stored}} \Gamma}{f} \mathrm{d}V = \int_V \frac{4\pi^2 f \gamma_{\mathrm{avg}}^2 c_{\mathrm{v}} T \tau_{\mathrm{ph}}}{3\rho v_{\mathrm{a}}^2} e_{\mathrm{stored}} \mathrm{d}V \tag{5-66}$$

由此可知，微纳谐振器的品质因子为

$$Q = 2\pi \frac{E_{\mathrm{stored}}}{E_{\mathrm{lost}}} = 2\pi \frac{\displaystyle\int_V e_{\mathrm{stored}} \mathrm{d}V}{\displaystyle\int_V \frac{4\pi^2 f \gamma_{\mathrm{avg}}^2 c_{\mathrm{v}} T \tau_{\mathrm{ph}}}{3\rho v_{\mathrm{a}}^2} e_{\mathrm{stored}} \mathrm{d}V} \tag{5-67}$$

考虑弹性和滞弹性碰撞动力学的影响，热声子的弛豫引起的能量耗散，即 Akhiezer 阻尼可写为

$$Q^{-1} = \frac{c_{\mathrm{v}} T \gamma_{\mathrm{avg}}^2}{\rho v_{\mathrm{a}}^2} \frac{\omega \tau_{\mathrm{ph}}}{1 + (\omega \tau_{\mathrm{ph}})^2} \tag{5-68}$$

由此，可得与 Akhiezer 阻尼相关的 $f \cdot Q$ 优值为

$$f \cdot Q_{\mathrm{Akiezer}} = \frac{\rho v_{\mathrm{a}}^2 V_{\mathrm{D}}^2}{6\pi \kappa T \gamma_{\mathrm{avg}}^2} \tag{5-69}$$

表 5-4 给出了几种谐振器常用材料与其相对应的 $f \cdot Q$ 优值和平均 Gruneisen 常数，由此可以确定 Akhiezer 散射效应的作用。

表 5-4 常用谐振器 Akhiezer 效应的 $f \cdot Q$ 优值[15]

谐振器材料	$f \cdot Q$ 优值/10^{-13}	平均 Gruneisen 常数 γ_{avg}
硅(Si)	2.3	0.51
石英(Quartz)	3.2	0.87
氮化铝(AlN)	2.5	0.91
金刚石(Diamond)	3.7	0.94
蓝宝石(Sapphire)	11.3	1.10
碳化硅(SiC)	64.0	0.30

5.4.2 Landau-Rumer 阻尼

当声波波长小于热声子的平均自由程（$1/\tau_{ph} \ll \omega \leqslant k_B T/\hbar$）时，需要考虑声波与单个声子之间的相互作用，产生 Landau-Rumer 效应，对于纵向声波，主要包括两种相互作用：①纵向声子(L)和热激励纵向声子(L)碰撞，产生第三个纵向声子(L)，记作 L+L → L；②纵向声子(L)和热激励横向声子(T)碰撞，产生第三个横向声子(T)，记作 L+T → T，此两种作用引起的 Landau-Rumer 阻尼为[14]

$$(Q^{-1})_{LL,L} = \frac{4\pi^6 \gamma_{LL,L}^2 (k_B T)^4}{15 \rho v_L^5 h_P^3}, \quad L+L \to L \tag{5-70}$$

$$(Q^{-1})_{LT,T} = \frac{32\pi^5 \gamma_{LT,T}^2 (k_B T)^4}{15 \rho v_L^5 h_P^3} \frac{1 - v_T^2/v_L^2}{v_L/v_T} \omega \tau_{ph}, \quad L+T \to T \tag{5-71}$$

式中，$\gamma_{LL,L}$ 和 $\gamma_{LT,T}$ 分别为两种相互作用下的平均 Gruneisen 常数；v_L 和 v_T 分别为纵向和横向声速；h_P 为 Planck 常数。

Akhiezer 阻尼和 Landau-Rumer 阻尼模型具有相同的物理耗散机理，即局部声子-声子相互作用，两种模型均适用于某一特定的频率区域，两区域之间的过渡频率满足条件[20]：

$$\frac{1}{2\pi f_{tr}} = \tau_{ph} = \frac{3n\kappa}{v_a V_D^2} \tag{5-72}$$

式中，Debye 声速 V_D 满足关系式 $3/V_D^3 = 1/V_L^3 + 2/V_T^3$；$n$ 为修正因数，横向声波 $n \approx 1$，纵向声波 $n \approx 2$。图 5-18 给出了不同材料时 Akhiezer 和 Landau-Rumer 阻尼损耗与频率之间的关系，过渡频率 f_{tr} 和材料的热传导特性密切相关。

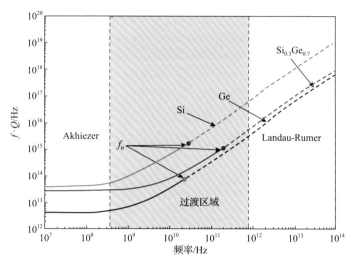

图 5-18　Akhiezer 和 Landau-Rumer 阻尼损耗与频率之间的关系

5.5　声子-电子相互作用

在结构完整的理想晶体中，电子主要受声子的散射，将电子和晶格系统分开处理的绝热近似的基础上，声子和电子的相互作用可看成微扰动，会引起态间的跃迁，产生谷内声子-电子散射(intravalley phonon-electron scattering)和谷间声子-电子散射(intervalley phonon-electron scattering)两种重要的耗散效应[20,21]。

5.5.1　谷内声子-电子散射

谷内声子-电子散射是指电子与长波声子作用，长波声子能量小，散射前后能量改变很小，为弹性散射，该耗散的阻尼 $f \cdot Q$ 优值为

$$f \cdot Q_{\mathrm{Intraval}} = \frac{15\rho v_{\mathrm{a}}^2 q_{\mathrm{c}}^2}{16\pi E_{\mathrm{F}} m_{\mathrm{e}} \sigma_{\mathrm{e}}} \tag{5-73}$$

式中，q_{c} 为电子电荷；E_{F} 为费米能量；m_{e} 为约化电子质量；σ_{e} 为材料的电导率。

5.5.2　谷间声子-电子散射

谷间声子-电子散射是指电子与短波声子作用，散射前后电子能量改变较大，为非弹性散射，该耗散的阻尼 $f \cdot Q$ 优值为

$$f \cdot Q_{\mathrm{Interval}} = \left(\frac{4}{3}\right)^{5/3} \frac{1}{2\pi^{1/3}} m_{\mathrm{eff}}^* \frac{N_{\mathrm{v}}^{1/3} \varXi}{h_{\mathrm{P}}^2} \tau_{\mathrm{inter}} \tag{5-74}$$

式中，m_{eff}^* 为等效电子质量；N_v 为单位体积内电荷跃迁数；$\varXi$ 为变形能；τ_{inter} 为谷间弛豫时间，且弛豫时间仅可通过试验测量得到[22]。p 型掺杂的弛豫时间与掺杂量有关，当掺杂量为 $1\times10^{15}\,\text{atoms/cm}^3$ 时，弛豫时间为 $1\times10^{-10}\,\text{s}$；当掺杂量为 $1\times10^{19}\,\text{atoms/cm}^3$ 时，弛豫时间为 $1\times10^{-13}\,\text{s}$，且处于饱和状态。

5.6　耗散稀释效应

耗散稀释(dissipation dilution)的概念最早出现在引力波探测领域，在此背景下为了探测微弱的辐射源，需要认清固有的耗散机制。MEMS/NEMS 谐振器的品质因子 Q 通常不超过材料损耗角 φ 的倒数，表征应力和应变之间的延迟。但是受拉梁或膜在弯曲状态时保守势能"稀释"了损耗弹性能，呈现一种称为"耗散稀释"的现象，使得器件的 Q 值可能远远超过 $1/\varphi$。耗散稀释效应可以通过在外激励无损耗势能的谐振子的振动来解释，谐振器件的品质因子是其内在值 $Q_{\text{int}}=1/\varphi$ 和耗散稀释因子 α_d 的积[23]，即

$$\alpha_d = \frac{Q}{Q_{\text{int}}} = \frac{\omega_{\text{int}}^2 + \omega_{\text{dil}}^2}{\omega_{\text{int}}^2} \tag{5-75}$$

式中，ω_{int} 为谐振子的固有频率；ω_{dil} 为无损势能中的运动频率。对于受拉弦梁或膜的弯曲振动，品质因子增大和式(5-75)吻合较好，重要的区别在于，此处的势能仅储存为弹性能，弹性能可分为有损耗的"弯曲"和无损耗的"拉伸"部分，且分别与振型的曲率和梯度有关。目前，已报道的均匀应力、软约束和几何应变工程等方法可以实现耗散稀释，提高谐振器件的品质因子[24]。

依照定义，品质因子为单振动周期内储存能量和损耗能量的比值，例如，悬臂梁结构通过其弯曲储存能量和损耗；与之不同，弦或薄膜结构还可以通过侧向伸缩来储存或耗散能量。当弦或薄膜振动变形时需要克服大的侧向拉应力，能够累积更多的势能，弦和薄膜的品质因子为[25]

$$Q = 2\pi \frac{W_t + W_e + W_b}{\Delta W_e + \Delta W_b} \tag{5-76}$$

式中，W_t 为张紧力(拉应力)作用下储存的弹性势能；W_e 和 W_b 分别为通过伸缩和弯曲结构储存的能量；ΔW_e 和 ΔW_b 分别为通过伸缩和弯曲结构损耗的能量。

假设弦或薄膜的力学行为主要受预应力影响，其结构固有阻尼和伸长、弯曲阻尼相等，即 $Q_{\text{int}} = Q_e = \left(2\pi \dfrac{W_e}{\Delta W_e}\right) = Q_b = \left(2\pi \dfrac{W_{be}}{\Delta W_b}\right)$，则式(5-76)可简化为

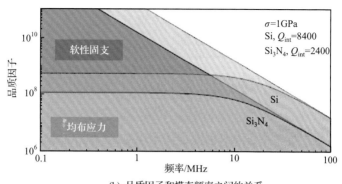

（b）品质因子和模态频率之间的关系

图 5-20　纳米弦机械谐振器的耗散稀释图[27]

5.6.2　薄膜的耗散稀释

对于矩形薄膜（横向尺寸分别为 L_x 和 L_y），其阻尼稀释因子可由式（5-76）和薄膜振型函数推导得到，即

$$u(x,y) = U_0 \phi_n(x) \phi_j(y) \tag{5-87}$$

式中，$\phi_n(x)$ 和 $\phi_j(y)$ 分别为包含在 x 和 y 方向上的归一化振型函数。

薄膜抗张力做功储存的能量为

$$W_t = \frac{1}{2}\sigma h \int_0^{L_x} \int_0^{L_y} \left\{ \left(\frac{\partial u(x,y)}{\partial x}\right)^2 + \left(\frac{\partial u(x,y)}{\partial y}\right)^2 \right\} \mathrm{d}x\mathrm{d}y \approx \frac{1}{8}U_0^2 \sigma h L_x L_y (\beta_{\sigma,x}^2 + \beta_{\sigma,y}^2) \tag{5-88}$$

式中，薄膜波数分别为 $\beta_{\sigma,x} = n\pi/L_x$ 和 $\beta_{\sigma,y} = j\pi/L_y$。薄膜弯曲储存的能量为

$$W_b = \frac{D_P}{2} \int_0^{L_x} \int_0^{L_y} \left\{ \left(\frac{\partial^2 u(x,y)}{\partial x^2} + \frac{\partial u^2(x,y)}{\partial y^2}\right)^2 + 2(1-\upsilon)\left[\left(\frac{\partial^2 u(x,y)}{\partial x \partial y}\right)^2 \right. \right.$$
$$\left. \left. - \frac{\partial^2 u(x,y)}{\partial x^2}\frac{\partial u^2(x,y)}{\partial y^2}\right]\right\}\mathrm{d}x\mathrm{d}y \tag{5-89}$$

式中，弯曲刚度为 $D_P = Eh^3/[12(1-\upsilon^2)]$。对于厚度均匀的薄膜，根据格林定理，式（5-89）中的第二项在其四条边界上变为零，弯曲能量可简化为

$$W_b = \frac{D_P}{2} \int_0^{L_x} \int_0^{L_y} \left\{ \left(\frac{\partial^2 u(x,y)}{\partial x^2} + \frac{\partial u^2(x,y)}{\partial y^2} \right)^2 \right\} \mathrm{d}x\mathrm{d}y \tag{5-90}$$

$$\approx \frac{1}{8} u_0^2 D_P L_x L_y (\beta_{\sigma,x}^2 + \beta_{\sigma,y}^2) + \frac{1}{4} u_0^2 D_P \beta_E (L_y \beta_{\sigma,x}^2 + L_x \beta_{\sigma,y}^2)$$

式中，弯曲波数为 $\beta_E = \sqrt{\sigma h / D_P}$，薄膜的弯曲能量可分为两项：第一项源于正弦振型的抗节点弯曲，第二项源于薄膜固定边界的弯曲。

对于小振幅振动，矩形薄膜的二维耗散稀释因子为

$$\alpha_{d,2D} \approx \left[\frac{\beta_{\sigma,x}^2 + \beta_{\sigma,y}^2}{\beta_E^2} + \frac{2}{\beta_E} \frac{L_y \beta_{\sigma,x}^2 + L_x \beta_{\sigma,y}^2}{L_x L_y (\beta_{\sigma,x}^2 + \beta_{\sigma,y}^2)} \right]^{-1}$$

$$\approx \left\{ \frac{D_P}{\sigma h} \pi^2 \left[\left(\frac{n}{L_x} \right)^2 + \left(\frac{j}{L_y} \right)^2 \right] + 2\sqrt{\frac{D_P}{\sigma h}} \frac{L_y \left(\frac{n}{L_x} \right)^2 + L_x \left(\frac{j}{L_y} \right)^2}{L_x L_y \left[\left(\frac{n}{L_x} \right)^2 + \left(\frac{j}{L_y} \right)^2 \right]} \right\}^{-1} \tag{5-91}$$

对于正方形薄膜（$L_x = L_y = L$），假设截面应力为零（$\upsilon = 0$），则耗散稀释因子为

$$\alpha_{d,2D} \approx \left[\frac{\pi^2 (n^2 + j^2)}{12} \frac{E}{\sigma} \left(\frac{h}{L} \right)^2 + \frac{1}{\sqrt{3}} \sqrt{\frac{E}{\sigma}} \left(\frac{h}{L} \right) \right]^{-1} \tag{5-92}$$

对比式(5-86)和式(5-92)可知，正方形薄膜和矩形截面弦的阻尼稀释因子相似，且可用于梁结构谐振器的耗散稀释效应。图 5-21 给出了不同横向轮廓的梁式谐振器的耗散稀释因子 α_d 和品质因子 Q，对于均匀固支梁、细长固支梁、声子晶

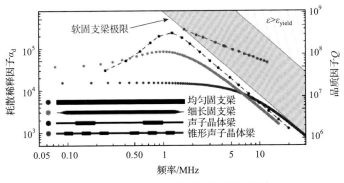

图 5-21 梁式谐振器的耗散稀释图[23]

ε_{yield} 表示屈服应变

体梁和锥形声子晶体梁，每个局部化模态对应不同的结构形状，同时可以看出与软固支梁谐振器的耗散稀释因子 α_d 和品质因子 Q 之间的差异，其中锥形声子晶体梁采用匹配局域模的波长，随着频率的增加，其稀释率相对于传统软固支梁逐渐增强[23]。

5.7 空气阻尼

在非真空工作环境下，MEMS/NEMS 中的微纳结构运动时，会与周围环境产生相互作用，此时结构会损耗能量来阻碍流体阻尼做功，当流体为空气时，此种能量耗散机制称为空气阻尼[28-30]。空气阻尼是 MEMS/NEMS 中一种非常重要的能量耗散机制。在微纳尺度下，当物体缩小时，比表面积会增大；反之亦然。当比表面积增大时，空气阻尼的影响将会加剧，这是因为当物体受到体积力（如惯性力等）作用时，作用力的大小正比于特征长度的三次方（$F \propto L^3$），而当物体受到面积力（如黏滞力）作用时，作用力的大小正比于特征长度的平方（$F \propto L^2$）。

空气阻尼是备受关注的能量耗散机理之一，在微/纳机械到宏观机械系统中都占据重要地位。一般情况下，真空度对品质因子的影响是通过改变气体阻尼来实现的，理论上呈现非线性分布，从常压到高真空可分为本征区域、分子区域和黏性区域，如图 5-22 所示。

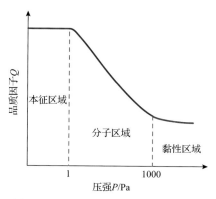

图 5-22　品质因子与压强之间的关系

（1）本征区域（$P<1$Pa），空气压强很低，阻尼主要来自于气体分子之间的相互作用，谐振器件结构可看成在真空环境下振动，空气阻尼可以忽略不计，其他阻尼形式占据主要地位。品质因子在本征区域达到最大值，且趋于稳定。

（2）分子区域（P 为 1～100Pa），阻尼主要来自于谐振器件表面与周围空气分子之间的随机碰撞，体内部分子之间的相互作用可以忽略不计。品质因子随着压力的增大而不断减小。

（3）黏性区域（$P > 1\text{kPa}$），气体与谐振器件之间的作用不仅停留在单分子的独立作用，周围流体被当成黏性流体，黏性阻尼占主导作用。

微纳尺度下的空气阻尼耗散问题非常复杂，不仅受到周围空气稀薄度的影响，而且与流体特征尺寸有关，是影响 MEMS/NEMS 动力学特性的重要因素，在 MEMS/NEMS 运动结构的动力学设计与控制分析中起着重要作用。对于微纳谐振器，其结构的灵敏度、分辨率和器件噪声特性等均与空气阻尼有关，且会因器件的工作方式不同，对阻尼的要求也不同。本节主要介绍最常见的三类空气阻尼形式：滑膜气体阻尼、压膜气体阻尼和稀薄空气阻尼。

5.7.1 滑膜气体阻尼

1. 控制方程

滑膜气体阻尼主要发生在器件结构横向振动，频率较低时，如图 5-23 所示，两块无限大的平行极板，极板面积为 A，间距为 d，两极板间充满不可压缩的黏性流体，下平板（基底）固定，上平板在自身平面内沿 x 方向以速度 u 相对下平板运动。由于气体具有黏性，运动极板将带动板间气体流动，同时运动极板受到空气阻尼的作用，此时的空气阻尼称为滑膜气体阻尼。滑膜气体阻尼有两种模型：Couette 流模型和 Stokes 流模型。

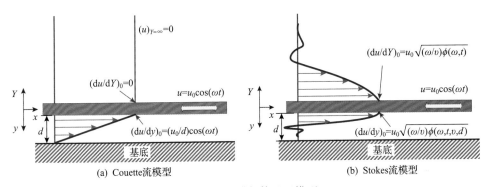

(a) Couette流模型　　　(b) Stokes流模型

图 5-23　滑膜气体阻尼模型

为了研究滑膜气体阻尼的基本特性，可将滑膜气体阻尼简化成如图 5-24 所示的机械系统。

对于不可压缩流体的稳态流动，可以用 Navier-Stokes（N-S）方程描述，即

$$\rho\left[\frac{\partial \boldsymbol{v}}{\partial t} + (\boldsymbol{v} \cdot \nabla)\boldsymbol{v}\right] = \boldsymbol{F} - \nabla p + \mu \nabla^2 \boldsymbol{v} \tag{5-93}$$

式中，μ 为流体的黏性系数；ρ 为流体的密度；p 为流体的压力；$\boldsymbol{F}$ 为外加载荷；

v 为流体的流速,且 $v = ui + vj + wk$;符号 ∇ 和 ∇^2 分别为梯度和拉普拉斯(Laplace)算子。

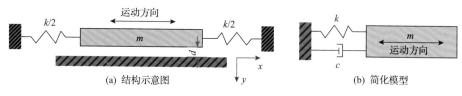

(a) 结构示意图   (b) 简化模型

图 5-24　滑膜气体阻尼

假设板间气体流动为连续流动,运动极板的谐振振幅较小,板的长度和宽度远大于极板间距,极板尺寸和极板间距都大于 10 倍的气体平均自由程,通常板的运动速度较低,此时 N-S 方程可简化为一维扩散方程,即

$$\frac{\partial u}{\partial t} = v \frac{\partial^2 u}{\partial z^2} \tag{5-94}$$

式中,u 为流体的流速分布;v 为动态黏性系数,且 $v = \mu / \rho$。

假设极板在其平衡范围内以简谐振动方式运动,即 $x(t) = a_0 \sin(\omega t)$,其中 a_0 为简谐振动幅值,则可知 $u(t) = a_0 \omega \cos(\omega t) = u_0 \cos(\omega t)$,其中,$u_0 = a_0 \omega$。

由此可知,式 (5-94) 的左边项和右边项分别可写为

$$\frac{\partial u}{\partial t} = -u_0 \omega \sin(\omega t) \tag{5-95}$$

$$v \frac{\partial^2 u}{\partial z^2} \approx v \frac{a_0^2 \omega}{d^2} \tag{5-96}$$

式中,d 为两极板间距。

在何种情况下使用何种模型由器件的振动频率和流体的有效穿透深度 δ(流体的速度降为最大速度的 1%处时的距离)决定,δ 定义为

$$\delta = \sqrt{\frac{2v}{\omega}} \tag{5-97}$$

图 5-25 给出了不同介质情况下 δ 与 f 之间的关系,可以发现:不同介质情况下的有效穿透深度 δ 相差较大,随着频率增大,有效穿透深度 δ 逐渐减小。

当 $v \frac{\partial^2 u}{\partial z^2} \gg \frac{\partial u}{\partial t}$,即 $d \ll \delta$ 时,式 (5-94) 可简化为

$$\frac{\partial^2 u}{\partial z^2} = 0 \tag{5-98}$$

Couette 流模型的控制方程可由式 (5-98) 描述, 此时平板振动频率很低, 且间距 d 较小, $d \ll \delta$, 该模型认为速度分布是线性的。Stokes 流模型的控制方程可由式 (5-94) 表示, 该模型假定了一个过渡区域, 在该区域内速度是呈指数分布的, 由此可见, Couette 流模型实际上是 Stokes 流模型的特例。

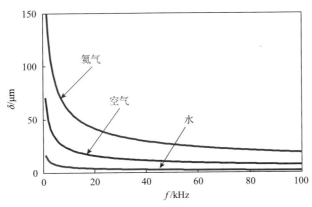

图 5-25 有效穿透深度 δ 与频率 f 之间的关系 (温度 300K)

2. Couette 流模型

对于 Couette 流模型, 如图 5-23(a) 所示, 根据边界无滑移条件 $u(0) = u_0 \cos(\omega t)$、$u(d) = 0$ 和流体牛顿定律, 可求得运动板受到的阻尼力为

$$F_{\mathrm{Cd}} = -\frac{\mu A u(0)}{d} \tag{5-99}$$

同时可以计算阻尼系数为

$$c_{\mathrm{Cd}} = \frac{\mu A}{d} \tag{5-100}$$

式中, A 为极板的面积, 当板间气体流动存在滑移效应时, 采用有效黏性系数代替黏性系数, 可得

$$c_{\mathrm{Cd}} = \frac{\mu_{\mathrm{eff}} A}{d} \tag{5-101}$$

根据 Couette 流模型, 极板上表面的速度梯度为零, 因此极板的上表面无阻尼力作用, 横向振动系统的品质因子仅由式 (5-99) 中的阻尼力决定。

由阻尼力引起的能量耗散为 $\Delta E_{\mathrm{Cd}} = \int_0^T \frac{\mu A u(0)}{d} u(0) \mathrm{d}t$, 由于 $u(0) = u_0 \cos(\omega t)$,

可得能量耗散为 $\Delta E_{\mathrm{Cd}} = \int_0^{2\pi} \dfrac{\mu A u_0^2 \cos^2(\omega t)}{d} \dfrac{1}{\omega} \mathrm{d}(\omega t) = \dfrac{\pi}{\omega} u_0^2 \dfrac{\mu}{d} A$。由此可得品质因子 Q_{Cd} 为

$$Q_{\mathrm{Cd}} = \frac{\pi m u_0^2}{\Delta E_{\mathrm{Cd}}} = \frac{m \omega d}{\mu A} \tag{5-102}$$

如果极板的质量密度为 ρ_{p}，极板的厚度为 H，则式 (5-102) 可写为

$$Q_{\mathrm{Cd}} = \frac{\rho_{\mathrm{p}} H \omega d}{\mu} \tag{5-103}$$

由此可知，品质因子 Q_{Cd} 与极板面积 A 无关。

3. Stokes 流模型

对于 Stokes 流模型，如图 5-23(b) 所示，当平板振动频率较高时，由于黏性而带动周围流体运动形成流速场，有效穿透深度 δ 远大于气隙间距 d，此时平极与基底之间的速度呈线性关系。根据边界无滑移条件 $u(0) = u_0 \cos(\omega t)$，$u(d) = 0$，求解式 (5-94) 可得流体的速度分布为

$$u = u_0 \frac{-\mathrm{e}^{\hat{d}+\hat{z}} \cos(\omega t + \hat{z} - \hat{d} - \theta) + \mathrm{e}^{\hat{d}-\hat{z}} \cos(\omega t - \hat{z} + \hat{d} - \theta)}{\sqrt{\mathrm{e}^{2\hat{d}} + \mathrm{e}^{-2\hat{d}} - 2\cos(2\hat{d})}} \tag{5-104}$$

式中，$\hat{d} = d/\delta$；$\hat{z} = z/\delta$；θ 为相位，且

$$\theta = \arctan\left[\frac{(\mathrm{e}^{\hat{d}} + \mathrm{e}^{-\hat{d}})\sin\hat{d}}{(\mathrm{e}^{\hat{d}} - \mathrm{e}^{-\hat{d}})\cos\hat{d}} \right] \tag{5-105}$$

因而，极板所受阻尼力为

$$F_{\mathrm{Sd}} = A\mu \frac{\partial u}{\partial z}\bigg|_{z=0} = \frac{A\mu u_0}{\delta \sqrt{\mathrm{e}^{2\hat{d}} + \mathrm{e}^{-2\hat{d}} - 2\cos(2\hat{d})}} \Big[-\mathrm{e}^{-\hat{d}} \cos(\omega t - \hat{d} - \theta) + \mathrm{e}^{-\hat{d}} \sin(\omega t - \hat{d} - \theta)$$

$$-\mathrm{e}^{\hat{d}} \cos(\omega t + \hat{d} - \theta) + \mathrm{e}^{\hat{d}} \sin(\omega t + \hat{d} - \theta) \Big] \tag{5-106}$$

在阻尼力作用下，振动系统每周期中的能量耗散为

$$\Delta E_{\mathrm{Sd}} = \int_0^T F_{\mathrm{Sd}} u_0 \mathrm{d}t = \frac{\pi A \mu u_0^2}{\omega \delta} \frac{\sinh(2\hat{d}) + \sin(2\hat{d})}{\cosh(2\hat{d}) - \cos(2\hat{d})} \tag{5-107}$$

同理，品质因子为

$$Q_{Sd} = \frac{m\omega\delta}{A\mu} \cdot \frac{\cosh(2\hat{d}) - \cos(2\hat{d})}{\sinh(2\hat{d}) + \sin(2\hat{d})} \tag{5-108}$$

当 $d \gg \delta$ 时，能量耗散为 $\Delta E_{S\infty} = \frac{\pi A \mu u_0^2}{\omega\delta}$，品质因子为 $Q_{S\infty} = \frac{m\omega\delta}{A\mu} = \frac{\rho_p H \omega\delta}{\mu}$，如果将其与式(5-102)中的品质因子 Q_{Cd} 相比，那么可得 Stokes 流阻尼力为

$$F_{S\infty} = \frac{\mu A u(0)}{\delta} \tag{5-109}$$

根据流体力学理论，可求得采用 Stokes 流模型时的阻尼系数为

$$c_{Sd} = \frac{\mu A}{\delta}\left[\frac{\sinh(2\hat{d}) + \sin(2\hat{d})}{\cosh(2\hat{d}) - \cos(2\hat{d})}\right] \tag{5-110}$$

比较式(5-100)和式(5-110)，可得

$$\frac{c_{Sd}}{c_{Cd}} = \hat{d}\left[\frac{\sinh(2\hat{d}) + \sin(2\hat{d})}{\cosh(2\hat{d}) - \cos(2\hat{d})}\right] \tag{5-111}$$

图 5-26 给出了不同极板间距情况下 Stokes 流模型和 Couette 流模型阻尼力系数比随着振动频率变化的规律，当 $d > \delta$ 时，可采用 Couette 流模型；当 $d < \delta$ 时，可采用 Stokes 流模型。当 $d / \delta < 1$ 时，两者误差小于10%。对于两块相距10μm的无限长板，当一块板以频率为 1kHz 振动时，$d / \delta = 0.373$，两者误差小于0.2%，显然此时采用 Couette 流模型近似是合理的。Stokes 流模型能够比较完全地反映滑

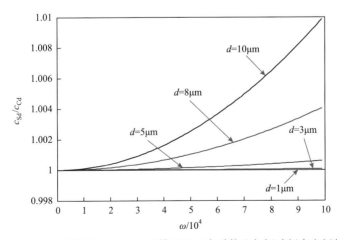

图 5-26 Stokes 流模型和 Couette 流模型阻尼力系数比与振动频率之间的关系

膜阻尼特性，但是该方法计算复杂，而对于大多数 MEMS 器件，采用 Couette 流模型近似计算滑膜阻尼是可行的。

5.7.2 压膜气体阻尼

压膜气体阻尼的形成依赖于谐振器件的运动形式，主要包括挤压和扭转两种运动状态，如图 5-27(a) 所示，由两平行极板相对运动而挤压平板间的气体薄膜引起，当上极板由于受力或被传递了速度而向下运动时，会导致间隙中的气体压强增大，同时极板边缘的气体被挤出；若极板向上运动，则结果正好相反，板间气体压强减小，外部气体被吸入间隙中，流动的气体产生的黏滞拉力作为耗散力施加在极板上，阻碍极板运动。同理，当上极板由于受力或被传递了速度产生扭转运动时，也会导致间隙中的气体压强发生变化，产生阻尼作用，根据流体的压缩程度会呈现阻尼和刚度两种形式。

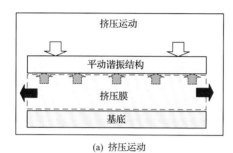
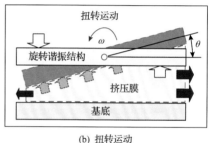

(a) 挤压运动   (b) 扭转运动

图 5-27　压膜气体阻尼模型示意图

1. 雷诺(Reynolds)方程

假设一对平行平板与 xy 平面相互平行，如图 5-28 所示，平板的尺寸远大于两板间的间距，以使两平板间的气体流动为层流状态。考虑任一单元体 $h\mathrm{d}x\mathrm{d}y\,(h=h_2-h_1)$，如图 5-28 所示，$q_x$ 为 y 方向单位长度在 x 方向上的流量，q_y 为 x 方向单位长度在 y 方向上的流量。

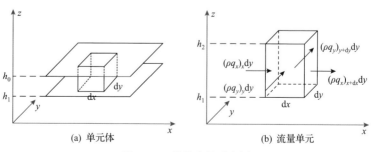

(a) 单元体   (b) 流量单元

图 5-28　质量流量示意图

根据单元体的质量流量守恒规律，可得

$$(\rho q_x)_x \mathrm{d}y - (\rho q_x)_{x+\mathrm{d}x} \mathrm{d}y + (\rho q_y)_y \mathrm{d}x - (\rho q_y)_{y+\mathrm{d}y} \mathrm{d}x = \left(\frac{\partial \rho h_2}{\partial t} - \frac{\partial \rho h_1}{\partial t} \right) \mathrm{d}x\mathrm{d}y \quad (5\text{-}112)$$

又因为 $(\rho q_x)_{x+\mathrm{d}x} = (\rho q_x)_x + [\partial(\rho q_x)/\partial x]\mathrm{d}x$，$(\rho q_y)_{y+\mathrm{d}y} = (\rho q_y)_y + [\partial(\rho q_y)/\partial y]\mathrm{d}y$，则有

$$\frac{\partial(\rho q_x)}{\partial x} + \frac{\partial(\rho q_y)}{\partial y} + \frac{\partial(\rho h)}{\partial t} = 0 \quad (5\text{-}113)$$

式中，ρ 为流体密度。

为了求得 q_x 和 q_y，可以先得到流体在 z 方向上的速度分布，由于流体为层流状态，速度分量 u 和 v 只与 z 有关，有

$$\frac{\partial P}{\partial x} = \mu \frac{\partial^2 u}{\partial z^2} \quad (5\text{-}114)$$

对于较小间距，压力分布 $P(x,y)$ 与 z 无关，对式 (5-114) 进行积分，可得

$$u(z) = \frac{1}{2\mu} \frac{\partial P}{\partial x} z^2 + C_1 \frac{1}{\mu} z + C_2 \quad (5\text{-}115)$$

式中，P 为薄膜压力；μ 为流体的黏性系数；C_1 和 C_2 为待定常数。

如果平板不横向运动，边界条件为 $u(0)=0$，$u(h)=0$，那么可得速度分布为

$$u(z) = \frac{1}{2\mu} \frac{\partial P}{\partial x} z(z-h)$$

对于 MEMS 谐振系统，由于尺寸很小，通常温度变化可忽略不计。在等温下，气体密度 ρ 与压力 P 成正比，可得非线性雷诺方程为

$$\frac{\partial}{\partial x}\left(\frac{Ph^3}{\mu} \frac{\partial P}{\partial x} \right) + \frac{\partial}{\partial y}\left(\frac{Ph^3}{\mu} \frac{\partial P}{\partial y} \right) = 12 \frac{\partial(hP)}{\partial t} \quad (5\text{-}116)$$

此方程普遍适用于描述等温可压缩气体的压膜阻尼，其中压力 P 包含两部分，即 $P = P_a + \Delta P$，P_a 为空气压力，ΔP 为压膜效应引起的压力变化。

假设 $h = h_0 + \Delta h$，当两平行板正常运动时，h 和 μ 均与位置无关，式 (5-116) 可简化为

$$\frac{\partial}{\partial x}\left(P \frac{\partial P}{\partial x} \right) + \frac{\partial}{\partial y}\left(P \frac{\partial P}{\partial y} \right) = \frac{12\mu}{h^3} \frac{\partial(hP)}{\partial t} \quad (5\text{-}117)$$

当平板在其平衡位置做小范围振动（$\Delta h \ll h_0$，$\Delta P \ll P_a$）时，式 (5-116) 可线性化为

$$P_a\left(\frac{\partial^2 P}{\partial x^2}+\frac{\partial^2 P}{\partial y^2}\right)-\frac{12\mu}{h_0^2}\frac{\partial P}{\partial t}=\frac{12\mu P_a}{h_0^3}\frac{\mathrm{d}h}{\mathrm{d}t} \tag{5-118}$$

对于不可压缩气体，$\Delta P/P_a \ll \Delta h/h_0$，此时雷诺方程可简化为

$$\frac{\partial^2 P}{\partial x^2}+\frac{\partial^2 P}{\partial y^2}=\frac{12\mu}{h_0^3}\frac{\mathrm{d}h}{\mathrm{d}t} \tag{5-119}$$

2. 压膜阻尼：挤压运动

考虑如图 5-29 所示长条矩形板，假设其长度 L 远大于其宽度 B，当上极板以速度 w 相对基底做直线运动时，两平板之间的气膜满足线性化雷诺方程，即

$$\frac{h^3}{12\mu}\frac{\partial^2 P(x)}{\partial x^2}=w(x) \tag{5-120}$$

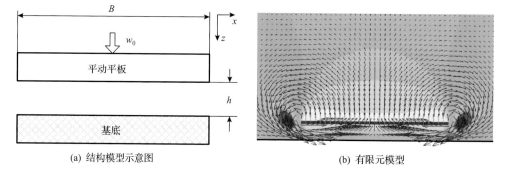

(a) 结构模型示意图　　　　　　　　(b) 有限元模型

图 5-29　挤压运动时平板间的压膜阻尼

当平板做线性运动时，$w(x)=w_0$，并考虑边界条件 $P(\pm B/2)=0$，可得气膜压力分布为

$$P(x)=-\frac{6\mu w_0}{h^3}\left(x^2-\frac{B^2}{4}\right) \tag{5-121}$$

此时，平板受到的阻尼力 F_{ml} 为

$$F_{ml}=\int_{-B/2}^{B/2}P(x)L\mathrm{d}x=-\frac{\mu B^3 L}{h^3}w_0\equiv-\frac{\mu B^3 L}{h^3}w_0 \tag{5-122}$$

由此可得，平板挤压运动时的阻尼系数为

$$c_{ml} = \frac{\mu B^3 L}{h^3} \tag{5-123}$$

3. 压膜阻尼：扭转运动

扭转桨式 MEMS/NEMS 谐振系统在生物与化学传感等领域有着潜在的应用。如图 5-30 所示，平板以角速度 ω 绕固定中心支点旋转，旋转平板与固定基底之间的空气受到挤压，固定基底产生与角速度 ω 方向相反的阻尼力矩。在对旋转平板的压膜阻尼进行分析时，假设与平板间距 h 相比，平板的角位移忽略不计，通常可以采用线性雷诺方程求解 x 方向上气膜压力的变化，气膜的阻尼系数与平板的旋转角速度 ω 和转矩 M_d 之间的关系为[31]

$$M_d = c_{mt}\omega \tag{5-124}$$

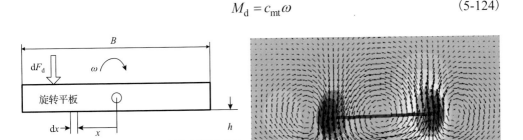

(a) 结构模型示意图 (b) 有限元模型

图 5-30 扭转运动时平板间的压膜阻尼

旋转平板与基底之间的气膜满足如下线性化雷诺方程，即

$$\frac{h^2}{12\mu}\frac{d^2 P(x)}{dx^2} = \frac{\omega x}{h} \tag{5-125}$$

式中，离中心旋转点 x 处平板的速度为 ωx，考虑边界条件 $P(\pm B/2) = 0$，可得气膜的压力分布为

$$P(x) = \frac{\mu\omega B^3}{2h^3}\left(\frac{4x^3}{B^3} - \frac{x}{B}\right) \tag{5-126}$$

方向与平板旋转方向相反，作用于单位面积上的单位阻尼力为 $dF_d = p(x)dxdy$，阻尼力产生的单位阻尼力矩可表示为

$$dM_d = xdF_d = xp(x)dxdy \tag{5-127}$$

在整个平板区域，对式(5-127)积分，可得到总的阻尼力矩为

$$M_d = \int_A dM_d = \int_{-L/2}^{L/2}\left[\int_{-B/2}^{B/2} xp(x)dx\right]dy = \frac{\mu BL^5 \omega}{60h^3} \tag{5-128}$$

联立式(5-124)和式(5-128)，可得平板扭转时的阻尼系数为

$$c_{mt} = \frac{\mu BL^5}{60h^3} \tag{5-129}$$

4. 压膜阻尼：孔槽结构

在 MEMS/NEMS 谐振器设计中，为了加速释放或减小阻尼，通常在大平板上加工释放孔或阻尼孔，以提高器件性能。

1) 无限平板结构

如图 5-31 所示，平板穿孔半径为 r_0，单元孔均匀分布且呈正方形或六边形阵列。若孔的稠密度为 n，则每个孔单元需分配面积为 $A_1 = 1/n$，每个单元可近似看成环面，且外半径为 $r_c = 1/\sqrt{\pi n}$，整个孔板的阻尼力为每个单元阻尼力的总和。因此，首先考虑每个单元的阻尼力，单元孔的气膜和环形平板间的气膜方程相似。

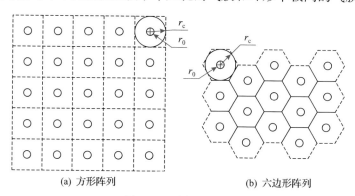

(a) 方形阵列   (b) 六边形阵列

图 5-31 孔板示意图

为了便于研究，做如下两个假设：①孔板面积远大于单元孔板面积，则单元孔板间的气流可忽略不计；②假设孔板厚度与单元孔半径相比很薄，则单元孔内由气流引起的压降可忽略不计。此时，单元孔的边界条件为

$$P(r_0) = 0 , \quad \frac{\partial P(r_c)}{\partial r} = 0 \tag{5-130}$$

由此可得阻尼压力为

$$P(r) = \left[-\frac{3\mu}{h^3} R_a^2 \left(1 - \frac{r^2}{R_a^2} \right) + \frac{3\mu}{h^3} R_a^2 \left(1 - \frac{R_b^2}{R_a^2} \right) \frac{\ln(r/R_a)}{\ln(r/R_b)} \right] \frac{dh}{dt} \tag{5-131}$$

每个单元阻尼力为

$$F_{hc} = \int_{r_0}^{r_c} P(r) 2\pi r dr = -\frac{3\mu}{2\pi h^3 n^2} \frac{dh}{dt} (-\eta^4 + 4\eta^2 - 4\ln\eta - 3) \tag{5-132}$$

式中，$\eta = r_0 / r_c$。

由此可得，整个孔板的阻尼力为

$$F_{hi} = \frac{A}{A_1} F_{hc} = -\frac{3\mu A}{2\pi h^3 n} \frac{dh}{dt} (-\eta^4 + 4\eta^2 - 4\ln\eta - 3) \tag{5-133}$$

式中，A 为孔板的面积。

对于有限面积 A 的孔板，压膜阻尼力可由式(5-133)求得，但是忽略了孔板的边缘效应。为了减小偏差，可采用一种近似的并联方法来计算阻尼力。例如，对于矩形孔板，无孔矩形板的压膜阻尼力 F_{rec} 可用式(5-122)表示，则可得孔板的近似阻尼力 F_R 为

$$\frac{1}{F_R} = \frac{1}{F_{rec}} + \frac{1}{F_{hi}} \tag{5-134}$$

2）薄板结构

对于多穿孔薄板，如图 5-32 所示，平板可分为许多单元，每个单元都包含一个中心孔。由于每个单元都远小于孔板，可认为整个孔板的压力分布为位置的光滑函数。当平板相对基底运动时，连续方程为

$$\frac{\partial(\rho q_x)}{\partial x} + \frac{\partial(\rho q_y)}{\partial y} + \rho Q_z + \frac{\partial(\rho h)}{\partial t} = 0 \tag{5-135}$$

式中，$q_x = -\frac{h^3}{12\mu} \frac{\partial P}{\partial x}$，$q_y = -\frac{h^3}{12\mu} \frac{\partial P}{\partial y}$，$Q_z$ 为穿透率，与压膜阻尼效应产生的压降 ΔP 有关。

如图 5-32 所示，平板上均匀地布置着圆孔阵列，圆孔的半径为 r_0，每个单元孔的面积为 $A_1 = \pi r_c^2$，其中 r_c 为每个单元的半径，H 和 h 分别为板的厚度和板与基底的间距。

由管流泊肃叶(Poiseuille)方程可知，单位时间内流过孔的气体体积流量 Q 为

$$Q = \frac{\pi r_0^4}{8\mu} \frac{P_H}{H} \tag{5-136}$$

式中，P_H 为孔两端口的压差。

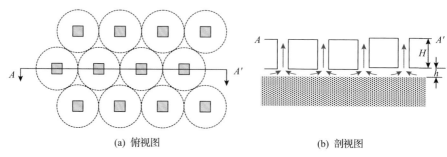

(a) 俯视图　　　　　　　　　　　　(b) 剖视图

图 5-32　薄板示意图

由式(5-132)和流量定义式 $Q = A_1 \mathrm{d}h/\mathrm{d}t$ ，可以推导出由每个单元边界流向单元孔的横向气流产生的阻尼力为

$$F_{\text{hci}} = -\frac{3\mu A_1}{2\pi h^3} Q(-\eta^4 + 4\eta^2 - 4\ln\eta - 3) \tag{5-137}$$

联立式(5-136)和式(5-137)，可得从流体产生的平均阻尼压力为

$$\Delta P = P_H + \frac{F_{\text{hci}}}{A_1} = P_H\left(1 + \frac{3r_0^4 k(\eta)}{16Hh^3}\right) = \chi(\eta)P_H \tag{5-138}$$

式中，$k(\eta) = -\eta^4 + 4\eta^2 - 4\ln\eta - 3$ ，$\chi(\eta) = 1 + \dfrac{3r_0^4 k(\eta)}{16Hh^3}$ ，$P_H = \Delta P/\chi(\eta)$ 。则气体穿过平板的平均穿透率 Q_z 为

$$Q_z = \frac{Q}{A_1} = \frac{\eta^2 r_0^2}{8\mu H} \frac{\Delta P}{\chi(\eta)} \tag{5-139}$$

联立式(5-139)和式(5-135)，可得孔板间的气体薄膜的修正雷诺方程为

$$\frac{\partial^2 \Delta P}{\partial x^2} + \frac{\partial^2 \Delta P}{\partial y^2} - \frac{3\eta^2 r_0^2}{2h^3 H} \frac{1}{\chi(\eta)}\Delta P = \frac{12\mu}{h^3}\frac{\partial h}{\partial t} \tag{5-140}$$

若穿孔半径 r_0 与板(宽为 $2a$)的厚度 H 相当，则要考虑孔的端部边缘效应，此时管长 H (即板的厚度)可用有效长度 H_{eff} 表示，即 $H_{\text{eff}} = H + 3\pi r_0/8$ 。

考虑一长条形矩形孔板间的压膜阻尼，则式(5-140)可简化成一维方程，即

$$\frac{\partial^2 P}{\partial x^2} - \frac{P}{L_c^2} + R_c = 0 \tag{5-141}$$

式中，$R_c = -\dfrac{12\mu}{h^3}\dfrac{\partial h}{\partial t}$，$L_c = \sqrt{\dfrac{2h^3 H_{\text{eff}}}{3\eta^2 r_0^2}\chi(\eta)}$，$L_c$ 为特征长度或孔板的削弱长度。

又因边界条件满足 $P(\pm a) = 0$，故可得气体压力为

$$P(x) = R_c L_c^2 \left(\frac{1 - \cosh\dfrac{x}{L_c}}{\cosh\dfrac{a}{L_c}} \right) \tag{5-142}$$

对式 (5-142) 积分，可得长条孔板间气膜的阻尼力为

$$F_{\text{fhr}} = 2aL R_c L_c^2 \left(1 - \frac{L_c}{a}\tanh\frac{a}{L_c} \right) \tag{5-143}$$

式中，L 为孔板的长度。

根据关系式 $F_{\text{fhr}} = c_{\text{fhr}} \mathrm{d}h/\mathrm{d}t$，可推导出阻尼系数为

$$c_{\text{fhr}} = 2aL\frac{8\mu H}{\eta^2 r_0^2}\left(1 + \frac{3r_0^4 k(\eta)}{16h^3 H} \right)\left(1 - \frac{L_c}{a}\tanh\frac{a}{L_c} \right) \tag{5-144}$$

若 $a \gg L_c$，$\tanh(a/L_c) \approx 1$，阻尼力和阻尼系数分别为

$$F_{\text{fhr}} = 2(a - L_c)L R_c L_c^2 \tag{5-145}$$

$$c_{\text{fhr}} = 4L(a - L_c)\frac{8\mu H}{\eta^2 r_0^2}\left(1 + \frac{3r_0^4 k(\eta)}{16h^3 H} \right) \tag{5-146}$$

3) 槽板结构

对于如图 5-33 所示的槽板，可以采用前面所述方法求解槽板间的压膜阻尼力和阻尼系数，描述孔板间阻尼的修正雷诺方程同样适用于槽板结构。对于有限长薄槽板，雷诺方程可写为

$$\frac{\partial^2 P}{\partial x^2} + \frac{\partial^2 P}{\partial y^2} - \frac{4b^3}{2ah^3 H}\frac{1}{\Pi(\eta)}P = \frac{12\mu}{h^3}\frac{\partial h}{\partial t} \tag{5-147}$$

式中，$\Pi(\eta) = 1 + \dfrac{4ab^3}{3h^3 H}(1 - \eta)^3$，且 $\eta = b/a$。

同理，如同前面所述方法，可求得几何尺寸 H 的有效高度 H_{eff} 为

$$H_{\text{eff}} = H + \frac{16}{3\pi}b \tag{5-148}$$

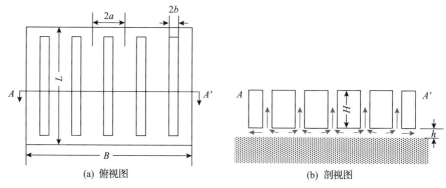

(a) 俯视图　　　　　　　　　　　(b) 剖视图

图 5-33　槽板示意图

对于长宽比很大的矩形槽板，板间的阻尼系数为

$$c_{\text{slot}} = \frac{24}{h^3}\mu L L_c^2\left(\frac{B}{2} - L_c\right) \tag{5-149}$$

式中，$L_c = \sqrt{ah^3 H \Pi(\eta)/(4b^3)}$。

5.7.3　稀薄空气阻尼

1. 稀薄效应

随着微纳器件尺寸的缩小，流体稀薄性增强，为了描述流体的稀薄效应，引入无量纲参数，即克努森数(Kn)，研究流体从连续流动到分子自由流动范围的流动，以揭示分子平均自由程与器件特征尺寸之间的关系。克努森数 Kn 的定义表达式为

$$Kn = \frac{\lambda}{h} \tag{5-150}$$

式中，h 为两极板间的距离；λ 为气体分子平均自由程，也就是气体分子在相邻两次碰撞之间的行程，其表达式为

$$\lambda = \frac{1}{\sqrt{2}\pi d_0^2 N} \tag{5-151}$$

其中，πd_0^2 为分子碰撞截面积，d_0 为分子直径；N 为分子密度，对于理想气体，$N = P_a/(k_B T)$，其中，P_a 为气体薄膜的压力，k_B 为玻尔兹曼常量，T 为热力学温度。

从克努森数的定义可以看出，当气体分子自由程变化不大时，特征尺寸 h 越小，Kn 越大，气体偏离连续介质的程度越高，会出现稀薄效应。Kn 的大小表示

了气体的稀薄程度。根据 Kn 的大小，可将气体划分为如下流动区域[32-34]：

(1)当 $Kn \leqslant 0.01$ 时，属于连续流区域(continuum flow regime)，在该区域，仍可以按照连续介质分析流体的流动，流体分子之间的碰撞频率远高于分子与壁面之间的碰撞频率，N-S 方程仍然适用，并且流体与壁面交界处不存在滑移。

(2)当 $0.01 < Kn \leqslant 0.1$ 时，属于滑移流区域(slip flow regime)，流体分子之间的碰撞频率仍然远高于分子与壁面之间的碰撞频率，稀薄效应不可忽略，通常假定的无滑移边界条件不再适用，在滑移流区域，流动由 N-S 方程控制，并采用速度滑移和温度跳变条件建立稀薄效应的模型。

(3)当 $0.1 < Kn \leqslant 10$ 时，属于过渡流区域(transition flow regime)，此时 N-S 方程不再适用，必须考虑气体分子之间的相互碰撞作用。

(4)当 $Kn > 10$ 时，属于自由分子流区域(free-molecule flow regime)，分子之间的碰撞可以忽略，分子与壁面的碰撞占据主导地位。

2. 流体模型

MEMS/NEMS 器件内的气体流动由于其特征尺寸小，即使气体并非真的稀薄，克努森数仍然会比较大。流体所处的流动区域不同，采用的建模与分析方法也不同，主要包括以下两类建模方法：

(1)连续介质模型。此类模型即传统的流体动力学模型，将流体看成无限可分的流体质点，采用流体质点的压强、速度、密度等参数，依据质量守恒定律、动量守恒定律、能量守恒定律等建立方程。在连续流和滑移流区域，均可以采用这种方法建模，需要注意的是，在滑移流区域，需要考虑速度滑移和温度跳变边界条件。

(2)分子相关模型。此类模型从流体运动的本质出发，将流体看成分子的集合，可分为确定性方法、统计方法等。确定性方法主要指分子动力学(molecule dynamics，MD)模拟方法，统计方法主要指 DSMC(direct simulation Monte Carlo)方法和基于玻尔兹曼方程的求解方法。基于分子的模型广义上可以描述所有流区域的流动问题，只是当流体稀薄性不太明显时，单位体积内分子数较多，基于分子模型的分析方法计算耗费过大。表 5-5 列出了不同克努森数范围内所适用的流体模型和边界条件。

表 5-5 不同克努森数范围内的流体模型和边界条件

克努森数范围	流体模型	边界条件
$Kn \leqslant 0.01$	N-S 方程	边界无滑移
$0.01 < Kn \leqslant 0.1$	N-S 方程	引入滑移边界条件
$0.1 < Kn \leqslant 10$	Burnett 方程、DSMC、玻尔兹曼方程	引入滑移边界条件
$Kn > 10$	MD、DSMC、玻尔兹曼方程	可认为是自由分子流，忽略分子间的碰撞

对于稀薄气体阻尼，主要有两类模拟分析方法：一种是基于连续理论的修正，适用于滑移流区域；另一种是基于单分子输送理论，适用于自由分子区域。

5.8 液体黏滞阻尼

MEMS/NEMS 谐振器在质量测量、化学分析、生物检测、医学诊断等领域有着潜在的应用前景，但同时也面临液体环境下工作的巨大挑战。在液体环境下工作时，谐振器件不可避免地会受到黏性阻尼作用，液体介质的阻尼效应会减弱谐振结构的共振响应，使其振幅不断减小，品质因子明显下降，严重影响其灵敏度，同时很难测量器件的谐振频率。

在理论上，Sader 等[35,36]率先发展了描述液体中微梁谐振结构弯曲和扭转振动的解析和/或半解析模型，如图 5-34 所示，他们在理论分析中结合了 N-S 方程和欧拉-伯努利方程，其中，N-S 方程用于描述微悬臂结构在液体介质中受到的阻尼和惯性效应，欧拉-伯努利方程用于描述其谐振结构的动力学行为，并假设微悬臂梁的宽度远小于其长度，液体是不可压缩的，谐振梁结构的内禀耗散阻尼相对液体黏性阻尼可以忽略不计。

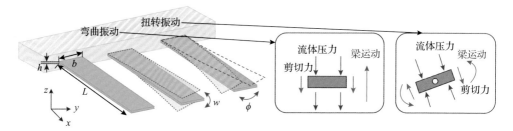

图 5-34 流体压力载荷作用下，悬臂梁结构弯曲和扭转振动示意图

5.8.1 弯曲振动

在液体环境中，悬臂式微梁弯曲振动(图 5-34(a))时的运动微分方程为

$$EI\frac{\partial^4 w(x,t)}{\partial x^4} + \mu\frac{\partial^2 w(x,t)}{\partial t^2} = F(x,t) \tag{5-152}$$

式中，w 为梁的弯曲挠度；E 为梁的弹性模量；I 为惯性矩；μ 为单位长度上梁的质量；$F(x,t)$ 为梁单位长度上作用的外力。

悬臂梁的边界条件为

$$\left[w(x,t) = \frac{\partial w(x,t)}{\partial x}\right]_{x=0} = \left[\frac{\partial^2 w(x,t)}{\partial x^2} = \frac{\partial^3 w(x,t)}{\partial x^3}\right]_{x=L} = 0 \tag{5-153}$$

运动微分方程的傅里叶变换形式可写为

$$\frac{EI}{L^4}\frac{\mathrm{d}^4\hat{W}(\hat{x}|\omega)}{\mathrm{d}\hat{x}^4} - \mu\omega^2\hat{W}(\hat{x}|\omega) = \hat{F}(\hat{x}|\omega) \tag{5-154}$$

其中，对任意时间函数 $y(t)$ 和 $\hat{x} = x/L$，满足

$$\hat{Y} = \int_{-\infty}^{\infty} y(t)\,\mathrm{e}^{-\mathrm{i}\omega t}\mathrm{d}t \tag{5-155}$$

可以通过求解 N-S 方程，得到液体作用在微悬臂梁结构上的流体载荷（hydrodynamic force），该载荷满足

$$\rho_{\mathrm{f}}\frac{\partial v}{\partial t} + (v\cdot\nabla)v = -\nabla p + \eta_{\mathrm{f}}\nabla^2 v \tag{5-156}$$

式中，p 为液体作用在梁结构上的压力；ρ_{f} 和 η_{f} 分别为液体密度和黏度，v 为流体速度矢量。因此，作用在梁结构上的流体载荷的傅里叶变换形式为

$$\hat{F}_{\mathrm{hydro}}(\hat{x}|\omega) = \frac{\pi}{4}\rho_{\mathrm{f}}\omega^2 b^2 \varGamma(\omega)\hat{W}(\hat{x}|\omega) \tag{5-157}$$

式中，$\varGamma(\omega)$ 为引入的一个无量纲函数，称为流体动力函数，该函数包含阻尼和惯性效应的影响，定义为

$$\varGamma(\omega) = \varGamma_{\mathrm{r}}(\omega) + \mathrm{i}\varGamma_{\mathrm{i}}(\omega) \tag{5-158}$$

流体动力函数的渐近极限可以表示为雷诺数的函数，即

$$\begin{cases} \varGamma(\omega) = 1, & Re \to \infty \\ \varGamma(\omega) = \dfrac{-4\mathrm{i}}{Re\ln(-\mathrm{i}\sqrt{\mathrm{i}Re})}, & Re \to 0 \end{cases} \tag{5-159}$$

式中，雷诺数为 $Re = \rho_{\mathrm{f}}\omega b^2/(4\eta_{\mathrm{f}})$；$b$ 为梁的宽度。

当液体内的耗散效应较小时，可以推导出黏性流体环境下谐振结构的共振频率和品质因子表达式[35]，即

$$\omega_n = \omega_{0,n}\left(1 + \frac{\pi\rho_{\mathrm{f}}b}{4\rho h}\varGamma_{\mathrm{r}}^{\mathrm{f}}(\omega_n)\right)^{-1/2} \tag{5-160}$$

$$Q_n = \frac{4\rho h/(\pi\rho_{\mathrm{f}}b) + \varGamma_{\mathrm{r}}^{\mathrm{f}}(\omega_n)}{\varGamma_{\mathrm{i}}^{\mathrm{f}}(\omega_n)} \tag{5-161}$$

式中，下标 n 代表频率阶数；h 为梁的厚度；$\omega_{0,n}$ 为真空环境下梁的共振频率；$\Gamma_{\mathrm{r}}^{\mathrm{f}}$ 和 $\Gamma_{\mathrm{i}}^{\mathrm{f}}$ 分别为梁在液体中做弯曲振动时流体动力函数 $\Gamma(\omega)$ 的实部和虚部。一旦计算出流体动力函数，就可以推导出悬臂梁的动力学响应。液体的强黏性阻尼使得悬臂梁共振减弱，谐振器件在液体环境中的品质因子会很小[37]，也会使得通过传感器测量吸附物质量变得更加困难[38]。

5.8.2 扭转振动

对于扭转振动情形，如图 5-34(a) 所示，梁的运动微分方程为

$$GJ\frac{\partial^2 \phi(x,t)}{\partial x^4} + \rho I_0 \frac{\partial^2 \phi(x,t)}{\partial t^2} = M(x,t) \tag{5-162}$$

式中，G 为剪切弹性模量；J 为极惯性矩；I_0 为单位长度的转动惯量，且 $I_0 = b^3 h / 12$；$M(x,t)$ 为梁单位长度上作用的扭矩。

对应的边界条件为

$$\phi(0,t) = \frac{\partial \phi(x,t)}{\partial x}\bigg|_{x=L} = 0 \tag{5-163}$$

同理，Green 等给出了共振频率和品质因子表达式[36]，即

$$\omega_n = \omega_{0,n}\left(1 + \frac{3\pi\rho_{\mathrm{f}}b}{2\rho h}\Gamma_{\mathrm{r}}^{\mathrm{t}}(\omega_n)\right)^{-1/2} \tag{5-164}$$

$$Q_n = \frac{2\rho h/(3\pi\rho_{\mathrm{f}}b) + \Gamma_{\mathrm{r}}^{\mathrm{t}}(\omega_n)}{\Gamma_{\mathrm{i}}^{\mathrm{t}}(\omega_n)} \tag{5-165}$$

式中，$\Gamma_{\mathrm{r}}^{\mathrm{t}}$ 和 $\Gamma_{\mathrm{i}}^{\mathrm{t}}$ 分别为悬臂梁在液体中做扭转振动时流体动力函数 $\Gamma(\omega)$ 的实部和虚部。

表 5-6 详细列出了不同振动模式下相关参量的数学表达式。图 5-35 给出了不同模态阶数时流体动力函数的变化曲线，随着模态阶数 κ 增加，弯曲和扭转模式所对应的流体动力函数幅值显著下降，表明液体作用在梁上的流体动力载荷会随着模态阶数 κ 变化发生改变，模态阶数 κ 越大，流体动力载荷越小，弯曲模式比扭转模式受 κ 变化的影响程度更大；若 $\kappa \to \infty$，则两种模式对应的流体动力函数幅值均接近于零，由此可推导出弯曲和扭转振动时共振频率为

$$\omega_n = \omega_{0,n}\left[1 + \frac{2\rho_{\mathrm{f}}b}{\rho h}\left(\frac{1}{\kappa}\right)\right]^{-1/2}$$

表 5-6　不同振动模式下相关参量的数学表达式

项目	弯曲模式	扭转模式
共振频率	$\omega_n = \omega_{0,n}\left[1+\dfrac{\pi \rho_f b}{4\rho h}\Gamma_f(\kappa)\right]^{-1/2}$	$\omega_n = \omega_{0,n}\left[1+\dfrac{3\pi \rho_f b}{2\rho h}\Gamma_t(\kappa)\right]^{-1/2}$
规范化模态数	$\kappa = C_n\dfrac{b}{L}$	$\kappa = D_n\dfrac{b}{L}$
特征值	$1+\cos C_n \cosh C_n = 0$	$D_n = \dfrac{\pi}{2}(2n-1)$
流体动力函数	$\Gamma_f(\kappa) = 2a_1$	$\Gamma_t(\kappa) = b_1/2$
系数 a_m、b_m	$\displaystyle\sum_{m=1}^{M} A_{q,m}a_m = \begin{cases}1, & q=1 \\ 0, & q>1\end{cases}$ $A_{q,m} = \dfrac{4^{2q-2}}{\sqrt{\pi}}G_{13}^{21}\left(\dfrac{\kappa^2}{16}\left\vert\begin{array}{cc}& \frac{3}{2} \\ 0 \quad q+m-1 & q-m\end{array}\right.\right)$	$\displaystyle\sum_{m=1}^{M} B_{q,m}b_m = \begin{cases}1, & q=1 \\ 0, & q>1\end{cases}$ $B_{q,m} = \dfrac{4^{2q-1}}{\sqrt{\pi}}G_{13}^{21}\left(\dfrac{\kappa^2}{16}\left\vert\begin{array}{cc}& \frac{3}{2} \\ 0 \quad q+m & q-m\end{array}\right.\right)$
Pade 逼近值	$\Gamma_f(\kappa) = \dfrac{1+0.74273\kappa+0.14862\kappa^2}{1+0.74273\kappa+0.35004\kappa^2+0.058364\kappa^3}$	$\Gamma_t(\kappa) = \dfrac{1}{16}\left(\dfrac{1+0.37922\kappa+0.072912\kappa^2}{1+0.37922\kappa+0.088056\kappa^2+0.010737\kappa^3}\right)$

注：κ 为归一化模态阶数，G 为梅耶尔 G-函数。

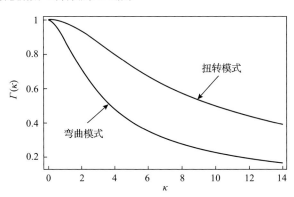

图 5-35　弯曲模式和扭转模式对应的流体动力函数变化曲线

在液体环境中，基于碳纳米管谐振器的生物分子质量测量[40]，基于微机械平板谐振器的液体黏度和密度测量[41]，基于悬浮微纳通道谐振器的纳米粒子、DNA、蛋白质质量测量[42]等试验研究都取得了重要突破。2015 年，Gil-Santos 等[39]研究了液体环境下纳米机械谐振器的性能变化，相比于气体环境，谐振器件在液体环境下的振幅下降了将近80%，随着液体黏度增大，谐振器件的品质因子明显下降，如图 5-36 所示，可推导出不可压缩黏性液体环境下谐振器件的品质因子为

$$Q_{\text{viscous}} = \frac{\rho_s \omega H_d R_d}{8.36\mu_v + (3.18H_d + R_d)\sqrt{2\rho_v\omega\mu_v}} \tag{5-166}$$

式中，R_d、H_d 和 ρ_s 分别为圆盘材料的半径、厚度和密度；ω 为频率。因此，如何减小液体环境下的黏性阻尼耗散引起普遍关注。目前已有研究采用部分浸润、反馈控制等方法来减少谐振器件与液体界面的黏性阻尼耗散，但是仍然存在尺寸局限性和弱集成性等方面的问题。

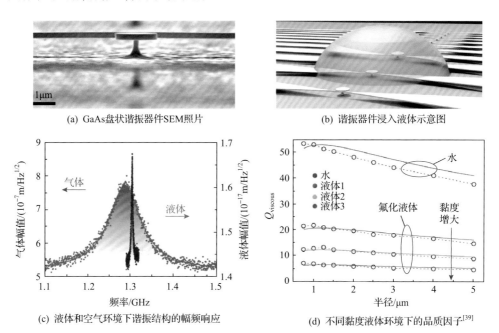

(a) GaAs盘状谐振器件SEM照片   (b) 谐振器件浸入液体示意图

(c) 液体和空气环境下谐振结构的幅频响应   (d) 不同黏度液体环境下的品质因子[39]

图 5-36 盘状纳米机械谐振器在液体环境下的特性

5.9 锚点损耗机制与结构设计

  支撑损耗(support loss)，又称锚点损耗(anchor loss)[43-45]，是通过与支撑结构耦合而造成的能量损耗，其基本物理机制是：由弹性体振动在其固支端产生的振动剪切力和弯矩为激励源，在基底上激发出弹性波(图 5-37)，并通过基底传播到无穷远处耗散。造成支撑损耗的关键是锚点的非固支性，理想的锚点模型是假定其位移为零，因此能量不会传导到基底上；而非理想的锚点模型中，谐振器的能量可以通过锚点耦合到支撑和基底，引起"软弹簧"振动，支撑结构吸收谐振器的部分振动能量，而造成谐振器的能量损耗。

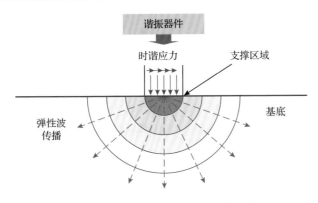

图 5-37 支撑(锚点)耗散物理机制示意图

5.9.1 完美匹配层方法

如果不考虑尺度效应的影响作用，位于硅基底上的微谐振器件如同位于地球表面的建筑物，其谐振结构部分尺寸与基底相差非常大，通常可以将基底看成半无限大区域。而无限大区域中波的传播问题有一个本质特征，即在其中传播的波通常只有外行波，没有反射波的存在。由于模拟无限大区域中波的传播问题时，需要在有限区域内得到这种无限大区域内波的传播特性，许多学者提出了一些解决方法，其主要思路是：将无界区域截断为有限区域，在截断边界处引入吸收边界条件，让波在有限区域边界处通过设置的边界条件快速衰减，产生尽量少的反射波，理论上该边界条件是一种拟微分算子。但是这些方法都或多或少存在一些不足之处，有的是只能吸收某些入射角范围内的波，不具有普适性；有的是边界条件处的计算矩阵过于稠密，很难求解。后来有人提出将边界层扩展为带有一定厚度的吸收边界域，但是波在两部分区域交界处只有垂直入射到吸收域的波才不会引起反射，这大大限制了该方法的应用范围，直到完美匹配层(perfectly matched layer，PML)方法的出现才完美解决了这个问题。

完美匹配层方法最早是由 Berenger[46]在研究电磁波传播问题时提出的，他的思路仍然是设置一定厚度的吸收边界域，不同的是，它没有设置边界域的材料属性，而是从坐标的复值变换来考虑，经过一些演化与推进已逐渐发展为一种通用的方法，使得任意入射角、频率的波都可以无反射地入射到吸收域，并且可以应用于任何线性波动方程[47-50]。一个无限大区域的完美匹配层模型可以分解为两个子域：一个子域准确描述所求问题的实际方程，另一个子域用来描述远场辐射边界条件效应。"完美匹配"，是指该吸收层具有两种特性：一是边界"透明"，即波可以任意穿过而不引起反射；二是层内"吸收"，即波在其内传播是指数衰减的。

为了更好地解释完美匹配层的工作原理，以波的一维传播问题为例进行说明。对于一个坐标为 $(0,\infty)$ 的半无限长杆，纵波以速度 c 在其中传播，描述该运动的一

维波动方程为

$$\frac{\partial^2 u(x,t)}{\partial x^2} - \frac{1}{c^2}\frac{\partial^2 u(x,t)}{\partial t^2} = 0 \tag{5-167}$$

式中，$u(x,t)$ 为位移，假设该方程的解为 $u(x,t) = U(x)\mathrm{e}^{\mathrm{i}\omega t}$，采用分离变量方法，代入方程(5-167)，可得亥姆霍兹方程(Helmholtz equation)为

$$\frac{\mathrm{d}^2 U}{\mathrm{d}x^2} + k^2 U = 0 \tag{5-168}$$

式中，$k = \omega / c$ 为波数。

方程(5-168)的解的形式为

$$U = c_{\mathrm{out}}\mathrm{e}^{-\mathrm{i}kx} + c_{\mathrm{in}}\mathrm{e}^{\mathrm{i}kx} \tag{5-169}$$

式中，c_{out} 为发射波从原点传播到无穷远处时的波幅；c_{in} 为入射波从无穷远处传播到原点时的波幅；一般认为在无穷远处是没有波源的，因此从物理角度来看 $c_{\mathrm{in}} = 0$。

为了分析一维弹性波在完美匹配层中传播，进行如下坐标变换，将坐标从实数域映射到复数域，可得

$$\hat{x} = \int_0^x \lambda(\xi)\,\mathrm{d}\xi \tag{5-170}$$

式中，$\lambda : R \to C$ 是一个非零的连续函数，两端求导可以推导得到 $\hat{x}$ 和 x 的关系，即

$$\frac{\mathrm{d}\hat{x}}{\mathrm{d}x} = \lambda(x), \quad \frac{\mathrm{d}}{\mathrm{d}\hat{x}} = \frac{1}{\lambda(x)}\frac{\mathrm{d}}{\mathrm{d}x} \tag{5-171}$$

假设变换后的坐标 $\hat{x}$ 是亥姆霍兹方程(5-168)的独立变量，则由以上变换可以得到方程：

$$\frac{1}{\lambda}\frac{\mathrm{d}}{\mathrm{d}x}\left(\frac{1}{\lambda}\frac{\mathrm{d}U}{\mathrm{d}x}\right) + k^2 U = 0 \tag{5-172}$$

方程(5-172)描述了波在完美匹配介质中的传播特性，假设

$$\lambda(\xi) = 1 - \mathrm{i}\sigma(\xi) / k \tag{5-173}$$

由此，方程(5-172)的解的形式为

$$U = c_{\mathrm{out}}\mathrm{e}^{-\int_0^x \sigma(\xi)\,\mathrm{d}\xi}\mathrm{e}^{-\mathrm{i}kx} + c_{\mathrm{in}}\mathrm{e}^{\int_0^x \sigma(\xi)\,\mathrm{d}\xi}\mathrm{e}^{\mathrm{i}kx} \tag{5-174}$$

　　此处，只要令 $\sigma = 0$ ，方程(5-172)的解与原亥姆霍兹方程(5-168)的解是一致的；当 $\sigma > 0$ 时，波会在其传播方向上衰减，发射波的振幅随 x 的增大而衰减，入射波的振幅随 x 的减小而衰减。可以令 σ 在区间 $[0, L]$ 内为零，在 $[L, \infty)$ 内为 $\sigma = \beta(\xi - L)$ ，如图 5-38 所示，那么对于 $x > L$ ，发射波的振幅为 $c_{\text{out}}\mathrm{e}^{-\beta(x-L)^2/2}$ ，入射波的振幅为 $c_{\text{in}}\mathrm{e}^{\beta(x-L)^2/2}$ 。

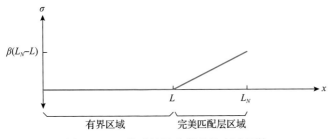

图 5-38　一维弹性波分段线性衰减函数

　　当波通过完美匹配介质时，其幅值迅速衰减，利用这个特点，可以用有限区域来近似模拟无限区域问题，即当 $L > L_N$ 时，令 $U(L_N) = 0$ ，这就是完美匹配层的思想，完美匹配层就是有限区域的完美匹配介质。

　　假设 $U(0) = 1$ ， $U(L_N) = 0$ ，以发射波和入射波振幅来表示的矩阵形式为

$$\begin{bmatrix} U(0) \\ U(L_N) \end{bmatrix} = \begin{bmatrix} 1 & 1 \\ \mathrm{e}^{-(\alpha/2+\mathrm{i}kL_N)} & \mathrm{e}^{\alpha/2+\mathrm{i}kL_N} \end{bmatrix} \begin{bmatrix} c_{\text{out}} \\ c_{\text{in}} \end{bmatrix} = \begin{bmatrix} 1 \\ 0 \end{bmatrix} \tag{5-175}$$

式中，$\alpha = \beta(L_N - L)^2$ ，可以求得

$$c_{\text{out}} = \frac{1}{1 - \mathrm{e}^{-\alpha - 2\mathrm{i}kL_N}} = 1 + O(\mathrm{e}^{-\alpha}), \quad c_{\text{in}} = \frac{-\mathrm{e}^{-\alpha - 2\mathrm{i}kL_N}}{1 - \mathrm{e}^{-\alpha - 2\mathrm{i}kL_N}} = -O(\mathrm{e}^{-\alpha}) \tag{5-176}$$

　　即使 α 很小时，有限区域的解也能很好地近似无限区域的解，当 $\alpha \approx 4.6$ 时，只有1%的发射波会反射；对于连续问题，增大 α 可以减小波的反射；而对于由有限差分或有限元近似得到的离散方程，增大 α 需要慎重考虑，如果 β 较大，进入完美匹配层的波会迅速衰减，可以有效地创建一个边界层，但是如果离散过于粗糙，数值解会被反射严重影响。

5.9.2　弯曲模态谐振器支撑损耗

　　两端固支梁是 MEMS/NEMS 谐振器中最常见的一种结构，梁的振动会在两固支端支撑处产生锚点力，对于基底，锚点力同外界激励一样，会在基底处产生波动，振动能量会在传递过程中逐渐耗散。

1. 耗散机理分析与建模

当锚点处产生的弹性波波长远大于微梁的厚度时，梁式谐振器的共振模态与锚点处弹性波模态之间的耦合作用非常弱。此时，由梁传递到锚点处的能量可以看成微小摄动量，一般基底要远大于微梁结构，因此假设传播到锚点处的振动能量会传递到无穷远处，并且不会有能量反射回微梁结构。基于此假设，锚点处的弹性波对梁的共振模态不会产生影响，已有文献证明[49, 51]，微梁的振动行为可以采用梁的经典理论来描述，锚点处的剪切力和弯矩均会产生支撑耗散，剪切力所产生的支撑耗散占据主导作用。

仅考虑由剪切力引起的支撑耗散，将基底建模为无限大薄板，其运动形式可以用二维弹性波理论来描述。假设微梁和锚点材料均为各向同性的，两端固支梁式谐振器的结构如图 5-39 所示，L、b、h 分别为固支梁的长度、厚度和宽度。由连续梁振动理论可知，谐振器每一阶模态储存的振动能量为

$$W_n = \frac{1}{8} \rho A L \omega_n^2 U_n^2 \tag{5-177}$$

式中，ρ 为质量密度；A 为微梁横截面的面积；U_n 为各阶模态振幅；ω_n 为各阶模态频率，即

$$\omega_n = \frac{\pi^2 \beta_n^2}{L^2} \sqrt{\frac{EI}{\rho A}} \tag{5-178}$$

β_n 为各阶模态常数；E 为杨氏模量；I 为惯性矩。在锚点范围（$x = 0, L, |y| < b/2$）内，剪切力大小可写为

$$\Gamma_n = EIU_n \left(\frac{\pi \beta_n}{L} \right)^3 \chi_n \tag{5-179}$$

式中，χ_n 为各阶模态振型系数，该剪切力均匀分布于锚点处，故切应力可以由方程（5-180）求出，即

$$\tau_n = \begin{cases} \dfrac{\Gamma_n}{bh}, & |y| \leqslant b/2 \\ 0, & |y| > b/2 \end{cases} \tag{5-180}$$

由于弯矩是由正应力引起的，弯矩相较剪切力产生的支撑耗散要小得多，可以忽略不计，故此处令正应力 $\sigma_n = 0$。

2. 理论分析与求解

谐振微梁的弯曲振动激发了一组由微梁向基底传播的弹性波，当弹性波波长

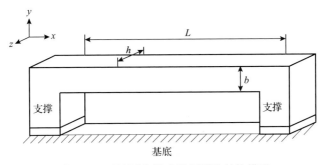

图 5-39　两端固支梁式谐振器的结构模型

远大于微梁厚度时，该波可以看成一个二维弹性波，可以描述如下[52]：

$$\frac{\partial^2 u_x}{\partial t^2} = c_L^2 \frac{\partial^2 u_x}{\partial x^2} + c_T^2 \frac{\partial^2 u_x}{\partial y^2} + (c_L^2 - c_T^2)\frac{\partial^2 u_y}{\partial x \partial y} \tag{5-181}$$

$$\frac{\partial^2 u_y}{\partial t^2} = c_L^2 \frac{\partial^2 u_y}{\partial y^2} + c_T^2 \frac{\partial^2 u_y}{\partial x^2} + (c_L^2 - c_T^2)\frac{\partial^2 u_x}{\partial x \partial y} \tag{5-182}$$

式中，u_x 和 u_y 分别为沿 x 和 y 方向的位移；c_L 和 c_T 分别为弹性波的纵向和横向传播速度，且 $c_L^2 = E/[\rho(1-\upsilon^2)]$ 和 $c_T^2 = E/[2\rho(1+\upsilon)]$，其中 υ 为泊松比。

弹性波纵向和横向传播的波长可以写为

$$\lambda_L = \frac{c_L}{f}, \quad \lambda_T = \frac{c_T}{f} \tag{5-183}$$

式中，f 为微梁的共振频率。因为泊松比 υ 总小于 0.5，所以弹性波纵向传播的速度要大于其横向传播的速度，纵向传播的波长也要大于横向传播的波长。

基底二维薄板弹性波分析假设成立必须满足条件：

$$\lambda_T / h \gg 1 \tag{5-184}$$

假设 $u_x = u e^{i\omega t}$，$u_y = v e^{i\omega t}$，并引入如下定义：

$$\Lambda = \frac{\partial u}{\partial x} + \frac{\partial v}{\partial y} \tag{5-185}$$

$$\Omega = \frac{\partial u}{\partial y} - \frac{\partial v}{\partial x} \tag{5-186}$$

由此，可将式(5-181)和式(5-182)重新写为

$$-\omega^2 u = c_L^2 \frac{\partial \Lambda}{\partial x} + c_T^2 \frac{\partial \Omega}{\partial y} \tag{5-187}$$

$$-\omega^2 v = c_L^2 \frac{\partial \Lambda}{\partial y} - c_T^2 \frac{\partial \Omega}{\partial x} \tag{5-188}$$

两边分别对 x、y 求偏导，联立可求解。又因 y 轴方向的剪切应力和 x 轴方向的正应力分别为

$$\tau = \frac{E}{1+\upsilon}\left(\frac{\partial u}{\partial y} + \frac{\partial v}{\partial x}\right) \tag{5-189}$$

$$\sigma = \frac{E}{1-\upsilon^2}\left(\frac{\partial u}{\partial x} + \upsilon\frac{\partial v}{\partial y}\right) \tag{5-190}$$

故由上述定义和推导公式，式(5-189)和式(5-190)可写为

$$\frac{\omega^2}{\rho c_T^4}\tau = \left(\frac{\partial^2 \Omega}{\partial x^2} - \frac{\partial^2 \Omega}{\partial y^2}\right) - 2\frac{c_L^2}{c_T^2}\frac{\partial^2 \Lambda}{\partial x \partial y} \tag{5-191}$$

$$\frac{\omega^2}{\rho c_T^4}\sigma = -2\frac{\partial^2 \Omega}{\partial x \partial y} - \frac{c_L^4}{c_T^4}\frac{\partial^2 \Lambda}{\partial x^2} + \left(2\frac{c_L^2}{c_T^2} - \frac{c_L^4}{c_T^4}\right)\frac{\partial^2 \Lambda}{\partial y^2} \tag{5-192}$$

由于锚点耗散还与锚点处沿切应力方向的位移有关，位移 v 的隐式形式已经由以上二维波动理论推导出来，为了推导出其显示表达式，分别对式(5-187)、式(5-188)、式(5-191)和式(5-192)进行傅里叶变换，可得

$$-\omega^2 u_F = c_L^2 \frac{\mathrm{d}\Lambda_F}{\mathrm{d}x} - \mathrm{i}\xi c_T^2 \Omega_F \tag{5-193}$$

$$\omega^2 v_F = c_L^2 \mathrm{i}\xi\Lambda_F + c_T^2 \frac{\mathrm{d}\Omega}{\mathrm{d}x} \tag{5-194}$$

$$\frac{\mathrm{d}^2\Lambda_F}{\mathrm{d}x^2} - \left(\xi^2 - \frac{\omega^2}{c_L^2}\right)\Lambda_F = 0 \tag{5-195}$$

$$\frac{\mathrm{d}^2\Omega_F}{\mathrm{d}x^2} - \left(\xi^2 - \frac{\omega^2}{c_T^2}\right)\Omega_F = 0 \tag{5-196}$$

$$\frac{\omega^2}{\rho c_T^4}\tau_F = \left(\frac{\mathrm{d}^2\Omega_F}{\mathrm{d}x^2} + \xi^2\Omega_F\right) + 2\mathrm{i}\xi\frac{c_L^2}{c_T^2}\frac{\mathrm{d}\Lambda_F}{\mathrm{d}x} \tag{5-197}$$

$$\frac{\omega^2}{\rho c_{\mathrm{T}}^4}\sigma_{\mathrm{F}}=2\mathrm{i}\xi\frac{\mathrm{d}\Omega_{\mathrm{F}}}{\mathrm{d}x}-\frac{c_{\mathrm{L}}^4}{c_{\mathrm{T}}^4}\frac{\mathrm{d}^2\Lambda_{\mathrm{F}}}{\mathrm{d}x^2}-\left(2\frac{c_{\mathrm{L}}^2}{c_{\mathrm{T}}^2}-\frac{c_{\mathrm{L}}^4}{c_{\mathrm{T}}^4}\right)\xi^2\Lambda_{\mathrm{F}} \tag{5-198}$$

式中，下标 F 表示傅里叶变换；ξ 为傅里叶变换的变量。

假设式(5-195)和式(5-196)的解的形式如下：

$$\Lambda_{\mathrm{F}}=A\mathrm{e}^{x\sqrt{\xi^2-(\omega/c_{\mathrm{L}})^2x}},\quad x\leqslant 0 \tag{5-199}$$

$$\Omega_{\mathrm{F}}=B\mathrm{e}^{x\sqrt{\xi^2-(\omega/c_{\mathrm{T}})^2x}},\quad x\leqslant 0 \tag{5-200}$$

式中，A 和 B 为与弹性波幅值相关的常数，可以由式(5-197)和式(5-198)求解得到；将式(5-199)和式(5-200)代入式(5-194)可得锚点处沿剪切力方向的位移 v。

对于两端固支微梁，基底建模为厚度为 h 的无限大薄板，应力源分布于两个固支端，如图 5-40 所示，在锚点 $x=0(|y|<b/2)$ 和 $x=L(|y|<b/2)$ 处，剪切应力和正应力大小分别为

$$\tau_{\mathrm{F}}=\frac{2\tau_n\sin\left(\xi\frac{b}{2}\right)}{\xi},\quad x=0,L \tag{5-201a}$$

$$\sigma_{\mathrm{F}}=0,\quad x=0,L \tag{5-201b}$$

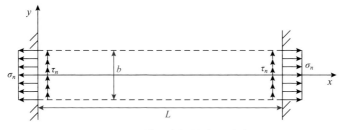

图 5-40　两端固支梁锚点处受力图

联立式(5-193)~式(5-201)，并进行傅里叶逆变换，可得 $x=0,L(|y|\leqslant b/2)$ 范围内，y 方向的平均位移为

$$v_{x=0,L}=\frac{b\tau_n}{16E}(3-v)(1+v)+\frac{b\tau_n}{4\pi E}\Pi \tag{5-202}$$

式中，$\Pi=(1-v^2)\int_0^1\frac{\xi^2}{\sqrt{1-\xi^2}}\cos\left(\sqrt{1-\xi^2}\frac{\omega L}{c_{\mathrm{L}}}\right)\mathrm{d}\xi+2(1+v)\int_0^1\sqrt{1-\xi^2}\cos\left(\sqrt{1-\xi^2}\frac{\omega L}{c_{\mathrm{T}}}\right)\mathrm{d}\xi$。

由此可得，一个振动周期内锚点处的能量耗散为

$$\Delta W = \pi \varGamma_n v_{x=0,L} \tag{5-203}$$

因此，可推导出两端固支梁谐振器的锚点耗散品质因子的解析表达式为[52]

$$Q_n = \left[\frac{2.43}{(3-v)(1+v)} + \frac{1.91}{\varPi} \right] \frac{1}{(\beta_n \chi_n)^2} \left(\frac{L}{b} \right)^3 \tag{5-204}$$

3. 耗散特性分析

1）传统锚点结构

为了提高所建模型的准确性，保证弹性波能够以理想状态垂直入射到基底中，建模时将基底设置为如图 5-41 所示的半圆形区域，这样使弹性波能够有效地被吸收，所得结果更接近在无限大区域内传播的情况，得到的锚点耗散（品质因子）更接近真实值。模型中在基底外层应用了完美匹配层来模拟半无限大的吸收域，如图 5-41 中最外层的半圆形区域，此处完美匹配层、基底和谐振微梁均选用同种材料，都为各向同性的均质材料。

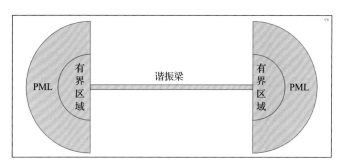

图 5-41　两端固支谐振梁有限元模型

需要注意的是，完美匹配层参数的选取对获得准确的锚点耗散（品质因子）至关重要，如文献[49]所述，完美匹配层比例因子的选取决定了仿真得到的品质因子的大小，对不同的谐振频率和几何结构，均应做出优化选择。如图 5-42 所示，针对同一模型中的不同完美匹配层比例因子，分别计算出其锚点耗散（品质因子 Q），结果表明品质因子随着完美匹配层比例因子增大呈现先减小后增大的趋势，且存在一个极小值点，该极小值点处的品质因子（11000）同文献[52]得到的结果（Q=10609）吻合较好。因此，可以对所研究结构模型先进行完美匹配层比例因子的优化选择，然后选取其极小值点处的品质因子作为锚点耗散。表 5-7 给出了不同结构尺寸的谐振器品质因子的解析解和有限元仿真结构对比，结果相差较小。

对于简单梁结构，可以采用上述弹性波理论建模求解，而对于较为复杂的结构建模难度较大，以下针对两种较新颖锚点结构的耗散特性进行分析，主要采用完美匹配层方法进行模拟来评估不同锚点结构对谐振器品质因子的影响规律。

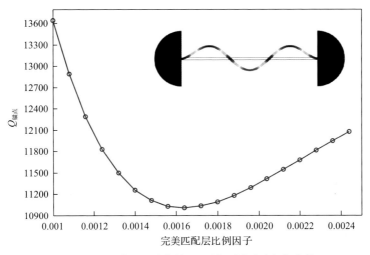

图 5-42　品质因子随完美匹配层比例因子变化曲线

表 5-7　谐振器品质因子(锚点耗散)的解析解和仿真结果对比

模态类型	长/μm	宽/μm	固有频率/kHz		品质因子	
			解析解	仿真结果	解析解	仿真结果
一阶弯曲模态	900	7.9	74.8	76.9	235939	246539
	700	5.15	80.3	83.0	400563	423857
	500	3.8	117	120.1	363402	381909
	300	3.4	288.4	296.7	109702	115371
三阶弯曲模态	700	8.7	740	750.1	16006	16285
	500	6.1	1030	1031.3	16907	17061
	500	7.2	1210	1211.5	10609	11000

2) 新型锚点结构

传统锚点结构谐振微梁直接固连于基底上，工作时其振动能量会通过谐振微梁的固支端直接传递到基底中，造成比较大的锚点耗散，以下通过在谐振微梁与基底之间增加支撑梁，使振动能量不会直接传递到基底上，以减少锚点能量的耗散。支撑损耗是一种典型的外部耗散机制，可以通过采用阻抗失配方法[53]和锚点优化结构设计来减少向基底传播的能量耗散，提高品质因子，改善谐振器件性能[54]，锚点结构设计主要有 1/4 波长带、凸型隔离、声子晶体带等结构[55-57]。

　　下面首先针对两种不同的锚点结构进行对比分析，锚点结构有限元模型和结构示意图如表 5-8 所示。由表可以看出，与 π 形支撑双梁相比，梯形支撑双梁与谐振微梁接触端宽度 D 对谐振器件品质因子的影响要小得多，对谐振器件的锚点耗散可以忽略不计；随着支撑梁轴向长度 L_{tether} 增大，两种支撑结构器件的品质因子都会随之增大，π 形支撑双梁结构器件的品质因子增长幅度较大。

表 5-8　不同锚点结构有限元模型和结构参数

结构与参数	π 形支撑双梁结构	梯形支撑双梁结构
结构特点	在谐振微梁两固支端分别增加两根支撑梁，两根支撑梁合在一起形如字母 π	两根支撑梁之间有一定夹角 θ，通过调整夹角大小调整谐振器固有频率和锚点处的能量耗散，结构简单
有限元模型		
结构示意图		
品质因子		

　　为了对比说明声子晶体带锚点结构可以有效地减少能量耗散，提高环形谐振器的品质因子，图 5-43 给出了三种不同锚点结构设计的 SEM 图片及其应变能分布[57]，相比均匀梁锚点结构，声子晶体带锚点结构中的应变能主要聚集在谐振器固支端附近，很少能量传播到基底部分，能量耗散较少，大大提高了谐振器件的品质因子，结果对比如表 5-9 所示。

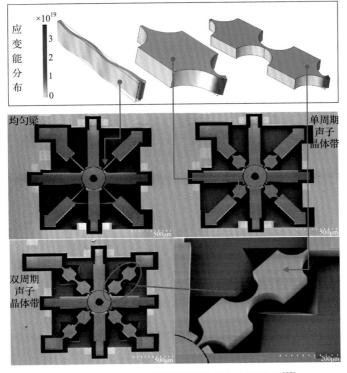

图 5-43 不同锚点结构设计及其应变能分布[57]

表 5-9 不同锚点结构情况下环形谐振器的品质因子对比

品质因子类型	均匀梁	声子晶体带	
		单周期	双周期
平均品质因子 $\bar{Q}$	2.95×10^5	3.59×10^5	3.95×10^5
最大品质因子 Q_{max}	4.13×10^5	4.48×10^5	5.23×10^5

5.9.3 体模态谐振器支撑损耗

在 MEMS/NEMS 谐振器中，相比于弯曲模态梁式谐振器，体模态谐振器具有储存更多振动能量的能力，能够部分弥补由于微器件体积小而储能不足的缺点。弯曲模态梁式谐振器因其弯曲方向刚度有限，谐振频率相对较低，频率分辨率上也存在一定的限制，而体模态谐振器刚度很大，谐振频率可以达到百兆赫兹甚至吉赫兹范围，在无线通信系统的电子滤波器、基准振荡器等领域有着巨大的应用潜力。

1. 圆盘体模态谐振器

类似于梁式谐振器，圆盘结构的径向振动变形使支撑梁随之振动而产生变形，如图 5-44 所示，圆盘变形所产生的位移会通过支撑梁向下传递，进而在支撑梁与基底的交界区域产生正应力，这个应力作为激励源进而诱导出弹性波，弹性波通过基底向无穷远处传播并逐渐产生能量耗散，这部分能量的耗散就是锚点的能量耗散。

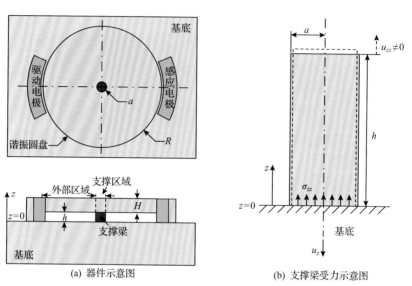

(a) 器件示意图   (b) 支撑梁受力示意图

图 5-44　中心支撑圆盘体模态谐振器

1) 建模与机理分析

为了定量分析圆盘谐振器的锚点能量耗散，将支撑结构看成半无限大介质，首先求出支撑梁与基底接触区域的均布正应力和该方向的位移，然后应用应力及位移的乘积在一个周期内的积分来得到锚点能量耗散值，进而求得锚点耗散的品质因子。圆盘径向体模态振动的节点位于其中心处，在这个节点处设置支撑梁，可以使谐振圆盘与支撑梁之间的相互作用很小，最大限度地降低能量的耗散。图 5-44 为一个中心支撑圆盘谐振器及支撑梁受力示意图，谐振圆盘的半径为 R，厚度为 H，支撑梁的半径为 a，高度为 h。假设谐振圆盘材料均匀且各向同性，并且处于平面应力状态(即振动变量不依赖于谐振圆盘的厚度)。

如图 5-44 所示，在谐振圆盘上有两个区域：一个是支撑区域，该区域位于支撑梁的上方；另一个是外部区域，该区域位于支撑区域外部。支撑梁中轴线与谐振圆盘对齐，因为支撑区域远小于外部区域，所以可以将谐振圆盘看成全部由多晶金刚石组成来建模，计算其振动变量。假设自由边缘谐振圆盘径向体模态振动只在径向方向有位移[58]，即

$$U_p(r) = A_p \times \mathrm{J}_1\left(\lambda_p \frac{r}{R}\right) \tag{5-205}$$

式中， A_p 为 p 阶体模态振动幅值； J_1 为第一类贝塞尔函数； λ_p 为 p 阶径向体模态的频率参数。

共振频率可以表示为

$$\omega_p = \frac{\lambda_p}{R} \times \sqrt{\frac{E_d}{\rho_d(1-\upsilon_d^2)}} \tag{5-206}$$

式中， ρ 为质量密度； E 为杨氏模量； υ 为泊松比。下标 d、s 和 sub(s 和 sub 后文会提到)分别代表谐振圆盘、支撑梁和基底。

由此可得， p 阶径向体模态谐振器储存的最大振动能量为

$$W_p = \frac{\pi}{2} \frac{E_d}{1-\upsilon_d^2} HA_p^2 \Sigma_p \tag{5-207}$$

式中， Σ_p 为 p 阶径向模态积分常数， $\Sigma_p = \lambda_p^2 \left[J_1^2(\lambda_p) - J_0(\lambda_p) J_2(\lambda_p) \right]$ 。

谐振圆盘中心为节点，其径向和周向的位移均为零，但是面内的径向运动会导致圆盘体积的改变，进而在垂直于圆盘平面的方向上产生位移 u_{zz} ，如图 5-44(b)所示。

在垂直圆盘盘面方向上的应变可写为

$$\varepsilon_{zz} = -\frac{\upsilon}{E}(\sigma_{rr} + \sigma_{\theta\theta}) \tag{5-208}$$

式中， σ_{rr} 和 $\sigma_{\theta\theta}$ 分别为径向和周向正应力，且 $\sigma_{rr} = \dfrac{E_d}{1-\upsilon_d^2}\left(\dfrac{\partial u_r}{\partial r} + \upsilon_d \dfrac{u_r}{r}\right)$ 和 $\sigma_{\theta\theta} = \dfrac{E_d}{1-\upsilon_d^2}\left(\upsilon_d \dfrac{\partial u_r}{\partial r} + \dfrac{u_r}{r}\right)$ ，其中 $u_r = U_p(r) \mathrm{e}^{\mathrm{i}\omega_p t}$ 是 p 阶径向体模态振动的径向位移。

因此，圆盘垂直应变 ε_{zz} 的表达式可写为

$$\varepsilon_{zz} = -\frac{\upsilon_d}{1-\upsilon_d}\left(\frac{\lambda_{pd} A_p J_0(\lambda_{pd} r / R)}{R}\right) \tag{5-209}$$

式中， λ_{pd} 为圆盘 p 阶径向体模态的频率参数。方程(5-209)仅适用于外部区域，因为只有外部区域的振动才可以由方程(5-205)描述。整个圆盘谐振器的共振频率和振动能量可以由式(5-206)和式(5-207)推导得出。

支撑区域的振型决定了谐振圆盘与支撑梁接触区域的垂直位移，在支撑梁与基底接触的区域内($r \leqslant a$)对正应力进行积分，可得作用于基底上的力为

$$F_{zz} = \int_0^a \sigma_{zz} 2\pi r \mathrm{d}r = \int_0^a \Pi \mathrm{J}_0\left(\frac{\lambda_{1s} r}{a}\right) 2\pi r \mathrm{d}r = \Pi 2\pi a^2 \frac{\mathrm{J}_1(\lambda_{1s})}{\lambda_{1s}} \tag{5-210}$$

式中，

$$\Pi = -\frac{E_s \upsilon_{\mathrm{d}}}{1-\upsilon_{\mathrm{d}}}\left[\frac{\pi H \lambda_{p\mathrm{d}} A_p \mathrm{J}_0(\lambda_{p\mathrm{d}} a / R)}{R \lambda_{1s} \mathrm{J}_0(\lambda_{1s}) \sin(2\pi h / \lambda_s)}\right]$$

其中 λ_{1s} 为支撑区域（$r \leqslant a$）一阶径向模态的频率参数，A_p 为外部区域的振幅，λ_s 为支撑梁内纵向弹性波的波长。

进一步假设正应力均匀分布于支撑梁与基底的接触区域，可推导出均匀分布的正应力表达式为

$$\bar{\sigma}_{zz} = \frac{2\pi E_s \upsilon_{\mathrm{d}}}{1-\upsilon_{\mathrm{d}}}\left[\frac{H \lambda_{p\mathrm{d}} A_p \mathrm{J}_0(\lambda_{p\mathrm{d}} a / R)}{R \lambda_{1s} \lambda_s \sin(2\pi / \lambda_s \cdot h)}\right]\left(\frac{\mathrm{J}_1(\lambda_{1s})}{\mathrm{J}_0(\lambda_{1s})}\right) \tag{5-211}$$

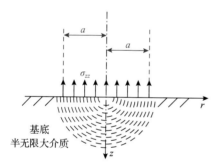

图 5-45　中心支撑梁应力分布示意图

支撑梁的纵向振动激起弹性波向基底传播，将基底建模为半无限大介质，如图 5-45 所示，基底运动可以用弹性波理论来描述[59]：

$$\frac{\partial^2 \Omega}{\partial z^2} + \frac{\partial}{\partial r}\left[\frac{1}{r}\frac{\partial(r\Omega)}{\partial r}\right] + \frac{\omega^2}{c_{\mathrm{T}}^2}\Omega = 0 \tag{5-212}$$

$$\frac{\partial^2 \Delta}{\partial z^2} + \frac{1}{r}\frac{\partial}{\partial r}\left[r\frac{\partial \Delta}{\partial r}\right] + \frac{\omega^2}{c_{\mathrm{L}}^2}\Delta = 0 \tag{5-213}$$

假设 $u(r,z,t) = \mathrm{e}^{\mathrm{i}\omega t}(u_r r + u_z z)$，$u_r$ 和 u_z 分别是沿 r 轴和 z 轴的位移，定义参数：

$$\Delta = \frac{1}{r}\frac{\partial}{\partial r}(ru_r) + \frac{\partial u_z}{\partial z}, \quad \Omega = \frac{\partial u_r}{\partial z} - \frac{\partial u_z}{\partial r}$$

波的纵向传播速度和横向传播速度分别为

$$c_{\mathrm{L}} = \sqrt{\frac{E_{\mathrm{sub}}(1-\upsilon_{\mathrm{sub}})}{\rho_{\mathrm{sub}}(1+\upsilon_{\mathrm{sub}})(1-2\upsilon_{\mathrm{sub}})}}, \quad c_{\mathrm{T}} = \sqrt{\frac{E_{\mathrm{sub}}}{2\rho_{\mathrm{sub}}(1+\upsilon_{\mathrm{sub}})}}$$

由此可得，z 方向的正应力和切应力分别为

$$\frac{\omega^2}{\rho c_T^4}\sigma_{zz} = \frac{2}{r}\frac{\partial}{\partial r}\left(r\frac{\partial\Omega}{\partial z}\right) - \gamma^4\frac{\partial^2\Delta}{\partial z^2} - \frac{\gamma^2(\gamma^2-2)}{r}\frac{\partial}{\partial r}\left(r\frac{\partial\Delta}{\partial r}\right) \tag{5-214}$$

$$\frac{\omega^2}{\rho c_T^4}\sigma_{rz} = \frac{\partial}{\partial r}\left(\frac{1}{r}\frac{\partial(r\Omega)}{\partial r}\right) - \frac{\partial^2\Omega}{\partial z^2} - 2\gamma^2\frac{\partial^2\Delta}{\partial r\partial z} \tag{5-215}$$

式中，$\gamma = c_L / c_T$ 为纵向波速和横向波速的比值。

如上所述，锚点耗散计算主要依赖于支撑梁与基底接触区域正应力及位移 u_z，为求得其具体表达式，由汉克尔变换可得 $r \leqslant a$ 范围内沿 z 轴方向的位移表达式为

$$u_z(r) = \int_0^\infty \frac{\sqrt{\xi^2 - (\omega/c_1)^2}}{F(\xi)}\frac{\omega^2}{\rho c_T^4}\bar{\sigma}_{zz}a\mathrm{J}_1(\xi a)\mathrm{J}_0(\xi r)\mathrm{d}\xi \tag{5-216}$$

由谐振圆盘振动引起的能量耗散 $\Delta W = \pi\int_0^a \bar{\sigma}_{zz}u_z(r)2\pi r\mathrm{d}r$ 可推导得到

$$\Delta W = \pi\bar{\sigma}_{zz}\bar{u}_z(z) = \pi^2\bar{\sigma}_{zz}^2 a^4 \frac{c_1\omega}{2\rho c_T^4}\Omega \tag{5-217}$$

式中，

$$\Omega = \int_0^\infty \frac{\sqrt{\zeta^2-1}}{(2\zeta^2-\gamma^2)^2 - 4\zeta^2\sqrt{\zeta^2-\gamma^2}\sqrt{\zeta^2-1}}\zeta\mathrm{d}\zeta, \quad \zeta = \xi c_1/\omega$$

根据品质因子定义式，可推导出中心支撑圆盘谐振器锚点耗散的品质因子为[60]

$$Q_{\mathrm{anchor}} = C_p \frac{\Sigma_p c_{1s}^2 \lambda_{1s}^2 2\rho_{\mathrm{sub}}c_T^4\rho_d^{3/2}}{[E_s\upsilon_d/l-\upsilon_d]^2 c_1\lambda_{pd}^5[E_d/(1-\upsilon_d^2)]^{1/2}\Omega}\left(\frac{\mathrm{J}_0(\lambda_{1s})}{\mathrm{J}_1(\lambda_{1s})}\right)^2 \frac{R^5\sin^2(2\pi/\lambda_s\cdot h)}{a^4 H\mathrm{J}_0^2(\lambda_{pd}a/R)} \tag{5-218}$$

式中，c_{1s} 为支撑梁中纵波的波速；C_p 为 p 阶径向体模态的最佳拟合系数，一般由试验得到。

2) 理论分析与有限元仿真

为了验证以上理论建模与求解方法的合理性和可靠性，同样应用完美匹配层方法来模拟。图 5-46 为圆盘体模态谐振器有限元模型及其工作模态仿真云图。将基底和完美匹配层均建模为半球形(图 5-46(a))，使弹性波垂直入射，能够最大限度地被吸收，这样所得结果就更准确。图 5-46(b) 为三维有限元模型示意图。图 5-46(c) 和(d) 为有限元仿真得到的位移变化云图，由图 5-46(c) 可以看到基底中波的传播过程，波在进入完美匹配层后迅速衰减。图 5-46(d) 为该谐振器在同一体模态下的三维云图。

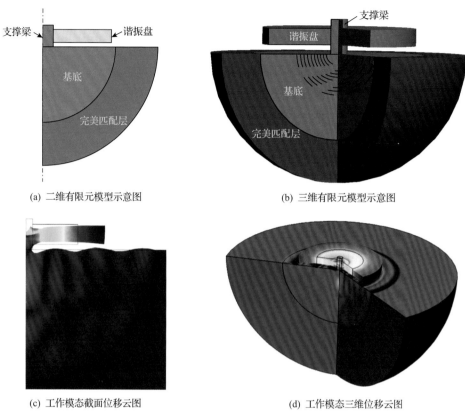

(a) 二维有限元模型示意图　　　　　　(b) 三维有限元模型示意图

(c) 工作模态截面位移云图　　　　　　(d) 工作模态三维位移云图

图 5-46　圆盘体模态谐振器有限元模型及工作模态仿真云图

表5-10列出了理论解析解和由完美匹配层方法仿真得到的固有频率和品质因子，从表中可以看出，对于不同结构参数情况下的圆盘体模态谐振器，两种方法所得固有频率相差不大。

表 5-10　谐振器固有频率和品质因子结果对比

谐振圆盘半径/μm	支撑半径/μm	固有频率 f/Hz		品质因子 Q	
		解析解	仿真结果	解析解	仿真结果
12	0.8	455.8	449.2	28698	23063
11	1	495.6	486.9	9075	9668
11	0.8	497.6	489.4	22032	21767
10	1	547.2	534	6793	8659
10	0.8	545.9	537.2	16481	20206
8.5	0.85	639.2	628.1	7883	8851
8	1	681.7	661.1	3444	4681

2. 方形体模态谐振器

方形体模态谐振器因具有谐振频率高、工作寿命长、能量利用率高、功率处理能力强等特点,已成为备受关注的一种体模态谐振器,其常见工作模式有两种:Lame 模式和 SE(square extensional)模式。两种工作模式的谐振频率不同,需要的激励装置也有较大差别。

1) Lame 模式

Lame 模式下,相邻方板边缘反向振动,同时方板体积保持不变,支撑梁置于方板四角的振型节点处。假设方板材料均匀且各向同性,方板边长 L 远大于厚度 h,则可将方板看成平面应力下的薄板模型,其共振频率为

$$f_{\text{Lame}} = \frac{n}{\sqrt{2}L}\sqrt{\frac{G}{\rho}} \tag{5-219}$$

式中, n 为模态阶数; G 为切变模量, $G = E/[2(1+\upsilon)]$, E 为杨氏模量, υ 为泊松比; ρ 为材料密度。

Lame 模式方形体模态谐振器的工作激励装置及其工作模态如图 5-47 所示,器件工作时,方板四个角支撑梁的弯曲变形诱导出锚点处的剪切应力,从而激励起弹性波,产生锚点耗散。对放置于真空环境中的 Lame 模式方形体模态谐振器,锚点耗散是其主要的能量耗散形式,该直梁结构谐振器件的固有频率为 36.323MHz,品质因子为 1.41797×10^6。

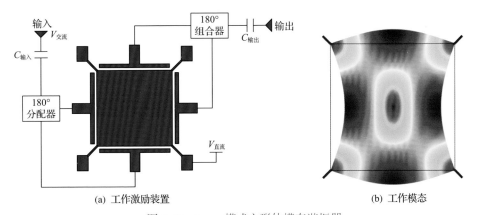

(a) 工作激励装置　　　　　　　　　　　(b) 工作模态

图 5-47　Lame 模式方形体模态谐振器

为了说明通过支撑结构设计可以降低锚点耗散、提高器件的品质因子,表 5-11 给出了三种不同支撑梁结构设计,可明显看出与直梁结构谐振器件的品质因子相比,这三种支撑结构谐振器件的品质因子提高了 2~3 倍。

表 5-11　不同支撑梁结构谐振器特性对比

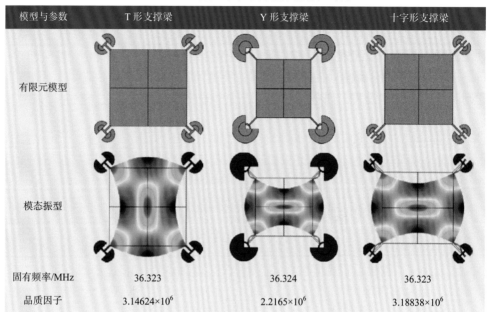

模型与参数	T 形支撑梁	Y 形支撑梁	十字形支撑梁
固有频率/MHz	36.323	36.324	36.323
品质因子	3.14624×10^6	2.2165×10^6	3.18838×10^6

2）SE 模式

SE 模式方形体模态谐振器的工作激励装置及其工作模态如图 5-48 所示。SE 模式下，相邻的方板边缘同向振动，刚度较大，谐振频率较高，支撑梁同样置于方板四角。同样假设方板材料均匀且各向同性，方板的边长 L 远大于厚度 h，其共振频率为

$$f_{\mathrm{SE}} = \frac{1}{2L} \sqrt{\frac{E}{\rho(1-\upsilon)} \left[1 + \left(1 - \frac{8}{\pi^2} \right) \left(\frac{\upsilon}{\upsilon - 1} \right) \right]} \tag{5-220}$$

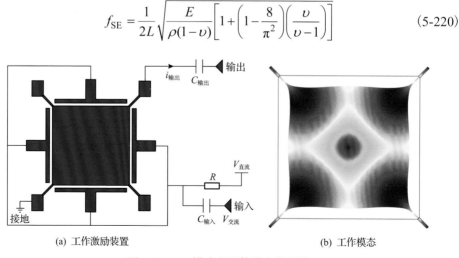

(a) 工作激励装置　　　　　　　　　(b) 工作模态

图 5-48　SE 模式方形体模态谐振器

5.10 声子隧道效应

如果仅考虑环境因素对谐振器能量耗散的影响,假设环境因素和谐振子的热系综具有一定的线性耦合关系,波的传播可用环境力谱密度 $I(\omega)$ 来描述,且器件的品质因子与温度无关,则布朗运动方程为[61]

$$\ddot{\hat{X}}_R + \int_0^t dt' \gamma(t-t')\dot{\hat{X}}_R(t') + \omega_R^2 \hat{X}_R(t) = \hat{\xi}(t) \tag{5-221}$$

式中, $\hat{X}_R$ 为正则坐标; $\gamma(t)$ 为对称耗散核; $\hat{\xi}(t)$ 为环境噪声; ω_R 为共振频率。该运动方程的解完全由环境力谱密度 $I(\omega) = \omega \int_{-\infty}^{+\infty} dt \gamma(t) e^{i\omega t}/(2\omega_R)$ 确定,品质因子 Q 可近似求得,即

$$\frac{1}{Q} = \frac{I(\omega_R)}{\omega_R} \tag{5-222}$$

该近似式中, $I(\omega_R)$ 值仅与谱密度相关,采用声子隧道方法可推导出支撑损耗的表达式为[62]

$$\frac{1}{Q} = \frac{\pi}{2\rho_s \rho_R \omega_R^3} \int_q \left| \int_S d\bar{S} \cdot (\sigma_q^{(0)} \cdot \vec{u}_R' - \sigma_R' \cdot \vec{u}_q^{(0)}) \right|^2 \times \delta[\omega_R - \omega(q)] \tag{5-223}$$

式中, σ_R' 和 $\vec{u}_R'$ 分别为与正则化谐振器模态相关的应力和位移域; $\sigma_q^{(0)}$ 和 $\vec{u}_q^{(0)}$ 为与支撑(锚点)模态(特征频率 $\omega(q)$)相关的类似域; ρ_s 和 ρ_R 分别为支撑基底和谐振结构材料的密度; $\bar{S}$ 为接触面积。

表5-12给出了采用此近似公式推导得到的梁式和单壁碳纳米管谐振器品质因子的一般表达式,其中 σ_G 为石墨烯的表面密度, E_s 和 E_b 分别为支撑和谐振结构材料的杨氏模量, k_n 和 C_n 均为共振波矢量系数,且 $k_n = \omega^{-1}(\omega_n)$,压缩和扭转模式下 $C_n = 1$,纵向和横向弯曲模式下 $C_n = [\tanh^2(k_n L/2)]^{(-1)^n}$ 。

表 5-12 谐振器品质因子的一般表达式

模式	谱密度 $I_n(\omega)$	梁结构 $Q_n(L,w,t)$ (悬臂型 $\delta=1$;固支型 $\delta=2$)	单壁碳纳米管 $Q_n(L,R)$ (悬臂型 $\delta=1$;固支型 $\delta=2$)
压缩	$\dfrac{\omega}{Q_n}$	$\dfrac{0.88}{\pi\delta}\dfrac{L^2}{wt}\dfrac{1}{n+(\delta/2)}$	$\dfrac{0.14}{\pi\delta}\sqrt{\dfrac{\sigma_G}{h\rho_s}\left(\dfrac{E_s}{E_b}\right)^3}\dfrac{L^2}{hR}\dfrac{1}{n+(\delta/2)}$

续表

模式	谱密度 $I_n(\omega)$	梁结构 $Q_n(L,w,t)$ （悬臂型 $\delta=1$；固支型 $\delta=2$）	单壁碳纳米管 $Q_n(L,R)$ （悬臂型 $\delta=1$；固支型 $\delta=2$）
扭转	$\dfrac{\omega^3}{Q_n\omega_n^2}$	$\dfrac{4.1}{\pi^3\delta}\dfrac{L^4 w^2}{t^6}\dfrac{1}{[n+(\delta/2)]^3}$	$\dfrac{2.3}{\pi^3\delta}\sqrt{\dfrac{\sigma_G}{h\rho_s}}\left(\dfrac{E_s}{E_b}\right)^5\dfrac{L^4}{hR^3}\dfrac{1}{[n+(\delta/2)]^3}$
纵向弯曲	$\dfrac{\omega}{Q_n}$	$\dfrac{3.9}{\pi^4\delta C_n}\dfrac{L^5}{wt^4}\left(\dfrac{3\pi}{2k_nL}\right)^4$	$\dfrac{0.043}{\pi^4\delta C_n}\sqrt{\dfrac{\sigma_G}{h\rho_s}}\left(\dfrac{E_s}{E_b}\right)^3\dfrac{L^5}{hR^4}\left(\dfrac{3\pi}{2k_nL}\right)^4$
横向弯曲	$\dfrac{\omega}{Q_n}$	$\dfrac{3.9}{\pi^4\delta C_n}\dfrac{L^5}{tw^4}\left(\dfrac{3\pi}{2k_nL}\right)^4$	$\dfrac{0.043}{\pi^4\delta C_n}\sqrt{\dfrac{\sigma_G}{h\rho_s}}\left(\dfrac{E_s}{E_b}\right)^3\dfrac{L^5}{hR^4}\left(\dfrac{3\pi}{2k_nL}\right)^4$

2011 年，Cole 等[63]报道了梁式 MEMS 谐振器中声子隧道效应引起的能量耗散，如图 5-49 所示，随着辅助支撑梁位置的改变，支撑锚点引起的能量耗散也会发生变化，当谐振器在两端固支时，由声子隧道效应导致的能量耗散最大，当谐振器固支于其节点位置时，相应的支撑能量损耗最小。此外，产生于碳纳米管及其支承基体间的声子隧道能量耗散得到了广泛关注[64, 65]。支撑损耗虽然可以通过优化结构设计加以改进，但是谐振器件多数需要安置在一定结构上，支撑损耗是不可避免的[49, 50]。在研究方法方面，主要采用基于弹性波辐射问题的直接解法，或者基于完全吸收任意边界的仿真方法，也有利用有限元法和哈密顿简谐函数法来推导计算其布朗运动的量子模型。

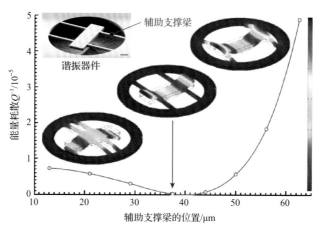

图 5-49　微梁谐振器中声子隧道效应引起的能量耗散

5.11　表 面 耗 散

随着谐振器结构尺寸的缩小，其表面积和体积之比越来越大，器件品质因子

Q 会逐渐减小，相应的表面效应引起的能量损耗将会增大，主要由表面吸附、表面缺陷、表面杂质与表面粗糙度、表面张力等因素引起的表面损耗显得非常突出[66-69]，如图 5-50 所示硅基纳米线谐振器品质因子随着比表面积增大的变化规律[70]。在各种能量耗散形式中，表面损耗的物理机制最为复杂，且对谐振器动态性能的影响不可忽视，研究难度也最大，目前研究过程中采用最多的是唯象模型，该模型将表面损失模拟为一个弛豫过程，但是针对表面能和表面应力如何影响表面能量损耗方面研究相对较少。

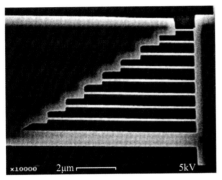

(a) 不同长度的硅基纳米线谐振器

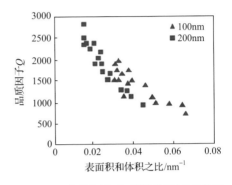

(b) 品质因子与表面积和体积之比的关系

图 5-50　不同长度的硅基纳米线谐振器品质因子与表面积和体积之比的关系[70]

5.11.1　表面层

为了更好地认识表面耗散机理，以振动微悬臂梁为例，根据唯象理论，假设悬臂梁(长度为 l，宽度为 w，厚度为 t)具有一定的表面层厚度 δ、复数体弹性模量和复数表面层弹性模量，即

$$E = E_1 + \mathrm{i}E_2 , \quad E^\mathrm{S} = E_1^\mathrm{S} + \mathrm{i}E_2^\mathrm{S} \tag{5-224}$$

式中，E_1 为常规弹性模量；E_2 为耗散弹性模量，且与 E_1 相比很小。

当悬臂梁做简谐振动时，系统储存的能量为

$$W_0 = \int_V \mathrm{d}V \int_0^{\varepsilon_\mathrm{m}} \sigma_\mathrm{L} \mathrm{d}\varepsilon = \frac{1}{2} \int_V E_1 \varepsilon_\mathrm{m}^2(r) \, \mathrm{d}V \tag{5-225}$$

式中，σ_L 为纵向应力；$\varepsilon_\mathrm{m}(r)$ 为峰值应变，且其值依赖于悬臂梁的几何结构和振动模态振型，对于矩形截面悬臂梁，$\varepsilon_\mathrm{m}(r) = 2z\varepsilon_\mathrm{max}(x)/t$，其中 x 和 z 分别为沿长度和厚度方向的变量，ε_max 为梁的上表层或下表层的应变。

由此可得，一个周期内振动的能量为

$$W_0 = \frac{1}{6} wt E_1 \int_0^l \varepsilon_{\max}^2(x)\,\mathrm{d}x \tag{5-226}$$

接下来讨论能量耗散，对于体损耗机制，一个完整周期内的能量损耗可写为

$$\Delta W_V = \int_V \mathrm{d}V \oint \sigma_L \mathrm{d}\varepsilon \tag{5-227}$$

表面层厚度引起的每周期内的能量耗散为

$$\Delta W_S = \pi \int_V E_2^S \varepsilon_m^2(r)\,\mathrm{d}V \tag{5-228}$$

式中所涉及的积分体积仅限于表面层，假设表面层厚度 δ 远小于悬臂梁尺寸，则对式(5-228)积分得

$$\Delta W_S = 2\pi \delta E_2^S \left(w + \frac{t}{3}\right) \int_0^l \varepsilon_{\max}^2(x)\,\mathrm{d}x \tag{5-229}$$

弹性模量是复数，使得应变与应力之间有一定的相位差，同时虚部决定损耗的大小，由式(5-226)和式(5-229)可得，体和表面损耗分别对应的品质因子为

$$Q_{\text{Volume}} = \frac{E_1}{E_2} \tag{5-230}$$

$$Q_{\text{Surface}} = \frac{wt}{2\delta(3w+t)} \frac{E_1}{E_1^S} Q_S \tag{5-231}$$

式中，Q_S 为包括材料表面层影响的品质因子，且 $Q_S = E_1^S / E_2^S$。

对于细宽悬臂梁($t \ll w$)，表面损耗对应的品质因子可简化为

$$Q_{\text{Surface}} = \frac{t}{6\delta} \frac{E_1}{E_1^S} Q_S \tag{5-232}$$

由式(5-232)可知，表面损耗对悬臂梁厚度和表面层厚度具有很强的依赖性；同时，为了定量对比不同悬臂梁几何结构和材料的差异，Yasumura 等[51]引入"损耗参数"，即

$$\gamma_{\text{loss}} = 0.246 \frac{wt^2}{lQ} (E\rho)^{1/2} \tag{5-233}$$

该参数适用于梁振动的一阶弯曲模态，对于更复杂的结构，必须考虑刚度系数和谐振频率的影响。

虽然表面层对悬臂梁的储存能量影响不是剧烈的，但它会加剧能量耗散，Ergincan 等[71]研究微悬臂梁谐振器的能量耗散机理时，主要探讨了热弹性阻尼、支撑损耗和表面损耗三种内禀耗散机制，即 $\frac{1}{Q_{\text{int}}} = \frac{1}{Q_{\text{TED}}} + \frac{1}{Q_{\text{clamp}}} + \frac{1}{Q_{\text{surface}}}$，不同能量耗散机制会引起器件品质因子的复杂变化，尤其是悬臂梁表面面积对品质因子的影响较大，此时表面损耗的表达式可写为

$$\frac{1}{Q_{\text{Surface}}} = \frac{2\delta(3w+h)}{wt} \frac{E_1^S}{E_1} \tag{5-234}$$

式中，δE_1^S 乘子的平均值可根据内禀耗散机制推导得到：①对于无修饰表面悬臂梁，$\langle \delta E_1^S \rangle \sim 0.9$；②$\delta E_1^S$ 变化范围为 $0.7 \sim 1.1$。图 5-51 给出了悬臂梁谐振器的功率谐密度分布，对比了无修饰-光滑表面和 FIB 修饰-粗糙表面两种情况，由此密度谱可以换算出器件的品质因子，可看出粗糙表面明显会使器件的品质因子下降。

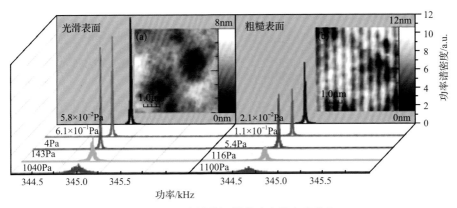

图 5-51 悬臂梁谐振器的功率谐密度分布

5.11.2 表面化学效应

MEMS 谐振器的品质因子常常受到表面化学状态(终端(termination))支配。以桨式 MEMS 谐振器为对象，Richter 等[72]总结了器件品质因子对复杂表面化学效应的依赖性，如图 5-52 所示，完全或部分氧化表面会导致品质因子下降，氧化缺陷会增大品质的能量耗散，相比而言，谐振器表面终端采用单分子层涂层(如乙基、十二烷基、甲基、氢等)时，具有相对较高的品质因子。

为了稳定无氧化物表面并长时间保持较低的机械损耗，可以采用不同的表面化学改性方法，如图 5-53 所示热氮化、硅氢加成反应(气相和液相)等方法[73]。图 5-54 对比分析了氢单分子层和超薄氧化层终端处理后桨式MEMS谐振器的扭转模式响应

曲线，两种表面终端处理都使谐振器产生剧烈共振，氧化处理会使谐振器的品质因子急剧下降，因此不同的表面化学终端处理会给谐振器带来非常不确定的能量损耗，严重影响器件的性能。

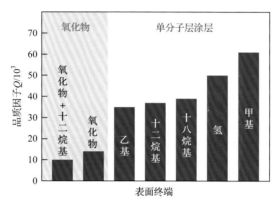

图 5-52　不同表面终端效应作用下桨式 MEMS 谐振器品质因子对比[72]

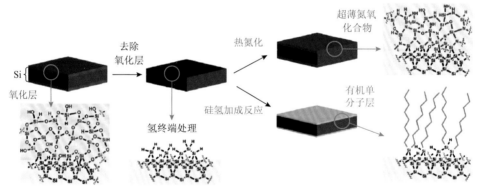

图 5-53　表面化学改性方法(热氮化和硅氢加成反应)[73]

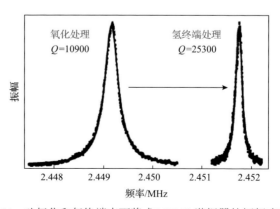

图 5-54　硅氧化和氢终端表面桨式 MEMS 谐振器的幅频响应[74]

由于非常小的共振频率漂移都易于检测，共振频率对化学效应是灵敏的，氧化物引起的频率漂移定义为[72]

$$\frac{\Delta f}{f} = \frac{f^{\mathrm{H}} - f^{\mathrm{ox}}}{f^{\mathrm{H}}} \tag{5-235}$$

式中，上标 H 和 ox 分别为氢终端和氧化终端处理后的桨式谐振器，由式(5-1)可知，谐振器的品质因子为[74]

$$Q = 2\pi \frac{W_0}{\Delta W} = \sqrt{1 + \sqrt{2}} \frac{f}{\Delta f} \tag{5-236}$$

为了对比分析不同表面终端处理引起的表面化学能量耗散机制，将氢终端处理作为基准表面，谐振器的品质因子为

$$Q^{\mathrm{H}} = 2\pi \frac{W_0}{\Delta W}, \quad Q^{\mathrm{ox}} = 2\pi \frac{W_0}{\Delta W + \varepsilon_{\mathrm{ox}}} \tag{5-237}$$

式中，$\varepsilon_{\mathrm{ox}}$ 为氧化引起的能量损耗；ΔW 为氢终端处理后谐振器的能量损耗，包括与桨尺寸无关的支撑损耗和与谐振器总体积 V_{paddle} 呈比例关系的体积损耗。

由式(5-237)可知，相对品质因子之比为

$$\frac{Q^{\mathrm{H}}}{Q^{\mathrm{ox}}} = 1 + \frac{\varepsilon_{\mathrm{ox}}}{\Delta W} \tag{5-238}$$

该式表明，如果损耗均由表面化学效应所致，$\varepsilon_{\mathrm{ox}}$ 必与谐振器总表面面积 A_{surface} 呈比例关系，两者之间简单的尺度关联可表示为

$$\frac{Q^{\mathrm{H}}}{Q^{\mathrm{ox}}} = 1 + \frac{a_{\mathrm{surf}} A_{\mathrm{surface}}}{V_{\mathrm{paddle}} + b_{\mathrm{surf}}} \tag{5-239}$$

式中，a_{surf} 和 b_{surf} 均为尺度关联常数。式(5-239)也解释了为何大桨叶比小桨叶对由表面化学引起的品质因子变化更灵敏，图 5-55 也给出了相同的试验测试结论，

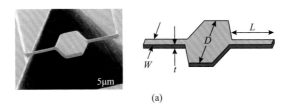

(a)

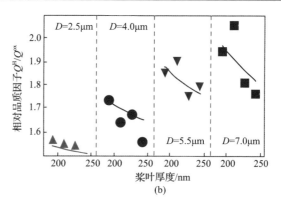

图 5-55   硅氧化和氢终端表面桨式 MEMS 谐振器的相对品质因子关联[74]

硅氧化和氢终端表面处理后器件的相对品质因子具有尺度关联性，且随着尺寸的逐渐缩小，表面化学处理引起的损耗机制变得明显。因此，表面化学对提高MEMS/NEMS 谐振器性能、降低能量损耗具有重要作用。

5.11.3   界面耗散物理机制

对于多层结构谐振器件，界面损耗是最主要的能量耗散机制[75]，此处考虑的界面是多层谐振器中固体与固体之间形成的边界面，如图 5-56（a）所示，采用等离子体增强化学气相沉积法淀积的两个 SiGe 层之间形成的界面清晰可见[20]，振动能量在边界面处产生耗散，边界效应会使谐振器的品质因子下降，如图 5-56（b）所示，界面损耗直接影响多层结构谐振器的性能。

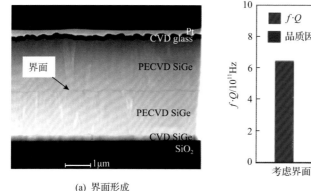
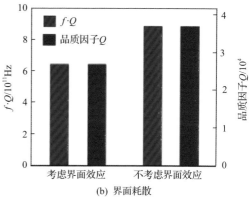

(a) 界面形成   (b) 界面耗散

图 5-56   多层结构谐振器界面耗散物理机制

Hao 等[76]从连续介质力学和材料科学中的固-固界面理论出发，分析了界面耗散的物理机制与数学描述，如图 5-57 所示。

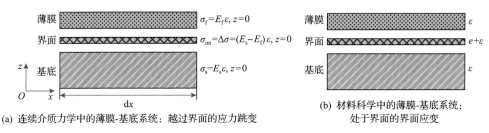

(a) 连续介质力学中的薄膜-基底系统：越过界面的应力跳变

(b) 材料科学中的薄膜-基底系统：处于界面的界面应变

图 5-57 固-固界面形成和薄膜-基底系统示意图

5.11.4 连续介质力学中的界面耗散

界面耗散的物理机制可以从连续介质力学角度来解释：多层结构谐振器在振动过程中会发生弹性变形，由于谐振器的各层堆叠在一起，两连续层界面形成的应变是协调的；同时，由于各层材料的杨氏模量不同，界面处会产生应力跳变，作为界面之间的作用力，这种应力跳变会导致界面滑移，谐振器界面耗散的部分能量会转换为热能。

图 5-57(a) 为基于连续介质力学理论建立的薄膜-基底系统，薄膜和基底形成的界面在 $z=0$ 处对齐，当薄膜-基底系统中产生面内时域谐波振动时，由于界面处的应变协调性，两个体域(bulk region)都会产生沿 x 轴方向的面内弹性应变 ε，根据连续介质力学中的固-固界面理论，在界面正上方和正下方的应力可分别写为

$$\sigma_f = E_f\varepsilon, \quad z = 0^+$$
$$\sigma_s = E_s\varepsilon, \quad z = 0^- \tag{5-240}$$

式中，E_f 和 E_s 分别为薄膜和基底的杨氏模量。

由于薄膜和基底的杨氏模量不同，会在越过界面处产生应力跳变，即

$$\Delta\sigma = \sigma_f - \sigma_s \tag{5-241}$$

作为作用力，这个应力跳变会在界面处引起界面滑移 u_{slip}，界面滑移的速度与应力跳变呈线性关系，即

$$\dot{u}_{slip} = \eta_1\Delta\sigma \tag{5-242}$$

式中，η_1 为与界面性质相关的常数。

由此，薄膜-基底系统的界面耗散可以用应力跳变和界面滑移来描述，即

$$\Delta W = \pi\int_A \Delta\sigma_0 \cdot u_{slip0}\mathrm{d}A \tag{5-243}$$

式中，$\Delta\sigma_0$ 和 u_{slip0} 分别为应力跳变和界面滑移的幅值；被积函数是包括整个界面面积的集合；π 是由时域谐波振动引起的。

5.11.5　材料科学中的界面耗散

界面耗散的物理机制也可以从材料科学的角度来解释：因为多层材料中的固相有不同的晶体结构，晶格错配和失配位错存在于多层材料的界面中，在器件振动过程中，多层材料会经历固相中的弹性变形，此弹性变形会引起界面应变使得两个相邻界面发生相对变形；因为该界面应变是界面内部结构的改变，是一个不可逆过程，且在界面处产生熵增，多层材料振动能量的一部分转化为热能，从而在界面处耗散。图 5-57(b) 为基于材料科学理论建立的薄膜-基底系统，因为两个固相具有不同的晶体结构(如压电薄膜与硅衬底黏合)，在两相之间形成一个半共格界面，因为界面相对于两个固相是极薄的，所以将界面视为一个没有质量/惯性的区域，半共格界面可以用其界面应力和界面自由能来表征。

根据半共格界面相关理论[77,78]，半共格界面处变形可用 e_{ij} 和 ε_{ij} 两个应变量来描述，应变 ε_{ij} 引起薄膜和衬底晶格间距的改变，应变 e_{ij} 引起界面内部结构的改变。给定在基底内的平面应变 e_{ij} 和薄膜内的平面应变 $e_{ij}+\varepsilon_{ij}$，界面内的参考面积可以定义为

$$A = A_0\left(1 + e_{ij}\delta_{ij} + \varepsilon_{ij}\delta_{ij}\right) \tag{5-244}$$

式中，A_0 为零应变时的界面面积($e_{ij}=0$ 和 $\varepsilon_{ij}=0$)；δ_{ij} 为 Kronecker 算子。

在此参考面积的基础上，第一界面应力 g_{ij} 定义为在界面处引入应变 de_{ij} 的界面功 $Ag_{ij}de_{ij}$；第二个界面应力 h_{ij} 可以定义为使界面变形 $d\varepsilon_{ij}$ 的界面功 $Ah_{ij}d\varepsilon_{ij}$，由此可得界面变形的总功 dw_{int} 为

$$dw_{int} = d(\gamma A) = A(g_{ij}de_{ij} + h_{ij}d\varepsilon_{ij}) \tag{5-245}$$

式中，界面自由能 γ 是通过设定形成界面 A 的功定义而来的，界面应变可用界面自由能来描述，即

$$g_{ij} = \gamma\delta_{ij} + \frac{\partial\gamma}{\partial e_{ij}}, \quad h_{ij} = \gamma\delta_{ij} + \frac{\partial\gamma}{\partial\varepsilon_{ij}} \tag{5-246}$$

根据材料科学的固-固界面理论，薄膜-基底系统在面内时域谐波振动作用下，两相中的弹性应变 ε 将引起界面应变 e，界面耗散可由与界面应力 g 所做的功计算得到，由此薄膜-基底系统中的界面耗散为

$$\Delta W = \pi\int_{area} g_0 e_0 dA \tag{5-247}$$

式中，g_0 和 e_0 分别为相应界面应力和界面应变的幅值；被积函数是跨过整个界面

面积的集合。

5.11.6 多层压电体谐振器的能量损耗

考虑如图 5-58 所示的压电式多层体谐振器(I 型和 II 型),I 型谐振器建模时可由一个硅结构层为基片、压电层为薄膜的薄膜-基底系统来描述;II 型谐振器建模时可由一个厚压电层及其两侧的两个薄金属层组成,压电层连同各金属层形成薄膜-基底系统。

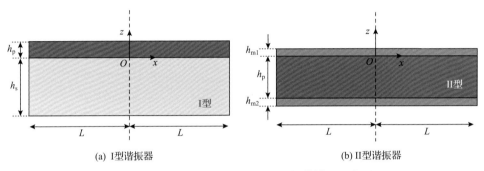

(a) I型谐振器   (b) II型谐振器

图 5-58　压电式多层体谐振器界面耗散模型示意图

下面应用前面所述薄膜-基底系统界面耗散机制,构建基于连续介质力学和材料科学理论的 I 型和 II 型谐振器界面耗散分析模型。

1. 基于连续介质力学理论的界面耗散分析模型

如图 5-58(a) 所示,压电薄膜和硅衬底在振动过程中均受到面内弹性应变($\partial u / \partial x$)作用,压电薄膜和硅衬底的面内应力可写为

$$\sigma_{\mathrm{p}} = E_{\mathrm{p}} \frac{\partial u}{\partial x}, \quad \sigma_{\mathrm{Si}} = E_{\mathrm{Si}} \frac{\partial u}{\partial x} \tag{5-248}$$

式中, E_{p} 和 E_{Si} 分别为压电薄膜和硅衬底的杨氏模量,由此越过界面的应力跳变为 $\Delta \sigma = \sigma_{\mathrm{p}} - \sigma_{\mathrm{Si}} = \Delta E \cdot \frac{\partial u}{\partial x}$, 其中 $\Delta E = E_{\mathrm{p}} - E_{\mathrm{Si}}$。

根据式(5-242),应力跳变引起的界面滑移为

$$u_{\mathrm{slip}} = \eta_1 \frac{\Delta E}{\omega} \frac{\partial u}{\partial x} \tag{5-249}$$

式中, ω 为体谐振器的频率;常数 η_1 主要由试验所得。

对于 I 型压电体谐振器,界面耗散表达式为

$$\Delta W = \frac{\pi b L}{2\omega} \Delta E^2 \cdot \eta_1 \cdot \frac{\omega^2 U_0^2}{C_L^2} \tag{5-250}$$

由此可得 I 型压电体谐振器中的界面耗散相关的品质因子为

$$Q_I = \frac{E_{Si}h_{Si} + E_p h_p + E_m h_m}{\Delta E^2 \eta_1} \cdot \omega = \frac{(i+1/2)\pi}{\Delta E^2 \eta_1 L} \frac{\left(E_{Si}h_{Si} + E_p h_p\right)^{3/2}}{\left(\rho_{Si}h_{Si} + \rho_p h_p\right)^{3/2}} \tag{5-251}$$

式中，E_m 和 h_m 分别为 I 型体谐振器金属层的杨氏模量和厚度。

同理，II 型压电体谐振器中的界面耗散相关的品质因子为

$$Q_{II} = \frac{E_{m1}h_{m1} + E_p h_p + E_{m2}h_{m2}}{\Delta E_1^2 \eta_1 + \Delta E_2^2 \eta_1} \omega \tag{5-252}$$

式中，下标 1 和 2 分别为与上、下金属层相关的参数。

2. 基于材料科学理论的界面耗散分析模型

如图 5-58(a) 所示，在体谐振器的压电薄膜和硅衬底之间形成半共格界面，振动过程中界面处的应变应满足协调性，压电薄膜中的应变和硅基底中的应变相等，即

$$\varepsilon_p = \varepsilon_{Si} = \frac{\partial u}{\partial x} \tag{5-253}$$

此外，在两固相弹性应变的作用下，界面处的失配位错发生改变，导致薄膜与基底界面处产生相对界面应变 e_r，假设界面应变 e_r 与弹性应变 $\partial u / \partial x$ 成正比，即 $e_r = \eta_2 \partial u / \partial x$，其中 η_2 是一个无量纲常数。

由于界面滑移 u_{slip} 和界面应变 e_r 满足关系 $\partial u_{slip} / \partial x = e_r$，界面应变 e_r 可写为

$$e_r = \eta_1 \frac{\Delta E}{C_L} \frac{\partial u}{\partial x} \tag{5-254}$$

式中，$\eta_1 = \eta_2 \dfrac{C_L}{\Delta E}$，弹性应变 $\partial u / \partial x$ 和界面应变 e_r 之间的线性关系假设与连续介质力学固-固界面理论是一致的。此外，假设界面应力 g_r 变化率与界面应变 e_r 呈正比关系，即

$$\dot{g}_r = \eta_3 e_r \tag{5-255}$$

由此可得，I 型体谐振器右半段的界面耗散为

$$\Delta W = \pi b \int_0^L g_0 e_0 \mathrm{d}x = \frac{\pi b}{\omega}\int_0^L \eta_3 e_0^2 \mathrm{d}x = \frac{\pi b L}{2\omega}\eta_3\eta_2^2\frac{\omega^2}{C_\mathrm{L}^2}U_0^2 \tag{5-256}$$

式中，$\eta_3 = C_\mathrm{L}^2/\eta_1$，由此可得界面应力 g_r 为

$$g_\mathrm{r} = \frac{\eta_3 e}{\omega} = \Delta\sigma\cdot\frac{C_\mathrm{L}}{\omega} \tag{5-257}$$

该界面应力 g_r 可用连续介质力学中的相关参数来描述，且 g_r 随着越过该界面的应力跳变而变化，基于前面材料科学中的相关公式，同样可以得到与式 (5-251) 和式 (5-252) 相同的 I 型和 II 型压电体谐振器品质因子的表达式。

5.12 两能级系统引起的能量耗散

5.12.1 两能级系统隧穿模型

在理想的晶体中，所有的原子或分子在晶格中只能占据一个许可的位形，而在非晶态固体中，与晶体格子对应的是无规的网络，可以有许多不同的位形，几乎所有的非晶态固体约在 1K 温度下，有定性上相似的行为，如随温度近似线性变化的比热容、大致与 T^2 成比例的热导率、复杂的弛豫性质等。

为了研究非晶态固体低温下比热容、热导率的反常行为，学者提出了许多理论模型，其中最具有代表性的是两能级系统 (two-level system，TLS) 隧穿模型，该模型包括以下几个基本假定[79]：在非晶态固体中，某些原子或一组原子至少有两个能量接近于简并态，且在两位形之间有一定的隧穿概率，形式上等价于在双势阱中运动的粒子，如图 5-59 所示；在非晶态固体中，隧穿模型中各参数无确定值，且会在较宽的范围内变化，最重要的假定是模型

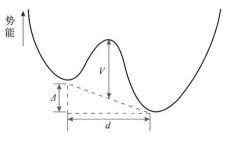

图 5-59 两能级系统隧穿模型示意图

中两势阱间小的能量差为 Δ (称为非对称度) 和隧穿参数 $\eta = d(2mV/\hbar^2)^{1/2}$ 是相互独立的，且单位体积两能级系统的态密度为常数，即

$$P(\Delta,\eta)\mathrm{d}\Delta\mathrm{d}\eta = \overline{P}\mathrm{d}\Delta\mathrm{d}\eta \tag{5-258}$$

其中，V 为势垒高度；d 为两势阱间的距离；m 为粒子质量；η 反映粒子在两势

阱间隧穿的难易程度。此外，在无序固体中，两能级系统的密度很低，一般不需要考虑它们之间的相互作用。

该模型不仅能解释 1K 以下非晶态固体表现出的很多独特的共性行为，还预言了一些新的非线性声学效应。对于一个能量分别为 0 和 Δ 的简单两能级系统，系统的能量 E 和比热容 c 可写为

$$E = \frac{\Delta e^{-\Delta/(k_B T)}}{1 + e^{-\Delta/(k_B T)}} \tag{5-259}$$

$$c = \frac{\partial E}{\partial T} = \frac{\Delta^2}{k_B T^2} \frac{e^{-\Delta/(k_B T)}}{(1 + e^{-\Delta/(k_B T)})^2} \tag{5-260}$$

式中，k_B 为玻尔兹曼常量；T 为热力学温度。

在低温范围内，机械损耗的产生主要源于两能级系统的存在，声子和两能级系统之间的相互作用包括共振吸收和弛豫吸收两种机制，此两种机制互不耦合、作用可叠加，而且作用量级和两能级系统的密度呈比例关系[80,81]，如表 5-13 所示。表中列出了声子和两能级系统相互作用下能量耗散 Q^{-1}、声速 $\Delta v_a / v_a$ 和温度、频率之间的相互关联，主要参数定义为 $C_D = n_0 D^2 / (\rho v_a^2)$，$C_M = n_0 M^2 / (\rho v_a^2)$，$\langle M^2 / v_a^5 \rangle_{av} = M_l^2 / v_{al}^5 + 2M_t^2 / v_{al}^5$，其中，下标 l 和 t 分别为纵向和横向声子偏振，$I \approx 5.72$，T_0 为任意参考温度，T_{co} 为弛豫渡越温度，k 为用于描述两能级系统和电子之间相互作用的无量纲耦合系数（$k \approx 0.0015$）。

表 5-13 声子和两能级系统相互作用下的能量耗散特性[80]

作用机制	能量耗散 (Q^{-1})	声速 $(\Delta v_a / v_a)$
共振吸收 $\omega \gg \tau_m^{-1}$	$C_M \tanh(\hbar\omega / (2kT))(1 + \varepsilon_0^2 / \varepsilon_c^2)^{-1/2}$	$C_M \ln(T / T_0)$
弛豫吸收 $\omega \gg \tau_m^{-1}$（$T < T_{co}$）	声子：$\dfrac{\pi^3 C_D}{24} \dfrac{\langle M^2 / v_a^5 \rangle_{av}}{\rho \hbar^3} \dfrac{k^3 T^3}{\hbar\omega}$ 电子：$\dfrac{\pi^3 C_D K^2}{24} \dfrac{kT}{\hbar\omega}$	$\dfrac{16 I C_D}{\pi^2 \rho \hbar^3} \dfrac{\langle M^2 / v_a^5 \rangle_{av}}{\rho \hbar^3} \dfrac{k^6 T^6}{\hbar^2 \omega^2}$
弛豫吸收 $\omega \gg \tau_m^{-1}$（$T > T_{co}$）	$\dfrac{\pi C_D}{2}$	$-\dfrac{3 C_D}{2} \ln\left(\dfrac{T}{T_0}\right)$

对于共振吸收情况，声子能量 $\hbar\omega$ 被两能级系统吸收，缓和一段时间 τ_1 后，引起能量的耗散和声速的变化，当无量纲应变 ε_0 大于某个临界应变 ε_c 时，所有的

能量级处于饱和状态且 $E \approx \hbar\omega$，此时吸引作用消失；对于弛豫吸收情况，声子可调节隧穿参数，该类吸收作用具有不同的温度依赖性，主要依据调节频率 ω 和给定的能级劈裂弛豫时间 τ_m 快慢来确定，当 $\omega \ll \tau_m^{-1}$ 时，处于高温度范围内，声子迅速弛豫足以紧跟应变的调制，此时能量耗散是恒定的；当 $\omega \gg \tau_m^{-1}$ 时，处于低温度范围内，在两能级系统和应变场之间存在不断变化的相位迟延，能量耗散和声速之间有很强的温度依赖性。

5.12.2 两能级系统引起的谐振器能量耗散

对于非晶态固体，声波在低温下的阻尼可以采用上述标准隧穿模型来表征，两能级系统会引起微纳机械器件的能量耗散[82-86]。Seoanez 等[82]基于标准两能级系统隧穿模型研究了非晶态表面引起的 NEMS 谐振器的振动衰减和能量耗散特性，推导得知弯曲模态下的能量耗散具有温度依赖性，即 $Q^{-1}(T) \sim T^{1/3}$，并对 MEMS/NEMS 谐振器中的振动能量耗散过程进行了理论修正和扩展[83]。

以悬臂梁 NEMS 谐振器为例[83]，如图 5-60 所示，假定由声子引起的应变效应会改变两能级系统的偏置 Δ_0^z 大小，两能级系统的哈密顿函数可写为

$$H = \sum_{k,j} \omega_{k,j} a_{k,j}^* a_{k,j} + \sum_{\Delta_0^x, \Delta_0^z} \left\{ \Delta_0^x \sigma_x + \left[\Delta_0^z + \sum_{k,j} \lambda_{k,j} (b_{k,j}^* + b_{k,j}) \right] \sigma_z \right\} \tag{5-261}$$

式中，指数 j 表示梁运动过程中弯曲、扭转和压缩等三种模态；a_k 为第 k 阶模态的湮没算符；b_k^* 为声子产生算符；ω_k 为第 k 阶模态能量；λ 为第 k 阶模态波长；Δ_0^x 为隧穿速率。

根据连续弹性理论[82,83]，压缩模态能量谱可写为 $J_{\text{comp}}(\omega) = \alpha_c |\omega|$，其中

$$\alpha_c = (\gamma \Delta_0^x / \Delta_0)^2 (2\pi^2 \rho t_h w)^{-1} (E_m / \rho)^{-3/2} \tag{5-262}$$

式中，γ 为耦合系数；$\Delta_0 = \sqrt{(\Delta_0^x)^2 + (\Delta_0^z)^2}$ 为两能级系统分裂；E_m 为材料弹性模量；ρ 为梁的密度；w 和 t_h 分别为梁的宽度和厚度。

同理可知，梁的扭转模态能量谱为 $J_{\text{torsion}}(\omega) = \alpha_t |\omega|$，其中

$$\alpha_t = C_t (\gamma \Delta_0^x / \Delta_0)^2 (8\pi^2 \mu_L \rho t_h w I_t)^{-1} (\rho I_t / C_t)^{1/4} \tag{5-263}$$

式中，$C_t = \mu_L t_h^3 w / 3$ 为 Lande 系数，$I_t = t_h^3 w / 12$。

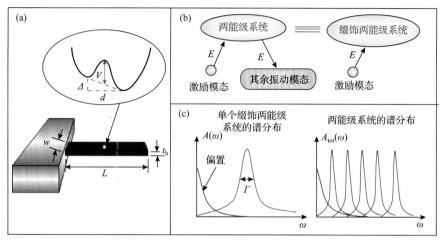

图 5-60　梁式谐振器振动模态和两能级系统相互作用示意图[83]

由于存在非线性耗散关系，梁的弯曲模态呈现亚欧姆(sub-Ohmic)行为，其能量谱为 $J_{\text{flex}}(\omega) = \alpha_b \sqrt{\omega_{co}} \sqrt{\omega}$，其中

$$\alpha_b \sqrt{\omega_{co}} = 0.3 \frac{\gamma^2}{t_h^{3/2} w} \frac{(1+\upsilon)(1-2\upsilon)}{E_m(3-5\upsilon)} \left(\frac{\rho}{E_m}\right)^{1/4} \tag{5-264}$$

式中，υ 为泊松比；$\omega_{co} \approx \sqrt{E_m I_y / (\rho t_h w)}(2\pi/t_h)^2$ 为弯曲模态的高能截断。

弯曲模态和两能级系统的相互作用是耦合的，当单一模态受外界激励时，该模态和两能级系统的耦合作用会引起不可逆的能量流通过两能级系统进入其余振动模态(图 5-60(b))。对于一个给定的两能级系统，其动力学行为可用傅里叶变换来表征，且谱函数 $A(\omega)$ 为

$$A(\omega) = \sum_n \left|\langle 0|\sigma_z|n\rangle\right|^2 \delta(\omega - \omega_n + \omega_0) \tag{5-265}$$

式中，$|n\rangle$ 表示两能级系统和振动系统的某个激励态。对于对称性两能级系统($\Delta_0^z = 0$)，当 $\Delta_0^x \ll \alpha_b^2 \omega_{co}$ 时，隧穿幅值基本上被抑制且两能级系统对耗散过程没有影响；在共振情况下($\omega = \Delta_0^x$)，出现较宽的共振峰，符合费米黄金法则 $\Gamma(\Delta_0^x) = 16\alpha_b \sqrt{\omega_{co}} \sqrt{\Delta_0^x}$，且声子能量耦合在远离共振区给缀饰两能级系统提供能量，不对称 Δ_0^z 作用抑制了两能级系统动力学行为。

从缀饰两能级系统的谱函数 $A_{\text{tot}}(\omega) = \sum_{\Delta_0^x, \Delta_0^z} (\Delta_0^x, \Delta_0^z, \omega)$ 特征来看，外激励模态 ω_0 会产生三种能量耗散机制，即共振耗散、对称性非共振两能级系统耗散和偏置

两能级系统弛豫吸收。对于弱阻尼两能级系统引起的耗散，由式(5-261)可得哈密顿函数为 $H = \Delta_0^x \sigma_x + \Delta_0^z \sigma_z + H_{\text{in}} + H_{\text{vib}}$。可推导出对称性非共振两能级系统引起的耗散为

$$(Q^{-1})_{\text{off-res}}^{\text{tot}}(\omega_0, T) = 10 P_0 t_{\text{h}}^{3/2} w \left(\frac{E_{\text{m}}}{\rho}\right)^{1/4} \frac{\alpha_{\text{b}}^2 \omega_{\text{co}}}{\omega_0} \cotanh\left(\frac{\omega_0}{T}\right) \tag{5-266}$$

对于典型的非晶绝缘体 $P_0 \sim 10^{44} \text{J}^{-1} \cdot \text{m}^{-3}$，假定受外界扰动时，双势阱的存在需要有限时间 τ 达到热平衡状态，且偏置满足条件 $|\Delta_0^z| > 0$，则两能级系统引起的能量耗散可写为

$$(Q^{-1})_{\text{rel}}(\omega, T) = \frac{P_0}{E_{\text{m}} T} \int_0^{\varepsilon_{\max}} d\varepsilon \int_{u_{\min}}^1 du \frac{\sqrt{1-u^2}}{u} \frac{1}{\cosh^2(\varepsilon/(2T))} \frac{\omega\tau}{1+(\omega\tau)^2} \tag{5-267}$$

式(5-267)表明此方法也适用于一维振动，但是只适用于外界扰动对两能级系统作用较弱的情况。如果限定欠阻尼两能级系统，$\Gamma(\varepsilon, T) < \varepsilon$（$\varepsilon = \sqrt{(\Delta_0^x)^2 + (\Delta_0^z)^2}$ 为能量差），则能量耗散表达式可写为

$$(Q^{-1})_{\text{rel}}(\omega_0, T) \approx \frac{20 P_0 \gamma^4}{t_{\text{h}}^{3/2} w} \frac{(1+\upsilon)(1-2\upsilon)}{E_{\text{m}}^2 (3-5\upsilon)} \left(\frac{\rho}{E_{\text{m}}}\right)^{1/4} \frac{\sqrt{T}}{\omega_0} \tag{5-268}$$

为了更清楚地认识两能级系统引起的能量耗散和其他机制的差异，表 5-14 列出了石墨烯 NEMS 谐振器中存在的不同能量耗散机制的影响结果对比[84]。由表可知，两能级系数引起的能量耗散对温度的依赖性较强，尤其在低温环境下对 NEMS 谐振器的能量耗散影响较大（$Q^{-1} \approx 5 \times 10^{-7}$，$T = 5\text{K}$）[82]，且对温度的依赖关系也有所不同（$Q^{-1} \approx C_1 + C_2 T^{1/3}$ [82]）。

表 5-14 石墨烯 NEMS 谐振器能量耗散机制的影响结果对比[84]

耗散机制	$Q^{-1}(T=300\text{K})$	温度依赖关系
欧姆损失(基板上的电荷)	$10^{-7} \sim 10^{-6}$	T
欧姆损失(石墨层与金属电极间的电荷)	10^{-2}	T
Velcro 效应	—	T^0
两能级系统	10^{-22}	$C_1 + C_2 T$（C_1、C_2 为相关变量系数）
附着损失	$10^{-6} \sim 10^{-5}$	T^0
热弹性损失	10^{-7}	T

5.12.3 品质因子测量

品质因子测量对于研究 MEMS/NEMS 谐振器性能和器件优化设计与制造具有重要的指导作用，目前最常用的测量方法有带宽法(或–3dB 法)、相位斜率法、频率响应拟合法和振铃法等[87-90]，前三种方法常用于微波和声波谐振器的品质因子测量。品质因子测量通常通过单端口或双端口无源网络获取，以下简要介绍这几种方法。

1. 带宽法

带宽法是 MEMS/NEMS 谐振器品质因子测量中最常用的方法。该方法通过幅频响应图中的峰宽值来估算品质因子，峰宽值可通过矢量网络分析仪测得，主要参数有谐振频率 ω_0 和 1/2 峰值处的峰宽 $\Delta\omega$，可得

$$Q = \frac{\omega_0}{\Delta\omega} \tag{5-269}$$

在测量幅频曲线时，频率增大后使系统稳定所需的时间和 Q/ω_0 呈比例关系。此时谐振器的非线性振动及频率波动对位移幅度谱密度测量值的影响是可以忽略不计的。该方法适用于品质因子范围 $Q<10^6$，带宽法在测量高频或低品质因子的 MEMS/NEMS 谐振器时，由于容性馈通，品质因子峰值会被湮没，导致无法得到测量值或测量不准。

2. 相位斜率法

当正弦激励力扫过谐振频率时，在激励力与位移之间会存在相位延迟 $\varphi(\omega)$，可由谐振频率处的相位斜率确定品质因子 Q，即

$$Q = \frac{\omega_0}{2} \times \left| \frac{\partial\varphi}{\partial\omega} \right|_{\omega_0} \tag{5-270}$$

当幅频响应噪声较大或馈通效应较强时，相位斜率法比带宽法测得的品质因子更为准确。相位斜率法不易受到静电电容的影响，并且可以测量全频带上的品质因子。

采用带宽法或相位斜率法测量品质因子时会使用电子读数，这会导致寄生电抗问题出现。当频率 $\omega_0>10^9$ rad/s 时，谐振峰值被馈通效应湮没，使得带宽法无法测量，需要通过微波探针尖端、应用差分技术降低寄生电容来解决问题。

3. 频率响应拟合法

将频率响应估算品质因子 Q 和传递函数 $|H(\omega)|$ 进行拟合，该项为外力的幅值

与测得数据之比，从最小化的最小平方误差可以拟合估算 Q 值。如果不考虑测不准因素的影响，那么频率响应拟合法和带宽法同样可以估算 Q 值。

谐振器的频率响应和外激励力 F_{drive} 之间的关系为

$$X(\omega) = \frac{F_{drive}/m}{\sqrt{(\omega_0^2 - \omega^2)^2 + \left(\dfrac{\omega\omega_0}{Q}\right)^2}} \qquad (5\text{-}271)$$

将式(5-271)和谐振器频率响应对比拟合可算得 ω_0 和 Q 值。在 MEMS/NEMS 谐振器测量中，振动位移一般被转换为放大的电信号。对于线性转换，放大器输出端的电压 $V(\omega)$ 与集总振动位移有关，且两者之间的比例关系为放大器响应度 R。当频率接近谐振频率且 $Q \gg 1$ 时，式(5-271)可简化为

$$X(\omega) = \frac{F_{drive}/m}{\sqrt{(\omega_0^2 - \omega^2)^2 + \left(\dfrac{\omega_0^2}{Q}\right)^2}} \qquad (5\text{-}272)$$

式(5-272)是关于 ω_0 对称且具有比 $|H(\omega)|$ 函数形式更简单的频率对应关系，但是会在估算的 Q 值中引入误差，尤其是对于低品质因子的谐振器件。

4. 振铃法

采用振铃法时，先对谐振器施加具有谐振频率的激振力使器件起振，然后卸去或减小激励电压，记录振动的衰减过程。通过拟合 $x(t) = x_0 \exp(-\omega_0 t/(2Q_{eff}))$ 和包络线可以估算出 Q_{eff}。在无外界供能和耗能情况下，每个振动周期损耗的能量与耗散能相等。振铃法所得品质因子和耗散关系较为明确，原因在于谐振器的能量耗散导致振动幅值随时间逐渐衰减。因此，对于高品质因子的谐振器，振铃法比带宽法更便于测量能量耗散。此外，振铃法还有很多优点，如能够消除馈通效应、分析非线性阻尼等动态特性等[88]。

参 考 文 献

[1] Imboden M, Mohanty P. Dissipation in nanoelectromechanical systems. Physics Reports, 2014, 534(3): 89-146.

[2] 张文明, 闫寒, 彭志科, 等. 微纳机械谐振器能量耗散机理研究进展. 科学通报, 2017, 62(19): 2077-2093.

[3] Ghaffari S, Ng E J, Ahn C H, et al. Accurate modeling of quality factor behavior of complex

silicon MEMS resonators. Journal of Microelectromechanical Systems, 2015, 24(2): 276-288.

[4]　Lifshitz R, Roukes M L. Thermoelastic damping in micro-and nanomechanical systems. Physical Review B, 2000, 61(8): 5600-5609.

[5]　葛庭燧. 固体内耗理论基础: 晶界弛豫与晶界结构. 北京: 北京大学出版社, 2014.

[6]　Zener C. Internal friction in solids. I. Theory of internal friction in reeds. Physical Review, 1937, 52(3): 230-235.

[7]　Zener C. Internal friction in solids II. General theory of thermoelastic internal friction. Physical Review, 1938, 53(1): 90-99.

[8]　Sun Y, Tohmyoh H. Thermoelastic damping of the axisymmetric vibration of circular plate resonators. Journal of Sound and Vibration, 2009, 319(1): 392-405.

[9]　Li P, Fang Y, Hu R. Thermoelastic damping in rectangular and circular microplate resonators. Journal of Sound and Vibration, 2012, 331(3): 721-733.

[10]　Yang F, Chong A C M, Lam D C C, et al. Couple stress based strain gradient theory for elasticity. International Journal of Solids and Structures, 2002, 39(10): 2731-2743.

[11]　仲作阳. 微机械谐振器的能量耗散机理与复杂动力学特性研究. 上海: 上海交通大学博士学位论文, 2014.

[12]　Zhong Z Y, Zhang W M, Meng G, et al. Thermoelastic damping in the size-dependent microplate resonators based on modified couple stress theory. Journal of Microelectromech-anical Systems, 2015, 24(2): 431-445.

[13]　Nayfeh A H, Younis M I. Modeling and simulations of thermoelastic damping in microplates. Journal of Micromechanics and Microengineering, 2004, 14(12): 1711-1717.

[14]　Duwel A E, Lozow J, Fisher C J, et al. Thermal energy loss mechanisms in micro-to nano-scale devices. The International Society for Optics and Photonics, 2011: 80311.

[15]　Ghaffari S, Chandorkar S A, Wang S, et al. Quantum limit of quality factor in silicon micro and nano mechanical resonators. Scientific Reports, 2013, 3: 3244.

[16]　Kunal K, Aluru N R. Intrinsic dissipation in a nano-mechanical resonator. Journal of Applied Physics, 2014, 116(9): 094304.

[17]　Kittel C. Introduction to Solid State Physics. New York: John Wiley & Sons, 1986.

[18]　Kunal K, Aluru N R. Akhiezer damping in nanostructures. Physical Review B, 2011, 84(24): 245450.

[19]　Woodruff T O, Ehrenreich H. Absorption of sound in insulators. Physical Review, 1961, 123(5): 1553-1559.

[20]　Stoffels S, Autizi E, van Hoof R, et al. Physical loss mechanisms for resonant acoustical waves in boron doped poly-SiGe deposited with hydrogen dilution. Journal of Applied Physics, 2010, 108(8): 084517.

[21] Bercioux D, Buchs G, Grabert H, et al. Defect-induced multicomponent electron scattering in single-walled carbon nanotubes. Physical Review B, 2011, 83(16): 165439.

[22] Mason W P, Bateman T B. Ultrasonic wave propagation in doped n-germanium and p-silicon. Physical Review, 1964, 134: 1387.

[23] Fedorov S A, Engelsen N J, Ghadimi A H, et al. Generalized dissipation dilution in strained mechanical resonators. Physical Review B, 2019, 99(5): 054107.

[24] Ghadimi A H, Fedorov S A, Engelsen N J, et al. Elastic strain engineering for ultralow mechanical dissipation. Science, 2018, 360(6390): 764-768.

[25] Schmid S, Villanueva L G, Roukes M L. Fundamentals of Nanomechanical Resonators. Berlin: Springer, 2016.

[26] Sementilli L, Romero E, Bowen W P. Nanomechanical dissipation and strain engineering. Advanced Functional Materials, 2022, 32(3): 2105247.

[27] Beccari A, Visani D A, Fedorov S A, et al. Strained crystalline nanomechanical resonators with quality factors above 10 billion. Nature Physics, 2022, 18: 1-6.

[28] Bao M H. Analysis and Design Principles of MEMS Devices. Amsterdam: Elsevier, 2005.

[29] Bao M H, Yang H. Squeeze film air damping in MEMS. Sensors and Actuators A: Physical, 2007, 136 (1): 3-27.

[30] 张文明, 孟光, 周健斌. 微机电系统压膜阻尼特性分析. 振动与冲击, 2006, 25(4): 41-46.

[31] Veijola T, Pursula A, Raback P. Extending the validity of squeezed-film damper models with elongations of surface dimensions. Journal of Micromechanics and Microengineering, 2005, 15(9): 1624-1636.

[32] Schaaf S A, Chambre P L. Flow of Rarefied Gases. Princeton: Princenton University Press, 1961.

[33] Beskok A, Karniadakis G E, Trimmer W. Rarefaction and compressibility effects in gas microflows. Journal of Fluids Engineering, 1996, 118(3): 448-456.

[34] Zhang W M, Meng G, Wei X. A review on slip models for gas microflows. Microfluidics and Nanofluidics, 2012, 13(6): 845-882.

[35] Sader J E. Frequency response of cantilever beams immersed in viscous fluids with applications to the atomic force microscope. Journal of Applied Physics, 1998, 84: 64-76.

[36] Green C P, Sader J E. Torsional frequency response of cantilever beams immersed in viscous fluids with applications to the atomic force microscope. Journal of Applied Physics, 2002, 92(10): 6262-6274.

[37] Vancura C, Dufour I, Heinrich S M, et al. Analysis of resonating microcantilevers operating in a viscous liquid environment. Sensors and Actuators A: Physical, 2008, 141: 43-51.

[38] Tamayo J, Kosaka P M, Ruz J J, et al. Biosensors based on nanomechanical systems. Chemical

Society Reviews, 2013, 42: 1287-1311.

[39] Gil-Santos E, Baker C, Nguyen D T, et al. High-frequency nano-optomechanical disk resonators in liquids. Nature Nanotechnology, 2015, 10: 810-816.

[40] Sawano S, Arie T, Akita S. Carbon nanotube resonator in liquid. Nano Letters, 2010, 10: 3395-3398.

[41] Ruiz-Díez V, Hernando-García J, Manzaneque T, et al. Viscous and acoustic losses in length-extensional microplate resonators in liquid media. Applied Physics Letters, 2015, 106: 083510.

[42] Burg T P, Godin M, Knudsen S M, et al. Weighing of biomolecules, single cells and single nanoparticles in fluid. Nature, 2007, 446: 1066-1069.

[43] Park Y H, Park K. High-fidelity modeling of MEMS resonators. Part I. Anchor loss mechanisms through substrate. Journal of Microelectromechanical Systems, 2004, 13(2): 238-247.

[44] Hao Z, Xu Y. Vibration displacement on substrate due to time-harmonic stress sources from a micromechanical resonator. Journal of Sound and Vibration, 2009, 322(1): 196-215.

[45] Segovia-Fernandez J, Cremonesi M, Cassella C, et al. Anchor losses in AlN contour mode resonators. IEEE Journal of Microelectromechanical Systems, 2015, 24(2): 265-275.

[46] Berenger J P. A perfectly matched layer for the absorption of electromagnetic waves. Journal of Computational Physics, 1994, 114(2): 185-200.

[47] Collino F, Monk P. The perfectly matched layer in curvilinear coordinates. SIAM Journal on Scientific Computing, 1998, 19(6): 2061-2090.

[48] Teixeira F, Chew W. Complex space approach to perfectly matched layers: A review and some new developments. International Journal of Numerical Modelling: Electronic Networks, Devices and Fields, 2000, 13(5): 441-455.

[49] Frangi A, Bugada A, Martello M. et al. Validation of PML-based models for the evaluation of anchor dissipation in MEMS resonators. European Journal of Mechanics—A/Solids, 2013, 37: 256-265.

[50] Bindel D S, Govindjee S. Elastic PMLs for resonator anchor loss simulation. International Journal for Numerical Methods in Engineering, 2005, 64(6): 789-818.

[51] Yasumura K Y, Stowe T D, Chow E M, et al. Quality factors in micron-and submicron-thick cantilevers. Journal of Microelectromechanical Systems, 2000, 9(1): 117-125.

[52] Hao Z, Erbil A, Ayazi F. An analytical model for support loss in micromachined beam resonators with in-plane flexural vibrations. Sensors and Actuators A: Physical, 2003, 109(1): 156-164.

[53] Pang W, Zhang H, Kim E S. Micromachined acoustic wave resonator isolated from substrate. IEEE Transactions on Ultrasonics, Ferroelectrics, and Frequency Control, 2005, 52(8): 1239-1246.

[54] Zhu R, Zhang G. Support losses in micromechanical resonators under electrostatic and piezoelectric actuations. Sensors Journal, 2013, 13(3): 1105-1109.

[55] Hsu F C, Hsu J C, Huang T C, et al. Reducing support loss in micromechanical ring resonators using phononic band-gap structures. Journal of Physics D: Applied Physics, 2011, 44(37): 375101.

[56] Pandey M, Reichenbach R B, Zehnder A T, et al. Reducing anchor loss in MEMS resonators using mesa isolation. Journal of Microelectromechanical Systems, 2009, 18(4): 836-844.

[57] Feng D, Xu D, Wu G, et al. Phononic crystal strip based anchors for reducing anchor loss of micromechanical resonators. Journal of Applied Physics, 2014, 115(2): 024503.

[58] Clark J R, Hsu W T, Nguyen C T C. High-Q VHF micromechanical contour-mode disk resonator. IEEE International Electron Devices Meeting Technical Digest, 2000: 493-496.

[59] Miller G F, Pursey H. The field and radiation impedance of mechanical radiators on the free surface of a semi-infinite isotropic solid. Proceedings of the Royal Society of London A: Mathematical, Physical and Engineering Sciences, 1954, 223(1155): 521-541.

[60] Hao Z, Ayazi F. Support loss in the radial bulk-mode vibrations of center-supported micromechanical disk resonators. Sensors and Actuators A: Physical, 2007, 134(2): 582-593.

[61] Wilson-Rae I. Intrinsic dissipation in nanomechanical resonators due to phonon tunneling. Physical Review B, 2008, 77(24): 245418.

[62] Wilson-Rae I, Barton R A, Verbridge S S, et al. High-Q nanomechanics via destructive interference of elastic waves. Physical Review Letters, 2011, 106(4): 047205.

[63] Cole G D, Wilson-Rae I, Werbach K, et al. Phonon-tunnelling dissipation in mechanical resonators. Nature Communications, 2011, 2: 231.

[64] O'Connell A D, Hofheinz M, Ansmann M, et al. Quantum ground state and single-phonon control of a mechanical resonator. Nature, 2010, 464(7289): 697-703.

[65] Rips S, Kiffner M, Wilson-Rae I, et al. Steady-state negative Wigner functions of nonlinear nanomechanical oscillators. New Journal of Physics, 2012, 14(2): 023042.

[66] Yang J, Ono T, Esashi M. Energy dissipation in submicrometer thick single-crystal silicon cantilevers. Journal of Microelectromechanical Systems, 2002, 11(6): 775-783.

[67] Liao M, Toda M, Sang L, et al. Energy dissipation in micron-and submicron-thick single crystal diamond mechanical resonators. Applied Physics Letters, 2014, 105(25): 251904.

[68] Villanueva L G, Schmid S. Evidence of surface loss as ubiquitous limiting damping mechanism in SiN micro-and nanomechanical resonators. Physical Review Letters, 2014, 113(22): 227201.

[69] Zaitsev S, Shtempluck O, Buks E, et al. Nonlinear damping in a micromechanical oscillator. Nonlinear Dynamics, 2012, 67(1): 859-883.

[70] Carr D W, Evoy S, Sekaric L, et al. Measurement of mechanical resonance and losses in

nanometer scale silicon wires. Applied Physics Letters, 1999, 75(7): 920-922.

[71] Ergincan O, Palasantzas G, Kooi B J. Influence of surface modification on the quality factor of microresonators. Physical Review B, 2012, 85(20): 205420.

[72] Richter A M, Sengupta D, Hines M A. Effect of surface chemistry on mechanical energy dissipation: Silicon oxidation does not inherently decrease the quality factor. The Journal of Physical Chemistry C, 2008, 112(5): 1473-1478.

[73] Tao Y, Navaretti P, Hauert R, et al. Permanent reduction of dissipation in nanomechanical Si resonators by chemical surface protection. Nanotechnology, 2015, 26: 465501.

[74] Wang Y, Henry J A, Zehnder A T, et al. Surface chemical control of mechanical energy losses in micromachined silicon structures. The Journal of Physical Chemistry B, 2003, 107(51): 14270-14277.

[75] Frangi A, Cremonesi M, Jaakkola A, et al. Analysis of anchor and interface losses in piezoelectric MEMS resonators. Sensors and Actuators A: Physical, 2013, 190: 127-135.

[76] Hao Z, Liao B. An analytical study on interfacial dissipation in piezoelectric rectangular block resonators with in-plane longitudinal-mode vibrations. Sensors and Actuators A: Physical, 2010, 163(1): 401-409.

[77] Cammarata R C, Sieradzki K, Spaepen F. Simple model for interface stresses with application to misfit dislocation generation in epitaxial thin films. Journal of Applied Physics, 2000, 87(3): 1227-1234.

[78] Cammarata R C, Sieradzki K. Surface and interface stresses. Annual Review of Materials Science, 1994, 24(1): 215-234.

[79] 赵亚溥. 纳米与介观力学. 北京: 科学出版社, 2014.

[80] Kleiman R N, Agnolet G, Bishop D J. Two-level systems observed in the mechanical properties of single-crystal silicon at low temperatures. Physical Review Letters, 1987, 59(18): 2079-2082.

[81] Pohl R O, Liu X, Thompson E J. Low-temperature thermal conductivity and acoustic attenuation in amorphous solids. Reviews of Modern Physics, 2002, 74(4): 991-1013.

[82] Seoanez C, Guinea F, Neto A H C. Dissipation due to two-level systems in nano-mechanical devices. EPL, 2007, 78(6): 60002.

[83] Seoanez C, Guinea F, Neto A H C. Surface dissipation in nanoelectromechanical systems: Unified description with the standard tunneling model and effects of metallic electrodes. Physical Review B, 2008, 77(12): 125107.

[84] Seoanez C, Guinea F, Neto A H C. Dissipation in graphene and nanotube resonators. Physical Review B, 2007, 76(12): 125427.

[85] Anetsberger G, Rivière R, Schliesser A, et al. Ultralow-dissipation optomechanical resonators on

a chip. Nature Photonics, 2008, 2(10): 627-633.

[86] Remus L G, Blencowe M P, Tanaka Y. Damping and decoherence of a nanomechanical resonator due to a few two-level systems. Physical Review B, 2009, 80(17): 174103.

[87] Miller J M L, Ansari A, Heinz D B, et al. Effective quality factor tuning mechanisms in micromechanical resonators. Applied Physics Reviews, 2018, 5(4): 041307.

[88] Polunin P M, Yang Y, Dykman M I, et al. Characterization of MEMS resonator nonlinearities using the ringdown response. Journal of Microelectromechanical Systems, 2016, 25(2): 297-303.

[89] Seis Y, Capelle T, Langman E, et al. Ground state cooling of an ultracoherent electromechanical system. Nature Communications, 2022, 13(1): 1-7.

[90] Shao L, Gokhale V J, Peng B, et al. Femtometer-amplitude imaging of coherent super high frequency vibrations in micromechanical resonators. Nature Communications, 2022, 13(1): 1-9.

第6章 振动激励与检测原理及技术

6.1 概　　述

谐振器作为 MEMS/NEMS 中的重要部件之一,其振动状态的激励方法与检测技术是影响系统性能的关键因素[1-3]。振动激励与检测是实现 MEMS/NEMS 谐振器机-电转换和电-机转换的必要手段。对于谐振 MEMS/NEMS,需要采用某种激励方式使谐振器产生谐振,然后利用电学、光学等方法检测谐振频率等物理参数,检测原理和激励方式是密切相关的。本章首先介绍激励谐振结构使其产生振动的主要激励原理与技术;然后结合振动激励方法对谐振器件振动状态的检测原理与技术进行详细阐述;接着介绍 MEMS/NEMS 谐振器中典型的振动激励与检测方法组合形式及应用技术;最后介绍和谐振器相关的外围接口电路系统。

6.2 振动激励原理与技术

谐振系统的振动激励本质上属于能量转换过程,采用机械结构及电路,通过不同类型的激励源将不同形式的能量(如电能、光能、热能等)转化为谐振结构的机械能,从而使谐振器件产生运动。如表 6-1 所示,MEMS/NEMS 谐振器中主要采用的激励方式有静电激励、电磁激励、压电激励、热(电/光)激励和介电激励等,近年来也出现了光梯度力激励等新的换能原理。对于不同功能需求、不同服役环境下的 MEMS/NEMS 谐振器,需要选择合适的驱动方式,才能使谐振系统正常工作。

表 6-1　MEMS/NEMS 谐振器中各种驱动方式的性能

驱动方式	行程	响应速度	力矩	可集成度	器件尺度/m
静电激励	中	高	小	最优	$10^{-6} \sim 10^{-3}$
电磁激励	大	中	中	优	$10^{-6} \sim 10^{-1}$
压电激励	中	很高	大	可	$10^{-6} \sim 10^{-2}$
热激励	大	低	大	优	$10^{-5} \sim 10^{-3}$
光梯度力激励	小	中	很小	可	$10^{-8} \sim 10^{-6}$
介电激励	中	高	中	可	$10^{-6} \sim 10^{-3}$

对比几类激励方式，它们各有优缺点，例如：静电激励作为谐振器件最常用的激励方式之一，具有功耗小、频率高等优点，且和目前标准的 CMOS 工艺非常兼容，可大规模在 MEMS/NEMS 器件中商业化应用；但与之配套的电容检测较难，对电极间距的控制要求较高。电磁激励利用通电导体在磁场中受到的洛伦兹力（Lorentz force）作为驱动力，也是常用的激励方式，但受限于磁场源，不易微型化。压电激励利用逆压电效应提供驱动力，其原理简单、工作稳定、驱动力矩大、响应速度快等，但其加工工艺较为复杂，与大多数集成电路工艺都不兼容。电学激励、光学激励和热激励分别通过热电阻和脉冲激光在谐振器表面产生热应力形成驱动力，加工工艺较简单，然而受到温度场变化的限制，响应速度较慢。介电激励利用介电材料的极化效应产生介电力作用，是一种新型的驱动方式。光梯度力激励是利用光导波结构近场所产生的强梯度场来驱动谐振器件，多用于驱动纳米尺度器件。

6.2.1 静电激励

静电激励是通过静电力将电能转化为机械能，是 MEMS/NEMS 谐振器中最典型的激励方式之一[4,5]。静电激励利用电荷间吸引力和排斥力的相互作用产生静电力，该力属于表面力，与器件尺寸的二次方成正比，因而在尺寸发生微小变化时能够产生较大的能量。该激励方式主要采用电压或电荷控制，具有效率高、精度高、不发热、响应速度快等优点，器件的制造工艺和集成电路工艺兼容性好，便于系统集成，在 MEMS/NEMS 谐振器设计中得到广泛应用。

静电激励的基本原理是基于库仑定律，即两个静止电荷 q 和 q' 之间作用力的大小和电荷电量的乘积成正比，和电荷间的距离 r 的平方成反比。库仑力 F 的表达式为

$$F = \frac{1}{4\pi\varepsilon_0}\frac{qq'}{r^2}u \tag{6-1}$$

式中，ε_0 为真空介电常数；u 为 F 方向上的单位矢量。若两电荷同号，则库仑力表现为排斥力；若异号，则表现为吸引力。

静电驱动 MEMS/NEMS 谐振器主要有平行板电容式和梳齿状电极式两大类结构。对于平行板电容式结构，其驱动力一般在垂直方向，能提供较大的驱动力，但驱动力和极板之间的间隙存在非线性关系，限制了可动结构的位移范围。对于梳齿状电极式结构，其驱动力一般在水平方向，与前者相比，具有以下特点：①所提供的静电力和位移几乎无关，能够产生较大的振幅；②结构为水平横向振动，受到的压膜阻尼比较小，因而品质因子较高；③易于通过简单工艺制备出较为精细的几何结构。

1. 平行板电容式结构

平行板电容器的基本模型如图 6-1 所示，上电极板为可动部分，一般作为谐振器件，下电极板固定，作为驱动电极。当上下电极间施加驱动电压 V 时，在交变静电力和弹性恢复力作用下，上电极板在平衡位置附近做往复运动，从而实现谐振器件的基本功能。

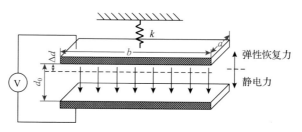

图 6-1　平行板电容器模型

在 MEMS/NEMS 谐振器中一般应用无限大平行板电容器模型来分析，若边缘效应忽略不计，则其电容的表达式为

$$C = \varepsilon \frac{ab}{d_0} \tag{6-2}$$

式中，a 和 b 分别为电极板的宽度和长度；d_0 为两极板间的间隙；ε 为介电常数。

当电极板在垂直方向上移动时，可动极板位移为 Δd，由虚位移原理可得静电力为

$$F = -\frac{\varepsilon ab}{2(d_0 + \Delta d)^2} V^2 \tag{6-3}$$

由式(6-3)可知，静电力的方向与位移方向相反，为吸引力；静电力与极板间距的平方成反比，与电压的平方成正比。

在 MEMS/NEMS 谐振器设计中，为使器件在交流驱动下按照特定频率，即与驱动电压相同的频率振动，一般采用外加电压 $V = V_D + V_A \sin(\omega t)$，其中 V_D 为直流驱动电压，$V_A \sin(\omega t)$ 为频率为 ω 的交流驱动电压。当 $V_A \ll V_D$ 时，静电力可写为

$$F = -\frac{\varepsilon ab V_D^2}{2(d_0 + \Delta d)^2} \left[1 + \frac{2V_A}{V_D} \sin(\omega t) \right] \tag{6-4}$$

悬臂梁是平行板电容式谐振器设计中较为常见的结构，如图 6-2 所示，当悬

臂梁受到沿 y 方向的静电力作用时会产生弯曲，由于悬臂梁的运动不是平动，一旦发生位移变化，其所受的静电力将不再满足平行板电极的简单关系。

(a) 悬臂梁结构[6]

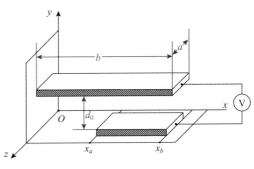

(b) 工作原理示意图

图 6-2　悬臂梁结构的平行板电容式谐振器

假设悬臂梁的端部不发生弯曲，对悬臂梁结构施加静电力时，质量块与固定极板之间的距离和夹角会随着外加电压改变，静电力分布也会变化，可以近似认为极板中心就是静电力合力的作用点。此时静电力为

$$F = \int_{x_a}^{x_b} \frac{\varepsilon a V^2}{2\left[d_0 - y(x_a) - y'(x_a)(x - x_a)\right]^2} \mathrm{d}x = \frac{\varepsilon a V^2 (x_b - x_a)}{2\left[d_0 - y(x_a)\right]\left[d_0 - y(x_a) - y'(x_a)(x - x_a)\right]^2}$$

(6-5)

式中，$y(x_a)$ 为横坐标 x_a 处悬臂梁垂直方向的位移；$y'(x_a)$ 为 x_a 处悬臂梁的斜率。

当 $a \ll b$ 时，计算静电力时考虑沿长度 b 方向的边缘效应，忽略沿宽度 a 方向的边缘电场。考虑边缘效应时二维平行板的电容为

$$C_e = \frac{\varepsilon_0 \varepsilon_r a}{d_0} + \frac{\varepsilon}{\pi} \left\{ 1 + \ln\left[1 + \frac{2\pi a}{d_0} + \ln\left(1 + \frac{2\pi a}{d_0} \right) \right] \right\}$$

(6-6)

式中，ε_0 和 ε_r 分别为真空介电常数和相对介电常数。

由式(6-6)可知，考虑边缘效应时平行板电容表达式由两项组成：前一项为理想条件下平行板电容器的电容表达式，后一项为电容边缘电场产生畸变引入的附加电容修正项。

考虑边缘效应，基于虚位移原理可得外载电压 $V = V_D + V_A \sin(\omega t)$ 作用下悬臂梁平行板电容器两极板之间的静电力为

$$F = -\frac{\varepsilon a b V_D^2}{2 d_0^2} \left(1 + \frac{d_0}{d_0 + \pi a} \right) \left(1 + \frac{2 V_A}{V_D} \sin(\omega t) \right)$$

(6-7)

2. 梳齿状电极式结构

梳齿状电极也是 MEMS/NEMS 中普遍采用的静电驱动结构之一，可靠性较高、响应速度较快，在谐振器件设计中有广泛应用。梳齿状电极一般为横向驱动，主要由固定梳齿、可动梳齿和支撑梁等组成，其结构如图 6-3 所示。支撑梁两端均由锚点固定在衬底上，当梁的各个极板之间施加电压时产生静电力，静电力作用使得可动梳齿向固定梳齿的方向运动，引起支撑梁发生变形，从而使整个可动部件产生运动，实现谐振器件的基本功能。

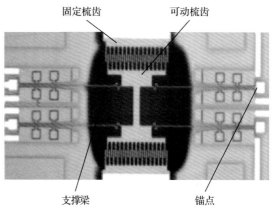

图 6-3　谐振器件梳齿状电极的结构[7]

静电梳齿状驱动电极原理图如图 6-4 所示，梳齿有效长度为 a，厚度为 b，梳齿在 z 方向的初始间距均为 d_0，固定梳齿和可动梳齿在 x 和 y 方向重合的长度分别为 $l_1(0<l_1<b)$ 和 $l_2(0<l_2<a)$。为了提高静电驱动力，设计时梳齿有几十乃至上

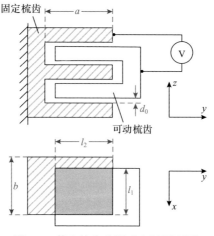

图 6-4　静电梳齿状驱动电极原理图

百个，从而形成 n 组平行板电容共同作用。

若可动梳齿沿三个坐标轴方向均产生位移，则根据平行板电容理论，可得梳齿的总电容为

$$C = n\varepsilon\left[\frac{(l_1-x)(l_2-y)}{d_0-z} + \frac{(l_1-x)(l_2-y)}{d_0+z}\right] \tag{6-8}$$

式中，$l_1-x>0$，$l_2-y>0$，以保证固定梳齿和可动梳齿之间始终有重合部分。

当固定、可动梳齿之间施加电压 V 时，梳齿电容中储存的能量为

$$W = \frac{1}{2}CV^2 = \frac{1}{2}n\varepsilon V^2\left[\frac{(l_1-x)(l_2-y)}{d_0-z} + \frac{(l_1-x)(l_2-y)}{d_0+z}\right] \tag{6-9}$$

根据虚位移原理，可动梳齿和固定梳齿间在三个坐标轴方向上的静电力分别为

$$F_x = \frac{\partial W}{\partial x} = -n\varepsilon V^2\frac{d_0(l_2-y)}{d_0^2-z^2} \tag{6-10}$$

$$F_y = \frac{\partial W}{\partial y} = -n\varepsilon V^2\frac{d_0(l_1-x)}{d_0^2-z^2} \tag{6-11}$$

$$F_z = \frac{\partial W}{\partial z} = -2n\varepsilon V^2\frac{d_0z(l_1-x)(l_2-y)}{(d_0^2-z^2)^2} \tag{6-12}$$

由式(6-10)和式(6-11)可知，沿 x、y 方向的静电力和相应梳齿的重叠长度无关，理论上梳齿驱动电极可以保证恒定的驱动力。在实际器件设计中，梳齿间距会存在一定的误差，会导致驱动电极在 z 方向存在分力。由于梳齿在 z 方向的非线性分力 F_z 和 F_x、F_y 有所差异，加工误差会对梳齿状电极驱动力的稳定性带来不利影响。

6.2.2　电磁激励

电磁激励的基本原理是通电导体在磁场中受到洛伦兹力的作用，在导体中通以交变电流，导体会受到交变方向磁场力的作用，在平衡位置进行往复运动。因此，电磁激励适用于谐振器的驱动需求，通电导体一般设计为梁式结构，通过调节交变电流的频率来改变洛伦兹力的频率，使其接近谐振梁的固有频率，从而实现谐振[8,9]。

如图 6-5(a) 和 (b) 所示谐振器件与电磁激励原理，通过外置永磁体直接提供恒定磁场产生电磁激励，谐振器的固支梁长度为 L，外加磁场强度为 B，两端施加交流电压，在谐振器中产生交变电流 I，则磁场对谐振器的洛伦兹力为

$$F_L = I \oint (\mathrm{d}l \times B) \tag{6-13}$$

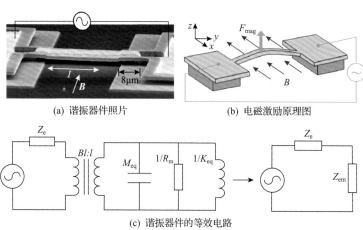

(a) 谐振器件照片   (b) 电磁激励原理图

(c) 谐振器件的等效电路

图 6-5   洛伦兹力驱动谐振器[10]

图 6-5(c)为洛伦兹力驱动下谐振器件的等效电路,换能器总的输入电阻抗 Z_{et} 和机械谐振器的动态阻抗 Z_{em} 表达式为

$$Z_{et} = Z_e + Z_{em}, \quad Z_{em} = \frac{(BL)^2}{Z_m} \tag{6-14}$$

式中, Z_e 为谐振器受限时的输入电阻抗。在谐振点, 动态阻抗缩减为动态电阻 R_{em} , 机械阻抗缩减为阻尼 R_m , 二者可写为

$$R_m = \frac{\sqrt{M_{eq}K_{eq}}}{Q_m}, \quad R_{em} = \frac{(BL)^2}{R_m} \tag{6-15}$$

式中, M_{eq} 、 K_{eq} 和 Q_m 分别为谐振器的等效质量、刚度和品质因子。

图 6-6 为洛伦兹力激励作用下 MEMS 谐振器暴露在空气中的振动测试试验及特性。由文献[10]可知, 固支梁为单层金制材料, 其厚度、宽度和长度分别为 1.25μm、55μm 和 280μm; 外加磁场强度为 0.5T 时, 在空气中可成功激发谐振器的第一阶乃至高阶模态, 效果显著; 在真空和空气环境下, 试验测得的品质因子分别为 446 和 22, 空气环境下谐振梁的一阶、三阶固有频率分别为 104.1kHz 和 361.7kHz。

图 6-7 为硅纳米线谐振器及其在电磁激励下的振动特性, 其中图 6-7(a)为硅纳米线谐振器 SEM 图, 左上插图为硅纳米线截面晶向图, 右上插图为电磁激励原理图; 图 6-7(b)给出了纳米线长度方向为<111>晶向; 图 6-7(c)为硅纳米线截面

SEM 图。一般来说，硅纳米线电阻值很高，其范围为 1～100kΩ，而射频信号发生器阻抗约为 50Ω，为了与射频输入阻抗匹配，采用电镀工艺在硅纳米线表面镀了 5nm 厚的钛和 30nm 厚的铝，并且在极低温度下(25K)试验才使得硅纳米线的电阻值下降到可匹配大小。图 6-7(d)给出了硅纳米线谐振结构在不同激励下的振动响应特性，随着外部磁场强度从 1T 增加到 8T，输出信号也随之增加，振动幅值增大。

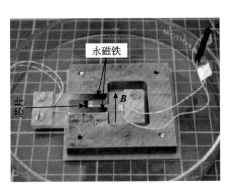

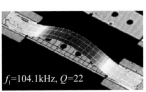

(b) 一阶模态振型

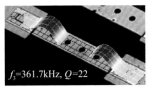

(a) 外加磁场下谐振器振动测试试验

(c) 三阶模态振型

图 6-6 洛伦兹力激励作用下 MEMS 谐振器的振动测试试验及特性[10]

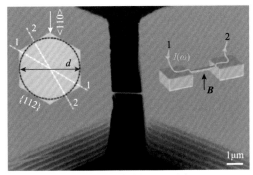

(a) 硅纳米线谐振器SEM图

(b) 纳米线长度方向为<111>晶向

(c) 硅纳米线截面图

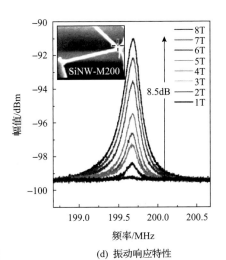

(d) 振动响应特性

图 6-7 电磁激励作用下硅纳米线谐振器的振动特性[11]

电磁激励比静电激励所需的驱动电压低，磁力随作用距离衰减的程度相比静电力低，电磁驱动谐振器设计时有效行程相对较大。随着尺寸的进一步缩减，对于纳米级机械谐振器，电磁激励更易实现，既能产生高效的激励，也能测量吉赫兹以上频率范围，因此它已发展成为 MEMS/NEMS 谐振器重要的激励技术之一。

6.2.3 压电激励

压电激励是利用材料的逆压电效应，即通过压电材料内部的电场引起材料的机械变形来实现激励，从而带动压电材料上的谐振结构产生机械振动[12-14]。压电效应可以解释为材料变形时会产生电荷，反之亦然，在电场中压电材料会产生变形。压电效应可看成弹性和电构方程的耦合，可用以下方程来描述，即

$$
\begin{aligned}
\varepsilon_{ij} &= \tilde{C}_{ijkl}\tilde{\sigma}_{kl} + \tilde{d}_{ijk}E_k \rightarrow \varepsilon_i = C_{ij}\sigma_j + d_{ij}E_j \\
D_i &= \epsilon_{ij}E_j + d_{ij}^{\mathrm{T}}\sigma_j
\end{aligned}
\tag{6-16}
$$

其中，ε 和 σ 分别为应变和应力向量(1×6 向量)，带下标表示分量，下同；上标"~"表示张量(3×3 矩阵)；D_i 和 E_k 分别为位移场和电场；C_{ij} 为柔度矩阵(6×6 矩阵)分量；$\tilde{C}_{ijkl}$ 为四阶柔度张量；ϵ_{ij} 为介电常数；d_{ij} 为压电矩阵(3×6 矩阵)；$\tilde{d}_{ij}$ 为三阶压电张量。去掉后面一项，式(6-16)中的两个方程可以解耦，传导效率强烈依赖于材料压电张量的大小，目前已有应用的材料有 AlN、ZnO、PZT、GaN、GaAs 等。

压电激励的基本方式主要有两种：一种是对谐振器的底部压电晶体施加交变电压，由于产生逆压电效应，晶体发生和交变电压频率的往复变形，从而使得谐振器产生振动；另一种是将压电薄膜转移到谐振器表面，通过对压电薄膜施加交变电压使其发生振动。式(6-16)作为激励和测量的控制方程，对于任何结构力学问题，反映结构挠曲或变形特性取决于其边界条件。大多压电谐振器边界条件类型主要包括弯曲梁/悬臂梁、体声波模态和侧轮廓模态，其中悬臂梁是 MEMS/NEMS 谐振器中最为典型的边界条件，如图 6-8 所示。

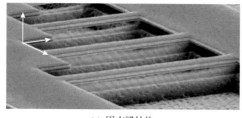

(a) 固支梁结构   (b) 悬臂梁结构

图 6-8   压电激励 MEMS 谐振器[15]

压电激励对应式(6-16)中的第一个方程，为了施加电压时形成电场，需要在压电层顶部和两边配备金属电极。对于体模态谐振器，需要看侧面和厚度模态上

各自的变形系数 d_{31} 和 d_{33}；对于弯曲模态情况，施加电压产生变形的压电层不能以机械结构的中性轴为中心，材料膨胀转变为有限的弯矩，从而产生挠曲。长度为 L、宽度为 w 的悬臂梁(图 6-9)上的弯矩可写为

$$M(t) = \frac{d_{31}wz_{\text{offset}}}{C_{11}}V(t) \tag{6-17}$$

式中，z_{offset} 为压电层中心和结构的中性轴之间的距离，当 $z_{\text{offset}} = 0$ 时，弯矩为零，挠曲也不存在。当电压加在顶电极和底电极之间时，压电层中生成的电场 E 转变为膨胀 $d_{31}E$。当压电层的中心不是位于结构的中性轴时，会产生弯矩 $M(t)$，从而引起悬臂梁的挠曲，进一步引发应力-应变场和位移场 D。由麦克斯韦方程，交替位移场也会引起位移电流 $\overline{J}_D$。假设金属和压电材料的刚度相近，可得悬臂梁的挠曲方程为

$$u_n(\omega) \approx \chi_n^A \frac{d_{31}z_{\text{offset}}L^2}{t_{\text{total}}^3} \frac{V}{1 - \left(\dfrac{\omega}{\omega_n}\right)^2 + \mathrm{i}\dfrac{\omega}{\omega_n Q}} \tag{6-18}$$

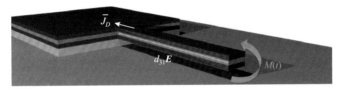

图 6-9　由金属和压电材料构成的多层悬臂梁示意图

对于不同的结构和模态，都需要分别计算比例系数 χ_n^A，表达式为

$$\chi_n^A = L \int_0^L \frac{M(x)}{M_{\text{max}}}\phi_n''(x)\mathrm{d}x = L\big(\phi_n'(L_{\text{act}}) - \phi_n'(0)\big) \tag{6-19}$$

式中，L_{act} 为激励电极的长度。对于一阶模态下电极全覆盖的悬臂梁，比例系数为 $\chi_{1,\text{cant}}^A \approx 5.34$。

6.2.4　介电激励

介电激励利用介电材料的极化效应产生介电力。介电材料受到非均匀电场作用时，就会引起极化效应，这种现象也广泛存在于宏观世界中，例如，一个带静电的梳子会使从水龙头流出的水拐弯。极化力可用于介电体控制、电液动力微泵和液体微透镜的驱动，已成为 MEMS/NEMS 谐振器中较为新颖的激励方式之一，在高效驱动和检测领域具有很大的应用潜力。

1. 材料中的介电力

将单个粒子看成独立偶极子，并假设偶极子对电场 E 的影响忽略不计，偶极子上的作用力可近似表示为[16]

$$F = p \cdot \nabla E \tag{6-20}$$

式中，p 为偶极矩。从微观角度来看，位于电场中的无限小偶极子受到力的作用，会将该力整体传递给周围的介质，采用宏观极化强度 P，极化力密度为

$$f_{KP} = P \cdot \nabla E = \frac{1}{2}\varepsilon_0(\varepsilon_r - 1)\nabla(E \cdot E) \tag{6-21}$$

式中，$\varepsilon_r = \chi_e + 1$，$\chi_e$ 为线性介电材料极化率。该式表明极化力的大小依赖于极化程度、被吸引介质的体积及电场强度。

当恒定介电常数 ε_d 的介电体被介电常数为 ε_m 的介质包围时，体积为 V 的介电体所受极化力为

$$F_{KP} = \int_V \frac{1}{2}\varepsilon_0(\varepsilon_d - \varepsilon_m)\nabla(E \cdot E)\,dV \tag{6-22}$$

Kelvin 极化力密度的缺陷在于没有考虑偶极子之间的相互作用，为了弥补不足，可以假设电场本构满足：

$$E = E(\alpha_1 \cdots \alpha_m, D) \tag{6-23}$$

式中，α 表示材料特性；D 为电位移矢量。引入虚功原理，可以推导出自由电荷和极化作用下的极化力密度为

$$f_{KHP} = \rho_f E - \sum_{i=1}^{m} \alpha_i \nabla\left(\frac{\partial W}{\partial \alpha_i}\right) \tag{6-24}$$

式中，ρ_f 为自由电荷密度；W 为储存的电能，且 $W = \int_0^D E(\alpha_1 \cdots \alpha_m, D')\mathrm{d}D'$。

如果本构关系采用线性电学材料的形式，即 $D = \varepsilon_0(1 + \chi_e)E$，同时用 χ_e 代替 α_1，则储存的电能及其导数可写为

$$W = \frac{1}{2}\frac{D^2}{\varepsilon_0(1 + \chi_e)}, \quad \frac{\partial W}{\partial \chi_e} = -\frac{1}{2}\varepsilon_0 E^2 \tag{6-25}$$

由此，需要保证电场 E 仅与 α 相关，而与 D 无关，可得极化力密度的表达式为

$$f_{\mathrm{KHP}} = \rho_{\mathrm{f}} E + \frac{1}{2} \varepsilon_0 \chi_{\mathrm{e}} \nabla E^2 \tag{6-26}$$

由式(6-26)可知,假设不存在自由电荷 ρ_{f},则式(6-26)给出的线性介电体极化力密度表达式和式(6-21)给出的 Kelvin 极化力密度相同。

2. 介电激励谐振器设计原理

极化力可以驱动谐振器,介电梁的运动可以改变两个电极间的电容,利用该特性可以检测梁的运动,该驱动方法不会和谐振器产生电接触,且结构材料的选择不受限制。谐振器可以由单一材料制成,无需金属化,不仅可以提高驱动器的阻尼,非常适合用于材料特性检测。目前,利用 Kelvin 极化力激励 MEMS/ NEMS 谐振器,主要有两种基本的设计原理[16]:电极排列可以是平行的(平行板电容器)或者是共面的,同时施加在介电体上的力也相应地平行于电极或者垂直于电极,如图 6-10 所示。

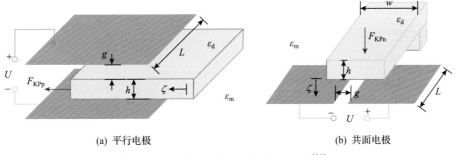

(a) 平行电极   (b) 共面电极

图 6-10   介电激励谐振器设计原理图[16]

当介电体结构置于两平行极板之间,如图 6-10(a)所示,并在极板间水平运动时,会产生水平方向的极化力 F_{KPp},即

$$F_{\mathrm{KPp}} = \frac{1}{2} U^2 L \varepsilon_0 \left(\frac{\varepsilon_{\mathrm{d}} \varepsilon_{\mathrm{m}}}{2 g \varepsilon_{\mathrm{d}} + h \varepsilon_{\mathrm{m}}} - \frac{\varepsilon_{\mathrm{m}}}{2 g + h} \right) \tag{6-27}$$

当介电体结构(如梁结构)置于两个共面电极的上方时,如图 6-10(b)所示,梁会被吸向电极间隙,且运动会沿着电场强度最大的方向。介电梁在电场中会被极化,也会改变电场。介电常数为 ε_{d} 的介电体和介电常数为 ε_{m} 的介质所处边界,会被电场感应出表面极化电荷。当 $\varepsilon_{\mathrm{d}} > \varepsilon_{\mathrm{m}}$ 时,相对于周围介质的电场,感应电荷会减弱介电体的内部电场;当 $\varepsilon_{\mathrm{d}} < \varepsilon_{\mathrm{m}}$ 时,介电体的内部电场会加强。

图 6-11 描述了模拟极化力时的电场分布,假设两电极之间的间隙 g 无限小,当没有介电体时,两电极板间的电压 U 产生的电场强度可以表示为

$$E_0 = \frac{U}{\pi r} = \frac{U}{\pi\sqrt{x^2 + y^2}} \tag{6-28}$$

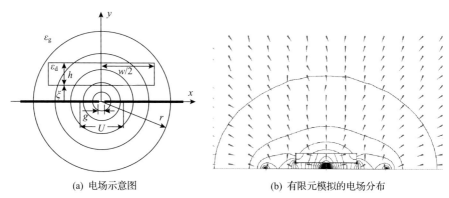

(a) 电场示意图　　　　　　　　　　　(b) 有限元模拟的电场分布

图 6-11　模拟极化力时的电场分布图[16,17]

　　介电梁内部的电场强度是梁和周围介质介电常数的函数，引入反映电场衰减和介电材料内部电场不完整程度的参数 α，由此该电场强度可以表示为 $E_d = \alpha E_0$，由式(6-21)可得在极板法线方向上的极化力密度可写为

$$f_{KPn} = \frac{1}{2}\varepsilon_0(\varepsilon_d - \varepsilon_m)\frac{\partial E_d^2}{\partial y} = -\varepsilon_0(\varepsilon_d - \varepsilon_m)\frac{\alpha^2 U^2 y}{\pi^2(x^2 + y^2)^2} \tag{6-29}$$

则作用在介电梁上的极化力为

$$F_{KPn}(\xi) = L\int_{\xi}^{\xi+h}\int_{-w/2}^{w/2} f_{KPn}\mathrm{d}x\mathrm{d}y$$

$$= \frac{1}{\pi^2}\varepsilon_0(\varepsilon_d - \varepsilon_m)\alpha^2 U^2 L\frac{\xi\arctan\dfrac{w}{2(\xi+h)} - (\xi+h)\arctan\dfrac{w}{2\xi}}{\xi(\xi+h)} \tag{6-30}$$

若介电梁的宽度远大于梁的厚度和梁与电极板之间的距离，则极化力可简化为

$$F_{KPn}(\xi) = \frac{1}{2\pi}\varepsilon_0(\varepsilon_d - \varepsilon_m)\alpha^2 U^2 L\frac{h}{\xi(\xi+h)} \tag{6-31}$$

　　由此可知，极化力 F_{KPn} 在真空和空气中为负数，这意味着力是指向电极板方向的；如果介电体被水介质包围，因为水的介电常数($\varepsilon_m \approx 80$)较大，极化力为正数且指向远离电极板方向。基于该设计原理，可以利用介电力来激励谐振器件产生运动[18]，如图 6-12 所示，该设计的最大优势在于介电梁可以通过各种微纳加工技术制成，利用图中金电极产生的电场变化，激励位于电场中的纳米氮化硅固支

梁产生谐振运动，不仅可以快速实现高频谐振、减少能量耗散，以及使谐振结构对材料的依赖性降低，还可以反向利用这一原理来检测器件的运动。同时，随着介电梁和基板之间间距的变化，极化力存在一个最大值。

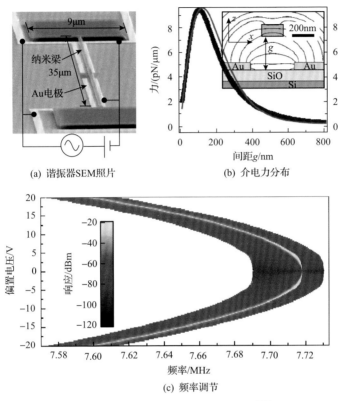

(a) 谐振器SEM照片　　　(b) 介电力分布

(c) 频率调节

图 6-12　介电力激励 NEMS 谐振器[18]

在外加电场作用下，由介电激励产生的感应偶极矩能量可以导出器件谐振频率与外加直流电压的关系，即

$$\Delta f = \frac{1}{2\pi}\sqrt{\frac{k_0 - c_{\mathrm{u}}V_{\mathrm{dc}}^2}{m}} \approx f_0\left(1 - \frac{c_{\mathrm{u}}V_{\mathrm{dc}}^2}{2k_0}\right) \tag{6-32}$$

式中，c_{u} 为相对于场梯度的常数，如图 6-12(c)所示，谐振频率随偏置电压呈二次方下降趋势，谐振频率在 5～9MHz 范围变化，频率调节可达 100kHz，品质因子为 100000～150000。

6.2.5　热激励

热激励是指对谐振器件进行局部脉冲加热，产生的热扩散导致谐振结构发生变形和振动，主要包括电热激励和光热激励两种方式。局部加热可通过电阻式加热元件(电热激励)或者使用激光器局部照射(光热激励)来实现。一般来说，当加热微机械谐振结构的固定位置时，热弹性效应最明显，即使在均质材料中加热脉冲，同样会带来应力梯度，从而产生激励力。

1. 电热激励

电热激励是指利用温度差引起的热应力来进行激振，主要包括两个阶段：不可逆的电-热转换和可逆的热-机械转换。电热激励的工作原理是基于材料的热膨胀现象，通常采用热激励电阻作为激励源，电阻通电后的热效应会引起局部材料的热膨胀，从而激励谐振器产生振动实现热激振[19]。在电热激励谐振MEMS/NEMS 的过程中，谐振器件的加热电阻加载交变电压，在厚度方向产生周期性变化的温度场，从而引起器件内部形成周期性交变的热弯矩，当热激励频率与谐振器的固有频率相等时，谐振器将发生振动，其工作原理如图 6-13 所示。

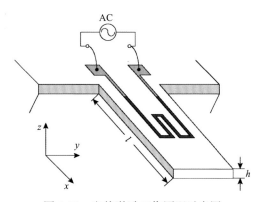

图 6-13　电热激励工作原理示意图

图 6-13 中，在热激励作用下，谐振悬臂梁上的温度场发生变化，并产生 x 方向的热应力和应变，靠近固支端的应力最大，设计时可以将压敏电阻布置在悬臂梁固支端附近。梁上任意一点的应变方程可写为

$$\varepsilon = \frac{\sigma}{E} + \alpha T \tag{6-33}$$

式中，ε 为 x 方向的热应变；σ 为 x 方向的热应力；E 为谐振梁材料的弹性模量；α 为材料的热膨胀系数；T 为温度，是坐标 x 和 z 的函数。x 方向上的热应力为

$$\sigma = E\varepsilon - \alpha E T \tag{6-34}$$

热应力引起的弯矩表达式可写为

$$M_T = \int_{-h/2}^{h/2} \sigma z \mathrm{d}z = \alpha E \int_{-h/2}^{h/2} T z \mathrm{d}z \qquad (6\text{-}35)$$

其中，温度场 $T(x,z,t)$ 与加热电阻的功率和梁的厚度 h 有关，随着激励频率变化。

当加热电阻 R 上加载交变电压 $U_{ac}\cos(\omega t)$ 时，电阻生热功率为

$$P(t) = \frac{U_{ac}^2}{2R} + \frac{U_{ac}^2 \cos(2\omega t)}{2R} \qquad (6\text{-}36)$$

式中，右边第一项为加热功率的恒定分量，第二项为加热功率的交变分量。交变分量在悬臂梁上产生交变的温度应力。对于双层（或多层）梁结构，在交变的温度应力作用下，微悬臂梁将产生与温度变化频率相同的机械振动，当温度应力变化的频率 2ω 与微悬臂梁固有频率相同时，微悬臂梁将会发生谐振。

图 6-14 为电热激励下圆盘式 MEMS 谐振器的静变形和前三阶模态振型实测照片[20]，谐振圆盘结构直径为 $90\mu m$，由 SiC 制备而成，电热激励方式不仅用于器件驱动，还用于谐振频率调节和混合作用。一般来说，电热激励采用的加热电阻较为简单，可供选择的加热材料较多，如 Cr、Au、Al、NiFe 等，主要考虑对谐振器机械特性、材料兼容性和输入电阻等因素。电热激励工艺制备相对容易，但功耗大，驱动效率低，而且加热会引起局部材料的热膨胀，从而使谐振器件变形，同时会引起温度漂移，抗干扰能力及温度特性较差，对器件设计要求较高。

 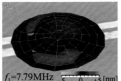 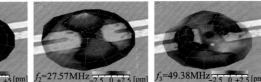 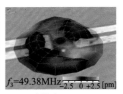

(a) 静变形　　(b) 一阶模态(f_1=7.79MHz)　(c) 二阶模态(f_2=27.57MHz)　(d) 三阶模态(f_3=49.38MHz)

图 6-14　电热激励下圆盘式 MEMS 谐振器的静变形和前三阶模态振型实测照片

2. 光热激励

光热激励原理和电热激励类似，不同之处在于将局部加热源由热电阻变为激光。当调制激光照射到谐振器件上时，光被分为器件表面反射、器件吸收、穿过器件投射三个部分，其中被器件吸收的部分以热能的形式在谐振器内部扩散传播，从而形成温度场。若激励光是周期性的，则谐振器内部的温度场分布也会周期性变化，且起到激振作用[21-23]。

图 6-15 为光热激励的 MEMS 谐振器结构简图，其长、宽、厚分别为 L、W、h。由热传导理论，可得热传导方程的一般形式为

$$\rho c \frac{\partial T}{\partial t} = \frac{\partial}{\partial x}\left(\lambda \frac{\partial T}{\partial x}\right) + \frac{\partial}{\partial y}\left(\lambda \frac{\partial T}{\partial y}\right) + \frac{\partial}{\partial z}\left(\lambda \frac{\partial T}{\partial z}\right) \tag{6-37}$$

式中，ρ 为谐振结构的材料密度；c 为比热容；λ 为热传导率；T 为温度分布；t 为时间。

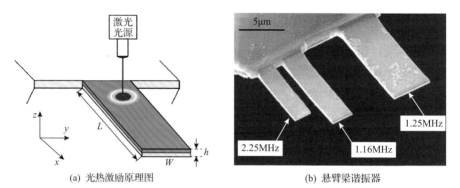

(a) 光热激励原理图   (b) 悬臂梁谐振器

图 6-15   光热激励的 MEMS 谐振器[24]

在光热激励过程中，谐振器内部不存在体热源，光热激励作用可视作边界条件。针对细长梁结构（$L \gg h$，$W \gg h$），光热激励谐振器的热扩散长度远大于厚度，可得

$$\frac{\partial T}{\partial t} = \frac{\lambda}{\rho c}\frac{\partial^2 T}{\partial x^2} \tag{6-38}$$

由于光激励为正弦周期性激励分量和直流分量的叠加，则激励光功率密度为

$$P_{\mathrm{t}} = \frac{P}{2Wh}\left[1 + \cos(\omega_{\mathrm{o}}t)\right] \tag{6-39}$$

式中，P 为谐振器吸收的光功率；ω_{o} 为光调频率。由于谐振结构的对称性，可将光热激励源视为边界条件，则有

$$\left.\frac{\partial T}{\partial x}\right|_{x=0} = -\frac{P_{\mathrm{t}}}{\lambda} = -\frac{P}{2Wh\lambda}\left[1 + \cos(\omega_{\mathrm{o}}t)\right] \tag{6-40}$$

激励光对谐振器件的作用机理主要是光热效应，经周期调制的激励光照射到谐振器上，谐振器吸收部分光能，将此光能转换为热能，热能沿谐振结构形成温度分布，在谐振器内部产生热应力，热应力激励谐振器产生振动。如果激励光的频率调制到与谐振器的频率相同，则谐振器发生谐振。光热效应对谐振器的激振作用根据镀膜情况分为两类：一类是没有镀膜或镀膜很薄（可以忽略不计）；另一

类为镀膜比较厚(与谐振结构厚度可比拟)。

当谐振器无镀膜时,光热效应的作用主要表现为轴向热胀变形;当谐振器有较薄的镀层(通常<30nm)时,镀膜仅会增加谐振结构对光的吸收效率,对振动的影响可以忽略不计,此时激励光强与谐振结构振幅之间的关系可表示为

$$A_1 = \left[\frac{3\sqrt{3}L^3\Omega QP_r}{8Wh\gamma_i^2} \left(\frac{\rho}{E} \right)^{1/2} \right]^{1/2} - \frac{P}{2Wh\lambda}\left(1 + \cos(\omega_o t) \right) \tag{6-41}$$

式中,Q 为谐振器的品质因子;P_r 为谐振器吸收的激励光功率;γ_i 为边界条件相关的振型参数(对于两端固支梁谐振结构,$\gamma_i = 1.5\pi$);E 为谐振器材料的弹性模量;Ω 为与谐振器材料有关的参数,$\Omega = \alpha/(\rho c)$,α为谐振器材料的热膨胀系数。

图 6-16(a) 为激光功率对器件整体温度的影响,采用一维导热模型可以算出平均温度与激光功率之间的关系,呈线性相关性,平均温度随激光功率的增大呈线性增大,其中,左上方插图为热时间常数约为 0.3ms 的瞬态温度曲线,此时在热传导作用下光束达到热平衡;右下方插图是入射光功率为 20μW 时的温度分布图,光束的中心温度达到 312.9K。图 6-16(b) 为光学检测的谐振器振动特性,在光热效应作用下,随着激光功率增大,谐振器件的谐振频率显著减小。入射光束会引起谐振器局部发热,然而谐振器的两端却处在恒定的环境温度下。由此导致的温升 ΔT 产生压缩热应力($\sigma = -\alpha E\Delta T$),在轴向应力 σ 作用下,梁结构的谐振频率可由公式 $f_0 \approx \sqrt{Ed^2/(\rho l^4) + 0.29\sigma/(\rho l^2)}$ 求得,且由此可得谐振频率的平方会随着温度的升高呈现线性减小趋势,即 $f_0^2 \approx -0.29\alpha E\Delta T/(\rho l^2)$。

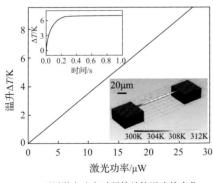
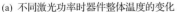

(a) 不同激光功率时器件整体温度的变化

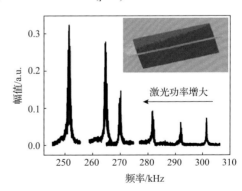

(b) 谐振器的幅频响应特性

图 6-16 光热激励对谐振器性能的影响[25]

当谐振器有较厚镀膜时,镀膜对振动的影响不可忽略,此时谐振器可看成双层结构,光热效应对谐振器的激振包括轴向热应力作用下的热胀冷缩变形和

双金属效应[21]。图 6-17 为镀膜后谐振器的结构。若镀膜和谐振器的长、宽、厚分别为 L、W、h_1 和 L、W、h_2，弹性模量、热膨胀系数、密度和比热容分别为 E_1、α_1、ρ_1、c_1 和 E_2、α_2、ρ_2、c_2，则由一维热传导理论可得谐振器的温度分布为

$$T(x,t) = \frac{\delta P_r}{4\chi W h_2} \exp\left(-\frac{x}{\delta}\right)\left[\cos\left(\omega_o t - \frac{x}{\delta}\right) + \sin\left(\omega_o t - \frac{x}{\delta}\right)\right] \tag{6-42}$$

式中，χ 为谐振器的热导率；δ 为热扩散长度，且 $\delta = \left(\dfrac{2\chi}{\rho\omega_o c}\right)^{1/2}$。

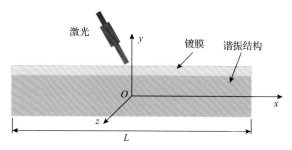

图 6-17　镀膜后谐振器的结构图

由此，在双金属效应作用下谐振器的光激振幅为

$$A_2 = 0.0122 \frac{L^3 Q P_r\left[3\left(\alpha_1 - \alpha_2\right)E_1 E_2 h_1 h_2\right]}{h_2^4 \rho_e^{1/2} K_e^{3/2} E_e^{3/2} c_e W\left(E_1 h_1 + E_2 h_2\right)} \tag{6-43}$$

式中，ρ_e、E_e、c_e 分别为双层谐振器材料的等效密度、等效弹性模量和等效比热容，且

$$\rho_e = \frac{\rho_1 h_1 + \rho_2 h_2}{h_1 + h_2}, \quad E_e = \frac{E_1 h_1 + E_2 h_2}{h_1 + h_2}, \quad c_e = \frac{\rho_1 c_1 h_1 + \rho_2 c_2 h_2}{\rho_1 h_1 + \rho_2 h_2}$$

根据材料力学载荷叠加原理，可将光热激励的轴向应力作用和双金属效应综合考虑，可得镀膜后谐振器的光激振幅为两者之和，即

$$A = \left|A_1 + A_2\right| \tag{6-44}$$

如图 6-18 所示，SiN_x 受到光热激励产生热效应，引起圆形石墨烯谐振结构产生振动，采用干涉法可以测量谐振结构的位移变化，当光功率为 0.4mW 时可以得到 38dB 的位移功率增益，谐振器件的品质因子可达 3000。

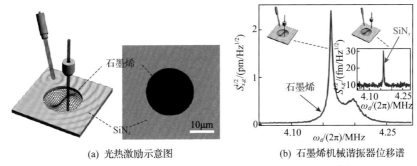

(a) 光热激励示意图　　　(b) 石墨烯机械谐振器位移谱

图 6-18　光热激励下石墨烯机械谐振器的振动特性[26]

6.2.6　光梯度力激励

光梯度力(optical gradient force)是一种新的激励方式,利用光导波结构近场所产生的强梯度场来驱动谐振器产生振动, 主要在 NEMS 谐振器中广泛应用[27,28]。

光具有能量和动量,与物质相互作用时伴随着动量的交换,从而表现为光对物体施加作用力,且等于光引起的单位时间内物体动量的改变,由此引起的物体位移和速度的变化称为光的力学效应。光子动量为 $p=\hbar/\lambda$,其中 $\hbar$ 为普朗克常量,λ 为波长,因此光子可用来激励 NEMS 谐振器。当一个光子沿平面镜的垂直方向反射时,它传递给镜面 $\Delta p=2\hbar/\lambda$ 的动量称为辐射压力。一个可见光范围内的光子传递的动量为 $\Delta p\approx10^{-27}\,\mathrm{kg\cdot m/s}$,产生很小的力用来驱动 NEMS 谐振器。但是总的传递动量可随反射光子数量的增多而增大,光力驱动已经可以在高品质因子谐振器中得以实现。

谐振器光腔内部的声子交互作用是可以使纳米机械谐振器冷却至基态,从而表现出量子力学行为[29,30]。图 6-19 为光梯度力激励下双梁结构纳米机械谐振器,两端固支单晶硅梁有效长度为 L,微梁的变形量为 u,微梁的横截面积 $A=bh$, 截面惯性矩为 $I=hb^3/12$ 。以下采用二维近似的方法推导双固支梁之间的静态光梯度力。梁处于同一个平行的横向电场模式,当梁间距较小时,强光耦合作用将每根梁分裂为两个本征模态: 对称模态和反对称模态。

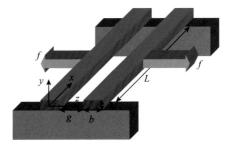

图 6-19　双梁结构光传导梁示意图

当光梯度力作用时,光传播模式是绝热交换过程,耦合梁可以简化为耦合条状梁。根据 $\exp(\mathrm{i}k_x x-\mathrm{i}\omega t)$ 形式的场分量,梁的光场可写为

$$
\begin{cases}
E_z = E_0 n_{\mathrm{eff},x} \cos\left(\dfrac{-k_z b}{2} + \varphi\right)\Phi(z), & 0 < z \leqslant \dfrac{g}{2} \\[4mm]
E_z = E_0 \dfrac{n_{\mathrm{eff},x}}{\varepsilon_z} \cos\left[k_z\left(z - b + \dfrac{g}{2}\right) + \varphi\right], & \dfrac{g}{2} < z \leqslant \dfrac{g}{2} + b \\[4mm]
E_z = E_0 n_{\mathrm{eff},x} \cos\left(\dfrac{k_z b}{2} + \varphi\right)\exp\left[-\gamma\left(z - \dfrac{g}{2} - b\right)\right], & z > \dfrac{g}{2} + b
\end{cases}
\tag{6-45}
$$

式中，ε_x 和 ε_z 分别为微梁的纵向和横向介电常数；φ 为耦合作用引起的相移；对应不同模态，有

$$
\begin{cases}
\Phi(z) = \dfrac{\cosh(\gamma z)}{\cosh(\gamma g / 2)}, & \text{对称模态} \\[4mm]
\Phi(z) = \dfrac{\sinh(\gamma z)}{\sinh(\gamma g / 2)}, & \text{反对称模态}
\end{cases}
$$

微梁中的波向量 k_z、空气中的场衰减率 γ、光导梁中的波向量 k_x 和自由空间中的波向量 k_0 在梁中及空气中的色散关系分别为

$$
\frac{k_x^2}{\varepsilon_z} + \frac{k_z^2}{\varepsilon_x} = k_0^2, \quad k_x^2 - \gamma^2 = k_0^2
$$

其中 $k_0 = 2\pi / \lambda_0$，λ_0 为光在真空中的波长。假设梁材料为单一材料，则有 $k_x = k_z$，$\varepsilon_x = \varepsilon_z = \varepsilon_{\mathrm{si}} = 11.9$，则梁的有效折射率约为

$$
n_{\mathrm{eff},x} = \frac{k_x}{k_0}
$$

将式(6-45)代入麦克斯韦应力张量公式中，并假设 $n_{\mathrm{eff},x} \gg 1$，则可得固支梁单位长度所受光梯度力的表达式为

$$
\begin{cases}
f_{\mathrm{opt}}^- \approx -\dfrac{P}{2bc} \dfrac{n_{\mathrm{eff},x}}{\dfrac{1}{\varepsilon_z} + |\varepsilon_x|\sinh^2(\gamma g / 2)}, & \text{对称模态} \\[6mm]
f_{\mathrm{opt}}^+ \approx \dfrac{P}{2bc} \dfrac{n_{\mathrm{eff},x}}{|\varepsilon_x|\cosh^2(\gamma g / 2)}, & \text{反对称模态}
\end{cases}
\tag{6-46}
$$

式中，f_{opt}^- 和 f_{opt}^+ 分别为对称模态下的吸引光力和反对称模态下的排斥光力；c 为真空中的光速；P 为入射光功率。

如图 6-20 所示,光梯度力驱动的 NEMS 谐振器(光学中一般称为谐振腔)有多种多样的构型,除了双梁固支结构,还有悬臂梁型、圆环辐条型、圆盘型、阶梯型、桨叶型等,其驱动原理主要是利用两个相互靠近的波导结构之间产生光梯度力。

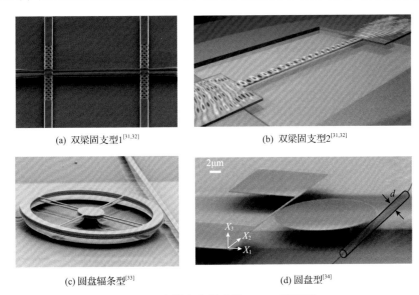

(a) 双梁固支型1[31,32]   (b) 双梁固支型2[31,32]

(c) 圆盘辐条型[33]   (d) 圆盘型[34]

图 6-20   光梯度力驱动的 NEMS 谐振器

6.3   振动检测原理与技术

在 MEMS/NEMS 谐振器向超高频率发展的过程中,其振动特性检测已成为重要的技术难题之一。谐振器振动检测方法主要分为电学和光学两类。电学检测主要是把谐振器的机械振动转化成电学量,包括电磁检测、电容检测、压电检测及压阻检测等,其中电磁检测实际上是电磁驱动的逆过程,谐振器的振动位移测量通过拾振线圈实现;电容检测、压电检测和压阻检测所需要的敏感元件尺寸小,且与微细加工工艺兼容性好,也都是常见的振动检测方法。光学检测有光强度调制检测和光干涉调制检测,后者的检测精度和灵敏度更高。随着 NEMS 谐振器的发展,器件尺寸越来越小,谐振器频率越来越高,导致谐振器振动检测越来越困难,能否对 NEMS 谐振器实现精确的振动检测已成为制约 NEMS 器件进一步发展的关键问题之一。

6.3.1   电容检测

除了可作为谐振器件的激励,电容传导技术还能用来测量振动。电容检测是最简单、最常用的电学测量方法之一,该方法是利用谐振结构与衬底电极之间的静电力的变化激励谐振器件，通过检测该变化获取谐振器件的动态特性。该方法激励和检测所采用的设备都相对简单，但是为了避免寄生电容的影响，需要的电子-机械调幅模块电路较为复杂。

　　图 6-21 为电容检测的工作原理示意图，用于测量横向振动悬臂梁结构的谐振频率。梁与衬底构成的平行电容极板间加入直流偏置的交流电压，使得悬臂梁进入机械振动状态。在振动过程中，由于梁与衬底之间间隙发生变化，平行极板之间的电容随之改变，从而使得梁与衬底间产生微小电流，通过 CMOS 电路的传输和放大，可以得到测量电压。

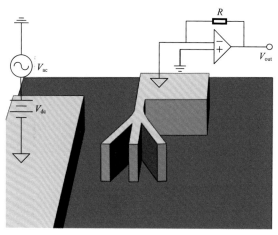

图 6-21　电容检测的工作原理示意图[35]

　　图 6-22 为用于 NEMS 谐振器测量的电容检测技术，表面微加工制备的两端固支 NEMS 谐振器长为 12μm、宽为 200nm、厚为 150nm。机械运动产生的电流

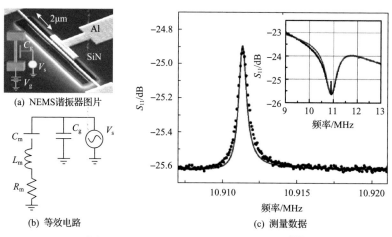

(a) NEMS谐振器图片

(b) 等效电路

(c) 测量数据

图 6-22　NEMS 谐振器的电容检测技术[36]

由并联谐振电路来模拟，由欧姆定律和牛顿第二定律可知，图 6-22(b)中的等效阻抗网络能够准确地描述谐振器栅极结构在偏置电压作用下的机电运动，该阻抗网络包括栅极电容 C_g 与串联 RLC 电路，其中

$$L_{\mathrm{m}} = d^2 m/(V_g^2 C_g^2), \quad C_{\mathrm{m}} = V_g^2 C_g^2/(\omega_0^2 d^2 m), \quad R_{\mathrm{m}} = d^2 m\omega_0 /(V_g^2 C_g^2 Q)$$

d 为栅极与谐振器中心的距离，m 为谐振器的等效质量，ω_0 和 Q 分别是谐振器的固有频率和品质因子。假设梁的运动位移小（$x(t) \ll d$），且 $\partial C_g/\partial x \approx -C_g/d$，对于给定的谐振器机电模型，可以得到通过栅极的等效阻抗 $Z_{\mathrm{T}}(\omega)$，即

$$\frac{1}{Z_{\mathrm{T}}(\omega)} = \mathrm{i}\omega C_g + \frac{1}{\mathrm{i}\omega L_{\mathrm{m}} - \mathrm{i}/(\omega C_{\mathrm{m}}) + R_{\mathrm{m}}} \tag{6-47}$$

在 MEMS/NEMS 谐振器中，机械振动引发的电容变化要远小于总的系统电容（$\Delta C \ll C_{\mathrm{ft}}$），其中 C_{ft} 称为馈通电容(feedthrough capacitance)，且为常量。测量系统电容相对变化量很小是系统振动的电容读取装置设计中最具挑战性的难题。虽然电容检测技术中的结构简单易实现，但是当器件尺寸进入纳米尺度时，电容变化非常小，一般在 $10^{-16}\mathrm{F}$ 以下，而且谐振频率进入高频后对后续检测电路也有很高的要求，检测变得非常困难。

6.3.2 压电检测

式(6-16)为压电激励和检测的控制方程，对于谐振器结构的力学问题，取决于谐振结构的弯曲、扭转或纵向模态[37]。当用于压电检测时，对应于式(6-16)中的第二个方程，表明即使没有电场，同样存在位移场，在电场作用下会生成额外的位移场。

由麦克斯韦方程可得，当位移场随时间变化时会产生位移电流，即

$$I_{\mathrm{D}}(t) = \int_{A_{\mathrm{elec}}} \frac{\partial D(t)}{\partial t} \mathrm{d}A = \mathrm{i}\omega \in \frac{A_{\mathrm{elec}}}{t_{\mathrm{PZE}}} V_{\mathrm{in}} + \mathrm{i}\omega \chi_n^{\mathrm{D}} \frac{d_{31}}{C_{11}} \frac{wz_{\mathrm{offset}}}{L} u_n(\omega) \tag{6-48}$$

式中，比例项 χ_n^{D} 为

$$\chi_n^{\mathrm{D}} = L \int_0^{L_{\mathrm{det}}} \phi_n''(x)\mathrm{d}x = L\big(\phi_n'(L_{\mathrm{det}}) - \phi_n'(0)\big) \tag{6-49}$$

L_{det} 为测量电极的长度，且激励和测量电极的长度相等，即有 $\chi_n^{\mathrm{D}} = \chi_n^{\mathrm{A}}$。

联立式(6-48)和式(6-18)，可得机电系统的总响应，即

$$I_{\mathrm{D}}(t) = \left[\mathrm{i}\omega C_0 + \mathrm{i}\omega \chi_n^2 \frac{d_{31}^2}{C_{11}} \frac{wLz_{\mathrm{offset}}^2}{t_{\mathrm{total}}^3} \frac{1}{1 - (\omega/\omega_n)^2 + \mathrm{i}\omega/(\omega_n Q)} \right] V_{\mathrm{in}} \tag{6-50}$$

式中，C_0 为电极的电容。式 (6-50) 表明等效电路有不同组分，即馈通电容和与之并联的 LCR 元件，由此可直接求得

$$C_{\mathrm{m}} = \chi_n^2 \frac{d_{31}^2}{C_{11}} \frac{wLz_{\mathrm{offset}}^2}{t_{\mathrm{total}}^3}, \quad L_{\mathrm{m}} = \frac{1}{\omega_n^2 C_{\mathrm{m}}}, \quad R_{\mathrm{m}} = \sqrt{\frac{L_{\mathrm{m}}}{C_{\mathrm{m}}}} \frac{1}{Q} \tag{6-51}$$

6.3.3　压阻检测

压阻效应是材料的一种特性，当材料受到机械应力作用时，会改变材料结构的电阻率，许多材料中导电粒子的数量和迁移率会表现出一种与应力相关的特性。图 6-23 为基于压阻效应的微纳米悬 臂梁结构及阵列[38]。压阻检测是 MEMS/NEMS 谐振器中最常用的检测方法之一，其原理是在谐振结构上制作压阻材料，利用压阻效应来检测谐振器件的振动特性[39,40]。

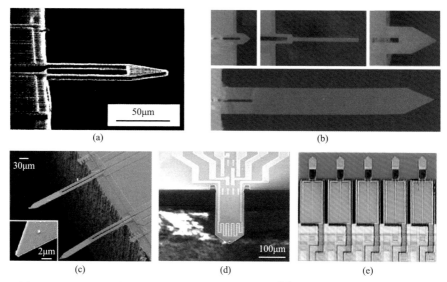

图 6-23　基于压阻效应的微纳米悬臂梁结构及阵列[38]（(a)～(e) 为不同结构形式）

对于均质悬臂梁结构，其位移的变化可以通过测量电阻改变来确定，压敏电阻的应变 ε 和电阻的相对变化之间的关系为

$$\frac{\Delta R}{R} = K\varepsilon \tag{6-52}$$

式中，K 为材料的压阻系数；R 为压阻材料的初始电阻。

由于电阻的变化可能会同时受到几何效应 $(1+2\upsilon)$ 和材料电阻率 $(\Delta\rho/\rho)$ 的影响，压敏电阻的电阻变化还可以表示为

$$\frac{\Delta R}{R} = (1+2\upsilon)\varepsilon + \frac{\Delta \rho}{\rho} \tag{6-53}$$

式中，υ 为材料的泊松比；ε 为施加的应力；ρ 为压敏电阻的电阻率。

对于末端有一压敏电阻薄片、厚度为 h 的单层悬臂梁结构[41]，其表面应力敏感度可以表示为

$$\frac{\Delta R}{R} = 4\left(\frac{K}{Eh}\right)\sigma_{\mathrm{s}} \tag{6-54}$$

式中，E 为材料的杨氏模量；h 为微悬臂梁的厚度；σ_{s} 为表面应力。此式表明：表面应力敏感度依赖于压敏电阻的应变系数和结构材料的杨氏模量之比，为了得到较高的检测敏感度，需要保持压敏电阻远离悬臂梁中心轴。电阻的变化可以通过包含悬臂梁的直流偏置惠斯通电桥进行测量，参考和测量的悬臂梁单元连接两个外部电阻构成惠斯通电桥，记录悬臂梁的弯曲变形发生变化时的输出信号，测量原理如图 6-24 所示，当分子吸附到微悬臂梁表面时，会引起表面应力变化，导致悬臂梁结构产生弯曲，从而使压阻材料的电阻发生改变。

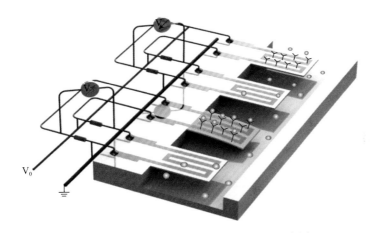

图 6-24 微悬臂梁结构的压阻检测原理示意图

对初始电阻为 R 的惠斯通电桥施加电压 V，电桥的差分电压可以写为

$$V_{\mathrm{out}} = \frac{1}{4}\frac{\Delta R}{R}V_{\mathrm{ref}} \tag{6-55}$$

压阻式检测技术的优势在于可在液体和气体环境下工作，不仅可以用于静态检测，也可以用于动态检测，同时还可以实现阵列式检测，如图 6-23(e) 所示，集成式压敏电阻微悬臂梁阵列布置可应用于各种传感领域，如乙醇和葡萄糖、二糖和气体传感，也可以实现痕量级蒸气的超灵敏检测。但是，压阻检测方法的灵敏度与频

率限制主要受到背景噪声和寄生电容的影响；对于纳米结构，因其电阻非常大（5～100kΩ），有效信号在输出信号所占比例很小，可以通过改进检测电路、减小背景噪声等方式分辨出有效信号。

图 6-25[42]采用金应变片测量 NEMS 谐振器的压阻特性，低电阻的金应变片相较于高电阻的硅应变片反而显示出明显的压阻效应，即使金的应变系数比硅的低，其频率分辨率反而更高，因为金层的低电阻致使其电噪声更低。此外，集成金电极能和电阻之间的阻抗匹配，可实现直接提取压阻信号，无需复杂的信号检测策略。

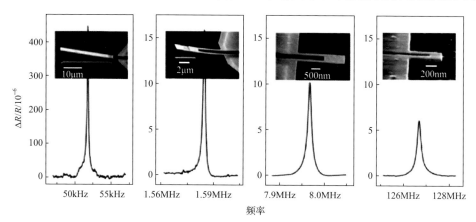

图 6-25 NEMS 谐振器的压阻效应[42]

如图 6-26[43]所示，在混合信号技术中，输出电极的电阻由交流电压偏置，交电阻包含一个常数项和动态项 $R_0 + \Delta R\cos(\omega t)$。如图 6-26(a)所示，当使用直流偏置来检测运动引起的电阻变化 $\Delta R\cos(\omega t)$ 时，系统中的寄生电容会有效地使 ω（通

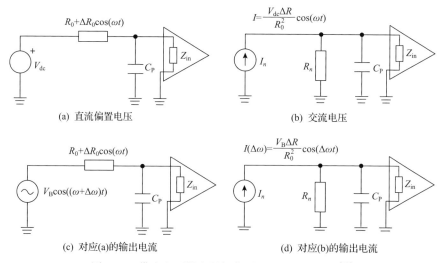

图 6-26 带有和不带有混频信号的压阻检测技术[43]

常为数十兆赫兹)处的信号短路；当偏置电压 $V_{bias} = V_B \cos((\omega + \Delta\omega)t)$ 作用时，在混频 $\Delta\omega$ 处输出电流包含 $I(\Delta\omega) = (V_B / R_0)(\Delta R / R_0)\cos(\Delta\omega t)$ 项，该项可设置为低值(对于基于锁定放大器的检测，通常为 $10 \sim 100\text{kHz}$)。在混频 $\Delta\omega$ 时工作，可避免寄生电容引起的 RC 电路截止(图 6-26(c)和(d))。因此，混频技术允许使用半导体电极进行压阻检测，半导体电极的测量系数比金属电极大几个数量级，其电导率显著小于金属电极[44]。

6.3.4　磁势检测

磁势拾振是采用洛伦兹力作为激励方式时常常采用的检测方法[45,46]。在外加静磁场的作用下，有射频信号通过的谐振器会在洛伦兹力作用下发生振动，通过切割磁感应线在谐振器结构两端产生感应电动势，通过检测随着振动变化的电动势分析谐振器的振动特性。

图 6-27 为采用磁势来检测谐振器动力学特性的原理图。当导线在均匀磁场内移动时，单个自由电荷受洛伦兹力的作用，磁场力沿导线的方向作用在电荷上，引起电荷间的分离，在导线长度方向上形成了电位差(电压)，即电动势 U_{EMF}。由单电荷受到的洛伦兹力，可得导线两端的电动势为

$$U_{EMF} = \frac{LF_L}{q} = BL\dot{x}(t) \tag{6-56}$$

式中，F_L 为洛伦兹力；q 为电荷量；B 为磁场强度；L 为梁的长度；$\dot{x}(t)$ 为梁中点的运动速度。电动势的测量很直接，当谐振梁振动时切割磁感应线产生电动势，网络分析仪通过检测电动势来计算谐振梁的振动频率。更复杂的测量方法由含无源参考装置的微分电路组成，用于自持振荡电路。

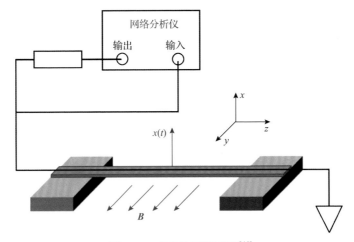

图 6-27　磁势检测原理图[45]

如图 6-28 所示在磁势拾振中采用平衡桥技术[46]，在电桥的一侧有 NEMS 谐振器，另一侧有匹配电阻。在平衡点(RO)两侧制作两个相同的固支梁谐振器，电路可以以极高的灵敏度进行平衡，这样可以替代单一谐振器和单一匹配电阻器设计(图 6-28(a))，由此可获得两个完全分离的机械共振，很好地减小背景噪声，相比直接测量方式背景噪声可减小至少 20dB。由于磁势检测要求外加恒磁场，仅能应用于洛伦兹力激励的谐振器件，且要求获得较大驱动力时还需满足强磁场及低温的试验环境，因此磁势检测在应用上有一定的限制。

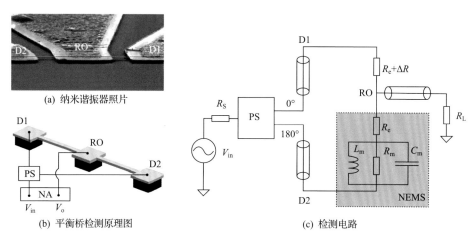

(a) 纳米谐振器照片

(b) 平衡桥检测原理图

(c) 检测电路

图 6-28　采用平衡桥技术的磁势检测[46]

6.3.5　激光干涉检测

微纳机械运动的干涉测量技术是当前最精确的测量技术之一。与其他电学耦合检测原理不同，激光干涉检测法是通过参考光和谐振结构的反射光形成的干涉谱来测量谐振结构的频率，没有直接在谐振结构上耦合检测电路。根据参考光源的不同，目前常用的检测方法有三种：法布里-珀罗(Fabry-Perot)干涉法、迈克耳孙(Michelson)干涉法和马赫-曾德尔(Mach-Zehnder)干涉法，这些方法的检测原理如图 6-29 所示[47]。

法布里-珀罗干涉法是一种用于谐振 MEMS/NEMS 检测的常用技术[48]，如图 6-29(a)所示，该方法的参考光源是器件衬底的反射光，利用谐振结构中的梁与衬底形成的光腔，检测光照射在谐振结构上，梁上表面和衬底表面都会产生反射光，检测这个光腔反射回来的光即可检测谐振器的振动。

迈克耳孙干涉法的基本原理是：激光束经由分光镜 M 将光束一分为二，一束射向一个固定反射镜形成参考路径，一束射向谐振结构表面，反射光通过物镜收集后，同参考光相互干涉，合并成一道光束并产生干涉条纹射至光电探测器，

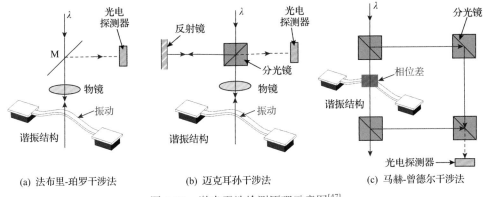

(a) 法布里-珀罗干涉法   (b) 迈克耳孙干涉法   (c) 马赫-曾德尔干涉法

图 6-29 激光干涉检测原理示意图[47]

可通过检测光的变化来检测谐振结构的振动，如图 6-29(b)所示。目前显微镜式迈克耳孙干涉仪的扫描频率带宽可达吉赫兹以上。

采用马赫-曾德尔干涉法时，单源光线被分为两束，在之后重新结合，如图 6-29(c)所示，其中一束光经过谐振结构产生相位差，在两束光重新结合后形成干涉。

激光干涉检测相比其他检测方法，应用范围广，适用于光、电磁、静电等各种驱动方式的器件检测，可在室温环境下工作，无须与谐振结构直接接触，且对振动系统影响较小。但是，当谐振器件尺寸进一步缩减到纳米尺度时，激光干涉检测会受到光衍射的影响，且光学仪器较昂贵、体积较大，只能用于实验室环境。

6.3.6 单电子器件检测

单电子器件是基于库仑阻塞效应和单电子隧道效应的基本原理而产生的一种新型纳米电子器件。单电子器件主要包括单电子晶体管(single electron transistor, SET)和单电子存储器。其中，SET 具有功耗低、灵敏度高、易于集成、高频高速工作、工作速度快等特点，被认为是制造下一代低功耗、高密度超大规模集成电路的理想基本器件，在高灵敏度测量方面有着极大的优越性。

SET 是最灵敏的静电计，其灵敏度在 $10^{-5}\mathrm{e}\mathrm{Hz}^{-1/2}$ 以下。如图 6-30(a)所示，SET 栅极与谐振器上的金属电极可形成电容耦合，在电极上施加恒定的偏置电压 V_{beam}，即可检测纳米机械谐振器的运动。当梁沿 x 方向振动时，在器件平面内，电容会发生变化(ΔC)，从而调制 SET 上的感应电荷($\Delta q = V_{\mathrm{beam}}\Delta C$)，最终改变 SET 的源极-漏极电流。随着电压 V_{beam} 增大，调制电荷 Δq 和谐振器的灵敏度将会增大。器件在最优电压下的位移灵敏度约为 $10^{-16}\mathrm{m}\mathrm{Hz}^{-1/2}$，接近测量量子效应所需的灵敏度。

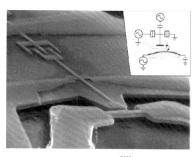

(a) SET器件[49]   (b) RF-SSET器件[50]

图 6-30　单电子器件检测

如图 6-30(b)所示，两端固支纳米梁式机械谐振器和射频超导单电子晶体管（RF-SSET）形成电容耦合，由微加工制备的片上 LC 谐振器，主要由叉指电容器和铝制平面线圈组成，可以让 RF-SSET 和超低噪声微波放大器实现阻抗匹配，图中所示结构的谐振频率为 1.35GHz、品质因子约为 10、检测带宽约为 70MHz，从而实现电荷灵敏度达到 $\sqrt{S_Q} \approx 6 \sim 14 \mu eHz^{-1/2}$。图中所示的两端固支纳米梁式机械谐振器（宽 200nm、长 8μm）的共振频率可由磁动势读数确定，面外共振频率为 17MHz，面内共振频率为 19.7MHz。

相比其他方法，单电子器件检测具有接近量子极限的灵敏度，适用于纳米尺度下微小位移的振动检测。但是，单电子器件检测需要在低温环境下工作，以降低热振动的影响。

6.3.7　耦合谐振子检测

目前，悬臂梁式 MEMS/NEMS 谐振器是弱力信号探测的重要手段之一，通过测试力信号和位移信号之间的转换，可实现对该力的测量。为了提高力学灵敏度，需要设计更小尺寸的机械振子，从而谐振子振动的检测成为新的挑战。传统测量振动的方法是将其转换为电、磁、光等信号，并通过信号测试得到高灵敏度的位移测量，但是这些检测方法对被测谐振结构的几何形状和尺寸有着苛刻的要求，难以直接用于纳米甚至亚纳米尺度机械谐振器的振动测量。

2013 年，Huang 等[51]率先报道了一种基于机械参数耦合的振动传递机理，通过设计耦合悬臂梁谐振子系统实现振动的精密测量，力学灵敏度高达 10^{-11}m 量级。该方法是将位移信号转移为力信号，通过灵敏的力学测量技术完成检测，由于力与位移信号之间的转换在原理上不会对待测物结构、材料特性等有所限制，因此可以弥补已有振动测量手段的不足。

如图 6-31(a)所示两个相互靠近的纳米机械谐振子（悬臂梁），通过在它们之间施加特定的电压，可实现参数耦合。试验中的振动传递系统包含两个参数耦合的

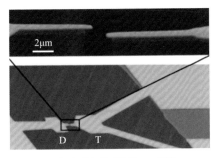

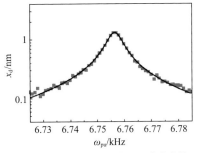

(a) 耦合谐振子系统的SEM图片　　　　(b) 谐振器T受驱动时x_d-ω_{pu}变化曲线

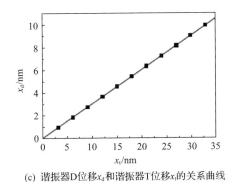

(c) 谐振器D位移x_d和谐振器T位移x_t的关系曲线

图 6-31　耦合谐振子检测[51]

谐振器：目标谐振器 T（其振动响应被传递）和检测谐振器 D（其力响应为传导目标）。系统的动力学方程可写为

$$\begin{cases} m_t \ddot{x}_t + \varGamma_t \dot{x}_t + k_t x_t = -\eta(t)(x_t - x_d) \\ m_d \ddot{x}_d + \varGamma_d \dot{x}_d + k_d x_d = -\eta(t)(x_d - x_t) \end{cases} \tag{6-57}$$

式中，x_t 和 x_d 分别为谐振器 T、D 的位移；$m_{t(d)}$、$k_{t(d)}$ 和 $\varGamma_{t(d)}$ 分别为谐振器 T(D) 的等效质量参数、刚度参数和本征损耗率，其中 $\varGamma_{t(d)} = m_{t(d)} \omega_{t(d)} / Q_{t(d)}$，$\omega_{t(d)}$ 为谐振器 T(D) 的固有频率，$Q_{t(d)}$ 为品质因子。$\eta(t) = 2\eta \cos(\omega_{pu} t)$ 为实现两个谐振器之间参数耦合的泵浦场，η 为耦合强度，ω_{pu} 为泵浦频率。有趣的是，当两个谐振器的固有频率 $\omega_d > \omega_t$ 且 ω_{pu} 满足频率转换条件 $\omega_{pu} = \omega_d - \omega_t$ 时，谐振器 T 上的振动没有传递至检测谐振器 D 上。

在无外加直流电压时，实测谐振器 T、D 的固有频率分别为 $\omega_t = 6.76\text{kHz}$ 和 $\omega_d = 37.41\text{kHz}$，可根据自由振荡得到二者的品质因子分别为 $Q_t = 1200$ 和 $Q_d = 1700$。图 6-31(b) 给出了光学测量到的谐振器 D 的幅值 Δx_d 相对于驱动电压频率 ω_{dr} 的变化曲线；当泵浦电压恒定时，改变驱动电压 V_{dr} 可得两个谐振器位移

Δx_t、Δx_d 之间的变化关系，如图 6-31(c)所示，二者之间呈正比关系，由此可知谐振器 T 的振动经由参数耦合传递到谐振器 D 上。该系统在低温下可实现 10^{-21}N 力信号的检测，并可以将检测引入的额外力噪声控制在 10^{-15}N 以下。

6.4　振动激励-检测组合技术

谐振传感系统是利用谐振结构的动力学特性进行测量，它具有优异的分辨率、稳定性和可重复性。谐振传感器与其他传感器的根本区别在于振动于谐振状态，它通常采用闭环自激实现，通过配置适当的电路检测出谐振器件的谐振参数，从而得到被测参量(物理量或化学量)。因此，选择合适的激励与检测方法很重要，必须解决谐振结构的激励与检测问题。

图 6-32 给出了谐振传感器的基本功能原理，其中谐振结构作为敏感元件，是谐振传感器的核心，它工作时以自身固有的振动模态持续振动，其谐振频率为被测参量的函数。被测参量通过改变谐振结构的刚度、质量或结构几何尺寸来改变谐振系统的谐振频率。谐振结构的振动激励与检测单元是实现机-电、电-机转换的必要部件，为组成谐振传感系统的闭环自激提供条件。激励单元(或称激励器)给出激励力信号，保证谐振结构工作于固有谐振状态，检测单元(或称拾振器)主要实现对谐振结构振动信号的检测。

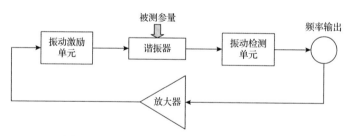

图 6-32　谐振传感器的基本功能原理示意图

振动激励与振动检测方式中，有些机制(如电磁效应、压电效应等)既可以作为振动激励，又可以实现振动检测；也有些机制，需要与其他方式组合，才能实现谐振器的振动激励与检测。通常来说，采用同一元件同时实现振动激励与检测的谐振器称为单端口谐振器；而采用不同元件分别实现振动激励与检测的谐振器称为双端口谐振器。以悬臂梁结构的谐振传感器为例，如图 6-33 所示，谐振传感系统的振动激励与检测方式的组合有多种基本形式，每种都有相应的基于振动诊断原理的检测方法。

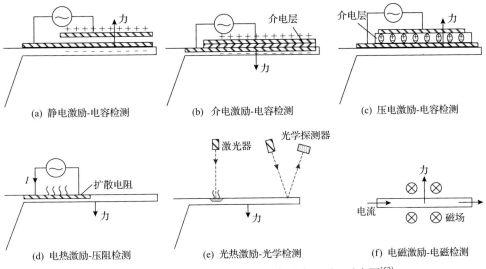

图 6-33 振动激励与检测的基本组合形式和原理示意图[52]

如表 6-2 所示悬浮式微通道机械谐振器采用的激励和检测技术对比，器件激励的方式主要有电容式、压电式和光热式等，在通道谐振器上安装激振器有片上和片外两种类型，前者是在制造过程中将激振器放置在封装芯片内；后者是在封装传感器的外部施加驱动电压。在制造过程中，片上驱动方法需要更复杂的过程，但与片外驱动方法相比，它可以实现紧凑的封装。

表 6-2 悬浮式微通道机械谐振器采用的激励和检测技术对比[53]

激励-检测		激励		检测	
电容式 （片上）	压电式 （片上）	压电式 （片外）	光热式 （片外）	压阻式 （片上）	光学式 （片外）
电极	压电材料	压电片	激光	平衡电路	光电探测器 激光
优点 紧凑封装	独立驱动	易操作、无需附加工艺	高频可用性	紧凑封装	无需附加工艺
缺点 强非线性	加工困难	高频限制	不适合生物应用	热噪声限制	复杂线形

6.4.1 静电激励-电容检测

在常见的激励-检测技术中，静电激励-电容检测方式易于微型化，具有体积小、非接触、响应快、功耗低、集成度高且与集成电路工艺兼容等优点。静电激励-电容检测的工作原理是在静电力作用下，电容的两个极板之间产生静电力，从而改变电容。根据激励与检测是否共用一个电极，可以将静电激励-电容检测的谐振器分为单端口式和双端口式两种；根据激励电压类型不同可以分为不带直流偏置的交流电压激励和带直流偏置的交流电压激励，前者产生倍频激励力，后者产生同频激励力。但是对电容极板的间距控制要求很严格，微小电容的测量难度很大，并且两极板之间很容易产生吸合效应。

这种方式要求两个相邻的检测电极，其中一个电极是振动结构的一部分，施加在电极上的交变电压产生交变的静电驱动力作用于谐振器，如图 6-34 所示，向驱动电极施加交流电压，驱动电极靠近并平行于悬臂梁，产生驱动悬臂梁振动的静电力。电容读数包括检测电流，即位移电流，该电流是由悬臂梁和驱动电极之间的电容变化引起的，振动的检测是通过检测电容电极间距的变化实现，为了检测位移电流，需要施加额外的直流电压。但是采用该方式时需要比较大的电极面积以及比较小的电极间距，以降低激励和检测电压。

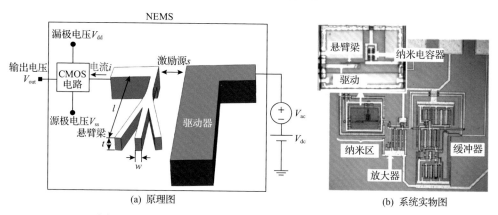

图 6-34　NEMS 悬臂梁谐振器静电激励-电容检测示意图[54]

读出电路是检测和放大驱动器接口中产生的电容电流，也就是悬臂振动振幅的测量值，电流的表达式为

$$I_C(t) = \frac{\partial}{\partial t}(C \cdot V) = (C_P + c)\frac{\partial V_{ac}}{\partial t} + (V_{dc} + V_{ac})\frac{\partial c}{\partial t} \tag{6-58}$$

式中，C 为悬臂梁驱动器的电容，由静态电容 C_P 和反映悬臂梁运动引起的电容变化量 c 组成。忽略变化量和直流电压成分的影响，电流可简化为

$$I_C(t) \approx C_P \frac{\partial V_{ac}}{\partial t} + V_{dc}\frac{\partial c}{\partial t} = I_P + I_d \tag{6-59}$$

该方程的第一项 I_P 是寄生电流，不能反映悬臂梁的运动，是由用于激励悬臂梁的交流电压产生的；第二项 I_d 为位移电流，反映了悬臂梁的振动，且取决于驱

动器悬臂梁电容的变化，如图 6-35 所示位移电流和寄生电流振幅及外载电压之间的关系。在静电激励作用下，可假设悬臂梁做谐波振动，可得悬臂梁驱动电容及其时间导数的解析表达式为

$$C(t) = C_p + c = \frac{\varepsilon_0 lt}{s_0 - z(t)} \tag{6-60}$$

式中，ε_0 为介电常数；l 和 t 分别为梁的长度和厚度；$z(t) = A_{eff}\sin(\omega t)$，其中 A_{eff} 为悬壁梁的有效位移，是与驱动器平行的位移。

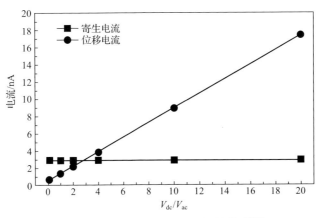

图 6-35　电流与外载电压之间的关系[54]

6.4.2　静电激励-压阻检测

图 6-36(a) 采用静电激励-压阻检测技术的硅 NEMS 谐振器[55]，该谐振结构的中心位置附近有四个用于面内驱动的栅极，结构两端的悬空微桥设计为压阻计；图 6-36(b) 为仅有交流 (AC) 模式的电容驱动电路；图 6-36(c) 为交流、直流 (AC+DC) 结合模式的电容驱动电路，由于直流电压项的驱动力作用，两种模式都会产生谐振梁的静态变形[43]。

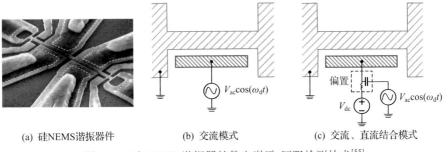

(a) 硅NEMS谐振器件　　　(b) 交流模式　　　(c) 交流、直流结合模式

图 6-36　硅 NEMS 谐振器的静电激励-压阻检测技术[55]

加工且与集成电路工艺兼容等优点；缺点在于电阻阻值会受到温度的影响，实际工作中可以通过分析电热激励功率对谐振频率的影响和电阻材料来标定或减小温度对器件性能的影响。

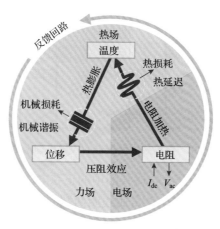

图 6-39　物理参数转换机制[58]

如图6-40(a)所示，NEMS谐振器是基于氮化硅(100nm)-硅基材料制备而成的，采用电子束刻蚀技术对微梁进行构图，再以电感耦合等离子体对氮化硅进行干法刻蚀，然后以各向同性法释放双边夹紧梁，去除掩模层之后，将器件引线键合到印刷电路板进行电学和力学性能表征。由于谐振器热激励源与金电极和氮化硅梁存在热膨胀系数的差异，将频率为机械驱动频率一半($\omega_d/2$)的交流电压(V_d)施加到驱动环路上，可产生局部焦耳热。材料的膨胀使得结构上产生应力，引起驱动频率2倍的弹性变形，由此导致梁弯曲运动，进而使梁的另一端检测环路变形，通过几何压阻效应改变读出电极 $\Delta R(\omega)$ 的电阻。为了测量动态电阻并消除寄生电容的影响，可以采用向下混频方式，即以略微失调(<100kHz)的频率($\omega_d + \Delta\omega$)向检测环路施加交流偏置电压(V_b)，然后在 $\Delta\omega$ 的混频频率下呈现清晰的读出信

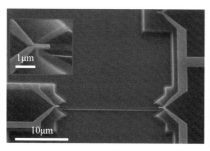

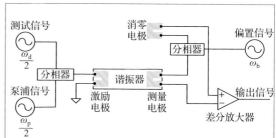

(a) NEMS谐振器SEM照片　　　　　　(b) 激励和读出电路图

图 6-40　电热激励-压阻检测的 NEMS 谐振器[59]

号，还可以结合差分读出电路来增强读出效果，在基板上锚固消零电极可以消除电子背景的影响。图 6-40(b)所示锁相环电路可以持续驱动器件的基本模态，通过在激励电极上叠加频率为 ω_p 的泵浦信号，以同步扫频的方式激发谐振器件的更高阶模态，从而利用模态耦合技术来检测谐振特性。

6.4.5　光热激励-光学检测

采用光学的方法检测振动主要有干涉法和幅度调制法。幅度调制法比干涉法简单，但对位移的检测灵敏度相对不高。光热激励-光学检测方法就是利用周期性调制的激光照射在谐振器件上，光的吸收产生热应力，从而引起谐振器件的振动，然后采用光学的方法检测器件的振动[60,61]。

如图 6-41(a)所示 MoS₂ 纳米机械谐振器[60]，具有超低功耗、超高灵敏度、较大的动态调节范围等优越性能。通过激光来激励、检测单层和多层 MoS₂ 薄膜机械谐振器，可以获得器件的性能。先采用波长为 405nm 的蓝色激光驱动器件产生振动，然后采用波长为 633nm 的红色激光检测器件的热机械振动和驱动响应信号。对于不同层数的 MoS₂ 薄膜结构，调节静态栅极电压，会使器件的谐振频率变化很明显。从一层 MoS₂ 增加到四层 MoS₂(图 6-41(b))，器件的频率由 30MHz 增加到 120MHz，品质因子也由 40 增加到 1000。相比单层结构的 NEMS 谐振器，多层 MoS₂ 谐振器具有更优的动态范围可调节性，其动态调节范围可达 110dB。

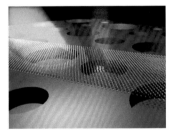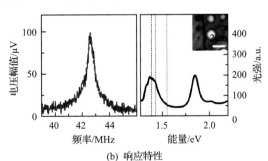

(a) 工作原理示意图　　　　　　(b) 响应特性

图 6-41　光热激励-光学检测的 NEMS 谐振器[60]

6.5　外围接口电路系统

MEMS/NEMS 谐振器系统在确定结构设计、振动激励与检测方式之后，还要有外围的接口电路用于实现谐振器激励信号的加载、谐振频率的检测等，从而形成一个完整的谐振器系统。MEMS/NEMS 谐振器的外围接口电路系统主要有开环检测系统和闭环自激系统两类。

6.5.1　开环检测系统

　　开环检测系统是保持激励信号幅值不变,将激励信号的频率在给定区间(包含谐振器谐振频率的频段)内从一端向另一端以足够小的频率间隔逐渐递变(扫频),并在每个频率处保持足够时间,测定该频率下谐振器的输出振动信号幅值及相位,由此可得完整的幅频特性和相频特性曲线,依据该曲线可以得到谐振器的谐振频率。

　　开环检测系统可以利用锁相放大技术实现,其基本原理是:引入参考信号 v_r,将被测信号 v_s 与参考信号相乘,再通过低通滤波,测出与参考信号相关的被测信号的幅值。设 $v_s = V_s \cos(\omega_s t + \phi_s)$, $v_r = V_r \cos(\omega_r t + \phi_r)$,则

$$v_s \times v_r = (V_s V_r / 2)\{\cos[(\omega_s + \omega_r)t + (\phi_s + \phi_r)] + \cos[(\omega_s - \omega_r)t + (\phi_s - \phi_r)]\} \tag{6-67}$$

　　当 $v_s = v_r$ 时,经过低通滤波器滤波后,式(6-67)中交流部分被抑制,只有直流部分,其数值正比于 $\cos(\phi_s - \phi_r)$,即直流输出取决于被测信号与参考信号的相位差。由此可测出谐振器在该频率点的幅值和相位。经过扫描各个频率点的幅值和相位,可得到谐振器的幅/相频特性曲线,从而测得在一定频段内谐振器的谐振频率。

　　图 6-42 为碳纳米管谐振器的开环检测电路。碳纳米管在直流偏置和交流电压激励下,产生的谐振信号需要由特定的检测电路通过调制输出,输入两组交流信号 LO(local oscillator)和 HF(high frequency),LO 是本地振荡信号,HF 是高频信号。HF 是输入频率为 ω 的信号,当 ω 与碳纳米管在直流调谐下的自然频率相同时,就会发生谐振。LO 是输入频率为 $\omega + \Delta\omega$ 的振荡信号,与 HF 的频率差为 $\Delta\omega$。LO 信号和 HF 信号共同输入下方的混频器,而后得到的两组混频信号分别作为锁相放大器(lock-in amplifier)的输入信号和参考信号。

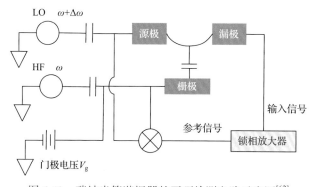

图 6-42　碳纳米管谐振器的开环检测电路示意图[62]

开环检测能够确定谐振器的谐振频率和品质因子等性能参数，但是在压力、温度、湿度等影响下谐振器的谐振频率会产生变化，开环测试系统无法实时追踪谐振频率的变化，使得开环系统无法应用于实际的谐振传感器中，然而闭环自激系统可以实现。

6.5.2　闭环自激系统

MEMS/NEMS 谐振器作为敏感元件时，输出信号很微弱，易受电路噪声和外部干扰的影响，信噪比低，需要从噪声中提取谐振器输出的频率信号并进行有效测量。为了快速、高精度测量谐振器的谐振频率，需要设计谐振频率闭环自激与检测电路。闭环自激和检测同时进行，既可以提高谐振频率的测量精度和速度，也可以有效地优化系统的动态特性。闭环自激系统需要满足整个系统自激振荡的幅值、相位条件。

谐振器的闭环自激励与检测系统通常采用自动增益控制（automatic gain control，AGC）系统或锁相环控制系统来实现[63]。图 6-43 为基于 AGC 模块的闭环自激系统的基本结构框图。谐振器件的谐振频率、品质因子、中心增益和相移等特性都是整体闭环系统实现的重要影响因素。AGC 电路结构较复杂、调试难度大，且无法自动跟踪控制闭环系统相位的变化。

图 6-43　基于 AGC 模块的闭环自激系统的基本结构框图[63]

由此，需要采用独特的锁相环频率合成技术来实现谐振传感器的闭环自激系统，以锁相环为核心的闭环检测电路，不仅能实现 AGC 模块的幅值调整功能，还可以确保极高频率稳定性，跟踪传感器谐振频率的变化。

图 6-44 为简单的锁相环结构简图。该锁相环由鉴相器、低频放大器及压控振荡器组成。压控振荡器输出恒定幅度的交流信号（正弦波或方波），作为参考信号反馈到鉴相器输入端，形成锁相环。当参考信号频率与输入信号频率不相同时，鉴相器输出交变电压，压控振荡器的输出频率不稳定，只有当这个频率与输入信号频率相同时，鉴相器输出直流电压，压控振荡器的输出频率才稳定，即锁相成功。一旦锁相成功，输出信号将跟踪输入信号的变化，二者成为相关信号（频率相同、相位差恒定），锁相环输出波形由压控振荡器决定，频率等于输入信号频率。因此，通过锁相环可以实现微弱信号的放大和整型，锁相环如同一个带宽很窄、中心频率可变的带通滤波器。

图 6-44   锁相环结构简图

参 考 文 献

[1] Shao L, Gokhale V J, Peng B, et al. Femtometer-amplitude imaging of coherent super high frequency vibrations in micromechanical resonators. Nature Communications, 2022, 13(1): 1-9.

[2] Beccari A, Visani D A, Fedorov S A, et al. Strained crystalline nanomechanical resonators with quality factors above 10 billion. Nature Physics, 2022, 18(4): 436-441.

[3] Poot M, van der Zant H S J. Mechanical systems in the quantum regime. Physics Reports, 2012, 511(5): 273-335.

[4] Zhang W M, Yan H, Peng Z K, et al. Electrostatic pull-in instability in MEMS/NEMS: A review. Sensors and Actuators A: Physical, 2014, 214: 187-218.

[5] Ilyas S, Younis M I. Resonator-based M/NEMS logic devices: Review of recent advances. Sensors and Actuators A: Physical, 2020, 302: 111821.

[6] Lishchynska M, Cordero N, Slattery O, et al. Modelling electrostatic behaviour of microcantilevers incorporating residual stress gradient and non-ideal anchors. Journal of Micromechanics & Microengineering, 2005, 15(7): S10-S14.

[7] Zineelabidine I, Yang P. A tunable mechanical resonator. Journal of Micromechanics & Microengineering, 2009, 19(12):125004.

[8] Ben-Shimon Y, Ya'Akobovitz A. Magnetic excitation and dissipation of multilayer two-dimensional resonators. Applied Physics Letters, 2021, 118(6): 063103.

[9] Wei L, Kuai X, Bao Y, et al. The recent progress of MEMS/NEMS resonators. Micromachines, 2021, 12(6): 724.

[10] Forouzanfar S, Mansour R, Abdel-Rahman E. Lorentz-force transduction for RF micromechanical filters. Journal of Micromechanics and Microengineering, 2012, 22(3): 035018.

[11] Feng X L, He R, Yang P, et al. Very high frequency silicon nanowire electromechanical resonators. Nano Letters, 2007, 7(7): 1953-1959.

[12] Chen W, Jia W, Xiao Y, et al. A temperature-stable and low impedance piezoelectric MEMS resonator for drop-in replacement of quartz crystals. IEEE Electron Device Letters, 2021, 42(9): 1382-1385.

[13] Karabalin R B, Matheny M H, Feng X L, et al. Piezoelectric nanoelectromechanical resonators based on aluminum nitride thin films. Applied Physics Letters, 2009, 95(10): 103111.

[14] Zaghloul U, Piazza G. Synthesis and characterization of 10nm thick piezoelectric AlN films with high c-axis orientation for miniaturized nanoelectromechanical devices. Applied Physics Letters, 2014, 104(25): 253101.

[15] Karabalin R B, Villanueva L G, Matheny M H, et al. Stress-induced variations in the stiffness of micro-and nanocantilever beams. Physical Review Letters, 2012, 108(23): 236101.

[16] Schmid S, Wendlandt M, Junker D, et al. Nonconductive polymer microresonators actuated by the Kelvin polarization force. Applied Physics Letters, 2006, 89(16): 163506.

[17] Schmid S, Hierold C, Boisen A. Modeling the Kelvin polarization force actuation of micro-and nanomechanical systems. Journal of Applied Physics, 2010, 107(5): 054510.

[18] Unterreithmeier Q P, Weig E M, Kotthaus J P. Universal transduction scheme for nanomechanical systems based on dielectric forces. Nature, 2009, 458(7241): 1001-1004.

[19] Jiang L, Cheung R, Hedley J, et al. SiC cantilever resonators with electrothermal actuation. Sensors and Actuators A: Physical, 2006, 128(2): 376-386.

[20] Mastropaolo E, Wood G S, Gual I, et al. Electrothermally actuated silicon carbide tunable MEMS resonators. Journal of Microelectromechanical Systems, 2012, 21(4): 811-821.

[21] Fatah R M A. Mechanisms of optical activation of micromechanical resonators. Sensors and Actuators A: Physical, 1992, 33(3): 229-236.

[22] Churenkov A V. Photothermal excitation and self-excitation of silicon microresonators. Sensors and Actuators A: Physical, 1993, 39(2): 141-148.

[23] Kim D H, Lee E J, Cho M R, et al. Photothermal effect and heat dissipation in a micromechanical resonator. Applied Physics Express, 2012, 5(7): 075201.

[24] Lavrik N V, Datskos P G. Femtogram mass detection using photothermally actuated nanomechanical resonators. Applied Physics Letters, 2003, 82(16): 2697-2699.

[25] Kim D H, Lee E J, Cho M R, et al. Pressure-sensing based on photothermally coupled operation of micromechanical beam resonator. Applied Physics Letters, 2013, 102(20): 203502.

[26] Singh R, Nicholl R J T, Bolotin K I, et al. Motion transduction with thermo-mechanically squeezed graphene resonator modes. Nano Letters, 2018, 18(11): 6719-6724.

[27] Xin H, Li Y, Liu Y C, et al. Optical forces: From fundamental to biological applications. Advanced Materials, 2020, 32(37): 2001994.

[28] 刘岩, 张文明, 仲作阳, 等. 光梯度力驱动纳谐振器的非线性动力学特性研究. 物理学报, 2014, 63(2): 236-243.

[29] Chan J, Alegre T P M, Safavi-Naeini A H, et al. Laser cooling of a nanomechanical oscillator into its quantum ground state. Nature, 2011, 478(7367): 89-92.

[30] Thompson J D, Zwickl B M, Jayich A M, et al. Strong dispersive coupling of a high-finesse cavity to a micromechanical membrane. Nature, 2008, 452(7183): 72-75.

[31] Li M, Pernice W H P, Tang H X. Tunable bipolar optical interactions between guided lightwaves. Nature Photonics, 2009, 3(8): 464-468.

[32] Wiederhecker G S, Chen L, Gondarenko A, et al. Controlling photonic structures using optical forces. Nature, 2009, 462(7273): 633-636.

[33] Li M, Pernice W H P, Xiong C, et al. Harnessing optical forces in integrated photonic circuits. Nature, 2008, 456(7221): 480-484.

[34] Basarir O, Bramhavar S, Ekinci K L. Monolithic integration of a nanomechanical resonator to an optical microdisk cavity. Optics Express, 2012, 20(4): 4272-4279.

[35] Ekinci K L. Electromechanical transducers at the nanoscale: Actuation and sensing of motion in nanoelectromechanical systems (NEMS). Small, 2005, 1(8-9): 786-797.

[36] Truitt P A, Hertzberg J B, Huang C C, et al. Efficient and sensitive capacitive readout of nanomechanical resonator arrays. Nano Letters, 2007, 7(1): 120-126.

[37] Schmid S, Villanueva L G, Roukes M L. Fundamentals of Nanomechanical Resonators. Berlin: Springer, 2016.

[38] Bausells J. Piezoresistive cantilevers for nanomechanical sensing. Microelectronic Engineering, 2015, 145: 9-20.

[39] Xu L, Ren J, Jiang Z, et al. Effect of Joule heating on the performance of micromechanical piezoresistive oscillator. Sensors and Actuators A: Physical, 2022, 333: 113234.

[40] Ali U E, Modi G, Agarwal R, et al. Real-time nanomechanical property modulation as a framework for tunable NEMS. Nature Communications, 2022, 13(1): 1-8.

[41] Thaysen J, Yalcinkaya A D, Vettiger P, et al. Polymer-based stress sensor with integrated readout. Journal of Physics D: Applied Physics, 2002, 35(21): 2698-2703.

[42] Boisen A, Dohn S, Keller S S, et al. Cantilever-like micromechanical sensors. Reports on Progress in Physics, 2011, 74(3): 036101.

[43] Kouh T, Hanay M S, Ekinci K L. Nanomechanical motion transducers for miniaturized mechanical systems. Micromachines, 2017, 8(4): 108.

[44] Kumar M, Bhaskaran H. Ultrasensitive room-temperature piezoresistive transduction in graphene-based nanoelectromechanical systems. Nano Letters, 2015, 15(4): 2562-2567.

[45] Cleland A N, Roukes M L. Fabrication of high frequency nanometer scale mechanical resonators from bulk Si crystals. Applied Physics Letters, 1996, 69(18): 2653-2655.

[46] Ekinci K L, Yang Y T, Huang X M H, et al. Balanced electronic detection of displacement in nanoelectromechanical systems. Applied Physics Letters, 2002, 81(12): 2253-2255.

[47] Karabacak D, Kouh T, Ekinci K L. Analysis of optical interferometric displacement detection in nanoelectromechanical systems. Journal of Applied Physics, 2005, 98(12): 124309.

[48] de Alba R, Wallin C B, Holland G, et al. Absolute deflection measurements in a micro-and

nano-electromechanical Fabry-Perot interferometry system. Journal of Applied Physics, 2019, 126(1): 014502.

[49] Knobel R G, Cleland A N. Nanometre-scale displacement sensing using a single electron transistor. Nature, 2003, 424(6946): 291-293.

[50] LaHaye M D, Buu O, Camarota B, et al. Approaching the quantum limit of a nanomechanical resonator. Science, 2004, 304(5667): 74-77.

[51] Huang P, Wang P, Zhou J, et al. Demonstration of motion transduction based on parametrically coupled mechanical resonators. Physical Review Letters, 2013, 110(22): 227202.

[52] Stemme G. Resonant silicon sensors. Journal of Micromechanics and Microengineering, 1991, 1(2): 113.

[53] Ko J, Jeong J, Son S, et al. Cellular and biomolecular detection based on suspended microchannel resonators. Biomedical Engineering Letters, 2021, 11(4): 367-382.

[54] Verd J, Abadal G, Teva J, et al. Design, fabrication, and characterization of a submicroelectromechanical resonator with monolithically integrated CMOS readout circuit. Journal of Microelectromechanical Systems, 2005, 14(3): 508-519.

[55] Hanay M S, Kelber S, Naik A K, et al. Single-protein nanomechanical mass spectrometry in real time. Nature Nanotechnology, 2012, 7(9): 602-608.

[56] Tyagi S, Bhattacharyya A B. Analytical modeling and simulation of low-frequency Lorentz-force transduced micromechanical cantilever resonator. International Conference on Signal Processing and Communication, 2015: 337-342.

[57] Acar M A, Atalar A, Yilmaz M, et al. Mechanically coupled clamped circular plate resonators: Modeling, design and experimental verification. Journal of Micromechanics and Microengineering, 2021, 31(10): 105002.

[58] Steeneken P G, Le Phan K, Goossens M J, et al. Piezoresistive heat engine and refrigerator. Nature Physics, 2011, 7(4): 354-359.

[59] Ari A B, Karakan M C, Yanik C, et al. Intermodal coupling as a probe for detecting nanomechanical modes. Physical Review Applied, 2018, 9(3): 034024.

[60] Lee J, Wang Z, He K, et al. Electrically tunable single-and few-layer MoS_2 nanoelectromechanical systems with broad dynamic range. Science Advances, 2018, 4(3): 6653.

[61] Bochmann J, Vainsencher A, Awschalom D D, et al. Nanomechanical coupling between microwave and optical photons. Nature Physics, 2013, 9(11): 712-716.

[62] Sazonova V, Yaish Y, Ustunel H, et al. A tunable carbon nanotube electromechanical oscillator. Nature, 2004, 431(7006): 284-287.

[63] Ono T, Li X, Miyashita H, et al. Mass sensing of adsorbed molecules in sub-picogram sample with ultrathin silicon resonator. Review of Scientific Instruments, 2003, 74(3): 1240-1243.

第7章　通道式 MEMS/NEMS 谐振器动力学设计与检测技术

7.1　概　　述

通道式 MEMS/NEMS 谐振器可用于检测液体环境中的微纳米颗粒，包括细菌、病毒、蛋白质分子、金属/塑料颗粒等，其质量分辨率可达阿克量级。此类器件包含静态工作模式和动态工作模式，如图 7-1 所示，可以用于表征流体密度[1]、流体黏度[2]、流体相变[3]、颗粒位置[4]等，在生物、医药、化工等领域有着广泛的应用前景。

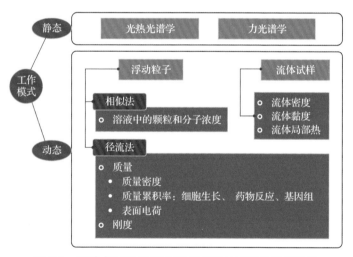

图 7-1　通道式 MEMS/NEMS 谐振器的应用分类示意图

谐振器件的检测与表征功能依赖于谐振结构的动力学特性[5-17]。通道式 MEMS/NEMS 谐振器是由谐振结构、内部流体、被检测物、激励源等构成的复杂系统，如图 7-2 所示，它在检测与表征过程中会受到流-固-电等多场耦合效应以及颗粒吸附、颗粒运动等因素的影响，表现出刚度硬化或软化、颤振、吸合等非线性现象。

本章首先介绍通道式 MEMS 谐振器的检测原理，主要从颗粒性质检测和流体性质检测两个方面阐明，接着从动力学设计角度详细阐述谐振结构流固耦合动力学特性和能量耗散机制，探讨器件的稳定性和非线性动态响应特性，最后介绍原理性测量误差的产生机制及校正技术。

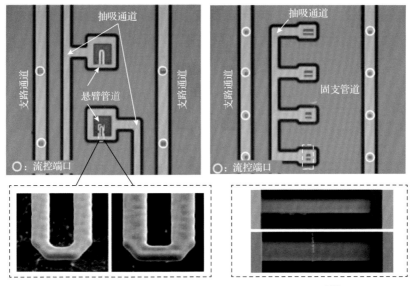

图 7-2 管状结构的通道式 MEMS/NEMS 谐振器[17]

7.2 通道式 MEMS/NEMS 谐振器检测原理

MEMS/NEMS 谐振器在真空环境中具有超高的谐振频率、品质因子和灵敏度,可用作高精度的质量传感器,其质量分辨率可达原子量级(约 1.3×10^{-22}g)[6]。但是,在生物、医药等领域,通常需要在液体环境中检测微纳米颗粒的质量,如测量培养液中活性细胞的质量和密度、测量细菌在接触某种药物前后质量和体积的变化等。液体会对谐振结构产生附加质量和附加阻尼效应[7],使谐振频率、品质因子和检测精度大幅降低[8],严重限制谐振器在液体环境中的应用[9]。针对这一问题,通过优化谐振器几何结构、利用高阶振动模态等方法[10-13]提高检测精度。自 2003 年 Burg 等[14]率先提出通道式 MEMS 谐振器概念以来,许多研究机构相继报道不同结构的通道式 MEMS/NEMS 谐振器及其应用,大大提高了谐振器件在液体环境中的检测精度[15-18]。

7.2.1 颗粒性质检测

1. 检测原理

在通道式 MEMS/NEMS 谐振器测量过程中,根据谐振器件的频率变化,可以测量通道内颗粒的悬浮质量 Δm ,其定义为

$$\Delta m = (\rho_{\mathrm{p}} - \rho_{\mathrm{f}})V_{\mathrm{p}} \tag{7-1}$$

式中，ρ_p 为颗粒密度；ρ_f 为流体密度；V_p 为颗粒体积。悬浮质量即颗粒在液体中的附加质量，当颗粒密度大于流体密度时，悬浮质量为正，反之则为负。根据振动理论，悬浮颗粒质量与谐振器频率之间的关系可写为[19]

$$f = \frac{1}{2\pi}\sqrt{\frac{k}{m_0 + \alpha \cdot \Delta m}} \tag{7-2}$$

式中，f 为谐振频率；k 为谐振器等效刚度；m_0 为谐振器等效质量；α 为与颗粒位置有关的参数，当颗粒位于悬臂梁自由端时，$\alpha = 1$。因为颗粒的悬浮质量远小于谐振器件的有效质量，即 $\Delta m \ll m_0$，所以式(7-2)可以简化为

$$f_0 + \Delta f \approx \frac{1}{2\pi}\sqrt{k}\left(m_0 - \frac{1}{2}\alpha\frac{\Delta m}{m_0}\right) \tag{7-3}$$

式中，Δf 为由颗粒引起的频率漂移；f_0 为无颗粒时的谐振频率。当颗粒位于悬臂梁自由端时，式(7-3)可进一步简化为[20]

$$\frac{\Delta f}{f_0} \approx -\frac{1}{2}\frac{\Delta m}{m_0} \tag{7-4}$$

由式(7-4)可知，颗粒的悬浮质量与谐振器的频率漂移呈线性关系，当谐振频率和谐振器有效质量已知时，可通过测量频率漂移来确定颗粒的悬浮质量。式(7-4)虽然给出了悬浮质量与频率漂移的关系，但是难以表征颗粒位置对谐振频率的影响，因此无法用于检测颗粒位置的谐振器件设计。Dohn 等[21]考虑颗粒附加质量、颗粒位置的影响，利用能量法和瑞利-里茨理论，推导得到了谐振器件在不同弯曲模态下谐振频率与颗粒附加质量和位置之间的解析表达式，即

$$\frac{f_{\Delta m,n}}{f_n} = \frac{1}{\sqrt{1 + (\Delta m / m_0)U_n^2(x_0)}} \tag{7-5}$$

式中，f_n 为无颗粒时谐振器件的第 n 阶频率；$f_{\Delta m,n}$ 为悬浮质量 Δm 导致第 n 阶频率 f_n 的变化量；U_n 为第 n 阶模态振型；x_0 为颗粒在悬臂梁长度方向的位置。由式(7-5)可知,根据谐振器件不同模态下的频率漂移,不仅可以检测颗粒悬浮质量,还可以确定颗粒位置。

根据颗粒悬浮质量，可以采用阿基米德原理确定颗粒的实际质量和密度[22]，如图 7-3 所示。测量颗粒在两种(或以上)不同密度流体中的悬浮质量，悬浮质量与流体密度之间存在拟合的线性关系，即直线与 y 轴的交点为颗粒的总质量，与 x 轴的交点为颗粒密度，直线斜率为颗粒体积。

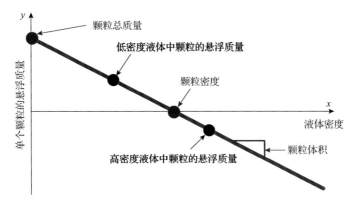

图 7-3　基于阿基米德原理的悬浮颗粒(质量、密度和体积)测量

2. 检测方法与性能

目前，通道式 MEMS/NEMS 谐振器的检测方法主要有两种：吸附式[15]和流动式[4]。如图 7-4(a)所示，吸附式检测对谐振器内壁进行表面修饰，使内壁可以吸附特定的颗粒，当不同的颗粒流经内部通道时，修饰后的表面具有选择性，目标颗粒会吸附在表面上，而其余颗粒从通道的另一端流出。由于谐振器件的比表面积很大($10^4 cm^{-1}$)，吸附颗粒的数量远大于通道内的自由颗粒数量，因此可以忽略自由颗粒对谐振频率的影响。测量吸附前后谐振器件的频率变化，再利用式(7-1)确定吸附颗粒的质量；当颗粒均匀吸附在内部通道的壁面时，位置参数 α 可取为 0.24。吸附式检测具有选择性，可以同时检测大量颗粒，效率高。然而，颗粒的吸附效应不仅改变谐振器件的质量，也会改变谐振器件的刚度[23-25]，质量和刚度的变化均会引起谐振频率的变化，吸附效应会导致额外的测量误差。

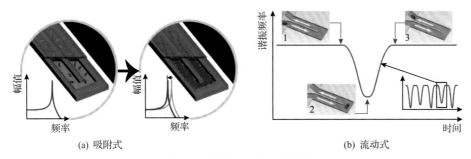

(a) 吸附式　　　　　　　　　　　　　(b) 流动式

图 7-4　检测方法的原理图[15]

流动式检测原理如图 7-4(b)所示，随着颗粒在通道中流动，谐振器件的频率会发生变化，当颗粒到达谐振器件的自由端时，频率变化量最大。与吸附式检测相比，流动式检测既不需要对谐振器件进行化学修饰，也无须在检测后处理通道内壁，检测时更为简便；可以利用微流控系统控制单个颗粒流经微通道，从而实

现单个颗粒的表征。但是该方法也会受溶液浓度和流速的限制,单位时间内检测的颗粒数量较少,检测通量较低[15]。此外,由式(7-1)可知,颗粒位置会影响谐振器件的频率,颗粒以不同路径流过微通道会引起不同的频率变化,从而产生检测误差,由流动路径引入的测量误差可达 5%～11%[26]。另外,由于颗粒悬浮在液体中,而不是与谐振器件刚性连接,颗粒在液体中的流固耦合作用也会引起频率的变化,从而产生检测误差[27]。表 7-1 列出了两种不同检测方法的优缺点和误差源。

表 7-1　吸附式与流动式检测方法对比

检测方式	优点	缺点	误差源
吸附式	具有可选择性;可检测大量颗粒	需要表面修饰	吸附效应
流动式	无须表面修饰,使用方便;可以检测单个颗粒	通量较低	颗粒流动路径的不确定性;流固耦合作用

质量分辨率是表征谐振器性能的关键参数,为了提高分辨率,迫切需要研发设计新的通道式 MEMS/NEMS 谐振器。由质量检测的设计原理($\Delta f / \Delta m = -f_0/(2m_0)$)可知,提高 Δf 的检测精度、降低等效质量 m_0、提高谐振频率 f_0 都可用于提升质量分辨率。表 7-2 列出了通道式 MEMS/NEMS 谐振器质量分辨率提升的发展历程,随着微纳米加工技术迅速发展,谐振器件的尺寸不断缩减,谐振频率和品质因子不断提高,质量分辨率也大大提升,提升幅度达多个数量级。

表 7-2　通道式 MEMS/NEMS 谐振器质量分辨率提升的发展历程

年份	尺寸	谐振频率	有效质量	品质因子	质量分辨率
2003	—	40kHz	—	90	742fg
2007	200μm×33μm×7μm	209.6kHz	100ng	15000	1fg
2010	50μm×10μm×1.3μm	630kHz	25ng	8000	27ag
2014	22.5μm×7.5μm×1μm	2.87MHz	0.37ng	—	0.85ag
2022	17.5μm×0.7μm×0.7μm	4.5MHz	1.51ag	—	10zg

除了提高谐振器的分辨率,通道式 MEMS/NEMS 谐振器的检测功能也得到提高,如表 7-3 所示。Olcum 等[4]设计了一种通用的通道式 MEMS/NEMS 谐振器平台,能够同时激励谐振器件的多阶模态,可以根据不同阶数下模态的频率变化,获得通道内流动颗粒的质量和位置信息。William 等[22]实现了单个细胞密度的测量,测量过程如下:①在通道中充满液体 1,液体密度小于细胞密度;②被检测细胞从左侧支路管道流入悬臂梁内,通过频率漂移确定颗粒在液体 1 中的悬浮质量,之后颗粒流入右侧的支路管道;③在悬臂梁通道中充满液体 2,液体 2 的密度大于细胞密度;④细胞流经内部通道,确定细胞在液体 2 中的悬浮质量。根据细胞在两种不同液体

中的悬浮质量进行线性插值分析，即可得到单个细胞的密度，如图 7-5 所示。Cermak 等[28]提出了用于检测细胞生长率的通道式 MEMS 谐振器阵列设计，即多个谐振器件通过延迟通道（delay channel）串联，细胞可以在延迟通道内生长，当单个细胞在某个谐振器件中检测完后进入延迟通道，其余的细胞可以流入该谐振器进行质量检测，如此能够同时检测多个细胞，可大大提高检测通量。

表 7-3 通道式 MEMS/NEMS 谐振器的检测功能

检测对象	实现方法	检测原理
颗粒质量和位置[4]	同时激励谐振器多阶模态	$\dfrac{f_{\Delta m,n}}{f_n}=\dfrac{1}{\sqrt{1+(\Delta m/m_0)U_n^2(x_0)}}$
颗粒密度[22]	测量不同密度液体中颗粒悬浮质量	$\rho_{\mathrm{p}}=\dfrac{\rho_{f_2}\Delta m_1-\rho_{f_1}\Delta m_2}{\Delta m_1-\Delta m_2}$
细胞生长率[28]	串联式微通道谐振器阵列	生长率$=\dfrac{\Delta m_{t_2}-\Delta m_{t_1}}{t_2-t_1}$

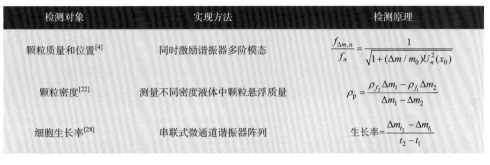

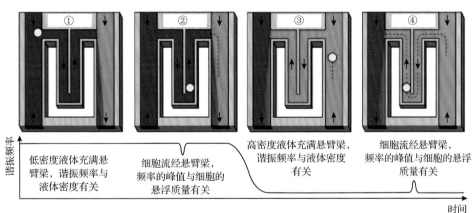

图 7-5 颗粒密度检测原理图[22]

7.2.2 流体性质检测

1. 密度检测

假设谐振结构的质量、刚度及通道内的流体质量都是均匀分布，则通道式 MEMS/NEMS 谐振器可以用线性的弹簧振子模型来描述。当阻尼较小时，可以认为测量得到的谐振频率 ω_{r} 和系统在无阻尼时的固有频率 ω_0 近似相等，即

$$2\pi f_{\mathrm{r}}=\omega_{\mathrm{r}}\approx\omega_0=\sqrt{\frac{k}{m_0}} \tag{7-6}$$

式中，m_0 为谐振器的总质量，等于悬臂梁质量 m_{c} 与流体质量 m_{f} 之和，即

$$m_0 = m_c + m_f = \rho_c V_c + \rho_f V_f \tag{7-7}$$

式中，ρ_c 和 ρ_f 分别为悬臂梁和流体的密度；V_c 和 V_f 分别为悬臂梁和流体的体积。考虑到通道内的流体不会改变谐振器刚度，式(7-6)可以表示为

$$f_r = \frac{1}{2\pi}\sqrt{\frac{k/V_f}{m_c/V_f + \rho_f}} = \frac{1}{2\pi}\sqrt{\frac{A}{B + \rho_f}} \tag{7-8}$$

式中，A 和 B 为与谐振器结构、材料有关的常数，可以通过测量两种已知密度的流体来确定。根据式(7-8)，通道内流体的密度可表示为[1]

$$\rho_f = \left(\frac{A}{2\pi f_r}\right)^2 - B \tag{7-9}$$

　　根据上述原理，Khan 等[1]利用谐振器件测量了不同流体的密度，得到了谐振频率与流体密度的关系，如图 7-6 所示，其中直线是由式(7-9)得到的理论结果，和试验测量结果吻合较好。式(7-9)中的常数 A 与 B 是通过测量通道内充满空气和水时的谐振频率来确定的。因此，通道式 MEMS 谐振器可用于检测流体密度，其检测原理简单，测量范围广，且所需样本量少(10^{-12}L)，质量分辨率高(0.001kg/m^3)[29,30]，具有广阔的应用前景。

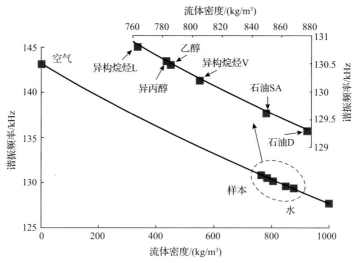

图 7-6　谐振器件频率与内部流体密度之间的关系[1]

2. 黏度检测

流体黏性会影响系统阻尼，从而影响谐振器件的品质因子和振动幅值，因此

可以通过测量品质因子或振动幅值的变化来检测流体黏度[1,2]。品质因子可定义为一个振动周期内谐振器储存的能量 W 与损耗的能量 ΔW 之比，即

$$Q = 2\pi \frac{W}{\Delta W} = \frac{m\omega_r}{c} \tag{7-10}$$

式中，c 为黏性阻尼系数。系统总阻尼包含谐振结构阻尼 c_c 和通道内的流体阻尼 c_f，即

$$c = c_c + c_f \tag{7-11}$$

联立以上两式，可得

$$c = \frac{m\omega_r}{Q} \approx \frac{k}{\omega_r Q} \tag{7-12}$$

假设谐振器刚度 k 不受内部流体的影响，通道内充满气体时，气体引起的阻尼 c_f 很小，则 k 可写为

$$k = c_c \omega_{r,air} Q_{air} \tag{7-13}$$

综上，被测流体的阻尼系数与悬臂梁阻尼系数之比可以表示为

$$\frac{c_f}{c_c} = \frac{\omega_{r,air} Q_{air}}{\omega_f Q_f} - 1 \tag{7-14}$$

虽然表达式(7-14)给出了谐振频率、品质因子与阻尼系数之间的关系，但是没有给出流体黏性与品质因子之间的解析关系，因此不能直接用于流体黏度检测。为此，Khan 等[1]测量了通道内充满不同黏度液体时谐振器件的阻尼系数比 c_f/c_c，当流体黏度在 1～10mPa·s 范围时，c_f/c_c 与流体黏性之间呈现出线性关系。采用拟合得到的 c_f/c_c 与黏度关系曲线可以得到不同浓度乙醇-水混合溶液的黏度，检测精度可达 0.025mPa·s。

Lee 等[2]提出了两种流体黏度检测方法：一种是基于谐振器件的品质因子；另一种是基于谐振器件的振幅变化，原理如图 7-7(a)所示。图 7-7(b)给出了不同黏度液体时，谐振器品质因子和振幅的变化规律，品质因子和振幅随黏度的变化趋势较为一致，因此都可用于检测流体黏度。基于品质因子的检测方法具有较高的分辨率，约为 0.035mPa·s，但是检测时需要进行扫频分析，检测时间较长，大约需要30s。基于振动幅值的检测方法只需测量谐振器的时域信号，因此检测速度快，为 0.1～1ms；但是该方法分辨率较低，约为 0.096mPa·s。

随着通道内流体黏度的增大，谐振器件的品质因子会呈现非单调的变化趋势，

采用通道式 MEMS/NEMS 谐振器件只能测量较小范围内的流体黏度[31]。此外，由于品质因子与谐振器结构参数有关，不同的谐振器件的品质因子随流体黏度变化的规律也不同，两者之间的关系较为复杂，会限制黏度传感的应用范围。

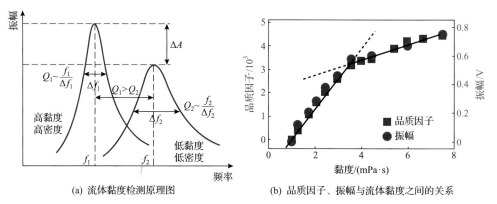

(a) 流体黏度检测原理图　　　　　　(b) 品质因子、振幅与流体黏度之间的关系

图 7-7　基于品质因子和振幅变化的流体黏度检测方法[2]

7.3　流固耦合动力学设计

7.3.1　流固耦合动力学模型

图 7-8(a)为通道式 MEMS/NEMS 谐振器中的典型谐振梁结构，通道内流体从悬臂梁的固支端流到自由端，最后流回固支端。考虑到悬臂梁末端处沿梁的宽度方向流动的流体质量远小于整体流体的质量，可以忽略通道末端流体的影响[9]。由此，U 形通道可以看成两个平行通道，流体流动方向相反，如图 7-8(b)所示。在此假设下，谐振器件可等效为包含两个通道的悬臂梁结构，梁的长度为 L、厚度为 h_c、宽度为 b_c，内部通道的截面尺寸相同：高度为 h_f，宽度为 b_f。

由于梁的长度远大于宽度，根据欧拉-伯努利梁理论，在外部激励作用下，梁的弯曲振动可以表示为

$$EI \frac{\partial^4 w(x,t)}{\partial x^4} + m_c \frac{\partial^2 w(x,t)}{\partial t^2} = F_{ext}(x,t) \tag{7-15}$$

式中，E 为材料杨氏模量；I 为截面惯性矩；x 为梁长度方向的坐标；m_c 为单位长度梁的质量；w 为梁的弯曲位移；t 为时间；$F_{ext}(x,t)$ 为谐振器件受到的外部激励力，不考虑外部激励时，$F_{ext}(x,t)$ 主要为流体作用力 $F_{fluid}(x,t)$，$F_{fluid}(x,t)$ 与微梁、流体之间的流固耦合作用有关，是决定谐振器件动力学特性的重要因素。为了得到流体作用力 $F_{fluid}(x,t)$，需要进行流固耦合分析。

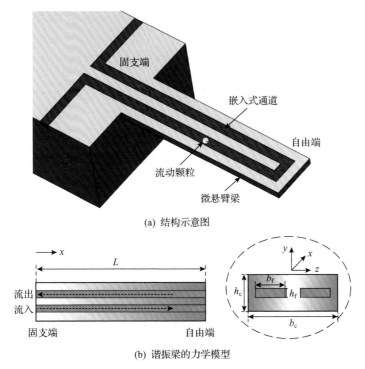

(a) 结构示意图

(b) 谐振梁的力学模型

图 7-8 通道式 MEMS/NEMS 谐振器力学模型

首先，确定谐振结构振动时内部流体的边界条件，根据欧拉-伯努利梁理论，可以得到梁的位移场和速度场为

$$u_x(x,y,t) = -y\frac{\partial w}{\partial x}, \quad u_y(x,y,t) = w \tag{7-16}$$

$$v_x(x,y,t) = -y\frac{\partial^2 w}{\partial x \partial t}, \quad v_y(x,y,t) = \frac{\partial w}{\partial t} \tag{7-17}$$

当梁以低阶模态振动时，每个梁微元 δx 可以看成无限长柱体的一部分[9]，在梁长度方向上的任一点 x_p 对函数 $v_y(x,y,t)$ 进行泰勒级数展开，可得

$$v_y(x_0,y,t) = \frac{\partial w(x_p,t)}{\partial t} + \frac{\partial^2 w(x_p,t)}{\partial x \partial t}(x-x_p) + \frac{\partial^3 w(x_p,t)}{\partial^2 x \partial t}(x-x_p)^2 + \cdots \tag{7-18}$$

考虑到梁微元 δx 长度很小，可以取一阶近似值。因此，流体微元 δx 的尺寸及边界条件如图 7-9 所示，图中 $\bar{x}O\bar{y}$ 是为了描述流体运动的局部坐标系，v_x^t 和 v_y^t 是局部坐标系内流体的总体速度，局部坐标系的原点设置在点 x_p 处，可知 $\bar{x} = x-x_p$。该边界条件与梁的振动和流体运动关联。

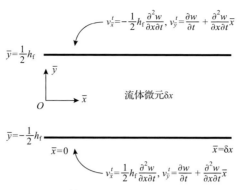

图 7-9　流体微元 δx 的尺寸及其边界条件

通道内的流体流动可分为两部分：通道进出口压力差引起的主体流和谐振结构振动引起的摄动流，通道内的流动参数可以表示为

$$\rho_t = \rho_0, \quad p_t = P + p, \quad v_t = V + v \tag{7-19}$$

式中，ρ_t、p_t 和 v_t 分别为总密度、总压强和总速度；ρ_0、P 和 V 分别对应主体流的密度、压强和速度；p 和 v 为振动流对应的压强和速度。考虑不可压缩流体，内部流体总体流动的控制方程可以表示为

$$\nabla \cdot v_t = 0, \quad \rho_t \frac{\partial v_t}{\partial t} + \rho_t (v_t \cdot \nabla) v_t = -\nabla p_t + \mu \nabla^2 v_t \tag{7-20}$$

式中，μ 为动力学黏度。由于主体流对应的是梁静止时的流动，对应的控制方程为

$$\nabla \cdot V = 0, \quad \rho_0 (V \cdot \nabla) V = -\nabla P + \mu \nabla^2 V \tag{7-21}$$

由于梁的振动满足小振幅假设，则振动流的速度 v 也是微小量，忽略 v 的高阶小量，可得振动流的控制方程为

$$\nabla \cdot v = 0, \quad \frac{\partial v}{\partial t} + (v \cdot \nabla) V + (V \cdot \nabla) v = -\frac{\nabla p}{\rho_0} + \nu \nabla^2 v \tag{7-22}$$

式中，$\nu = \mu / \rho_0$ 为运动黏度。对于宏观通道内的流动，由于水力直径较大，雷诺数往往大于 2200[32]，流体黏性可以忽略不计，通道内的流动可假设为塞流，则式(7-22)可简化为

$$\begin{cases} \dfrac{\partial v_{\bar{x}}}{\partial t} + V_0 \dfrac{\partial v_{\bar{x}}}{\partial \bar{x}} = -\dfrac{1}{\rho_0} \dfrac{\partial p}{\partial \bar{x}} \\ \dfrac{\partial v_{\bar{y}}}{\partial t} + V_0 \dfrac{\partial v_{\bar{y}}}{\partial \bar{x}} = -\dfrac{1}{\rho_0} \dfrac{\partial p}{\partial \bar{y}} \end{cases} \tag{7-23}$$

式中，V_0 为塞流的流速，且为常数。在流体微元中，$v_{\bar{y}}$ 可以写为[32]

$$v_{\bar{y}} = \frac{\partial w}{\partial t} + \frac{\partial^2 w}{\partial x \partial t}\bar{x} + V_0\frac{\partial w}{\partial x} + V_0\frac{\partial^2 w}{\partial x^2}\bar{x} \tag{7-24}$$

将式(7-24)代入式(7-23)，求解可得压强 p，即

$$p = -\rho_0\bar{y}\left(\frac{\partial^2 w}{\partial t^2} + 2V_0\frac{\partial^2 w}{\partial x \partial t} + V_0^2\frac{\partial^2 w}{\partial x^2} + \frac{\partial^3 w}{\partial x \partial t^2}\bar{x} + V_0\frac{\partial^3 w}{\partial x^2 \partial t}\bar{x}\right) \tag{7-25}$$

由压强 p 可得流体对梁微元的作用力，即

$$F_{\text{fluid}} = -M\left(\frac{\partial^2 w}{\partial t^2} + 2V_0\frac{\partial^2 w}{\partial x \partial t} + V_0^2\frac{\partial^2 w}{\partial x^2}\right) \tag{7-26}$$

式中，M 为单位长度流体的质量，$M = \rho_0 b_f h_f$。该式表示宏观输流梁结构所受流体作用力[32]，而对于微尺度流体，由于雷诺数小，流体的流动为层流，其速度轮廓为抛物线型，且流体黏性不可忽略。因此，流动控制方程可以表示为

$$\frac{\partial v_{\bar{x}}}{\partial \bar{x}} + \frac{\partial v_{\bar{y}}}{\partial \bar{y}} = 0 \tag{7-27}$$

$$\frac{\partial v_{\bar{x}}}{\partial t} + V_{\bar{x}}\frac{\partial v_{\bar{x}}}{\partial \bar{x}} + v_{\bar{y}}\frac{\partial V_{\bar{x}}}{\partial \bar{y}} = -\frac{1}{\rho_0}\frac{\partial p}{\partial \bar{x}} + \nu\left(\frac{\partial^2 v_{\bar{x}}}{\partial \bar{x}^2} + \frac{\partial^2 v_{\bar{x}}}{\partial \bar{y}^2}\right) \tag{7-28}$$

$$\frac{\partial v_{\bar{y}}}{\partial t} + V_{\bar{x}}\frac{\partial v_{\bar{y}}}{\partial \bar{x}} = -\frac{1}{\rho_0}\frac{\partial p}{\partial \bar{y}} + \nu\left(\frac{\partial^2 v_{\bar{y}}}{\partial \bar{x}^2} + \frac{\partial^2 v_{\bar{y}}}{\partial \bar{y}^2}\right) \tag{7-29}$$

式中，$v_{\bar{x}}$ 和 $v_{\bar{y}}$ 分别为 $\bar{x}$ 和 $\bar{y}$ 方向的振动流速；$V_{\bar{x}}$ 为稳态流速，若控制方程和边界条件对两条平行通道内的流体都适用，则稳态流速可写为

$$V_{\bar{x}}^{\text{in}} = V_{\max}\left(1 - \frac{\bar{y}^2}{h^2}\right), \quad V_{\bar{x}}^{\text{out}} = -V_{\max}\left(1 - \frac{\bar{y}^2}{h^2}\right) \tag{7-30}$$

式中，$h = h_f/2$；$V_{\max}$ 为截面上的最大速度；上标表示流体流动的方向："in"代表流体从固定端流入，"out"代表从固定端流出。

假设控制方程中的黏性项忽略不计，流体运动可简化为无黏流动问题，可得到解析解为

$$\tilde{v}_{\bar{x}} = \frac{\partial^2 w}{\partial x \partial t}\bar{y} + V_{\max}w\frac{2\bar{y}}{h^2} + V_{\max}\frac{\partial^2 w}{\partial x^2}\left(\bar{y} - \frac{\bar{y}^3}{3h^2}\right) + V_{\max}\frac{\partial w}{\partial x}\frac{2\bar{x}\,\bar{y}}{h^2} + V_{\max}\frac{\partial^2 w}{\partial x^2}\frac{\bar{x}^2\bar{y}}{h^2}$$

$$\tag{7-31}$$

$$\tilde{v}_{\overline{y}} = \frac{\partial w}{\partial t} + \frac{\partial^2 w}{\partial x \partial t}\overline{x} + V_{\max}\frac{\partial w}{\partial x}\left(1 - \frac{\overline{y}^2}{h^2}\right) + V_{\max}\frac{\partial^2 w}{\partial x^2}\left(1 - \frac{\overline{y}^2}{h^2}\right)\overline{x} \tag{7-32}$$

$$\tilde{p} = -\rho_0\left[\frac{\partial^2 w}{\partial t^2}\overline{y} + \frac{\partial^3 w}{\partial x \partial t^2}\overline{xy} + 2V_{\max}\frac{\partial^2 w}{\partial x \partial t}\left(\overline{y} - \frac{\overline{y}^3}{3h^2}\right) + V_{\max}^2\frac{\partial^2 w}{\partial x^2}\left(\overline{y} - \frac{2\overline{y}^3}{3h^2} + \frac{\overline{y}^5}{5h^4}\right)\right.$$
$$\left. + V_{\max}\frac{\partial^3 w}{\partial x^2 \partial t}\overline{x}\left(\overline{y} - \frac{\overline{y}^3}{3h^2}\right)\right] \tag{7-33}$$

式中，上标"~"表示无黏流动的变量。该解析解满足 $\overline{y}$ 方向的边界条件，但与 $\overline{x}$ 方向的边界条件不一致。因此，控制方程的解可分为两部分：一部分是由式(7-31)～式(7-33)给出的无黏流动的解；另一部分是 $\overline{x}$ 方向的速度修正项，该修正项包含流体黏性的影响，并可以使解析解满足 $\overline{x}$ 方向的边界条件，即

$$v_{\overline{x}} = \tilde{v}_{\overline{x}} + v_{\mathrm{corr}}(\overline{y}), \quad v_{\overline{y}} = \tilde{v}_{\overline{y}}, \quad p = \tilde{p} + p_{\mathrm{corr}} \tag{7-34}$$

式中，v_{corr} 和 p_{corr} 分别为由黏度引起的速度修正项和压强修正项。将式(7-34)代入控制方程，可得修正后的控制方程和边界条件为

$$\frac{\partial v_{\mathrm{corr}}}{\partial t} = -\frac{1}{\rho_0}\frac{\partial p_{\mathrm{corr}}}{\partial \overline{x}} + \nu\frac{\partial^2 v_{\mathrm{corr}}}{\partial \overline{y}^2} \tag{7-35}$$

$$-\frac{1}{\rho_0}\frac{\partial p_{\mathrm{corr}}}{\partial \overline{y}} = \nu\frac{2V_{\max}}{h^2}\left(\frac{\partial w}{\partial x} + \frac{\partial^2 w}{\partial x^2}\overline{x}\right) \tag{7-36}$$

$$v_{\mathrm{corr}|\overline{y}=\pm h} = \mp\left(2h\frac{\partial^2 w}{\partial x \partial t} + 2V_{\max}\frac{w}{h} + \frac{2}{3}hV_{\max}\frac{\partial^2 w}{\partial x^2}\right) \tag{7-37}$$

根据梁的振动理论，位移 w 可以表示为

$$w(x,t) = W(x)\mathrm{e}^{\mathrm{i}\omega t} \tag{7-38}$$

式中，$W(x)$ 为梁的振型函数；ω 为振动频率；i 为虚数单位；t 为时间。将式(7-38)代入修正后的控制方程和边界条件进行求解，可得压强和速度的修正项为

$$p_{\mathrm{corr}} = -\rho_0\nu\frac{2V_{\max}}{h^2}\overline{y}\left(\frac{\partial w}{\partial x} + \frac{\partial^2 w}{\partial x^2}\overline{x}\right) \tag{7-39}$$

$$v_{\mathrm{corr}}(\overline{y}) = \left[\frac{\nu}{\mathrm{i}\omega}\frac{2V_{\max}}{h^2}\frac{\mathrm{d}^2 W}{\mathrm{d}x^2}\overline{y} - B_{\mathrm{v}}\sinh\left(\sqrt{\frac{\omega}{2\nu}}(1+\mathrm{i})\overline{y}\right)\right]\mathrm{e}^{\mathrm{i}\omega t} \tag{7-40}$$

式中，

$$B_\text{v} = \frac{2V_\text{max}\dfrac{w}{h} + 2\text{i}\omega h\dfrac{\text{d}W}{\text{d}x} + \left(\dfrac{2}{3}hV_\text{max} + \dfrac{2\nu V_\text{max}}{\text{i}\omega h}\right)\dfrac{\text{d}^2 W}{\text{d}x^2}}{\sinh\left(\sqrt{\dfrac{\omega}{2\nu}}(1+\text{i})h\right)} \tag{7-41}$$

根据以上表达式，可得内部流体的压强和速度分布为

$$
\begin{aligned}
p = -\rho_0 &\left[\frac{\partial^2 w}{\partial t^2}\overline{y} + \frac{\partial^3 w}{\partial x\partial t^2}\overline{xy} + 2V_\text{max}\frac{\partial^2 w}{\partial x\partial t}\left(\overline{y} - \frac{\overline{y}^3}{3h^2}\right) + V_\text{max}^2\frac{\partial^2 w}{\partial x^2}\left(\overline{y} - \frac{2\overline{y}^3}{3h^2} + \frac{\overline{y}^5}{5h^4}\right) \right.\\
&\left. + V_\text{max}\frac{\partial^3 w}{\partial x^2\partial t}\overline{x}\left(\overline{y} - \frac{\overline{y}^3}{3h^2}\right) + \nu\frac{2V_\text{max}}{h^2}\overline{y}\left(\frac{\partial w}{\partial x} + \frac{\partial^2 w}{\partial x^2}\overline{x}\right) \right]
\end{aligned}
\tag{7-42}
$$

$$
\begin{aligned}
v_{\overline{x}} = &\frac{\partial^2 w}{\partial x\partial t}\overline{y} + V_\text{max}w\frac{2\overline{y}}{h^2} + V_\text{max}\frac{\partial^2 w}{\partial x^2}\left(\overline{y} - \frac{\overline{y}^3}{3h^2}\right) + V_\text{max}\frac{\partial w}{\partial x}\frac{2\overline{x}\,\overline{y}}{h^2} + V_\text{max}\frac{\partial^2 w}{\partial x^2}\frac{\overline{x}^2\overline{y}}{h^2}\\
&+ \frac{\nu}{\text{i}\omega}\frac{2V_\text{max}}{h^2}\frac{\text{d}^2 W}{\text{d}x^2}\text{e}^{\text{i}\omega t}\overline{y} - B_v\sinh\left(\sqrt{\frac{\omega}{2\nu}}(1+\text{i})\overline{y}\right)\text{e}^{\text{i}\omega t}
\end{aligned}
\tag{7-43}
$$

$$v_{\overline{y}} = \frac{\partial w}{\partial t} + \frac{\partial^2 w}{\partial x\partial t}\overline{x} + V_\text{max}\frac{\partial w}{\partial x}\left(1 - \frac{\overline{y}^2}{h^2}\right) + V_\text{max}\frac{\partial^2 w}{\partial x^2}\left(1 - \frac{\overline{y}^2}{h^2}\right)\overline{x} \tag{7-44}$$

根据流体的压强，可得流体作用力为

$$F_\text{fluid}^\text{in} = -M\left(\frac{\partial^2 w}{\partial t^2} + 2U\frac{\partial^2 w}{\partial x\partial t} + \frac{6}{5}U^2\frac{\partial^2 w}{\partial x^2} + 3\frac{\nu U}{h^2}\frac{\partial w}{\partial x}\right) \tag{7-45}$$

$$F_\text{fluid}^\text{out} = -M\left(\frac{\partial^2 w}{\partial t^2} - 2U\frac{\partial^2 w}{\partial x\partial t} + \frac{6}{5}U^2\frac{\partial^2 w}{\partial x^2} - 3\frac{\nu U}{h^2}\frac{\partial w}{\partial x}\right) \tag{7-46}$$

式中，U 为稳态流的平均速度，且 $U = 2V_\text{max}/3$。联立以上两式，可得

$$F_\text{ext} = -2M\left(\frac{\partial^2 w}{\partial t^2} + \frac{6}{5}U^2\frac{\partial^2 w}{\partial x^2}\right) \tag{7-47}$$

由于流动方向相反，与 U 相关的作用项相互抵消。得到流体作用力后，谐振结构的流固耦合动力学方程可写为

$$EI\frac{\partial^4 w}{\partial x^4} + (m_c + 2M)\frac{\partial^2 w}{\partial t^2} + \frac{12}{5}MU^2\frac{\partial^2 w}{\partial x^2} = 0 \tag{7-48}$$

如果通道内有随流体一起流动的颗粒，该颗粒会引起额外的作用力，包括惯性力 $-\Delta m\delta(x-x_0)\partial^2 w/\partial t^2$、向心力 $-\Delta m\delta(x-x_0)U^2\partial^2 w/\partial x^2$ 和科氏力 $-2\Delta m\delta(x-x_0)U\partial^2 w/(\partial x\partial t)$，其中 Δm 为颗粒的悬浮质量，x_0 为颗粒所在位置。因此，考虑颗粒流动的影响，系统动力学控制方程为

$$EI\frac{\partial^4 w}{\partial x^4} + \left[m_c + 2M + \Delta m\delta(x-x_0)\right]\frac{\partial^2 w}{\partial t^2} + \frac{12}{5}MU^2\frac{\partial^2 w}{\partial x^2}$$
$$+\Delta m\delta(x-x_0)U^2\frac{\partial^2 w}{\partial x^2} + 2\Delta m\delta(x-x_0)U\frac{\partial^2 w}{\partial x\partial t} = 0 \tag{7-49}$$

谐振器件为悬臂结构，其边界条件可写为

$$w(0,t) = 0, \quad \frac{\partial w(0,t)}{\partial x} = 0, \quad EI\frac{\partial^2 w(L,t)}{\partial x^2} = 0, \quad EI\frac{\partial^3 w(L,t)}{\partial x^3} = 0 \tag{7-50}$$

为了便于研究，动力学方程 (7-49) 的无量纲形式可表示为

$$\eta'''' + \ddot{\eta} + \frac{6}{5}\hat{U}^2\eta'' + \delta m_1\delta(\varepsilon-\varepsilon_0)\ddot{\eta} + \delta m_2\delta(\varepsilon-\varepsilon_0)\hat{U}^2\eta'' + 2\delta m_3\delta(\varepsilon-\varepsilon_0)\hat{U}\dot{\eta}' = 0 \tag{7-51}$$

式中，

$$\eta = \frac{w}{L}, \quad \varepsilon = \frac{x}{L}, \quad \tau = \sqrt{\frac{EI}{m_c+2M}}\frac{t}{L^2}, \quad \hat{U} = \sqrt{\frac{2M}{EI}}UL,$$

$$\delta m_1 = \frac{\Delta m}{(m_c+2M)L}, \quad \delta m_2 = \frac{\Delta m}{2ML}, \quad \delta m_3 = \frac{\Delta m}{\sqrt{2M(m_c+2M)}L}$$

其中，无量纲位移 η 在空间和时间上的导数分别为 $\eta' = (\partial\eta/\partial\xi)$ 和 $\dot{\eta} = (\partial\eta/\partial\tau)$，边界条件的无量纲形式可写为

$$\eta(0,t) = 0, \quad \eta'(0,t) = 0, \quad \eta''(1,t) = 0, \quad \eta'''(1,t) = 0 \tag{7-52}$$

根据内部流体的速度分布，可以计算出谐振器件的品质因子。品质因子 Q_p 是表征谐振器性能的重要参数，与谐振器能量耗散有关，其表达式为

$$Q_p = 2\pi\frac{E_{\text{stored}}}{E_{\text{diss/cycle}}}\bigg|_{\Omega=\Omega_R} \tag{7-53}$$

式中，E_{stored} 为悬臂梁储存的最大能量；$E_{\text{diss/cycle}}$ 为一个振动周期内流体的能量耗散；Ω 为频率；Ω_R 为谐振时的频率。根据欧拉-伯努利梁理论，E_{stored} 可以表示为

$$E_{\text{stored}} = \frac{1}{2}\Omega^2 m_{\text{c}} \int_0^L W^2 \mathrm{d}x \tag{7-54}$$

根据已求解的速度场，考虑振动幅值远小于梁的几何尺寸、梁的长度远大于厚度，即 $w \ll h \ll L$，可以得到单位体积内的耗散率，即

$$\Phi = \mu \left[\left(\frac{2WV_{\text{max}}}{h^2} + 2\mathrm{i}\Omega \frac{\mathrm{d}W}{\mathrm{d}x} \right) \left(1 - \sqrt{\frac{\mathrm{i}\Omega h^2}{\nu}} \frac{\cosh\left(\sqrt{\frac{\mathrm{i}\Omega}{\nu}}\bar{y}\right)}{\sinh\left(\sqrt{\frac{\mathrm{i}\Omega}{\nu}}h\right)} \right) \mathrm{e}^{\mathrm{i}\Omega t} \right]^2 \tag{7-55}$$

由此可以得到一个周期内的能量耗散为

$$E_{\text{diss}} = \frac{4\mu\pi h_{\text{f}} b_{\text{f}}}{\Omega} \cdot f(\gamma) \cdot \left(\frac{4V_{\text{max}}^2}{h_{\text{f}}^4} \int_0^L W^2 \mathrm{d}x + \int_0^L \Omega^2 \left(\frac{\mathrm{d}W}{\mathrm{d}x}\right)^2 \mathrm{d}x \right) \tag{7-56}$$

式中，$f(\gamma)$ 可以表示为

$$f(\gamma) = \int_{-\frac{1}{2}}^{\frac{1}{2}} \left| 1 - \frac{1+\mathrm{i}}{2}\sqrt{\frac{\gamma}{2}} \frac{\cosh\left((1+\mathrm{i})\sqrt{\frac{\gamma}{2}}s\right)}{\sinh\left(\frac{1+\mathrm{i}}{2}\sqrt{\frac{\gamma}{2}}\right)} \right|^2 \mathrm{d}s \tag{7-57}$$

式中，γ 为振动雷诺数，也称为频率参数，其定义为 $\gamma = \rho_{\text{f}} \Omega h_{\text{f}}^2 / \mu$。由此，品质因子 Q_{p} 的倒数可写为

$$\frac{1}{Q_{\text{p}}} = \frac{2\mu h_{\text{f}} b_{\text{f}}}{\Omega} \cdot f(\gamma) \cdot \left[\frac{18U^2}{h_{\text{f}}^4 \Omega^2 \rho_{\text{c}} b_{\text{c}} h_{\text{c}}} + \frac{2}{\rho_{\text{c}} b_{\text{c}} h_{\text{c}}} \frac{\int_0^L \left(\frac{\mathrm{d}W}{\mathrm{d}x}\right)^2 \mathrm{d}x}{\int_0^L W^2 \mathrm{d}x} \right] \tag{7-58}$$

式中，$U = 2V_{\text{max}}/3$ 为流体的平均速度。对式(7-58)进行无量纲化，可得

$$\frac{1}{Q_{\text{p}}} = \frac{h_{\text{f}}}{h_{\text{c}}} \frac{b_{\text{f}}}{b_{\text{c}}} \frac{\rho_{\text{f}}}{\rho_{\text{c}}} \left(\frac{h_{\text{f}}}{L}\right)^2 \frac{1}{\hat{Q}_{\text{p}}} \tag{7-59}$$

式中，$\hat{Q}_\mathrm{p}$ 为标准化的品质因子，即

$$\frac{1}{\hat{Q}_\mathrm{p}} = \frac{f(\gamma)}{\gamma}\left(36\left(\frac{Re}{\gamma}\right)^2 + \frac{4\int_0^1\left(\frac{\mathrm{d}\eta}{\mathrm{d}\xi}\right)^2\mathrm{d}\xi}{\int_0^1\eta^2\mathrm{d}\xi}\right) \tag{7-60}$$

式中，$Re = \rho_\mathrm{f}UL/\mu$ 为流动雷诺数。假设流速的影响不计，$Re = 0$，式(7-60)可简化为[7]

$$Q_\mathrm{p} = 0.0538\gamma f(\gamma)\frac{\rho_\mathrm{c}}{\rho_\mathrm{f}}\frac{h_\mathrm{c}}{h_\mathrm{f}}\frac{b_\mathrm{c}}{b_\mathrm{f}}\left(\frac{L}{h_\mathrm{f}}\right)^2 \tag{7-61}$$

通过对谐振器件内的流固耦合分析，可得谐振结构的动力学控制方程以及品质因子的解析表达式。由此可研究流速、流体性质、悬浮颗粒等因素对谐振器件稳定性、谐振频率及能量耗散的影响规律。

7.3.2　谐振频率

悬浮颗粒作为附加质量会引起谐振器频率的变化，这是通道式 MEMS/NEMS 谐振器件进行质量测量的基本原理[15]。通过求解谐振结构的动力学方程，分析悬浮颗粒对谐振器动力学特性的影响，方程中的参数选取可参考 Olcum 等[4]的试验工作，将理论分析与试验结果对比，可以验证模型的正确性。表 7-4 列出了通道内填充空气时谐振器件的谐振频率。图 7-10 给出了颗粒在通道内位置的变化引起的频率漂移。由表 7-4 和图 7-10 可知，理论分析和试验结果吻合得较好，当颗粒流经梁的自由端时，频率变化值最大，当颗粒在振型函数的节点时，频率没有变化；当颗粒位于振型函数的极值点时，频率漂移量也达到极值。因此，颗粒所在位置的振动位移越大，悬浮颗粒引起的频率漂移也越大。

表 7-4　谐振器件前四阶谐振频率的理论分析和试验结果对比[4]

模态阶数	理论分析/kHz	试验结果/kHz	误差/%
一阶	41.32	40.48	2.03
二阶	259.0	249.1	3.82
三阶	725.1	693.1	4.41
四阶	1421	1351	4.93

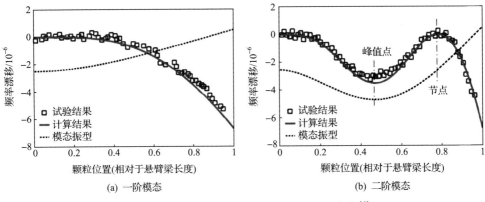

(a) 一阶模态   (b) 二阶模态

图 7-10 谐振器件谐振频率随颗粒位置的变化[4]

流体密度的改变会引起谐振频率的变化,由频率的无量纲形式可得

$$\frac{\Delta f}{f_0} = \left(1 + \frac{2\Delta\rho h_{\mathrm{f}} b_{\mathrm{f}}}{m + 2\rho_0 h_{\mathrm{f}} b_{\mathrm{f}}}\right)^{-\frac{1}{2}} - 1 \tag{7-62}$$

式中, Δf 为由密度变化量 $\Delta\rho$ 引起的频率漂移; f_0 为流体密度为 ρ_0 时谐振器件的频率。如图 7-11 所示,由式(7-62)得到的理论解和试验结果[33]吻合得较好,谐振系统的频率随着流体密度增大而单调下降,其中小插图表示当密度变化较小时,频率与密度变化的关系是线性的。

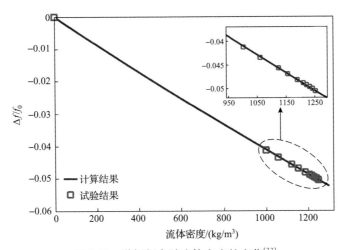

图 7-11 谐振频率随流体密度的变化[33]

流体的流动会产生离心力,影响谐振器的频率,流速对谐振频率的影响如图 7-12 所示,参数 $\hat{\omega}$ 为谐振系统的复频率, $\hat{\omega}$ 的实部表示系统的无量纲振动频率,而虚部和实部的比值为系统的阻尼比,即 $\zeta = \mathrm{Im}(\hat{\omega})/\mathrm{Re}(\hat{\omega})$ 。由图可知,内

部流体的流动不仅会引起频率变化，还会导致系统失稳。当无量纲速度 $\hat{U}$ 增大时，一阶谐振频率升高，而二阶谐振频率下降，当速度达到临界值 $\hat{U}_c = 4.088$ 时，会出现 Hopf 分叉现象，系统发生耦合模态式颤振，临界值 $\hat{U}_c = 4.088$ 为一阶和二阶模态的临界速度。系统失稳是由向心力项 $6\hat{U}^2\eta''/5$ 引起的，当流速较低时，向心力小于悬臂梁的弹性回复力，系统保持稳定；当流速超过临界速度时，向心力大于弹性力，系统发生失稳。临界速度是谐振器件设计的关键因素。在谐振器件设计过程中，需要根据谐振器件的弹性模量、内部流体密度、谐振结构长度等参数来计算无量纲速度，若无量纲速度小于临界速度，则谐振器件能够保持稳定性，反之则需要修改参数来降低无量纲速度。

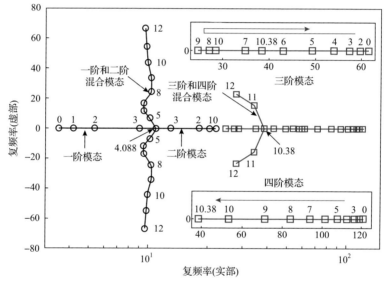

图 7-12　无量纲化复频率随速度 $\hat{U}$ 的变化情况

7.3.3　能量耗散

对于浸入式 MEMS/NEMS 谐振器，流体黏度增大，黏性耗散加剧，谐振器件的品质因子会单调下降；而对于通道式 MEMS/NEMS 谐振器，随着流体黏度增大，品质因子先是单调下降至最小值，然后单调增大，如图 7-13(a)所示，当 $\beta = 46.434$ 时，品质因子达到最小值[9]。由图可知，随着模态阶数的增大，品质因子显著下降[33]。为了解释这种现象，图 7-13(b)～(d)给出了不同模态下通道内的速度分布和能量耗散率，其中速度和能量耗散率是基于一阶模态值进行了标准化。可以看出，速度和能量耗散在梁的自由端达到最大值，并且在梁振型函数的节点附近趋于零。因此，振型函数沿梁长度方向的梯度越大，能量耗散越大。

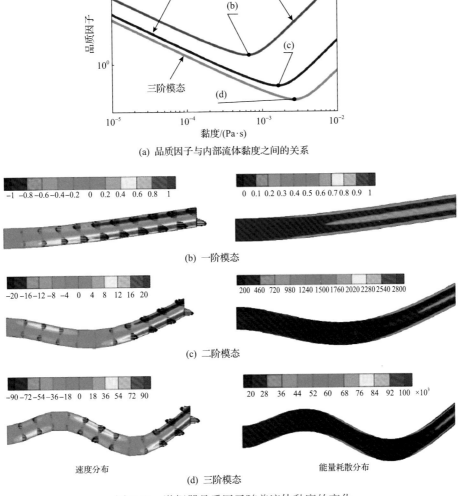

(a) 品质因子与内部流体黏度之间的关系

(b) 一阶模态

(c) 二阶模态

速度分布　　　　　　　　　　　　　　能量耗散分布

(d) 三阶模态

图 7-13　谐振器品质因子随着流体黏度的变化

　　内部流体的流速对谐振器的品质因子也有影响。由图 7-14 可知，随着振动雷诺数增大，品质因子会下降，表明流体流动会使流体的黏性耗散增大；流速还会改变品质因子随振动雷诺数 γ 的变化趋势。由图 7-14 可以看出，当速度为 0 时，Re 等于 0，品质因子随着 γ 的增大先减小后增大[9]，品质因子在 γ 的区间内存在一个极小值；当 Re 取 1、2、5 时，流速较小，品质因子的变化表现出振荡性，呈现由增大到减小、再到增大的趋势，存在一个极大值点和一个极小值点；而当 Re 取值为 10、50 时，流速较大，品质因子随着 γ 的增大而单调增大，不存在极值点。此外，从图中还可以发现，当 γ 远大于 Re 时，振动流起主导作用，流速对品质因子没有明显的影响。

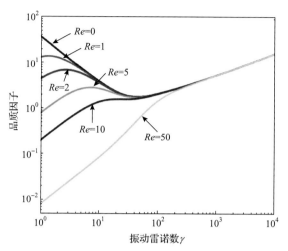

图 7-14　谐振器件品质因子和振动雷诺数 γ 之间的关系

7.4　动力学响应及稳定性

7.4.1　动力学建模与求解

1. 动力学模型

如图 7-15 所示静电驱动通道式 MEMS 谐振器，悬臂梁长度为 L，厚度为 h_c，宽度为 b_c，梁与基底之间的距离为 d，在静电驱动下运动。根据前面分析，可以将 U 形通道简化为两个平行微通道，通道横截面高度为 h_f、宽度为 b_f，其中流体的流速相同，流动方向相反。

静电驱动通道式 MEMS 谐振器是一个包含谐振结构、静电场、内部流体的耦合系统，系统存在流入和流出的质量和动量，可采用修正 Hamilton 原理[32]建立系统的动力学方程，即

$$\delta\left(\int_{t_1}^{t_2} L_\mathrm{o}\mathrm{d}t\right) - \sum_{i=1}^{N}\int_{t_1}^{t_2} M_i U_i(\dot{r}_L + U_i\dot{\tau}_L)\cdot\delta r_L\mathrm{d}t = 0 \tag{7-63}$$

式中，δ 为变分符号；i 表示第 i 个通道；N 为内部通道的数量，对于 U 形通道，$N=2$；M_i 为通道内单位长度的流体质量；U_i 为通道内流体平均速度；r_L 为位置向量；τ_L 为方向向量；L_o 为开放系统的拉格朗日常量，

$$L_\mathrm{o} = T - W \tag{7-64}$$

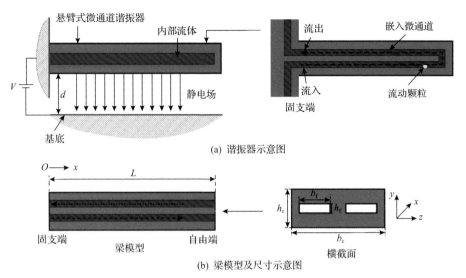

(a) 谐振器示意图

(b) 梁模型及尺寸示意图

图 7-15 静电驱动通道式 MEMS 谐振器

式中，T 为系统动能；W 为系统势能。动能包括梁的动能 T_b 和流体动能 T_f，即

$$
\begin{aligned}
T_\mathrm{b} &= \frac{1}{2} m \int_0^L \left(\frac{\partial w}{\partial t} \right)^2 \mathrm{d}x \\
T_\mathrm{f} &= \sum_{i=1}^N \frac{1}{2} \rho_\mathrm{f} \int_0^L \int_{-\frac{1}{2}b_\mathrm{f}}^{\frac{1}{2}b_\mathrm{f}} \int_{-\frac{1}{2}h_\mathrm{f}}^{\frac{1}{2}h_\mathrm{f}} \left(\frac{\partial w}{\partial t} + v_i(y,z) \frac{\partial w}{\partial x} \right)^2 \mathrm{d}y\mathrm{d}z\mathrm{d}x
\end{aligned}
\tag{7-65}
$$

式中，m 为梁单位长度的质量；w 为梁的横向位移；ρ_f 为流体密度；$v_i(y,z)$ 为第 i 个通道内流体流速，$v_i(y,z)$ 和平均速度 U_i 之间的关系为

$$
U_i = \frac{\displaystyle\int_{-\frac{1}{2}b_\mathrm{f}}^{\frac{1}{2}b_\mathrm{f}} \int_{-\frac{1}{2}h_\mathrm{f}}^{\frac{1}{2}h_\mathrm{f}} v_i(y,z)\mathrm{d}y\mathrm{d}z}{b_\mathrm{f} h_\mathrm{f}}
\tag{7-66}
$$

系统的势能包括梁的应变能 W_b 和静电场的能量 W_e，即

$$
W_\mathrm{b} = \frac{1}{2} \int_0^L EI \left(\frac{\partial^2 w}{\partial x^2} \right)^2 \mathrm{d}x, \quad W_\mathrm{e} = \frac{\varepsilon_0 V^2}{2} \int_0^L \frac{b_\mathrm{c}}{d-w} \mathrm{d}x
\tag{7-67}
$$

式中，ε_0 为介电常数；V 为电压；d 为梁与基底之间的初始距离。将动能和势能代入修正 Hamilton 原理表达式中，可得静电驱动下通道式 MEMS 谐振器的控制方程为

$$EI\frac{\partial^4 w}{\partial x^4} + \alpha MU^2\frac{\partial^2 w}{\partial x^2} + (m+M)\frac{\partial^2 w}{\partial t^2} = \frac{\varepsilon_0 b_c V^2}{2(d-w)^2} \tag{7-68}$$

式中，$M = 2b_f h_f$；α 是与通道内速度轮廓有关的参数，对于层流流动，α 可表示为[34]

$$\alpha = \frac{\int_{-b_f/2}^{b_f/2}\int_{-h_f/2}^{h_f/2} v^2(y,z)\mathrm{d}y\mathrm{d}z}{h_f b_f U} \tag{7-69}$$

谐振器件的边界条件为

$$w(0,t)=0, \quad \frac{\partial w(0,t)}{\partial x}=0, \quad w(L,t)=0, \quad \frac{\partial w(L,t)}{\partial x}=0 \tag{7-70}$$

为了便于分析和求解，对控制方程进行无量纲化处理，可得谐振器的无量纲控制方程为

$$\eta'''' + \ddot{\eta} + \alpha \hat{U}^2\eta'' = \frac{\hat{V}^2}{(1-\eta)^2} \tag{7-71}$$

式中，$\eta = \dfrac{w}{d}$，$\xi = \dfrac{x}{L}$，$\tau = \sqrt{\dfrac{EI}{m+M}}\dfrac{t}{L^2}$，$\hat{U} = \sqrt{\dfrac{M}{EI}}UL$，$\hat{V}^2 = \dfrac{\varepsilon_0 b L^4}{2d^3 EI}V^2$。边界条件的无量纲形式为

$$\eta(0,t)=0, \quad \eta'(0,t)=0, \quad \eta''(1,t)=0, \quad \eta'''(1,t)=0 \tag{7-72}$$

2. 模型求解

由于静电力的强非线性特性，谐振器件的动力学控制方程不存在解析解，需要通过数值方法求解。谐振器件在实际应用中，主要关注固有频率、瞬态响应、频率响应特性等动力学特性。谐振器件在静电力作用下的无量纲位移 η 可以表示为

$$\eta = \eta_s + \eta_d \tag{7-73}$$

式中，η_s 为谐振器的静态位移；η_d 为谐振器的动态位移。将式(7-73)代入控制方程，并将非线性静电力展开成泰勒级数形式，可得

$$\frac{\hat{V}^2}{(1-\eta)^2} = \frac{\hat{V}^2}{(1-\eta_s-\eta_d)^2} = \frac{\hat{V}^2}{(1-\eta_s)^2} + \frac{2\hat{V}^2}{(1-\eta_s)^3}\eta_d + o(\eta_d) \tag{7-74}$$

式中，$o(\eta_d)$ 为动态位移 η_d 的高阶小量。由于动态位移通常较小，取 η_d 的一阶量，即

$$\frac{\hat{V}^2}{(1-\eta)^2} \approx \frac{\hat{V}^2}{(1-\eta_s)^2} + \frac{2\hat{V}^2}{(1-\eta_s)^3}\eta_d \tag{7-75}$$

谐振器的静态位移可以通过求解系统的静态控制方程得到，将动力学方程中与时间导数有关的量设为零，可得静力学方程为

$$\eta_s'''' + \alpha\hat{U}^2\eta_s'' = \frac{\hat{V}^2}{(1-\eta_s)^2} \tag{7-76}$$

从动力学方程中减去静态变形部分，可得关于动态位移 η_d 的线性化控制方程，即

$$\eta_d'''' + \ddot{\eta}_d + \alpha\hat{U}^2\eta_d'' + 2\sqrt{\beta}\hat{U}\dot{\eta}_d' - \frac{2\hat{V}^2}{(1-\eta_s)^2}\eta_d = 0 \tag{7-77}$$

利用静态方程(7-76)得到谐振器的静态位移 η_s，将 η_s 代入式(7-77)进行求解，即可得到系统的固有频率；式(7-77)是线性化后的控制方程，适用于计算固有频率，但不能描述静电驱动下系统的非线性动态响应。为了得到谐振器的非线性动态响应，可以采用 Galerkin 方法直接求解谐振器的非线性动力学方程，梁的无量纲位移可以展开为基函数的形式，即

$$\eta(\xi,\tau) = \sum_{i=1}^{N} u_i(\tau)\phi_i(\xi) \tag{7-78}$$

式中，$u_i(\tau)$ 为第 i 个广义坐标；N 为使用的振型总数，也是降维后系统的自由度数量；$\phi_i(\xi)$ 为第 i 阶无阻尼振型，满足以下控制方程：

$$\phi_i^{iv} = \omega_i^2\phi_i \tag{7-79}$$

式中，ω_i 为梁的第 i 阶固有频率。当谐振器为悬臂结构时，有

$$\begin{aligned}\phi_i = 0 \quad &\text{且} \quad \phi_i' = 0, \quad \xi = 0 \\ \phi_i'' = 0 \quad &\text{且} \quad \phi_i''' = 0, \quad \xi = 1\end{aligned} \tag{7-80}$$

控制方程的非线性项为 $1/(1-\eta)^2$，在控制方程两边乘以 $\phi_n(\xi)(1-\eta)^2$，可以消除方程中的分母项，采用 Galerkin 方法进行截断，可得非线性常微分方程组为

$$\begin{aligned}&\sum_{i=1}^{N} u_i \int_0^1 \phi_n\phi_i^{iv}\mathrm{d}\xi - 2\sum_{i,j=1}^{N} u_iu_j \int_0^1 \phi_n\phi_i\phi_j^{iv}\mathrm{d}\xi + \sum_{i,j,k=1}^{N} u_iu_ju_k \int_0^1 \phi_n\phi_i\phi_j\phi_k^{iv}\mathrm{d}\xi + \ddot{u}_n \\ &-2\sum_{i,j=1}^{N} \ddot{u}_iu_j \int_0^1 \phi_n\phi_i\phi_j\mathrm{d}\xi + \sum_{i,j,k=1}^{N} \ddot{u}_iu_ju_k \int_0^1 \phi_n\phi_i\phi_j\phi_k\mathrm{d}\xi + \alpha\hat{U}^2\sum_{i=1}^{N} u_i \int_0^1 \phi_n\phi_i''\mathrm{d}\xi \\ &-2\alpha\hat{U}^2\sum_{i,j=1}^{N} u_iu_j \int_0^1 \phi_n\phi_i\phi_j''\mathrm{d}\xi + \alpha\hat{U}^2\sum_{i,j,k=1}^{N} u_iu_ju_k \int_0^1 \phi_n\phi_i\phi_j\phi_k''\mathrm{d}\xi = \hat{V}^2\int_0^1 \phi_n\mathrm{d}\xi\end{aligned} \tag{7-81}$$

　　式(7-81)是谐振器件动力学方程的离散形式，包含 N 个耦合的二阶非线性常微分方程。对于该方程组，可以利用状态空间法将其转化为一阶常微分方程组，然后采用 Runge-Kutta 方法积分求解，从而得到系统的动态响应。

　　求解常微分方程组可得谐振器件的瞬态响应，而为了获得系统的稳态周期响应，可以采用打靶法。打靶法是一种计算非线性动力学系统周期响应的有效方法[35]，该方法的原理是寻找一组合适的初值，这一组初值使非线性系统产生周期响应。假设非线性系统可以写作状态空间的形式，即

$$\dot{x} = F(x,t) \tag{7-82}$$

式中，x 为状态向量，F 为状态空间方程中位于等号右端的项。寻找一组初始参数 $x(0) = \phi$，这一组参数使系统满足：

$$x(T,\phi) = \phi \tag{7-83}$$

式中，T 为系统的周期。给参数 ϕ 赋予初值 ϕ_0，通常情况下，ϕ_0 与 ϕ 之间存在差值，即

$$\phi = \phi_0 + \delta\phi \tag{7-84}$$

式中，$\delta\phi$ 为修正量，将式(7-84)代入式(7-83)可得

$$x(T,\phi_0 + \delta\phi) = \phi_0 + \delta\phi \tag{7-85}$$

　　对式(7-85)进行泰勒级数展开，并保留一阶小量，有

$$x(T,\phi_0) + \frac{\partial x(T,\phi_0)}{\partial \phi_0}\delta\phi = \phi_0 + \delta\phi \rightarrow \left(\frac{\partial x(T,\phi_0)}{\partial \phi_0} - I\right)\delta\phi = \phi_0 - x(T,\phi_0) \tag{7-86}$$

式中，ϕ_0 为给定的初值；I 为单位矩阵，二者都是已知量。为了求解修正值 $\delta\phi$，需要计算 $x(T,\phi_0)$ 和 $\partial x(T,\phi_0)/\partial \phi_0$，其中，$x(T,\phi_0)$ 可以通过求解系统的常微分方程组，得到系统在 T 时刻的值；$\partial x(T,\phi_0)/\partial \phi_0$ 为系统在 T 时刻关于初值的微分，即

$$\frac{\partial x(T,\phi_0)}{\partial \phi_0} \approx \frac{x(T,\phi_0 + \Delta\phi_0) - x(T,\phi_0)}{\Delta\phi_0} \tag{7-87}$$

式中，$\Delta\phi_0$ 为关于 ϕ_0 的小量。求得 $x(T,\phi_0)$ 和 $\partial x(T,\phi_0)/\partial \phi_0$ 后，可以通过式(7-86)来确定修正量 $\delta\phi$，若 $\delta\phi$ 足够小，则可认为计算收敛；若 $\delta\phi$ 较大，则重复以上步骤，直至计算收敛。

7.4.2　稳定性分析

当通道式 MEMS/NEMS 谐振器内的流体流速过大时，谐振器发生颤振失稳；而当激励电压过大时，弹性结构的回复力无法平衡静电力，系统会发生吸合失稳。因此，对于静电驱动通道式 MEMS 谐振器，存在两种失稳形式，以下对两种失稳形式进行分析和讨论。

为了验证静电驱动下的谐振器动力学模型以及求解方法的正确性，计算微悬臂梁在静电激励下的响应情况，参数选取如下[36]：杨氏模量为 155.8GPa，梁的长度为 20mm、宽度为 5mm、厚度为 57μm，梁与基底的初始间距为 92μm，空气的介电常数为 8.85pF/m，流速忽略不计。假设谐振器件动力学方程中关于时间的导数项为零，可得静力学控制方程，求解该方程可得梁的静态变形。图 7-16 给出了悬臂梁自由端与基底之间的间距随外加电压的变化情况，并与文献中的理论分析和试验结果[36]相对比，结果吻合度较高，从而验证了动力学模型和求解方法的正确性。

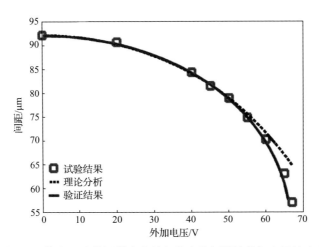

图 7-16　静电驱动谐振器自由端与基底的间距随外加电压的变化

图 7-17 给出了通道式 MEMS 谐振器在内部流体和外加电压作用下的静变形（无量纲），由图可知，随着流体速度的增大，静变形减小。谐振器件可以看成双层复合微梁结构：一是内部流体层，二是外部结构层。当流速为零时，由于流体层的弯曲刚度为零，内部流体对静变形没有影响，只有结构层的弹性回复力会抑制梁的弯曲。当流体以一定速度流动时，由于谐振器的弯曲变形，流体产生向心力，而向心力的方向与静电力方向相反，指向谐振器的平衡位置，与结构层的弹性回复力共同抑制谐振器的变形，从而随着流速的增大，谐振器的静变形减小。

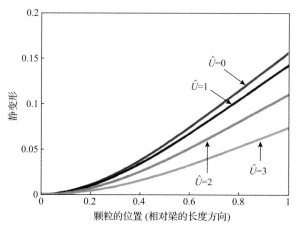

图 7-17　不同流速时通道式 MEMS 谐振器的静变形

　　向心力对悬臂梁的变形有抑制作用，当静电作用力大于梁的弹性回复力与流体向心力之和时，谐振器才会发生吸合。因此，谐振器的静态吸合电压 $\hat{V}_{\mathrm{PI}}^{2}$ 及吸合位移 η_{PI} 会随着流速的增大而增大，如图 7-18 所示。图中显示出谐振器件的静态吸合现象：当外加电压超过吸合电压时，自由端的无量纲挠度很快达到 1，与基底发生吸合。此外还可发现，流体流速的提高会使谐振器吸合位移增大，从而拓展谐振器的工作行程。因此，增大流速，有助于提高通道式 MEMS/NEMS 谐振器的吸合稳定性。表 7-5 给出了求解控制方程时模态阶数对无量纲吸合电压和吸合位移的影响，当模态阶数大于 3 时，随着模态阶数的增大，吸合位移恒定为 0.56，而吸合电压会有微小变化。因此，在分析过程中选取前五阶模态就可以保证结果的精确性。

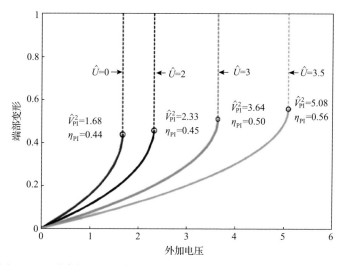

图 7-18　不同流速下悬臂式 U 形通道谐振器末端挠度随电压的变化

表 7-5 不同模态阶数时谐振器件的无量纲吸合电压和吸合位移（$\hat{U}=3.5$）

模态阶数	无量纲吸合电压 $\hat{V}_{\mathrm{PI}}^2$	无量纲吸合位移 η_{PI}
一阶	4.66	0.67
二阶	5.21	0.54
三阶	5.04	0.56
四阶	5.11	0.56
五阶	5.08	0.56

增大流速会提高谐振器的吸合稳定性，但是流速超过临界速度 $\hat{U}_{\mathrm{c}}$ 时，谐振器会发生颤振失稳。图 7-19 给出了 $\hat{V}^2=1.6$ 时谐振器复频率随流速的变化，从图中可以看出，当速度超过临界值时，会发生 Hopf 分叉，系统失稳。无量纲临界速度 $\hat{U}_{\mathrm{c}}=4.088$，与自由振动时的临界速度一致，因此外加电压对谐振器件的临界速度影响很小。

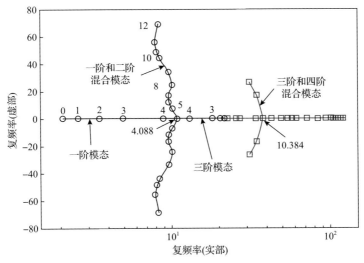

图 7-19 通道式 MEMS 谐振器复频率随流体速度的变化

为了保证系统的稳定性，无量纲电压和无量纲速度必须在一定的范围内，如图 7-20 所示，此范围是系统的稳定区域。由吸合边界可知，吸合电压随着流速增大而上升，内部流体的流动会提高谐振器的吸合稳定性。从颤振边界可以看出，外加电压对临界速度的影响极小，当电压 $\hat{V}^2$ 增大至 7.484 时，临界速度从 4.088 降至 4.0。当外加电压较小（$\hat{V}^2<1.679$）时，谐振器不会发生吸合失稳，而随着流体速度的增大，无量纲速度 $\hat{U}$ 越过颤振边界，系统发生颤振；当电压较大（$1.679<\hat{V}^2<7.436$）时，随着流速增大，谐振器会经历失稳—稳定—失稳的复杂

变化过程：速度较小时，速度和电压的取值在吸合边界的外侧，系统发生吸合失稳；流速增大到一定值时，穿过吸合边界，谐振器重新稳定；而当流速继续增大，超过临界速度时，无量纲速度和无量纲电压的值越过颤振边界，系统发生流致失稳；当电压很大（$\hat{V}^2 > 7.618$）时，谐振器完全失稳。因此，在谐振器设计和应用时，需要使无量纲速度和电压保持在稳定区域。

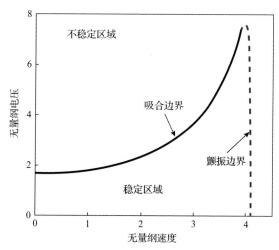

图 7-20　悬臂式 U 形通道谐振器的稳定区域

7.4.3　谐振频率分析

谐振频率是通道式 MEMS/NEMS 谐振器的关键参数，影响谐振器件的灵敏度和分辨率。对于静电驱动谐振器件，外载电压和内部流体的流动都会影响谐振频率，以下着重分析这两个参数对谐振频率的影响。

图 7-21 为悬臂 U 形通道式谐振器的一阶频率与电压和流速（都为无量纲值）关系图，其中图(a)给出了一阶频率随电压和流速变化的三维图，可以发现，电压和流速对频率都有显著影响；图(b)显示了不同速度下谐振频率随外加电压的变化情况，当无量纲速度小于 3.9 时，增大电压会使谐振频率下降，并且当电压达到吸合电压时，频率降为零。这种现象主要由静电力的负刚度效应引起：随着电压增大，静电力的负刚度效应增强，静电驱动系统的等效刚度降低，频率也会下降；电压增大至吸合电压时，等效刚度下降为零，频率也降为零，系统发生吸合失稳。当无量纲速度大于 3.9 时，随着电压增大，系统在吸合失稳之前会发生颤振，谐振频率先降后增。流体的流动会使一阶谐振频率升高，如图 7-21(c)所示。

图 7-22 给出了通道式 MEMS 谐振器二阶频率随流速和电压的变化情况，外加电压对二阶频率的影响并不显著，随着电压增大，频率有所降低，但是不会降至零，

原因在于二阶频率降为零之前，谐振器已经发生吸合失稳；同时，流速对二阶频率的影响十分显著，随着流速增大，二阶频率降低。与图 7-21 相比可知，流速对一阶谐振频率和二阶谐振频率的影响正好相反，这是由模态振型的差异引起的。

如图 7-23 所示，对于一阶模态，由流体流动和梁曲率引起的向心力总是指向平衡位置，向心力等效为额外的回复力，使系统的等效刚度升高，从而提高谐振频率；而对于二阶模态，由于模态振型的影响，向心力使梁偏离平衡位置，系统等效刚度降低。因此，随着流体速度的增大，谐振器二阶频率会降低。

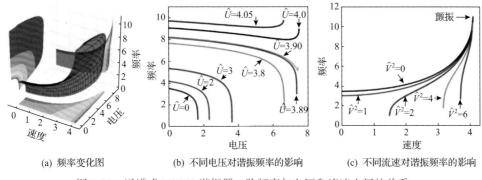

(a) 频率变化图　　　　　(b) 不同电压对谐振频率的影响　　　　(c) 不同流速对谐振频率的影响

图 7-21　通道式 MEMS 谐振器一阶频率与电压和流速之间的关系

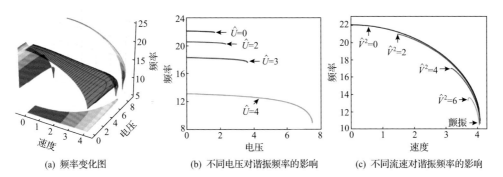

(a) 频率变化图　　　　　(b) 不同电压对谐振频率的影响　　　　(c) 不同流速对谐振频率的影响

图 7-22　通道式 MEMS 谐振器二阶频率与电压和流速之间的关系

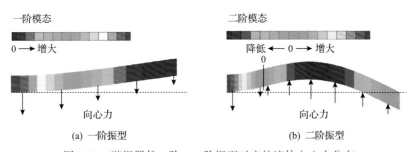

(a) 一阶振型　　　　　　　　　　　　(b) 二阶振型

图 7-23　谐振器件一阶、二阶振型对应的流体向心力分布

7.4.4　动态响应特性

本节重点分析通道式 MEMS 谐振器的动态稳定性和非线性频率响应特性。图 7-24 给出了流速为零时谐振器在不同电压作用下末端变形随时间(均为无量纲值)的变化情况。可以看出，当电压超过 1.389 时，系统发生吸合，因此系统的动态吸合电压为 $\hat{V}_{\mathrm{DPI}}^2$=1.389 ，小于系统的静态吸合电压 $\hat{V}_{\mathrm{PI}}^2$=1.679 。这是因为分析谐振器的动态吸合问题时，需要考虑结构的惯性效应，梁的弹性回复力不仅需要平衡静电力，还要平衡谐振器的惯性力。从图中还可以发现，当无量纲电压分别为 $\hat{V}^2$=1.38 、 $\hat{V}^2$=1.389 和 $\hat{V}^2$=1.39 时，梁的动态响应有很大差异，说明当电压接近吸合值时，电压上的微小改变都会引起动态响应上的显著变化。

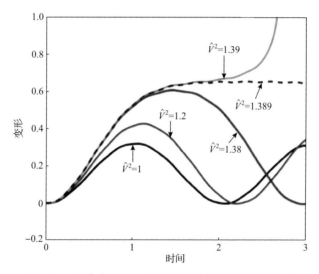

图 7-24　通道式 MEMS 谐振器末端挠度随时间的变化

前面分析了系统的流致振动失稳，但是基于复频率的分析忽略了静电力中的高阶项，也没有考虑器件达到静变形过程中的瞬态效应。为此，可以通过对时间积分直接求解谐振器的动力学方程，得到谐振器的动力学响应，根据动态响应特性确定颤振发生时的临界速度。如图 7-25 所示，当速度为 4.0 时，系统在电压为 $\hat{V}^2$=4.243 保持稳定，而随着电压提高至 $\hat{V}^2$=4.244 ，系统发生颤振：谐振器的振幅不断增大，直至振幅(无量纲)达到 1，谐振器末端与基底发生碰撞。因此，当电压为 4.244 时，系统的临界速度为 4.0，即 $(\hat{U}, \hat{V}^2) = (4.0, 4.244)$ 是保证系统动态稳定的边界点。图 7-20 给出的稳定边界主要考虑了系统的静态吸合以及系统在静变形附近发生的颤振，而没有考虑瞬态效应。因此，图 7-20 中的稳定边界为静态稳定边界。图 7-26 显示了考虑瞬态效应情况下的动态稳定区域，与静态稳定区域对比可以发现，系统的动态稳定范围略小于静态稳定范围。

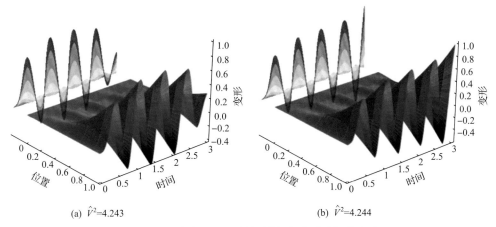

(a) $\hat{V}^2=4.243$ (b) $\hat{V}^2=4.244$

图 7-25 通道式 MEMS 谐振器的变形随时间的变化

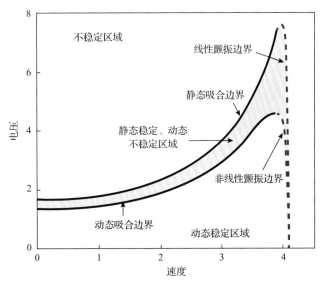

图 7-26 通道式 MEMS 谐振器的动态和静态稳定区域

由于静电力的非线性特性，静电驱动通道式 MEMS 谐振器的频率响应表现出刚度软化的特性，如图 7-27 所示。由图 7-27(a) 可以看出，当电压中的直流分量较大时，谐振频率降低、位移增大，并且随着直流电压的增大，刚度软化效应更加明显。如图 7-27(b) 所示，随着电压交流分量的增大，谐振器的频率基本不变，振幅增大。因此，电压的直流分量可以改变谐振频率，而交流分量可以调节谐振器的振动幅值。图 7-28 给出了不同流速下谐振器的频率响应特性，可以发现随着流速的增大，谐振频率以及末端的最大变形都增大。这表明流速不仅能改变谐振频率，还可以扩展谐振器的动态稳定范围。

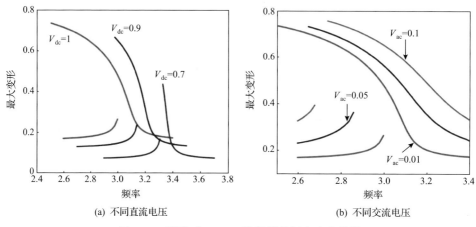

(a) 不同直流电压   (b) 不同交流电压

图 7-27 通道式 MEMS 谐振器的频率响应曲线

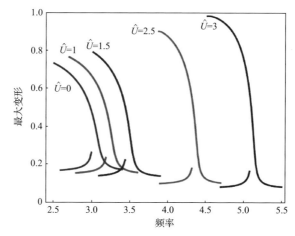

图 7-28 不同流速下通道式 MEMS 谐振器的频率响应曲线

7.5 测量误差产生机制与校正方法

颗粒悬浮质量与谐振器频率之间的关联关系是 MEMS 谐振器质量测量的动力学基础，通常情况下，两者之间的关系由式(7-2)、式(7-4)或式(7-5)描述。然而，以上表达式建立在颗粒与悬臂梁刚性连接的基础上，即认为颗粒与梁之间的刚度为无穷大。然而，对于通道式 MEMS/NEMS 谐振器，颗粒通常悬浮在液体中，并在梁的驱动下产生流固耦合振动。颗粒的振动幅值和振动相位会影响谐振器的频率，从而引起原理性测量误差，降低质量测量精度。因此，需要研究颗粒在通道式 MEMS/NEMS 谐振器中的流固耦合振动特性，分析颗粒振动对测量误差的影响规律。

7.5.1　质量测量谐振器动力学模型

通道式 MEMS 谐振器用于质量测量时，通道内流体的流速很小，而谐振频率很高，在一个振动周期内，颗粒在谐振器长度方向的位移可以忽略。例如，Olcum 等设计的谐振器[4]，液体流速约为 2.5mm/s，谐振频率为 40.48kHz，颗粒在一个周期内的位移约为 0.06μm，而谐振器长度约为 200μm，颗粒位移远小于谐振器长度。此外，为了方便检测及降低位置不确定性，通常采用机械手段或力学手段将颗粒“捕捉”在谐振器末端。因此，在质量测量时，可以认为颗粒固定在谐振器自由端。

如图 7-29 所示，根据牛顿第二定律，梁微元和流体微元上的力平衡方程可表示为[27]

$$\frac{\partial Q}{\partial x} + F_{\text{fluid}}\mathrm{d}x + F_{\text{ext}}\mathrm{d}x = m_{\text{c}}a_{\text{c}y} \tag{7-88}$$

$$-F_{\text{fluid}}\mathrm{d}x = M_{\text{f}}a_{\text{f}y} + \Delta m\mathrm{d}(x - x_0)a_{\text{p}y} \tag{7-89}$$

式中，Q 为剪切力，$Q = -EI\partial^3 w/\partial x^3$；$F_{\text{ext}}$ 为激励力，其简谐形式为 $F_{\text{ext}} = F_0\sin(\omega t)$，$F_0$ 为幅值，ω 为频率；m_{c} 为悬臂梁单位长度的质量；M_{f} 为单位长度流体的质量；Δm 为颗粒悬浮质量；$a_{\text{c}y}$ 为梁微元的加速度；$a_{\text{f}y}$ 为流体加速度；$a_{\text{p}y}$ 为悬浮颗粒的加速度；$a_{\text{c}y}$、$a_{\text{f}y}$ 和 $a_{\text{p}y}$ 的表达式为

$$a_{\text{c}y} = \frac{\partial^2 w}{\partial t^2}, \quad a_{\text{f}y} = \frac{\partial^2 w}{\partial t^2}, \quad a_{\text{p}y} = \frac{\mathrm{d}^2 u_{\text{p}}}{\mathrm{d}t^2} \tag{7-90}$$

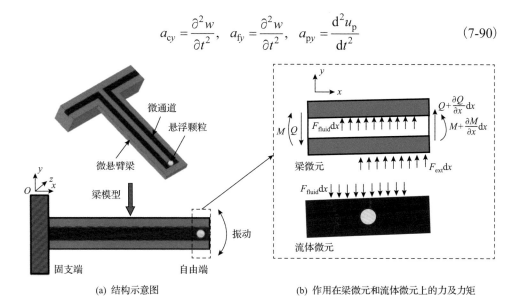

(a) 结构示意图　　　　　　　　　(b) 作用在梁微元和流体微元上的力及力矩

图 7-29　通道式 MEMS 谐振器力学模型

其中，w 为谐振器位移；u_p 为悬浮颗粒的位移。整理以上表达式，可以得到考虑悬浮颗粒的通道式 MEMS/NEMS 谐振器动力学方程：

$$EI\frac{\partial^4 w}{\partial x^4} + (m_c + M_f)\frac{\partial^2 w}{\partial t^2} + \Delta m\delta(x - x_0)\frac{d^2 u_p}{dt^2} = F_0\sin(\omega t) \qquad (7\text{-}91)$$

颗粒的振动位移与颗粒-流体-振动结构之间的流固耦合作用有关，如图 7-30 所示。理论和试验结果表明，若壁面振动是简谐形式，则颗粒运动也是简谐形式。并且，颗粒运动与壁面运动之间的关系可以通过幅值比 ε 和相位差 ϕ 进行表征。谐振器的稳态位移可以表示为 $w(x,t) = W(x)\sin(\omega t + \phi_0)$，其中 ϕ_0 为初始相位，则颗粒的位移和加速度可以写为

$$u_p = \varepsilon W(x_0)\sin(\omega t + \phi_0 + \phi) \qquad (7\text{-}92)$$

$$\frac{d^2 u_p}{dt^2} = \varGamma_{in}\frac{d^2 w(x_0,t)}{dt^2} - \varGamma_{out}\omega\frac{dw(x_0,t)}{dt} \qquad (7\text{-}93)$$

式中，$\varGamma_{in} = \varepsilon\cos\phi$ 为颗粒位移中与壁面加速度同相位的分量；$\varGamma_{out} = \varepsilon\sin\phi$ 为相位相反的分量。将它们代入谐振器控制方程可得

$$EI\frac{\partial^4 w}{\partial x^4} + (m_c + M_f)\frac{\partial^2 w}{\partial t^2} + \Delta m\delta(x - x_0)\varGamma_{in}\frac{d^2 w(x_0,t)}{dt^2}$$

$$-\Delta m\delta(x - x_0)\varGamma_{out}\omega\frac{dw(x_0,t)}{dt} = F_0\sin(\omega t) \qquad (7\text{-}94)$$

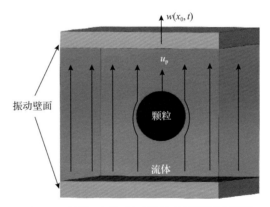

图 7-30　颗粒-流体-振动结构的流固耦合模型

采用 Galerkin 方法，取一阶模态进行截断，可以获得谐振器的一维弹簧振子

模型，即

$$m_{\text{total}}\ddot{u}(t) + M_{\text{total}}\ddot{u}(t) + k_{\text{eff}}u(t) + \Delta m_{\text{eff}}\alpha\ddot{u}(t) + c_{\text{eff}}\alpha\omega\dot{u}(t) = F_{\text{eff}}\sin(\omega t) \quad (7\text{-}95)$$

式中，m_{total} 为谐振结构的总质量；M_{total} 为流体质量；k_{eff} 为等效刚度；α 为与颗粒位置有关的常数，颗粒位于悬臂梁自由端时，$\alpha = 1$；Δm_{eff} 为等效悬浮质量；c_{eff} 为等效阻尼；F_{eff} 为激励力的等效幅值。参数的表达式为

$$m_{\text{total}} = m_c L_c, \quad M_{\text{total}} = M_f L_c, \quad k_{\text{eff}} = EI\int_0^{L_c}\varphi\frac{\mathrm{d}^4\varphi}{\mathrm{d}x^4}\mathrm{d}x$$

$$\alpha = \varphi^2(x_0), \quad \Delta m_{\text{eff}} = \varepsilon\Delta m\cos\phi, \quad c_{\text{eff}} = -\varepsilon\Delta m\sin\phi, \quad F_{\text{eff}} = F_0\int_0^{L_c}\varphi\mathrm{d}x \quad (7\text{-}96)$$

根据以上公式，可得谐振器件的一阶频率为

$$f = \frac{1}{2\pi}\sqrt{\frac{k_{\text{eff}}}{m_0 + \alpha\cdot\Delta m_{\text{eff}}}} \quad (7\text{-}97)$$

式中，$m_0 = m_{\text{total}} + M_{\text{total}}$ 为谐振器等效质量。考虑到悬浮质量远小于等效质量，并且颗粒通常在悬臂梁末端进行检测，式 (7-97) 简化为

$$\frac{\Delta f}{f_0} = -\frac{1}{2}\frac{\Delta m_{\text{eff}}}{m_0} = -\frac{1}{2}\frac{\Gamma_{\text{in}}\Delta m}{m_0} \quad (7\text{-}98)$$

假设颗粒与谐振器刚性连接，则幅值比为 1，相位差为 0，参数 Γ_{in} 为 1，式 (7-98) 简化为广泛采用的关系式 $\Delta f/f_0 = -\Delta m/(2m_0)$。然而，由于流固耦合作用，$\Gamma_{\text{in}}$ 不会恒等于 1，在这种情况下，根据频率漂移测量得到的悬浮质量与实际悬浮质量之间存在偏差，这种测量误差是由测量原理的不精确引起的，因此可称为原理性误差。

7.5.2　颗粒振动特性分析

颗粒的流固耦合振动位移如图 7-31 所示，图中的参数 γ 和 δ 是影响颗粒振动的两个关键参数，其中 γ 定义为颗粒与流体之间的密度比，$\gamma = \rho_p/\rho_f$，δ 定义为逆 Stokes 数，$\delta = \sqrt{2\nu_f/(\omega R^2)}$，$\nu_f$ 为流体运动黏度，R 为颗粒半径。逆 Stokes 数较小时，颗粒的惯性效应占主导地位，而当逆 Stokes 数较大时，流体黏性效应占主导地位，可将悬浮颗粒近似为流体微元。假设壁面的位移表示为 $u_w = A_0\sin(\omega t)$，图 7-31 中的颗粒位移以 A_0 作为参考值进行标准化，流体速度以 ωA_0 作为参考值进行标准化。从图中可知，随着密度比偏离 1，或者逆 Stokes 数降低，

颗粒位移与壁面位移之间的差异会增大。如图 7-31 所示，这种差异使流体-颗粒系统出现了不一致性，而这种不一致性会影响谐振器的动力学特性。

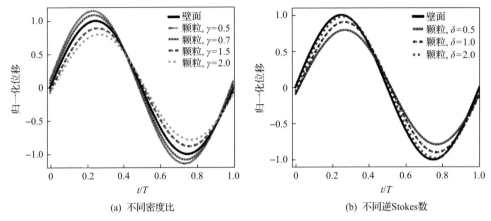

(a) 不同密度比   (b) 不同逆Stokes数

图 7-31   逆 Stokes 数和密度比对颗粒振动位移的影响

谐振器件的质量可以写为 $m_{\text{apparent}} = m_0 + \alpha\varepsilon\Delta m \cos\phi$，由图 7-32 可知，当颗粒密度低于流体密度时，悬浮质量小于零、振动幅值比大于 1；当颗粒密度大于流体密度时，悬浮质量大于 0、振动幅值比小于 1。因此，谐振器的质量总小于谐振器的实际质量 $m_{\text{real}} = m_0 + \alpha\Delta m$，利用频率漂移测量得到的颗粒悬浮质量也会小于实际值。此外，根据谐振器动力学方程可知，颗粒与壁面运动之间的相位差还会引起阻尼，即 $c_{\text{eff}} = -\varepsilon\Delta m \sin\phi$。不难发现，无论颗粒密度是大于液体还是小于液体，等效阻尼系数 c_{eff} 均大于 0，产生能量耗散，使品质因子降低。考虑到悬浮质量很小，这部分能量耗散可以忽略。

由以上分析可知，密度比和逆 Stokes 数对颗粒的流固耦合振动特性有重要影响，图 7-33 给出了 Γ_{in} 随这两个参数的变化情况。从图中可知，随着颗粒密度与流体密度的接近或者逆 Stokes 数提高，参数 Γ_{in} 均趋近于 1，表明流体与颗粒之间的不一致性逐渐消失。此外，对于某一密度比，一旦逆 Stokes 数高于临界值，Γ_{in} 保持为 1 而不再变化。

除了密度比和逆 Stokes 数，颗粒与壁面之间的距离也会影响颗粒的振动特性，如图 7-34 所示。随着颗粒直径与通道高度比 D/H_{f} 的提高，参数 Γ_{in} 趋近于 1，这是因为壁面的存在能够提高颗粒受到的流体作用力。因此，提高直径与通道高度比有助于降低流体的不一致性，提高检测精度。然而，为了防止出现堵塞，颗粒直径不能太大，直径与通道高度比通常小于 0.5，如表 7-6 所示。而由图 7-34(a) 可知，当 D/H_{f} 小于 0.5 时，壁面对颗粒振动的影响很小。因此，可以忽略壁面对颗粒振动的影响，采用密度比和逆 Stokes 数即可表征颗粒的流固耦合振动特性。

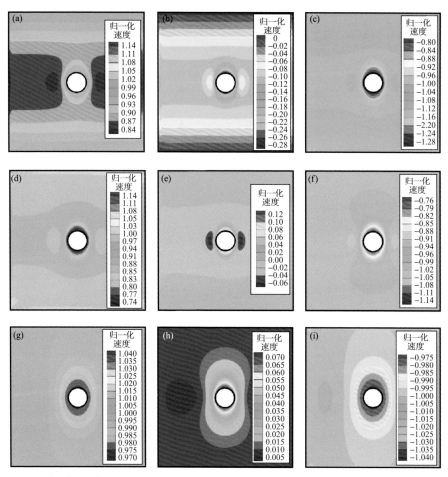

图 7-32　颗粒周围流体在 $t = 0$、$t = 0.5\pi$ 和 $t = \pi$ 时刻的速度分布：(a) ~ (c) $\gamma = 0.5$、$\delta = 0.5$；
(d) ~ (f) $\gamma = 2$、$\delta = 0.5$；(g) ~ (i) $\gamma = 2$、$\delta = 2$

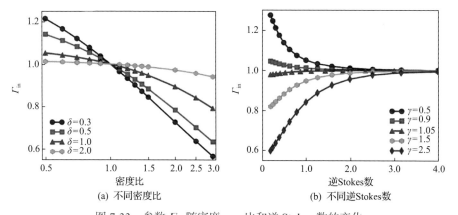

图 7-33　参数 Γ_{in} 随密度 ssss 比和逆 Stokes 数的变化

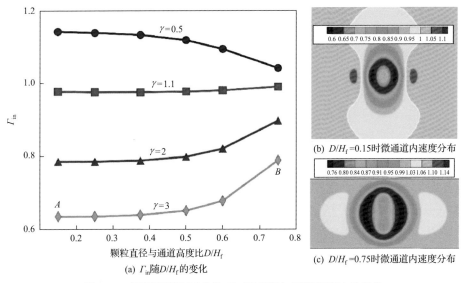

(b) D/H_f=0.15时微通道内速度分布

(c) D/H_f=0.75时微通道内速度分布

(a) Γ_{in}随D/H_f的变化

图 7-34 不同密度比下参数 Γ_{in} 随直径与通道高度比的变化

表 7-6 典型通道式 MEMS/NEMS 谐振器通道高度与被检测颗粒直径的取值

文献	通道高度 H_f	颗粒直径 D	D/H_f
Burg 等[15]	3μm	100nm (g), 1.51μm (p)	0.033~0.50
Lee 等[26]	8μm	3~4.17μm (p)	0.375~0.521
Olcum 等[4]	700nm	100~150nm (g)	0.143~0.214
Olcum 等[37]	400nm	10~20nm (g)	0.025~0.050
Lee 等[18]	8μm	1.6~4.17μm (p)	0.20~0.52
Bryan 等[38]	25μm	10μm (p), 7.6~15.2μm (c)	0.304~0.61

注：p、g 和 c 分别代表聚苯乙烯、金和细胞。

7.5.3 测量误差分析与校正

近年来，通道式 MEMS/NEMS 谐振器在细胞与生物分子检测、纳米颗粒质量测量等方面取得长足发展[39-45]，器件的原理性测量误差也备受关注。若不考虑悬浮颗粒的流固耦合振动，频率漂移测量颗粒的悬浮质量可描述为 $\Delta m^{(m)} = -2m_0 \cdot \Delta f / f_0$，其中上标(m)表示测量值[46]。而实际的悬浮质量应该表示为 $\Delta m^{(r)} = -(2m_0 / \Gamma_{in}) \cdot (\Delta f / f_0)$，上标(r)表示实际值。因此，测量值与实际值之间存在误差，相对误差 RE 可写为

$$RE = \frac{\Delta m^{(m)} - \Delta m^{(r)}}{\Delta m^{(r)}} = \Gamma_{in} - 1 \qquad (7-99)$$

由式(7-99)可知，参数 Γ_{in} 不仅表征颗粒振动特性，还会影响谐振器的检测误差。为了定量描述 Γ_{in} 随密度比和逆 Stokes 数的变化，可在 $\gamma=[0.5,3]$ 和 $\delta=[0.2,4]$ 范围内进行数值计算，并且利用最小二乘法对数值结果进行拟合，拟合得到的表达式为

$$
\Gamma_{in}=\begin{cases}
\dfrac{\delta^2+(-0.5445\gamma^3+0.8827\gamma^2-0.33794)/\ln\gamma}{\delta^2+(0.1771\gamma^2-0.05951\gamma+0.03146)\delta+\dfrac{-0.09574\gamma^5+0.31\gamma^2-0.214}{\ln\gamma}}, & \gamma<1\\[4em]
\dfrac{\delta^2+(-0.0153\gamma^2+0.4159\gamma-0.3769)/\ln\gamma}{\delta^2+(-0.03495\gamma^2-0.02914\gamma+0.0452)\delta+\dfrac{0.1882\gamma^2+0.03417\gamma-0.19867}{\ln\gamma}}, & \gamma\geqslant1
\end{cases}
$$

$$(7\text{-}100)$$

该表达式满足两个特点：逆 Stokes 数足够大时，Γ_{in} 趋近于 1；密度比等于 1 时，Γ_{in} 等于 1，如图 7-35 所示，拟合结果与数值分析结果吻合较好。

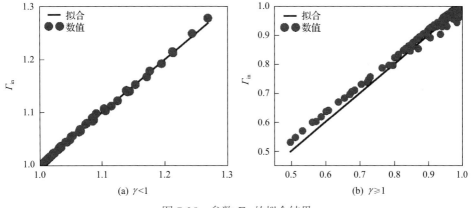

图 7-35　参数 Γ_{in} 的拟合结果

利用 Γ_{in} 的解析表达式，容易得到谐振器质量测量的原理性误差，如图 7-36 所示。当密度比小于 1 时，测量误差为正，说明基于频率漂移会高估颗粒的悬浮质量；反之，当密度比大于 1 时，悬浮质量的测量值小于实际值。此外，只有当颗粒密度与流体密度之间的差异增大，并且逆 Stokes 数很小时，测量误差才会较大。而只要密度比接近 1（$0.9<\gamma<1.1$），或者逆 Stokes 数足够大（$\delta>2$），测量误差就会很小。

在实际应用中，表达式 $\Delta m^{(m)}=-2m_0\cdot\Delta f/f_0$ 不能直接用于测量悬浮质量，而是采用校正方法。选择某种已知密度和直径的标准颗粒(通常为聚苯乙烯微球)作为校正颗粒，测量校正颗粒引起的频率漂移，不考虑颗粒振动，悬浮质量与频率漂移之间的关系为

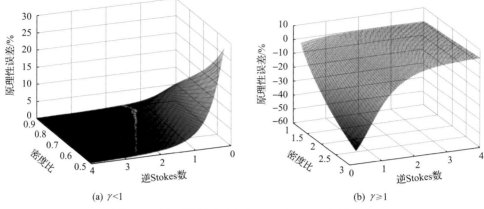

(a) $\gamma < 1$　　　　　　　　　　　(b) $\gamma \geq 1$

图 7-36　原理性误差随密度比和逆 Stokes 数的变化

$$\Delta m^{(c)} = -\frac{2m_0}{\varphi^2(x_0)} \cdot \frac{\Delta f^{(c)}}{f_0} \tag{7-101}$$

上标(c)表示与校正颗粒有关的值。基于式(7-101)，容易得到被检测颗粒的悬浮质量为

$$\Delta m^{(m)} = \frac{\Delta f^{(m)}}{\Delta f^{(c)}} \Delta m^{(c)} \tag{7-102}$$

　　需要注意的是，以上两式没有考虑颗粒的流固耦合运动，测量结果存在原理性误差。考虑颗粒的流固耦合运动，则悬浮质量与频率漂移之间的关系为

$$\Delta m^{(c)} = -\frac{2m_0}{\varphi^2(x_0)\Gamma_{in}^{(c)}} \cdot \frac{\Delta f^{(c)}}{f_0}, \quad \Delta m^{(r)} = -\frac{2m_0}{\varphi^2(x_0)\Gamma_{in}^{(m)}} \cdot \frac{\Delta f^{(m)}}{f_0} \tag{7-103}$$

　　因此，被检测颗粒的实际质量为

$$\Delta m^{(r)} = \frac{\Delta f^{(m)}}{\Delta f^{(c)}} \cdot \frac{\Gamma_{in}^{(c)}}{\Gamma_{in}^{(m)}} \Delta m^{(c)} \tag{7-104}$$

由式(7-102)和式(7-104)，可得采用校正后质量测量所产生的相对误差为

$$RE = \frac{\Delta m^{(m)} - \Delta m^{(r)}}{\Delta m^{(r)}} = \frac{\Gamma_{in}^{(m)}}{\Gamma_{in}^{(c)}} - 1 \tag{7-105}$$

由式(7-105)可知，原理性误差与校正颗粒以及被检测颗粒的流固耦合振动有关。在实际应用中，聚苯乙烯颗粒($\rho_p = 1.05\,\mathrm{g/cm^3}$)常用作校正颗粒，以该颗粒作为

校正颗粒，测量误差如图 7-37 所示，图中的参数 $\Delta\gamma$ 定义为 $\Delta\gamma = \gamma^{(m)} - \gamma^{(c)}$，表示被检测颗粒与校正颗粒之间的密度差，参数 $\delta^{(m)}$ 和 $\delta^{(c)}$ 是被检测颗粒和校正颗粒对应的逆 Stokes 数。从图中可知，随着被检测颗粒与校正颗粒之间密度或者逆 Stokes 数差异的增大，原理性测量误差增大，而参数 $\delta^{(c)}$ 对测量误差有重要影响：当 $\delta^{(c)}$ 较小时，增大被检测颗粒与校正颗粒之间密度、逆 Stokes 数的差值，容易引起较大的测量误差；当 $\delta^{(c)}$ 较大时，密度差及逆 Stokes 数的变化对测量误差的影响很小。

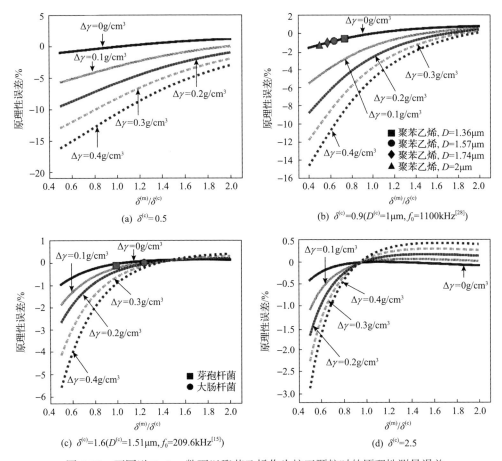

图 7-37　不同逆 Stokes 数下以聚苯乙烯作为校正颗粒时的原理性测量误差

图 7-38 给出了以硅颗粒作为校正颗粒时的原理性测量误差变化。对比图 7-38 和图 7-37 可以发现，当校正颗粒的密度增大时，由密度差或逆 Stokes 数变化引起的测量误差显著提高。因此，当校正颗粒的密度较大时，被检测颗粒与校正颗粒之间密度或者直径的微小差异，可能引起较大的测量误差。

Sensors and Actuators B—Chemical, 2014, 202: 286-293.

[21] Dohn S, Schmid S, Amiot F, et al. Mass and position determination of attached particles on cantilever based mass sensors. Review of Scientific Instruments, 2007, 78(10): 103303.

[22] William H, Grover A K B, Monica D S, et al. Measuring single-cell density. Proceedings of the National Academy of Sciences of the United States of America, 2011, 108(27): 10992-10996.

[23] Tamayo J, Ramos D, Mertens J, et al. Effect of the adsorbate stiffness on the resonance response of microcantilever sensors. Applied Physics Letters, 2006, 89(22): 224104.

[24] Zhang Y. Determining the adsorption-induced surface stress and mass by measuring the shifts of resonant frequencies. Sensors and Actuators A—Physical, 2013, 194: 169-175.

[25] Zhang Y, Zhao Y P. Mass and force sensing of an adsorbate on a beam resonator sensor. Sensors, 2015, 15(7): 14871-14886.

[26] Lee J, Bryan A K, Manalis S R. High precision particle mass sensing using microchannel resonators in the second vibration mode. Review of Scientific Instruments, 2011, 82(2): 023704.

[27] Yan H, Zhang W M, Jiang H M, et al. A measurement criterion for accurate mass detection using vibrating suspended microchannel resonators. Journal of Sound and Vibration, 2017, 403: 1-20.

[28] Cermak N, Olcum S, Delgado F F, et al. High-throughput measurement of single-cell growth rates using serial microfluidic mass sensor arrays. Nature Biotechnology, 2016, 34(10): 1052-1059.

[29] Godin M, Delgado F F, Son S, et al. Using buoyant mass to measure the growth of single cells. Nature Methods, 2010, 7(5): 387-390.

[30] Son S, Grover W H, Burg T P, et al. Suspended microchannel resonators for ultralow volume universal detection. Analytical Chemistry, 2008, 80(12): 4757-4760.

[31] Burg T P, Sader J E, Manalis S R. Nonmonotonic energy dissipation in microfluidic resonators. Physical Review Letters, 2009, 102(22): 228103.

[32] Paidoussis M P. Fluid-Structure Interactions: Slender Structures and Axial Flow. New York: Academic Press, 1998.

[33] Sader J E, Lee J, Manalis S R. Energy dissipation in microfluidic beam resonators: Dependence on mode number. Journal of Applied Physics, 2010, 108(11): 114507.

[34] Wang L, Liu H T, Ni Q, et al. Flexural vibrations of microscale pipes conveying fluid by considering the size effects of micro-flow and micro-structure. International Journal of Engineering Science, 2013, 71: 92-101.

[35] Younis M I. MEMS Linear and Nonlinear Statics and Dynamics. Berlin: Springer, 2011.

[36] Hu Y C, Chang C, Huang S. Some design considerations on the electrostatically actuated microstructures. Sensors and Actuators A: Physical, 2004, 112(1): 155-161.

[37] Olcum S, Cermak N, Wasserman S C, et al. Weighing nanoparticles in solution at the attogram scale. Proceedings of the National Academy of Sciences of the United States of America, 2014, 111(4): 1310-1315.

[38] Bryan A K, Hecht V C, Shen W, et al. Measuring single cell mass, volume, and density with dual suspended microchannel resonators. Lab on A Chip, 2014, 14(3): 569-576.

[39] Indianto M A, Toda M, Ono T. Development of assembled microchannel resonator as an alternative fabrication method of a microchannel resonator for mass sensing in flowing liquid. Biomicrofluidics, 2020, 14(6): 064111.

[40] Maillard D, de Pastina A, Abazari A M, et al. Avoiding transduction-induced heating in suspended microchannel resonators using piezoelectricity. Microsystems & Nanoengineering, 2021, 7(1): 1-7.

[41] Ko J, Jeong J, Son S, et al. Cellular and biomolecular detection based on suspended microchannel resonators. Biomedical Engineering Letters, 2021, 11(4): 367-382.

[42] de Pastina A, Villanueva L G. Suspended micro/nano channel resonators: A review. Journal of Micromechanics and Microengineering, 2020, 30(4): 043001.

[43] Zhao Y, Gu L, Sun H, et al. Physical cytometry: Detecting mass-related properties of single cells. ACS Sensors, 2022, 7: 21-36.

[44] Katsikis G, Hwang I E, Wang W, et al. Weighing the DNA content of adeno-associated virus vectors with zeptogram precision using nanomechanical resonators. Nano Letters, 2022, 22(4): 1511-1517.

[45] Katsikis G, Collis J F, Knudsen S M, et al. Inertial and viscous flywheel sensing of nanoparticles. Nature Communications, 2021, 12(1): 1-6.

[46] 闫寒. 微通道机械谐振器动力学设计理论与分析方法研究. 上海: 上海交通大学博士学位论文, 2018.

第 8 章 弱耦合谐振器设计及传感技术

8.1 概 述

模态局部化(mode localization)是结构动力学中的一种具体表现形式,是指振动的能量不能在失谐的弱耦合谐振系统中无障碍传递,而是会集中在某个靠近驱动能量源的子系统内。因此,利用模态局部化的特点,对于耦合强度和谐振器数量固定的系统,通过表征系统的模态局部化效应强弱,即测量谐振状态下各谐振器振幅的比值,可对系统所受扰动进行传感;当改变系统各谐振器件之间的耦合强度,或者改变系统的器件数量时,可对相同扰动下系统的模态局部化效应进行调节,即改变系统对外界扰动的灵敏度。模态局部化效应因其具有灵敏度可调、在环境参数变化时的良好鲁棒性、对温度和压力等环境不敏感、稳态性好等优势,在 MEMS/NEMS 谐振传感器、可编程 MEMS 逻辑器件等领域有着广泛的应用前景[1-4]。

本章首先介绍模态局部化理论的传感机理,从负刚度力学模型、谐振器及其阵列的动力学建模与响应分析等方面详细介绍弱耦合谐振器的动力学设计理论与分析方法,分别分析静电耦合和机械耦合谐振器的动力学性能;随后阐述多自由度弱耦合谐振器的工作原理,重点介绍谐振传感器动力学设计与加工技术,涉及的主要内容包括传感机理、动态参数设计、器件加工工艺、动态响应等方面,实现器件的制备和封装,采用激光测振法和频闪法分析谐振器阵列的模态特性,建立包含残余应力的理论和仿真模型,同时探讨传感器性能参数及残余应力的影响,并将其应用于加速度传感器设计和调节,讨论现有 MEMS 谐振式加速度传感器无法兼顾高灵敏度和大量程范围的问题,可为弱耦合传感器的设计提供理论基础和技术支撑。

8.2 模态局部化机理

1958 年,诺贝尔奖获得者 Anderson 提出了著名的 Anderson 局部化理论[5]:将单个电子置于无序的晶格内会导致该电子不再移动,该理论可解释晶体从导体变为非导体的过程。Anderson 局部化理论在力、光、声、电等多种物理场内有着不同的表现形式。

利用 Anderson 局部化理论,可以解释因结构参数的不匹配导致系统整体结构振动的能量局限在某个特定模态上的现象[6],也称为模态局部化。1983 年,英国学者 Hodges 等[7]设计了一个耦合摆,用以具体说明振动的模态局部化发生的过程。如图 8-1 所示,N 个等质量、等长度的摆球构成一个多自由度振动系统,当 N 个摆球相互之间无连接时,摆球具有相同的共振频率;当 N 个摆球通过弹性绳相互连接时,即使弹性绳带来弱耦合,各个摆球的振动将不再相互独立,而是构成一个相互作用的振动系统,各个摆球会按特定模态振型进行周期运动;若在某个摆球上施加微小的扰动,如摆球的质量或吊绳长度发生微小变化,则系统的振型将会发生显著变化,此时系统的振动能量会从均布于所有摆球上转向集中于某些特定摆球上,这些摆球的振幅会明显高于其他摆球的振幅,呈现出系统整体模态中振动能量的局部化。耦合谐振系统中模态局部化现象产生的条件和关键影响因素主要包括:①系统中各谐振器之间的耦合强度;②系统的自由度数,即耦合谐振器的个数;③某个谐振器所受扰动的大小。系统中各谐振器之间的耦合强度越小、系统的自由度数越大、系统中某个谐振器所受的扰动越大,系统表现出的模态局部化效应就越强。

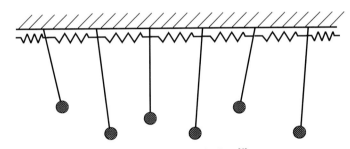

图 8-1 多自由度耦合摆[6]

基于模态局部化机理的传感器可实现灵敏度的大幅度提升,模态局部化对温度、气压、湿度等环境中的共模干扰信号不敏感,可大幅提升加速度传感器的稳定性。2006 年,Spletzer 等[8]首次将模态局部化理论应用于 MEMS 传感器领域,设计了基于模态局部化机理的弱耦合谐振式质量传感器,如图 8-2 所示,传感器中两个悬臂谐振梁通过中间的横梁耦合,耦合系数约为 0.01;当在其中一个谐振器上施加质量约 150pg 的干扰小球后,两个谐振器的同相和反相的模态幅值比变化率分别为 5%和 7%,而与此对应的谐振频率变化率仅为 0.01%,其幅值比灵敏度相对于谐振频率灵敏度提升 500 倍以上。此后,2008 年,Spletzer 等[9]设计了十五自由度的弱耦合质量传感器,灵敏度提升了一个数量级。随着谐振器阵列自由度数的提高,传感器灵敏度随之提高,但是受加工工艺的限制,多自由度的谐振器阵列在初始状态下会产生不可控的参数偏差,导致弱耦合系统产生失调。

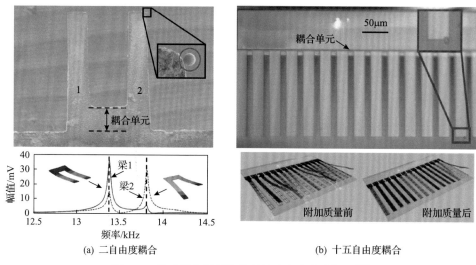

(a) 二自由度耦合　　　　　　　　(b) 十五自由度耦合

图 8-2　基于模态局部化机理的多自由度谐振器[8,9]

8.3　弱耦合谐振器动力学设计

目前，MEMS/NEMS 谐振器阵列主要包括机械耦合和静电耦合两种方式[10-24]。前者是谐振器件中采用悬挂单元将微梁结构连接起来，其优点为结构简单，但是谐振器之间的耦合强度无法调整[13]；后者是利用平行板电极之间的静电力产生的负刚度效应形成弱耦合，其优点为耦合强度可调，但其耦合强度对电极间的距离非常敏感，相对于机械耦合稳定性较差。基于模态局部化效应的加速度传感技术既要有较高的灵敏度，也要充分考虑大载荷下的量程范围。

8.3.1　弱耦合谐振器动力学模型

MEMS/NEMS 弱耦合谐振器阵列可以利用模态局部化效应对外界物理量引起的扰动进行传感。弱耦合是指各谐振器之间的耦合刚度满足[10]

$$|k_{\mathrm{c}}| < \frac{k_{\mathrm{r}}}{10} \tag{8-1}$$

式中，k_{c} 为谐振器之间的耦合刚度；k_{r} 为各个谐振器的刚度。机械耦合的耦合刚度 k_{mc} 可通过仿真或试验测得，在小变形范围内为恒定值；静电耦合的耦合刚度 k_{ec} 对平行板电极间的间隙非常敏感，且静电力具有固有非线性特征[11]。

1. 负刚度力学模型

静电驱动的弱耦合谐振器阵列中，静电力的存在使得谐振器阵列动力学模型中包含非线性项，从而影响 MEMS 器件的动力学性能。

如图 8-3 所示静电耦合的谐振器动力学模型，谐振系统由两个线性弹簧振子 R1 和 R2 组成，二者通过静电力相互耦合，且分别受到静电驱动力作用，系统的动力学方程可写为

$$\begin{cases} m_1\ddot{x}_1 + c_1\dot{x}_1 + k_1x_1 + k_{\text{ec}}(x_1 - x_2) = f_1 \\ m_2\ddot{x}_2 + c_2\dot{x}_2 + k_2x_2 + k_{\text{ec}}(x_2 - x_1) = f_2 \end{cases} \tag{8-2}$$

式中，m_1 和 m_2、c_1 和 c_2、k_1 和 k_2 分别为谐振器 R1 和 R2 的等效质量、等效阻尼和等效刚度系数；k_{ec} 为静电耦合的等效刚度；f_1 和 f_2 分别为作用在 R1 和 R2 上的静电驱动力。该系统的动力学响应受到静电耦合刚度项 k_{ec} 的影响。

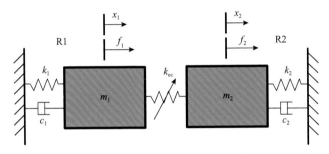

图 8-3　静电耦合谐振器动力学模型

静电耦合本质上是平行板电极相互作用表现出的负刚度现象。对于图 8-4 中相互耦合的两块平行板电极，电容表达式为

$$C = \frac{\varepsilon A}{d_0 + x} \tag{8-3}$$

式中，A 为平行板电极等效面积，$x = x_2 - x_1$ 为两块极板之间的相对距离。两块极板间的作用力为

$$F_{\text{total}} = F_{\text{D}} - k_{c1}x - k_{c2}x^2 - k_{c3}x^3 \tag{8-4}$$

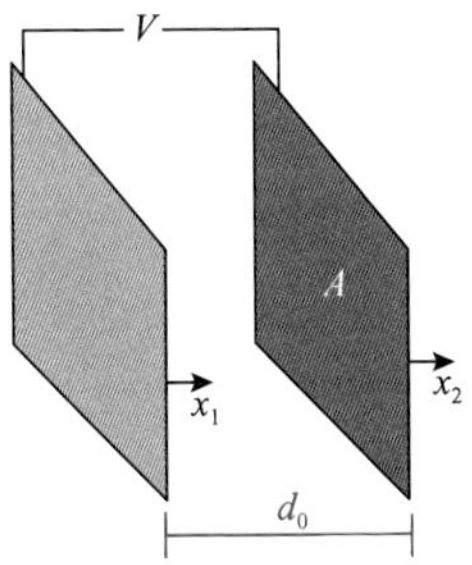

图 8-4　平行板电极静电耦合

式中，F_{D} 为恒力项；k_{c1} 为线性刚度系数；k_{c2} 为平方刚度系数；k_{c3} 为立方刚度系数。若 $x \ll d_0$，则静电耦合的等效刚度为

$$k_{\text{ec}} \approx k_{c1} = -\frac{V^2 \varepsilon A}{d_0^3} \tag{8-5}$$

如图 8-3 所示，当耦合谐振器极板距离较近时，将发生静电吸合现象，谐振

器在准静态下的耦合刚度理论最大值为

$$k_{\text{ec max}} = -\frac{V_{\text{pull-in}}^2 \varepsilon A}{d_0^3} = -\frac{8}{27}\frac{k_1 k_2}{k_1 + k_2}$$ (8-6)

若谐振器 R1 在外部力 f_1 的作用下处于谐振状态,此时谐振器 R2 的振动幅值远小于谐振器 R1,相对于谐振器 R1 可忽略不计,谐振状态的静电耦合刚度最大值为

$$k_{\text{ec max}} = -\frac{(V_D V_A)_{\text{pull-in}} \varepsilon A}{d_0^3} = -\frac{\pi \varepsilon A(k_1 d_0^2 - C_0 V^2)(d_0 k_1 - V)^3}{6\sqrt{3} C_0 Q k_1^3 d_0^6}$$ (8-7)

2. 谐振器动力学响应

静电耦合谐振器两端通过支撑梁固定在锚点上,两个谐振器均采用梳齿电极驱动,由平行板电极产生的静电力相互耦合。为分析非线性刚度对静电耦合谐振器动力学响应的影响,将式(8-4)代入式(8-2),可得系统的非线性动力学方程为

$$\begin{cases} m_1\ddot{x}_1 + c_1\dot{x}_1 + k_1 x_1 + k_{c1}(x_1 - x_2) + k_{c2}(x_1 - x_2)^2 + k_{c3}(x_1 - x_2)^3 = f_1 \\ m_2\ddot{x}_2 + c_2\dot{x}_2 + k_2 x_2 + k_{c1}(x_2 - x_1) + k_{c2}(x_2 - x_1)^2 + k_{c3}(x_2 - x_1)^3 = f_2 \end{cases}$$ (8-8)

式(8-8)为多自由度非线性动力学方程组,难以直接求解,可采用数值方法进行求解。谐振器 R1、R2 的结构参数为:k_1=48.7N/m,k_2=5250N/m,m_1=8.47μg,m_2=10.97μg,代入式(8-2)和式(8-8),可得到谐振器 R1 的耦合刚度为线性、非线性时的幅频响应,如图 8-5 所示。

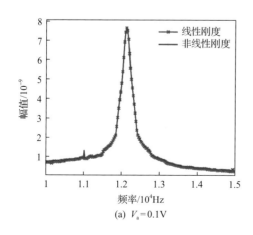

(a) $V_a = 0.1$V

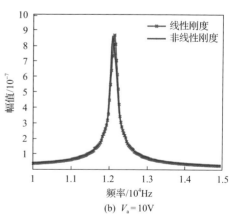

(b) $V_a = 10$V

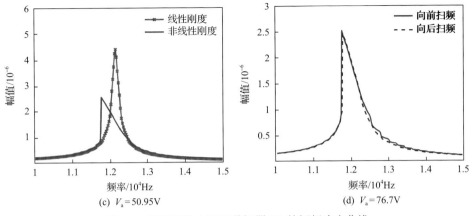

图 8-5　不同驱动电压下谐振器 R1 的幅频响应曲线

在驱动力 f_1 作用下，谐振器 R1 处于谐振状态，图 8-5 给出了谐振器 R1 的幅频响应曲线。谐振器的静电梳齿驱动电压 V_a 越大，谐振器 R1 和谐振器 R2 的相对运动幅值越大，引起静电耦合间距不断变化，产生非线性现象。图 8-5(a)～(c)分别为不同驱动电压 $V_a = 0.1V$、$V_a = 10V$ 和 $V_a = V_{pull-in}$ 时谐振器 R1 的幅频响应曲线(正向扫频)。如图 8-5(a)所示，梳齿驱动的电压接近 MEMS 器件中常用的正弦驱动电压幅值，静电耦合刚度的非线性对谐振器的幅频响应影响非常小，幅频响应峰值均在 12.165kHz 附近。当梳齿正弦驱动电压幅值等于固定梳齿上的恒定电压 V_0 时，静电耦合刚度的非线性对谐振器幅频响应有一定影响，且出现刚度软化现象，导致谐振器 R1 的固有频率产生漂移，如图 8-5(b)所示。当 V_a 为吸合电压 $V_{pull-in} = 76.7V$ 时，静电耦合刚度的非线性对谐振器幅频响应的影响较大，且出现明显的刚度软化现象，导致谐振器 R1 的固有频率漂移至 11.786kHz。图 8-5(d)为驱动电压 $V_a = V_{pull-in}$ 时含非线性刚度的谐振器 R1 的双向扫频幅频响应曲线，扫频方向对谐振器的非线性响应影响较小。

为了分析非线性项对谐振器 R1 动态响应特性的影响，当式(8-8)中的平方刚度 k_{c2} 和立方刚度 k_{c3} 为零、驱动电压 $V_a = V_{pull-in}$ 时，可得含不同非线性刚度项的谐振器 R1 的幅频响应，如图 8-6 所示。对于静电耦合系统(8-8)，平方刚度 k_{c2} 和立方刚度 k_{c3} 均会引起谐振器的刚度软化效应，其中立方刚度 k_{c3} 对系统的非线性起主导作用，此时系统接近于 Duffing 振子，而平方刚度 k_{c2} 对系统的影响较小。

因此，为保证静电耦合谐振器在线性区间工作，其静电梳齿驱动电压不能过大。对于谐振器 R1、R2，其驱动电压 V_a 最大不能超过 10V，否则系统的动力学响应将出现明显的非线性现象。当驱动电压 V_a 保持在较小的区间范围时，静电耦合可视为线性负刚度。

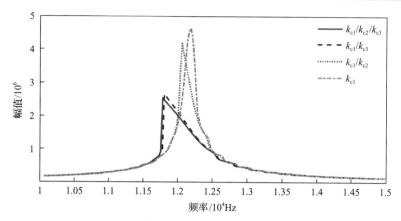

图 8-6   含不同非线性刚度项的谐振器 R1 的幅频响应曲线

3. 谐振器阵列动力学模型

机械弱耦合谐振器通常采用质量或者折叠梁的连接方式，但是任何一个谐振器上的扰动都会引发系统的模态局部化效应。随着谐振器数量的增多，谐振器模态的变化对扰动的灵敏度提高，但是系统的复杂程度也增大，三自由度的弱耦合谐振器阵列可在两者之间平衡，如图 8-7 所示三自由度机械耦合谐振器阵列动力学模型。

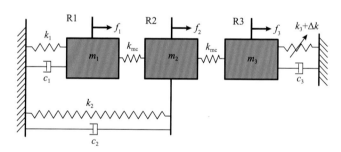

图 8-7   三自由度机械耦合谐振器阵列动力学模型

系统中的三个谐振器 R1、R2、R3 由机械耦合刚度 k_{mc} 串联而成，而 k_{mc} 远小于谐振器的支撑刚度 k_1、k_2 和 k_3，因此三个谐振器之间存在弱耦合，即可利用模态局部化效应对工作谐振器 R3 上的刚度扰动 Δk 进行传感。在 MEMS 谐振传感器中，机械耦合刚度 k_{mc} 可采用细长折叠梁，在小变形范围内为线性，系统的动力学方程为

$$\begin{cases} m_1\ddot{x}_1 + c_1\dot{x}_1 + k_1 x_1 + k_{mc}(x_1 - x_2) = f_1 \\ m_2\ddot{x}_2 + c_2\dot{x}_2 + k_2 x_2 + k_{mc}(2x_2 - x_1 - x_3) = f_2 \\ m_3\ddot{x}_3 + c_3\dot{x}_3 + (k_3 + \Delta k)x_3 + k_{mc}(x_3 - x_2) = f_3 \end{cases} \tag{8-9}$$

式(8-9)可以简化为

$$M\ddot{X} + C\dot{X} + KX = F \qquad (8\text{-}10)$$

式中, 质量矩阵、阻尼矩阵和力向量分别为

$$M = \begin{bmatrix} m_1 & & \\ & m_2 & \\ & & m_3 \end{bmatrix}, \quad C = \begin{bmatrix} c_1 & & \\ & c_2 & \\ & & c_3 \end{bmatrix}, \quad F = \begin{bmatrix} f_1 \\ f_2 \\ f_3 \end{bmatrix} \qquad (8\text{-}11)$$

刚度矩阵为

$$K = \begin{bmatrix} k_1 + k_{mc} & -k_{mc} & \\ -k_{mc} & k_2 + 2k_{mc} & -k_{mc} \\ & -k_{mc} & k_3 + \Delta k + k_{mc} \end{bmatrix} \qquad (8\text{-}12)$$

若谐振器阵列为对称布置, 则有 $k_1 = k_3 = k$, $m_1 = m_3 = m$ 。为求解工作谐振器 R1 和谐振器 R3 的幅值比, 对式(8-10)进行拉普拉斯变换可得各个传递函数为

$$\begin{cases} H_1(s) = ms^2 + c_1 s + (k + k_c) \\ H_2(s) = ms^2 + c_2 s + (k_2 + 2k_c) \\ H_3(s) = ms^2 + c_3 s + (k + k_{mc} + \Delta k) \end{cases} \qquad (8\text{-}13)$$

若激励力仅加在谐振器 R1 上, 即 $f_1(s) = f(s)$, $f_2(s) = f_3(s) = 0$, 则谐振器 R1、R3 的运动方程可表示为

$$\frac{x_1(s)}{f(s)} = \frac{H_2(s)H_3(s) - k_{mc}^2}{H_1(s)H_2(s)H_3(s) - [H_1(s) + H_3(s)]k_{mc}^2} \qquad (8\text{-}14)$$

$$\frac{x_3(s)}{f(s)} = \frac{k_{mc}^2}{H_1(s)H_2(s)H_3(s) - [H_1(s) + H_3(s)]k_{mc}^2} \qquad (8\text{-}15)$$

当谐振系统的品质因子足够大, 且刚度扰动 $\Delta k \ll k$ 时, 可令 $s = j\omega$, 则系统的同相固有频率和反相固有频率分别为

$$\omega_{in} = \sqrt{\frac{1}{m}\left\{ k + k_{mc} + \frac{1}{2}\left[\Delta k - \frac{2k}{\gamma} - \sqrt{\Delta k^2 + \left(\frac{2k}{\gamma}\right)^2} \right] \right\}} \qquad (8\text{-}16)$$

$$\omega_{out} = \sqrt{\frac{1}{m}\left\{ k + k_{mc} + \frac{1}{2}\left[\Delta k - \frac{2k}{\gamma} + \sqrt{\Delta k^2 + \left(\frac{2k}{\gamma}\right)^2} \right] \right\}} \qquad (8\text{-}17)$$

式中，$\gamma = k(k_2 - k + k_{mc}) / k_{mc}^2$。

将式(8-16)和式(8-17)代入式(8-14)和式(8-15)中，可得输出的同相模态的幅值比和反相模态的幅值比，分别为

$$\eta_{in} = \left| \frac{X_1(j\omega_{in})}{X_3(j\omega_{in})} \right| \approx \left| \frac{\sqrt{\gamma^2 (\Delta k / k)^2 + 4} + \gamma (\Delta k / k)}{2} \right| \qquad (8-18)$$

$$\eta_{out} = \left| \frac{X_1(j\omega_{out})}{X_3(j\omega_{out})} \right| \approx \left| \frac{\sqrt{\gamma^2 (\Delta k / k)^2 + 4} - \gamma (\Delta k / k)}{2} \right| \qquad (8-19)$$

在如图 8-7 所示的三自由度机械耦合谐振器阵列中，刚度扰动 Δk 会引起系统的模态局部化效应，进而改变谐振器 R1 和谐振器 R3 的振动幅值比，通过式(8-18)和式(8-19)的幅值比表达式即可对刚度扰动 Δk 进行传感。

4. 谐振器阵列动力学响应

为了分析三自由度机械耦合谐振器阵列模态局部化特性，将谐振器 R1、R2、R3 的动力学参数和驱动力参数代入系统动力学方程，可得到扰动刚度 Δk 对谐振器 R1、R3 固有频率 ω_{in}、ω_{out} 和幅值比 η_{in} / η_{out} 的影响，如图 8-8 所示。

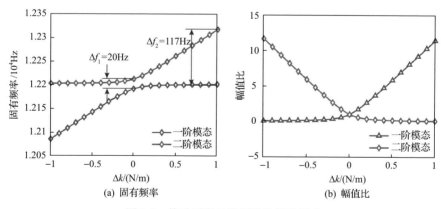

(a) 固有频率　　　　　　　　　(b) 幅值比

图 8-8　扰动刚度对谐振器性能的影响

由图 8-8 可知，谐振器 R1、R3 的同相、反相固有频率和幅值比曲线均出现先接近后分离的现象，在扰动刚度 $\Delta k = 0$ 分离点，同相、反相固有频率相差 $\Delta f_1 = 20$Hz；当 $\Delta k = 1$N/m 时，$\Delta f_2 = 117$Hz，即出现模态分离现象，是失调的弱耦合谐振器中模态局部化效应的具体动力学表现形式之一。当 $\Delta k = 1$N/m 时，反相固有频率 ω_{out} 相对于 $\Delta k - 0$ 时从 12.213kHz 增加至 12.319kHz，相对变化量

$\Delta\omega / \omega_0$ 为 0.87%；而反相幅值比则从 1 增加至 11.43，相对变化量 $\Delta\eta / \eta_0$ 为 1043.87%。因此，基于模态局部化的三自由度弱耦合谐振器阵列的幅值比的灵敏度相比其固有频率的灵敏度有数量级的提升。

图 8-9 为不同扰动刚度下谐振器的动力学响应，随着扰动刚度 Δk 增大，谐振器 R1 的振动幅值基本不变，而谐振器 R3 的振动幅值减小。即使扰动刚度增加至 $\Delta k = 1\text{N/m}$，谐振器 R1 和谐振器 R3 的幅值比仅为 $\eta = 2.25$，远小于图 8-8 中的计算结果 $\eta = 11.43$。当系统的品质因子 Q 由 100 增加至 500 时，在图 8-9(d)中，谐振器 R1、R3 的幅值比增加至 $\eta = 9.75$，接近无阻尼时的理论解。

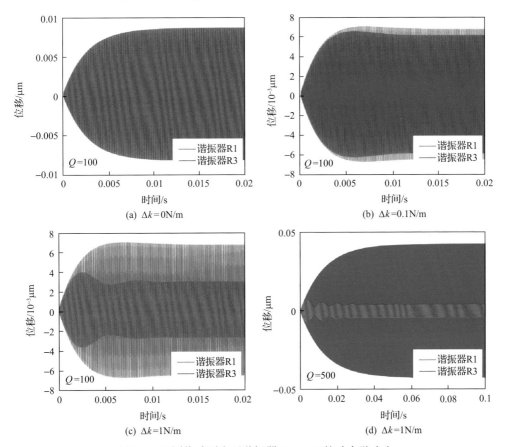

图 8-9　不同扰动刚度下谐振器 R1、R3 的动力学响应

将模态局部化原理应用于弱耦合 MEMS 谐振传感技术，需要尽可能提升品质因子。但是 MEMS/NEMS 谐振器在非真空的服役环境中工作，常常会受到空气阻尼或黏性阻尼的作用，因此对基于模态局部化机理的弱耦合谐振传感器设计及应用提出了挑战。

8.3.2 多自由度弱耦合谐振器件

本书介绍静电驱动四自由度串-并联机电耦合谐振器阵列设计，实现机械耦合谐振器阵列的高灵敏度，并通过静电耦合调控谐振器动力学参数，扩大器件的量程范围。

1. 工作原理

为了提高弱耦合谐振传感器的灵敏度，需要通过降低耦合强度，即减小谐振器之间的耦合刚度来阻碍谐振器之间的能量传递，此时会有更多的振动能量集中在某一工作谐振器上，从而提高输出幅值比。由于受分辨率的限制，可以测量的幅值比有限，因此若要扩大弱耦合谐振传感器的测量范围，需要降低传感器的灵敏度。

为了实现弱耦合谐振传感器的灵敏度调节，可在 8.3.1 节三自由度机械耦合谐振器阵列设计的基础上，引入第四个并联的谐振器来增强工作谐振器 R1、R3 之间的能量传递，调节灵敏度，从而构成四自由度串-并联机电耦合谐振器阵列，如图 8-10 所示。

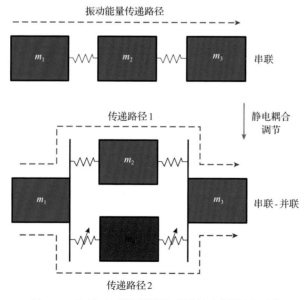

图 8-10   四自由度谐振器阵列灵敏度调节原理图

为了扩大弱耦合谐振传感器的量程范围，需要减小工作谐振器受到扰动时的模态局部化效应，进而需要加强工作谐振器之间的能量转移。图 8-10 中，当谐振器 R1、R2、R3 串联时，由于机械耦合刚度较低，工作谐振器之间的耦合强度较弱，能量传递较小，此时系统的灵敏度最高，但是测量范围也很窄。当谐振器 R4 通过静电耦合并联引入系统时，工作谐振器的振动能量有了两个并联的传递路径，振动能量流增强，导致谐振器 R1、R3 的振幅彼此接近，这也表明传感器的灵敏度降低，量程范围增大。

如图 8-11 所示四自由度串-并联机电耦合谐振器阵列动力学模型，系统由三个用于传感的谐振器 R1、R2、R3 和一个用于灵敏度调节的谐振器 R4 组成。在传感系统中，谐振器 R1、R2 和 R3 通过机械耦合刚度 k_{mc} 串联，而 k_{mc} 远小于谐振器的支撑刚度 k_1、k_2 和 k_3，因此这三个谐振器之间存在弱耦合。当扰度刚度 Δk 施加于谐振器 R1 或谐振器 R3 上时，由于模态局部化效应，谐振器 R1、R3 的幅值比发生变化，从而可以对扰度刚度 Δk 进行传感。由于系统的对称性，分析中可假设将扰度刚度 Δk 施加于谐振器 R3 上。灵敏度调节系统中，谐振器 R4 通过静电耦合与谐振器 R1、R3 串联，且与谐振器 R2 并联。静电耦合负刚度 k_{ec} 可写为

$$k_{ec} = -\Delta V_{13,4}^2 \frac{\varepsilon A_0}{d_0^3} \tag{8-20}$$

式中，$\Delta V_{13,4} = V_{tune} - V_0$ 为工作谐振器 R1、R3 与灵敏度调节谐振器 R4 之间的电势差，V_{tune} 为谐振器 R4 上的灵敏度调节电压，V_0 为谐振器 R1、R3 上的偏置电压；A_0 为静电耦合平行板电极间的有效面积；d_0 为静电耦合平行板电极间的初始间距。式 (8-20) 表明可以通过改变谐振器间的电势差 $\Delta V_{13,4}$ 来调节静电耦合刚度 k_{ec}，从而调节传感器的灵敏度。

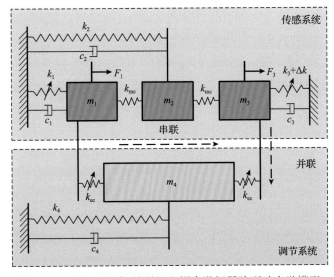

图 8-11　四自由度串-并联机电耦合谐振器阵列动力学模型

图 8-11 中系统的动力学方程为

$$M\ddot{X} + C\dot{X} + KX = F \tag{8-21}$$

式中，质量矩阵和刚度矩阵分别为

$$M = \begin{bmatrix} m_1 & & & \\ & m_2 & & \\ & & m_3 & \\ & & & m_4 \end{bmatrix} \tag{8-22}$$

$$K = \begin{bmatrix} k_1 + k_{\mathrm{mc}} + k_{\mathrm{ec}} & -k_{\mathrm{mc}} & 0 & -k_{\mathrm{ec}} \\ -k_{\mathrm{mc}} & k_2 + 2k_{\mathrm{mc}} & -k_{\mathrm{mc}} & 0 \\ 0 & -k_{\mathrm{mc}} & k_3 + \Delta k + k_{\mathrm{mc}} + k_{\mathrm{ec}} & -k_{\mathrm{ec}} \\ -k_{\mathrm{ec}} & 0 & -k_{\mathrm{ec}} & k_4 + 2k_{\mathrm{ec}} \end{bmatrix} \tag{8-23}$$

在计算系统固有频率 ω 时，刚度矩阵 C 和力向量 F 可以忽略不计，则系统的特征多项式为

$$\left| K - \omega^2 M \right| = 0 \tag{8-24}$$

由此，可得系统的动力矩阵为

$$D = K^{-1}M \tag{8-25}$$

只要求出式(8-25)中动力矩阵 D 的特征值，就可得到系统的同相固有频率 ω_{in} 和反相固有频率 ω_{out}。因为系统的刚度矩阵 K 为 4 阶，求逆后 K^{-1} 的表达式较为复杂，难以直接求得系统固有频率的解析表达式，但代入具体数值后可直接求 K^{-1}。

为求解工作谐振器 R1 和谐振器 R3 的幅值比表达式，对式(8-21)进行拉普拉斯变换，可得

$$\begin{cases} H_1(s)X_1(s) = k_{\mathrm{mc}}X_2(s) + k_{\mathrm{ec}}X_4(s) + F_1(s) \\ H_2(s)X_2(s) = k_{\mathrm{mc}}X_1(s) + k_{\mathrm{mc}}X_3(s) \\ H_3(s)X_3(s) = k_{\mathrm{mc}}X_2(s) + k_{\mathrm{ec}}X_4(s) + F_3(s) \\ H_4(s)X_4(s) = k_{\mathrm{ec}}X_1(s) + k_{\mathrm{ec}}X_3(s) \end{cases} \tag{8-26}$$

式中，各传递函数分别为

$$H_1(s) = m_1 s^2 + c_1 s + (k_1 + k_{\mathrm{mc}} + k_{\mathrm{ec}}), \quad H_2(s) = m_2 s^2 + c_2 s + (k_2 + 2k_{\mathrm{ec}})$$

$$H_3(s) = m_3 s^2 + c_3 s + (k_3 + \Delta k + k_{mc} + k_{ec}), \quad H_4(s) = m_4 s^2 + c_4 s + (k_4 + 2k_{ec})$$

令 $s = j\omega$，则式 (8-26) 可以写为

$$
\begin{bmatrix}
X_1(j\omega) \\
X_2(j\omega) \\
X_3(j\omega) \\
X_4(j\omega)
\end{bmatrix}
= H
\begin{bmatrix}
F_1(j\omega) \\
0 \\
F_3(j\omega) \\
0
\end{bmatrix}
\tag{8-27}
$$

其中，

$$H = [H_L \, H_R] / D(j\omega) \tag{8-28}$$

$$
H_L =
\begin{bmatrix}
H_4 k_{mc}^2 + H_2 k_{ec}^2 - H_2 H_3 H_4 & -H_3 H_4 k_{mc} \\
-H_3 H_4 k_{mc} & (H_1 + H_3) k_{ec}^2 - H_1 H_3 H_4 \\
-H_4 k_{mc}^2 - H_2 k_{ec}^2 & -H_1 H_4 k_{mc} \\
-H_2 H_3 k_{ec} & -(H_1 + H_3) k_{mc} k_{ec}
\end{bmatrix}
\tag{8-29}
$$

$$
H_R =
\begin{bmatrix}
-H_4 k_{mc}^2 - H_2 k_{ec}^2 & -H_2 H_3 k_{ca} \\
-H_1 H_4 & -(H_1 + H_3) k_{mc} k_{ec} \\
H_4 k_{mc}^2 + H_2 k_{ec}^2 - H_1 H_2 H_4 & -H_1 H_2 k_{ec} \\
-H_1 H_2 k_{ec} & (H_1 + H_3) k_{mc}^2 - H_1 H_2 H_3
\end{bmatrix}
\tag{8-30}
$$

$$D(j\omega) = (H_1 + H_3)(H_2 k_{ec}^2 + H_4 k_{mc}^2) - H_1 H_2 H_3 H_4 \tag{8-31}$$

式中，$H_i(j\omega)$ 简写为 H_i。则同相和反相模态的幅值比分别为

$$\eta_{in} = \left| \frac{X_1(j\omega_{in})}{X_3(j\omega_{in})} \right| = \left| \frac{(H_4 k_{mc}^2 + H_2 k_{ec}^2)(F_1 - F_3) - H_2 H_3 H_4 F_1}{-(H_4 k_{mc}^2 + H_2 k_{ec}^2)(F_1 - F_3) - H_1 H_2 H_4 F_3} \right|_{in} \tag{8-32}$$

$$\eta_{out} = \left| \frac{X_1(j\omega_{out})}{X_3(j\omega_{out})} \right| = \left| \frac{(H_4 k_{mc}^2 + H_2 k_{ec}^2)(F_1 - F_3) - H_2 H_3 H_4 F_1}{-(H_4 k_{mc}^2 + H_2 k_{ec}^2)(F_1 - F_3) - H_1 H_2 H_4 F_3} \right|_{out} \tag{8-33}$$

除了 F_1 和 F_3，式 (8-32) 和式 (8-33) 中大部分项均为常数，H_1、H_3 中的刚度项 k_1 和 k_3 因刚度扰动 Δk 而变化，由此可对外界物理量进行传感，而静电耦合刚度 k_{ec} 随调节电压变化，可对刚度扰动 Δk 下的幅值比进行调节，进而调节弱耦合谐振传感器的灵敏度。

2. 模态局部化特性

在如图 8-11 所示的四自由度串-并联机电耦合谐振器阵列中，刚度扰动 Δk 引发系统的模态局部化效应，进而可以通过输出谐振器 R1 和谐振器 R3 幅值比对刚度扰动 Δk 进行传感。求解动力矩阵(8-25)可得特征值，即固有频率 ω_{in} 或 ω_{out}，同时由式(8-32)和式(8-33)可计算谐振器 R1、R3 的幅值比，如图 8-12 所示。

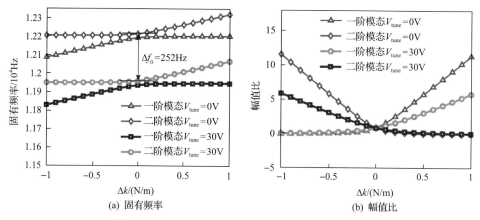

(a) 固有频率   (b) 幅值比

图 8-12   不同调节电压下扰动刚度对谐振器的影响

当 $V_{\text{tune}} = 0\text{V}$ 时，图 8-11 中的四自由度谐振器阵列退化为图 8-7 中的三自由度机械耦合谐振器阵列。图 8-12(a)中，当调节电压 $V_{\text{tune}} = 30\text{V}$ 时，谐振系统的同相模态固有频率和反相模态固有频率下移 252Hz,表明静电耦合引起的负刚度效应使得系统的各阶固有频率下降。当 $\Delta k = 1\text{N/m}$ 时，同相和反相固有频率差由 $\Delta f_{0\text{V}} = 117\text{Hz}$ 变为 $\Delta f_{30\text{V}} = 120\text{Hz}$，相对于系统谐振频率的变化率 $2\pi(\Delta f_{30\text{V}} - \Delta f_{0\text{V}})/\omega_0$ 仅为 0.025%,说明灵敏度调节谐振器 R4 对系统的频率传感特性影响不大。图 8-12(b)中，当调节电压 $V_{\text{tune}} = 30\text{V}$ 时，谐振器 R1、R3 的同相幅值比 η_{in} 从 11.43 减至 5.9，变化率为 48.4%，这说明调节谐振器 R4 能够通过改变静电耦合刚度，从而大范围改变系统的幅值比传感特性，进而改变系统的刚度扰动灵敏度。

如图 8-13 所示不同调节电压下谐振器 R1、R3 的动力学响应特性，当扰动刚度 $\Delta k = 1\text{N/m}$ 时，若 $V_{\text{tune}} = 0\text{V}$，则静电耦合刚度 $k_{\text{ec}} = 0$，此时系统退化为三自由度机械耦合谐振器阵列，谐振器 R1、R3 稳定后的幅值比 $\eta = 9.75$；若 $V_{\text{tune}} = 30\text{V}$，则根据式(8-20)可得系统的静电耦合刚度 $k_{\text{ec}} = -0.93\text{N/m}$，此时谐振器 R1、R3 稳定后的幅值比 $\eta = 6.14$，变化率为 37.0%，由此可知，阻尼的存在会减小系统的灵敏度调节能力。

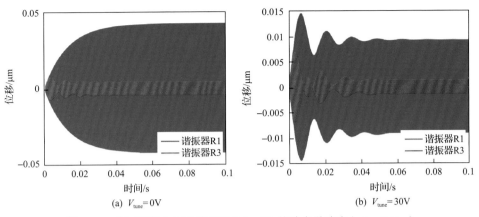

图 8-13 不同调节电压下谐振器 R1、R3 的动力学响应（$\Delta k = 1\text{N/m}$）

8.4 谐振传感器动力学设计

若要利用谐振器阵列对物理量(如加速度)进行传感，需要将被测物理量转换为动力学模型中的扰动刚度 Δk，以提升弱耦合谐振传感器的灵敏度。

8.4.1 传感机理

如图 8-14 所示四自由度串-并联机电耦合谐振式加速度传感器的结构示意图，它由四个谐振器和两个加速度敏感质量组成。机械耦合传感系统由谐振器 R1、谐振器 R2 和谐振器 R3 组成，谐振器 R1 和谐振器 R3 通过两个小刚度的折叠梁与

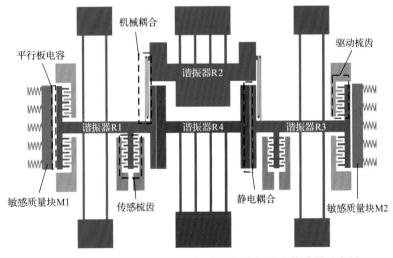

图 8-14 四自由度串-并联机电耦合谐振式加速度传感器示意图

谐振器 R2 弱耦合。静电耦合灵敏度调节系统主要由谐振器 R4 组成，该谐振器通过平行板电容器形成的静电负刚度弹簧与谐振器 R1 和谐振器 R3 形成弱耦合。加速度敏感质量块 M1、M2 由折叠梁支撑，将加速度信号通过敏感质量和谐振器 R1、R3 之间的平行板电极转换为扰动刚度，改变谐振器 R1、R3 的幅值比，从而对加速度进行传感。工作谐振器 R1、R3 由梳齿电容器驱动，并利用差分静电梳齿电极检测它们的运动幅度，可以提高信噪比。

为了提升加速度传感器的灵敏度，加速度敏感质量块 M1、M2 布置在谐振器 R1 和谐振器 R3 两边，敏感质量块 M1、M2 上的敏感电极分别和谐振器 R1、R3 之间形成静电负刚度。当横向加速度 a 作用于传感器时，谐振器 R1 的等效刚度可写为机械刚度和静电负刚度之和，即

$$k_1 = k_{10} + \Delta k_1 \tag{8-34}$$

$$\Delta k_1 = -\Delta V_1^{\,2} \frac{\varepsilon A_1}{\left(g_1 - \dfrac{M_1 a}{K_1} + \dfrac{m_1 a}{k_1}\right)^3} \tag{8-35}$$

与谐振器 R1 相似，谐振器 R3 的等效刚度为

$$k_3 = k_{30} + \Delta k_3 \tag{8-36}$$

$$\Delta k_3 = -\Delta V_3^{\,2} \frac{\varepsilon A_3}{\left(g_3 + \dfrac{M_2 a}{K_2} - \dfrac{m_3 a}{k_3}\right)^3} \tag{8-37}$$

式(8-34)～式(8-37)中，k_{10}、k_{30} 分别为谐振器 R1、R3 的横向弯曲刚度；Δk_1、Δk_3 分别为谐振器 R1、R3 敏感电极的等效负刚度；ΔV_1、ΔV_3 分别为谐振器 R1、R3 与敏感质量块 M1、M2 之间敏感电极的电势差；g_1、g_3 为两个敏感电极的初始间隙；A_1、A_3 为两个敏感电极的等效面积；M_1、M_2 为两个敏感质量块的等效质量；K_1、K_2 为两个敏感质量块的横向弯曲刚度。

随着两个谐振器刚度的改变，谐振器 R1 和 R3 的振幅比因在加速度作用下产生较大变化，当加速度变化为 1g 时，将式(8-34)和式(8-36)代入刚度矩阵(8-23)中，可计算得到加速度传感器在 $a=1g$ 加速度下的幅值比，即该加速度传感器的灵敏度。图 8-15 给出了不同工况下弱耦合谐振器阵列的模态特性。图 8-15(a) 和 (b)中，当器件处于谐振状态时，将产生两个工作模态，第 1 个模态是谐振器 R1 和 R3 同相振动，第 2 个模态是两个谐振器反相振动。在加速度 $a=1g$ 作用下，敏感质量块引入的静电负刚度扰动差分作用于谐振器 R1 和 R3，引起模态局部化现象。在图 8-15(c)中，加速度传感器的同相模态发生显著变化，谐振器 R1、R3 幅

值比增至 48.5。此时，加速度传感器的幅值比灵敏度为 47.5/g。当谐振器 R4 上的调节电压 V_{tune} 增大时，谐振器 R4 开始起到制动器的作用，图 8-15（d）中的谐振器 R1、R3 的振幅比大幅减小至 2.1，此时的幅值比灵敏度为 1.1/g，由此将谐振器的振动幅值比控制在易测量范围内，可以增大器件的量程范围。

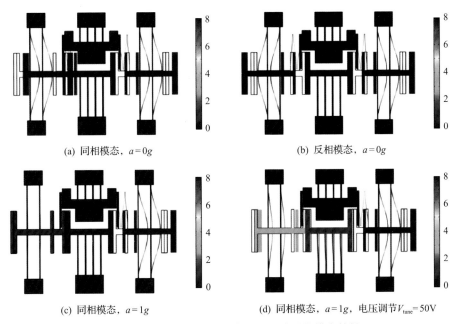

(a) 同相模态，$a = 0g$ (b) 反相模态，$a = 0g$

(c) 同相模态，$a = 1g$ (d) 同相模态，$a = 1g$，电压调节 $V_{tune} = 50V$

图 8-15 不同工况下弱耦合谐振器阵列的模态特性

8.4.2 参数设计与性能分析

为具体分析基于四自由度弱耦合谐振传感器性能，求解得到式（8-25）中动力矩阵 D 的特征值，即可得到系统的同相、反相固有频率 ω_{in} 和 ω_{out}，进而可得谐振器 R1、R3 的幅值比，具体参数如表 8-1 所示。

当谐振器 R1、R3 的刚度等参数确定后，谐振器 R2、R4 的刚度和机械耦合刚度对灵敏度的影响如图 8-16 所示。加速度传感器的灵敏度与谐振器 R2 的刚度正相关，与机械耦合刚度负相关，主要是因为谐振器 R2 的刚度增大和机械耦合刚度的减小均会影响振动能量的传递，从而提升模态局部化效应。谐振器 R4 的刚度越小，传感器在一定调节电压下的灵敏度越低，从而表明器件的灵敏度调节能力越强。考虑到 MEMS 结构设计要求，兼顾器件性能和结构可靠性，应合理选择参数。当灵敏度调节电压过大时，谐振器 R1、R3 和谐振器 R4 之间会发生吸合现象，根据静电耦合参数可计算得到吸合电压 $V_{pull\text{-}in}$ 为 76.6V，由此也可得到谐振器上最大的调节电压为 86.7V。

表 8-1   弱耦合谐振器阵列结构设计参数

参数	数值	单位
谐振器 R1、R3 刚度 k_1、k_3	48.7	N/m
谐振器 R2 刚度 k_2	5250	N/m
谐振器 R4 刚度 k_4	252	N/m
敏感质量块 1、2 刚度 K_1、K_2	11.95	N/m
谐振器 R1、R3 质量 m_1、m_3	8.47	μg
谐振器 R2 质量 m_2	10.97	μg
谐振器 R4 质量 m_4	8.18	μg
敏感质量块 1、2 质量 M_1、M_2	200.8	μg
品质因子 $Q = \sqrt{k_i m_i} / c_i \ (i = 1, 2, 3)$	800	—
机械耦合刚度 k_{mc}	3	N/m
梳齿电极数量	40	个
梳齿电极高度	30	μm

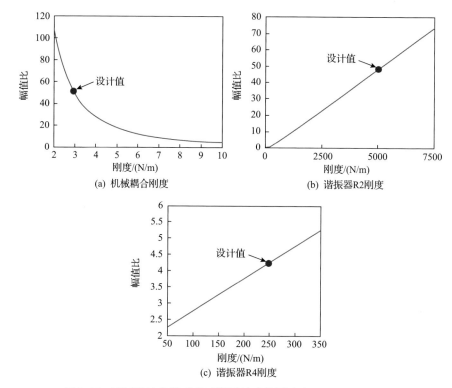

(a) 机械耦合刚度   (b) 谐振器R2刚度

(c) 谐振器R4刚度

图 8-16   不同设计参数对传感器灵敏度的影响(a=1g，V_{tune}=10V)

图 8-17 给出了在谐振器 R4 上施加不同调节电压时谐振器 R1、R3 的幅值比，其中一阶模态为同相模态，二阶模态为反相模态。图 8-18 给出了两种模态相应的固有频率变化情况，同相模态和反相模态的计算结果完全对称，均对加速度敏感。

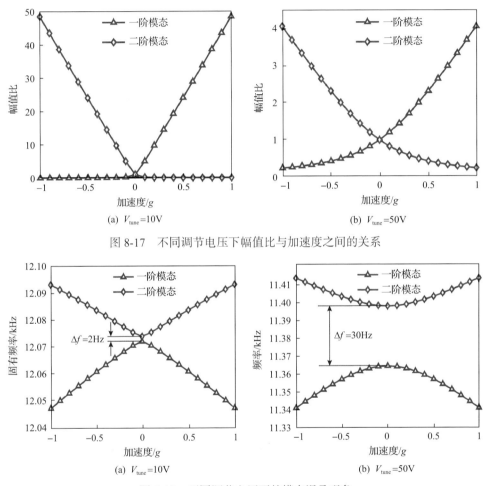

图 8-17 不同调节电压下幅值比与加速度之间的关系

图 8-18 不同调节电压下的模态混叠现象

在图 8-17 中，当加速度激励在 0~1g 区间时，谐振器 R3 和谐振器 R1 的幅值比大于 1，且和加速度基本呈线性关系，此时系统处于线性敏感区间；当加速度处于 0~1g 区间时，谐振器 R1 的幅值大于谐振器 R3 的幅值，此时可用 $1/\eta = |X_3(j\omega)/X_1(j\omega)|$ 对加速度进行敏感分析即可。加速度激励接近零的小区间称为转换区间（veering zone）。在此小区间内，$|X_3(j\omega)/X_1(j\omega)|$ 和 $|X_1(j\omega)/X_3(j\omega)|$ 与加速度之间的关系均不是线性的，需要调整工作点远离该区域。

　　由于微加工误差的影响，初始工作点往往和转换区间有一定距离，可通过刚度调控将测量区域控制在线性范围内。当调谐电压从 10V 增至 50V 时，在 1g 加速度下，幅值比从 48.5 降至 4.2，在 0～1g 加速度范围内，线性度从 1.64%升至 5.51%。因此，该系统中的调节电压能有效调控器件的灵敏度。

　　与此同时，如图 8-18(a)所示，当调节电压 V_{tune} 为 10V 且加速度为零时，同相模态和反相模态固有频率相差 2Hz，此时极易发生模态混叠现象，严重影响幅值比。在图 8-18(b)中，当施加调节电压后，两频率之间相差 30Hz。因此，除了调节灵敏度，引入调节电压 V_{tune} 也能有效解决模态混叠问题。

8.4.3　灵敏度调节

　　灵敏度调节主要是提高传感器的有效测量范围。和其他类型的 MEMS 传感器类似，弱耦合加速度传感器的测量极限由敏感质量块附近的止动结构确定，误差极限由电子噪声和机械噪声引起。通过参数设计和提高品质因子可以有效地降低电子噪声，但灵敏度过高会在一定加速度下产生较大的振幅比，从而影响测量精度。噪声影响下基于模态局部化的加速度传感器输出幅值比可以表示为

$$\eta_{\text{a}} = \left| \frac{X_1 + \Delta X_1^{\text{noise}}}{X_3 + \Delta X_3^{\text{noise}}} \right| = \left| \frac{\alpha + \varepsilon}{\beta + 1} \right| \tag{8-38}$$

式中，$\alpha = X_1 / \Delta X_3^{\text{noise}}$，$\beta = X_3 / \Delta X_3^{\text{noise}}$，$\varepsilon = \Delta X_1^{\text{noise}} / \Delta X_3^{\text{noise}}$，可以假设两个对称谐振器的噪声水平接近。当加速度较小时，α、β 为同一数量级，且均远大于 1，即

$$\eta_{\text{a}} \approx |\alpha / \beta| \tag{8-39}$$

　　模态局部化的本质是能量的转移。在加速度为正的同相模态中，当模态局部化现象发生时，谐振器 R1 的能量转移到谐振器 R3 上，$\varepsilon \approx 1$，因此 X_3 迅速减小，而 X_1 逐渐增大。当 η_{a} 增大到一定程度时，X_3 将降至噪声信号 $\Delta X_3^{\text{noise}}$ 同一个量级，对谐振器 R3 噪声的影响不可忽略，则式(8-38)可简化为

$$\eta_{\text{a}}' \approx \left| \frac{\alpha}{\beta + 1} \right| \tag{8-40}$$

　　此时，幅值比和加速度不再呈线性关系，幅值比 η_{a} 的上限就是器件的误差限制。

　　图 8-19 给出了系统响应的幅值比、固有频率和调节电压 V_{tune} 的关系。在 0～20V 的调节区间内，V_{tune} 和谐振器 R1、R3 上的偏置电压之差较小，因此静电耦合刚度较小，V_{tune} 对系统动态响应特性的影响不大。在 20~40V 的调节区间内，随着 V_{tune}

增大，幅值比 η 先变化较快，随后放缓，逐渐向 $\eta=1$ 逼近。与幅值比的变化趋势不同，两阶谐振频率随着 V_{tune} 增大单调下降，当 V_{tune} 逐渐增大到接近吸合电压时，谐振器 R4 和谐振器 R1、R3 之间的静电力增大，产生的负刚度会逐渐抵消谐振器 R1、R3 自身的刚度，导致失稳状态，甚至直接产生吸合失效。

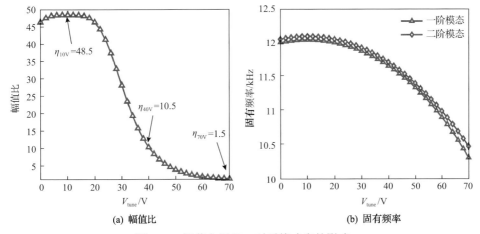

(a) 幅值比   (b) 固有频率

图 8-19　调节电压 V_{tune} 对系统响应的影响

图 8-20 给出了不同调节电压 V_{tune} 时传感器件的加速度-幅值比曲线，当器件的灵敏度较大时，能准确测量加速度的细微变化，但是随着加速度的增大，器件很快进入误差限制区域，由此可确定器件的测量范围。随着调节电压 V_{tune} 增大，器件的灵敏度在有效区域的范围也增大，当增大到 50V 时，器件的灵敏度未达到误差限制就已至其测量上限，此时器件可以覆盖其最大量程范围，但是灵敏度却远不如低调节电压 V_{tune} 作用时器件的工作状态。因此，存在一个最优的调节电压，使得加速度传感器的灵敏度能覆盖测量区间，且保证其不超过系统的误差限制。

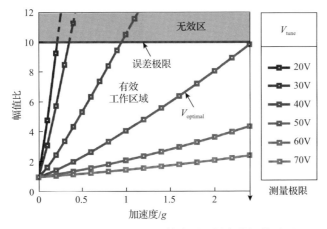

图 8-20　不同调节电压下传感器灵敏度的调节过程

8.5　谐振传感器加工工艺与模态特性

8.5.1　器件加工工艺

如图 8-21 所示弱耦合 MEMS 加速度传感器设计与加工测试流程，包括 8.4 节介绍的动力学模型和结构参数设计，谐振器刚度和质量参数可以根据实际的结构设计调整。根据器件的结构设计绘制 MEMS 光刻版图，完善微纳加工工艺，并对其性能进行表征测试及优化设计。由于结构尺寸会受光刻版图的限制，需要解决最小间隙的深宽比难题，减少刻蚀过程中出现根切现象。

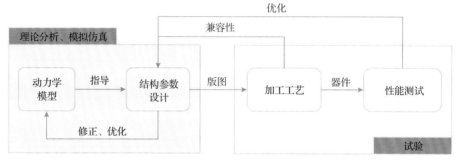

图 8-21　弱耦合 MEMS 加速度传感器设计与加工测试流程图

图 8-22 给出了四自由度弱耦合谐振式加速度传感器的结构图，沿着加速度传感器中轴线从左到右依次为敏感质量块 M1、谐振器 R1、谐振器 R2 和谐振器 R4（并

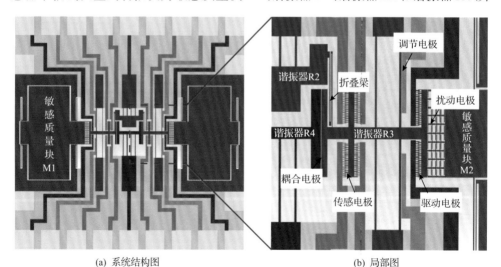

(a) 系统结构图　　　　　　　　　　　　(b) 局部图

图 8-22　四自由度弱耦合谐振式加速度传感器结构图

联）、谐振器 R3、敏感质量块 M2。其中，工作谐振器 R1、R3 通过四根支撑梁两端固支在锚点上，通过一对折叠梁分别和谐振器 R2 机械耦合，通过一对平行板电极分别和灵敏度调节谐振器 R4 静电耦合；工作谐振器 R1、R3 分别通过一对静电梳齿电极驱动，并分别通过两对静电梳齿电极对谐振器 R1、R3 的横向振动进行差分检测，通过一对平行板电极对谐振器 R1、R3 的刚度进行调节；敏感质量块 M1、M2 分别通过两对折叠梁固定在锚点上，敏感质量块 M1 和谐振器 R1、敏感质量块 M2 和谐振器 R3 之间采用多平行板电极施加刚度扰动。加速度传感器工作时，敏感质量块 M1、M2 接地，谐振器 R1、R2 和 R3 上施加直流偏置电压 V_0，谐振器 R4 上施加灵敏度调节电压 V_{tune}，驱动电极上施加正弦驱动电压 V_a，传感器主要结构参数如表 8-2 所示。

表 8-2 加速度传感器主要结构参数

参数	数值	单位
器件层厚度	30	μm
梳齿间隙	3	μm
机械耦合梁长度	480	μm
机械耦合梁宽度	4	μm
静电耦合电极长度	580	μm
静电耦合电极间距	4	μm
平行板电极间距	4	μm

加速度传感器的三维结构采用标准 SOI 工艺加工，所使用的 4in（1in=2.54cm）P 型掺杂 SOI 硅片的顶硅厚度为 30μm，埋氧层厚度为 2μm，底硅厚度为 475μm。

加速度传感器的加工工艺流程如图 8-23 所示，具体如下：

（1）在基片背面沉积一层厚光刻胶，完成背腔的图形化；

（2）采用深反应离子刻蚀工艺刻蚀背腔，然后湿法去胶；

（3）在基片正面溅射 Cr 和 Au 金属层，然后沉积光刻胶，完成金属电极的图形化；

（4）腐蚀 Cr 和 Au 金属层得到金属电极，然后湿法去胶；

（5）在基片正面沉积光刻胶，完成器件结构的图形化，将陪片（为保证深反应离子刻蚀工艺中腐蚀气体刻穿器件层时上下气压一致而加工带导气槽的陪片）粘贴在基片背面；

（6）采用深反应离子刻蚀工艺刻穿器件层，湿法去光刻胶和陪片，最后使用 HF 酸腐蚀埋氧层完成器件单元的释放。

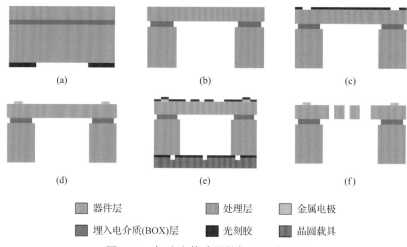

(a)　　　　　　　　　(b)　　　　　　　　　(c)

(d)　　　　　　　　　(e)　　　　　　　　　(f)

■ 器件层　　　　　　　■ 处理层　　　　　　■ 金属电极

■ 埋入电介质(BOX)层　　■ 光刻胶　　　　　　■ 晶圆载具

图 8-23　加速度传感器的加工工艺流程

通过上述微纳工艺加工得到的谐振式加速度传感器阵列 SEM 图如图 8-24 所示。对比图 8-24 和图 8-22 可以看出，上述工艺加工得到的器件结构符合设计

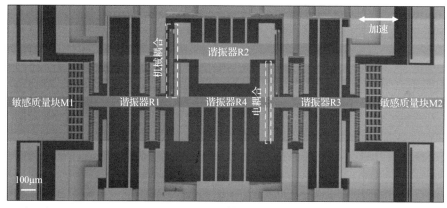

(a) 整体图

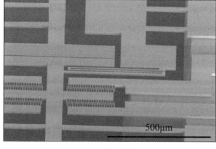

(b) 侧面图　　　　　　　　　　　(c) 梳齿图

图 8-24　谐振式加速度传感器阵列 SEM 图

目标，但也可以看到在加工静电梳齿等微小结构时其边缘出现了一定的根切现象，主要原因是深反应离子刻蚀工艺中腐蚀性气体过刻。

封装后的加速度传感器如图 8-25 所示。在采用图 8-23 工艺中的器件单元释放后，将单个器件单元用室温硫化型(room temperature vulcanized, RTV)硅橡胶点涂四角后，粘接在快速陶瓷封装管壳上，再使用真空干燥箱在 60℃下烘干 2.5h 实现黏合剂的固化，之后再将器件冷却，然后打线，最后得到封装好的加速度传感器。

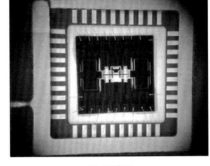

(a) 封装图   (b) 光学图

图 8-25 封装后的加速度传感器

8.5.2 器件模态特性

设计和加工制备的加速度传感器中，谐振器阵列结构较为复杂，整体模态和局部模态会干扰测量精度，器件也会存在残余应力。

1. 模态特性

如图 8-26 所示谐振器阵列模态测试，通过梳齿激励电极对谐振器 R1、R3 施加正弦驱动电压，然后采用微机电系统动态分析仪测量谐振器阵列的模态特性。

在图 8-26(b)中，激光多普勒法利用多普勒原理对器件的运动速度进行测量，虽然不能直接测量面内振动，但是可以通过幅频特性曲线的共振峰来分析得到器件的面内主模态。因此，可采用激光测振法对谐振器阵列的主模态进行测试，由于谐振器阵列为对称结构，不失一般性，对工作谐振器 R3 的模态特性进行测试，如图 8-27 所示。从谐振器 R3 的幅频响应和峰值对应的振型可以看出，谐振器阵列前三阶固有频率和对应的模态类型分别为：模态 1 的振型为面外扭转模态，且 $f_1 = 20.664\text{kHz}$；模态 2 的振型不均匀，可能为面内模态，且 $f_2 = 22.063\text{kHz}$；模态 3 为面外平动模态，且 $f_3 = 43.547\text{kHz}$。

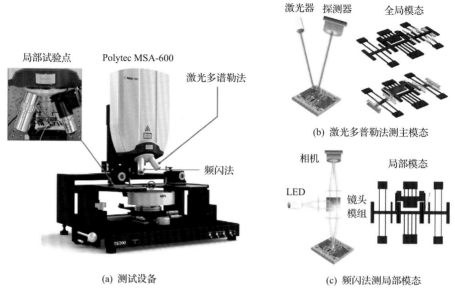

(a) 测试设备   (c) 频闪法测局部模态

图 8-26　谐振器阵列模态测试

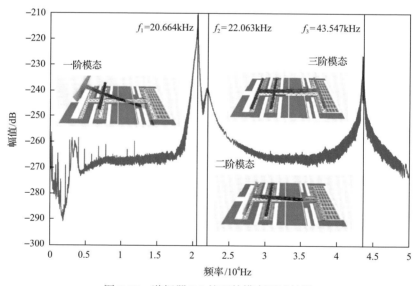

图 8-27　谐振器 R3 的面外模态测试结果

　　激光多普勒法不能直接表征面内模态下系统的振动，而图 8-26(c)中设备自带的频闪显微镜可以通过频闪法对谐振器局部的面内振动进行测量。频闪法使用显微镜配合高速相机拍摄 MEMS 结构在面内的微小振动，然后通过图像处理后得到微结构的局部振动特性。为分析残余应力对加速度传感器模态特性的影响，采用频闪法对谐振器 R3 在二阶固有频率激励下的响应进行测试，可看到谐振器 R3

自身的横向振动非常小，在显微镜下几乎不可见，但谐振器 R2 和谐振器 R3 之间的耦合梁产生的面内振动可测量，结果如图 8-28 所示。耦合折叠梁的顶端在面内产生横向振动，运动幅值已达约 432nm，说明谐振器 R3 在其二阶固有频率下激发了耦合梁的局部振动模态。

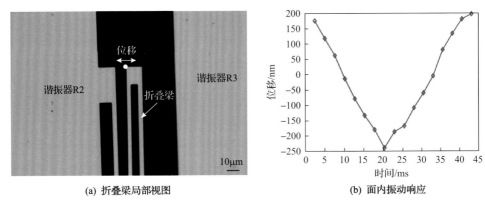

(a) 折叠梁局部视图   (b) 面内振动响应

图 8-28 耦合折叠梁的面内局部模态

2. 残余应力

谐振式加速度传感器在封装过程中会历经加热、冷却过程，因此器件、黏合剂和管壳之间热膨胀系数的不匹配会导致残余应力作用。如图 8-29 所示，器件材料（单晶硅，$\alpha_1 = 2.5 \times 10^{-6} \text{K}^{-1}$）的热膨胀系数远低于管壳的衬底材料（氧化铝陶瓷，$\alpha_2 = 7 \times 10^{-6} \text{K}^{-1}$）。当温度从黏合剂固化温度降至室温时，基板与器件之间产生热失配，基底收缩后器件两端产生拉应力。相反，如果试验时固化温度低于室温，则装置两端将产生压应力。封装热失配引起的残余应力会改变两端固支谐振器的刚度，从而影响系统的模态特性[14]。

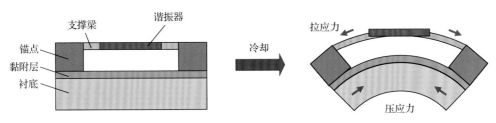

图 8-29 封装热失配引起残余应力示意图

在图 8-24 的谐振器阵列中，高温固化冷却后产生的残余应力对两端固支谐振器 R1 和 R3 的影响最大。谐振器 R1、R3 的水平弯曲刚度 k_1、k_3 在拉应力作用下将会由于刚度硬化效应而增大，从而导致系统面内工作频率增大，产生幅频特性曲线中的峰值漂移，如图 8-27 所示。

为了验证残余应力对传感器谐振器阵列频率的影响，可采用 COMSOL 建立传感器谐振器阵列的多物理场力学模型，并在谐振器 R1、R3 两端施加拉应力，模拟封装造成的残余应力作用，如图 8-30(a)所示。在仿真模型中，谐振器 R1、R3 一端固定，另一端包含轴向力支撑。在图 8-30(b)的支撑梁力学模型中，x 方向上受到源于残余应力的轴向力 F_1，y 方向上受到静电驱动力 F_2。因为支撑梁的长度远大于其宽度和高度，所以其受力弯曲挠度 w 可由欧拉梁的弯曲方程来描述，即

$$EI\frac{\mathrm{d}^4 w}{\mathrm{d}x^4} - F_1\frac{\mathrm{d}^2 w}{\mathrm{d}x^2} = 0 \tag{8-41}$$

式中，E 为梁材料的弹性模量；I 为梁的矩形截面惯性矩。

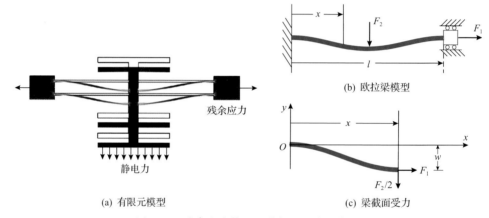

(a) 有限元模型

(b) 欧拉梁模型

(c) 梁截面受力

图 8-30　残余应力作用下谐振器的力学模型

若残余应力为拉应力，则有 $F_1 > 0$，引入参数 $k = \sqrt{F_1/(EI)}$，则式(8-41)可简化为

$$\frac{\mathrm{d}^4 w}{\mathrm{d}x^4} - k^2\frac{\mathrm{d}^2 w}{\mathrm{d}x^2} = 0 \tag{8-42}$$

假设上述方程的通解为

$$w = C_1\cosh(kx) + C_2\sinh(kx) + C_3 x + C_4$$

支撑梁固定端挠度、转角和剪力边界条件为

$$w(0) = 0, \quad w'(0) = 0, \quad w'(l/2) = 0, \quad w'''(l/2) = -F_2/(2EI)$$

由此，可得系数方程为

$$SC = R \tag{8-43}$$

式中,

$$S = \begin{bmatrix} 1 & 0 & 0 & 1 \\ 0 & k & 1 & 0 \\ k\sinh\dfrac{kl}{2} & k\cosh\dfrac{kl}{2} & 1 & 0 \\ k^3\sinh\dfrac{kl}{2} & k^3\cosh\dfrac{kl}{2} & 0 & 0 \end{bmatrix}, \quad C = \begin{bmatrix} C_1 \\ C_2 \\ C_3 \\ C_4 \end{bmatrix}, \quad R = \begin{bmatrix} 0 \\ 0 \\ 0 \\ -\dfrac{F_2}{2EI} \end{bmatrix} \tag{8-44}$$

若残余应力为压应力,则有 $F_1 < 0$,引入参数 $k = \sqrt{-F_1/(EI)}$,方程的通解为

$$w = C_1\cos(kx) + C_2\sin(kx) + C_3 x + C_4$$

则式(8-43)中的矩阵 S 变为

$$S = \begin{bmatrix} -1 & 0 & 0 & 1 \\ 0 & k & 1 & 0 \\ -k\sin\dfrac{kl}{2} & k\cos\dfrac{kl}{2} & 1 & 0 \\ k^3\sin\dfrac{kl}{2} & -k^3\cos\dfrac{kl}{2} & 0 & 0 \end{bmatrix} \tag{8-45}$$

由此,系数向量可写为

$$C = S^{-1}R \tag{8-46}$$

求得单根支撑梁的变形后,谐振器 R1、R3 的面内弯曲刚度为

$$k_1, k_3 = \frac{2F_2}{w(l/2)} \tag{8-47}$$

将式(8-47)代入谐振器阵列的刚度矩阵表达式(8-23)中,即可由式(8-25)求得系统的工作模态频率。不同轴向力作用下谐振器 R3 的工作模态频率会发生明显变化,如图 8-31 所示,当轴向力 $F_1 > 0$ 时,理论分析和仿真结果吻合较好,此时残余应力为拉应力,由于刚度硬化效应,谐振器 R3 的工作模态频率随着轴向拉力的增大而上升。当轴向力 F_1 为 0.04N 时,谐振器 R3 的工作模态频率为 22.063Hz,和器件的实测结果相近。此时对应的残余应力 σ_r 为 83.3MPa 的拉应力。

当轴向力 $F_1 < 0$ 时,由于刚度软化效应,谐振器 R3 的工作模态频率逐渐减小,当轴向力 F_1 为 -0.012N 时,谐振器 R3 的工作模态频率趋于零,表明支撑梁的有效刚度为零。若轴向压力增大,则谐振器将会发生屈曲现象,支撑梁将在弯曲方向上产生大变形,并形成新的稳态。由此可知,封装产生的残余压应力不能超过一定数值(该器件为 $\sigma_{rmax} = -18.8$MPa)。

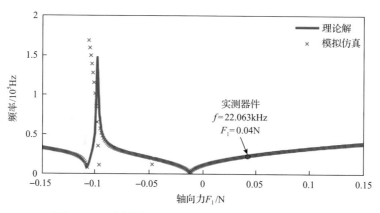

图 8-31   不同轴向力时谐振器 R3 工作模态频率变化

3. 模态测试

由图 8-31 求得残余应力,并采用 COMSOL 模拟仿真得到传感器谐振器阵列的模态特性,如图 8-32 所示。图 8-32(a)、(b)给出了不含残余应力作用和含残余应力作用时的模态仿真结果,残余应力会导致谐振器的面外扭转模态频率有所增

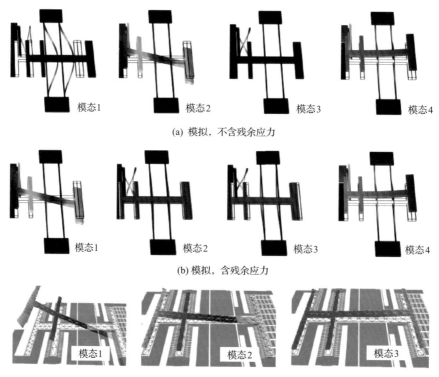

图 8-32   谐振器 R3 的模态振型

大，面内工作模态的频率偏移至折叠梁的局部模态附近，从而两个模态产生耦合作用，因此拉应力使谐振器和折叠梁都产生刚度硬化效应，两者的固有频率都会增大。

对比图 8-32(b)所示模拟仿真结果和图 8-32(c)所示试验结果，试验模态 1 的固有频率为 20.664kHz，和仿真结果相近，振型都为面外扭转模态；试验模态 3 的频率为 43.547kHz，和仿真结果也相近，振型为面外平动模态；试验模态 2 的频率为 22.063kHz，仿真结果在此频率附近有两个模态，说明两个共振峰在低品质因子测量环境下不易辨识。

由此可知，封装引起的残余应力会使谐振器阵列各阶模态的固有频率增大，同一应力对不同模态的频率影响相差较大，谐振器面内平动模态固有频率远大于面外模态固有频率的变化。图 8-33 给出了残余应力对耦合谐振器阵列各阶模态特性的影响，随着残余应力的增大，谐振器工作模态频率迅速上升，而谐振器的各个扭转模态频率以及耦合梁的局部模态频率缓慢上升。当残余应力接近 75MPa 时，进入"转换区域"，面内工作模态和耦合梁局部模态之间产生了能量传递，从而引起模态耦合现象。此时器件测试得到的面内工作模态频率正好在两个仿真模态之间，表明当残余应力达到 80MPa 时，谐振器阵列仍工作在转换区域，两个耦合模态的谐振峰在低品质因子环境下形成单峰状态。当残余应力持续增大，谐振器阵列的模态离开转换区域时，各阶模态随残余应力的变化和转换区域之前的规律相同。

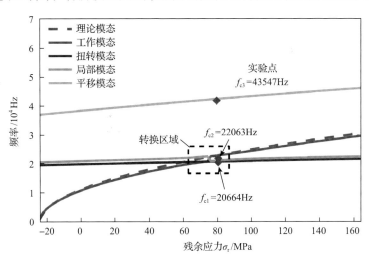

图 8-33　残余应力对耦合谐振器阵列各阶模态特性的影响

8.6　谐振传感器性能

为了评估弱耦合 MEMS 传感器的传感性能和灵敏度调节性能，可以通过开环响应测试不同加速度下谐振器阵列的幅频响应，分析器件的灵敏度。

如图 8-34 所示加速度传感器的开环响应测试系统，由于谐振器的工作模态和折叠梁的局部模态相互耦合，谐振器 R1、R3 振动的能量大部分传递到折叠梁，因此面内模态振动幅值小。为了提高器件的振幅，测量全程在气压约 500mTorr 的真空腔中进行(测量品质因子约为 800)。通过信号发生器将扫频交流信号施加在驱动电极上，以此激励谐振器 R1 和 R3。在谐振器 R1 上施加 10V 的直流偏置电压，在谐振器 R4 上施加从 10V 到 70V 的灵敏度调节电压，将敏感质量块 M1、M2 接地。

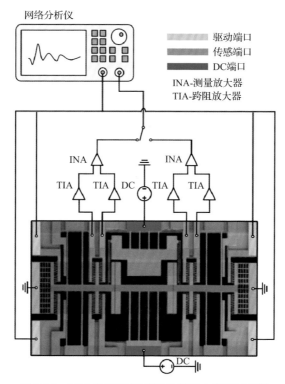

图 8-34　MEMS 谐振传感器的开环响应测试系统

为了测量谐振器 R1、R3 的微小振动信号，通过设计差分检测放大电路，放大谐振器输出信号时，尽可能消除电路中存在的馈通电容信号。谐振器 R1 和 R3 在正弦激励下产生振动，传感电极输出的电流差分信号由跨阻放大器测量，然后由仪表放大器整合放大，最后采用网络分析仪观测谐振器阵列的特性。为了评估器件的加速度传感特性，将器件分别固定在与水平面夹角为 0°、30° 和 90° 的平面上，以此模拟受到 0g、0.5g 和 1g 的加速度，然后分别测量加速度传感器的响应。

8.6.1　幅频响应特性

为了确认工作模态的位置，当灵敏度调节电压为 $V_{tune} = 40V$ 时，直接测量谐振器 R3 在 0～1g 加速度下的幅频信号，如图 8-35(a)所示。经过差分放大输出后，直接得到的响应中含有馈通电容信号。为了将该信号消除，在测试后将各谐振器偏置电压调至零，再扫频测量此时的馈通电容信号，并将图中的响应和馈通电容信号相减，即可得到幅频响应曲线，如图 8-35(b)所示。

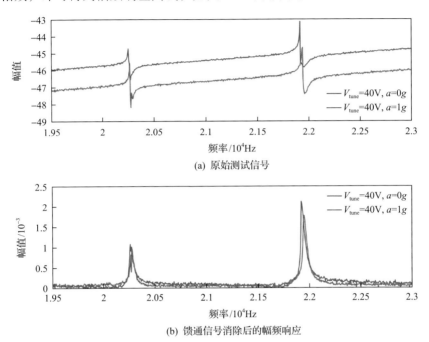

(a) 原始测试信号

(b) 馈通信号消除后的幅频响应

图 8-35　MEMS 谐振传感器的扫频响应曲线

图 8-35(b)中，当加速度 $a = 0$ 时，两个峰值的位置分别为 $f_{1,0g} = 20.26\ \mathrm{kHz}$、$f_{2,0g} = 21.915\mathrm{kHz}$；当加速度 $a = 1g$ 时，两个峰值的位置分别为 $f_{1,1g} = 20.265\mathrm{kHz}$、$f_{2,1g} = 21.94\mathrm{kHz}$。加速度增大后，敏感质量块 M3 和谐振器 R3 之间的间距增大，两者之间平行板电极引起的负刚度效应减弱，此时两个谐振峰对应的固有频率都在增大。

图 8-36 给出了不同调节电压和不同加速度工况下谐振器 R1、R3 的幅频响应特性的实测结果。在图 8-36(a)中，当 $V_{\mathrm{tune}} = 10\mathrm{V}$ 时，静电耦合刚度为零，谐振器阵列可用三自由度的机械耦合模型来描述，此时器件的理论灵敏度最大，因此在加速度区间 0～1g 范围内谐振器 R1 和 R3 的峰值均产生较大移动，当加速度从 0g 增至 1g 时，谐振器 R1 的峰值频率减小，而谐振器 R3 的峰值频率增大。随着灵敏度调节电压 V_{tune} 逐渐增大，静电耦合产生的负刚度效应使谐振器 R1、R3 的固有频率下降，整体的峰值均向左偏移。在加速度为 1g 时，两个谐振器的峰值频率移动距离随着 V_{tune} 的增大而减小，从而反映了灵敏度调节的效果。

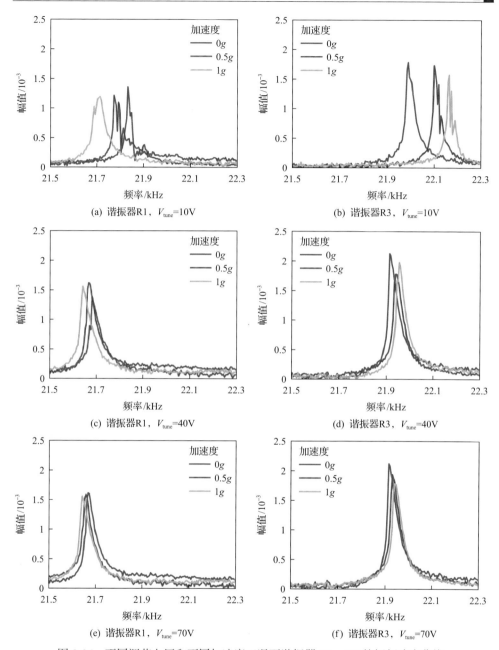

图 8-36　不同调节电压和不同加速度工况下谐振器 R1、R3 的幅频响应曲线

8.6.2　传感器灵敏度

由以上分析可知，微纳加工、封装过程中引入的残余应力会导致刚度硬化效应，使得谐振器的工作频率增大。在加工误差和不均匀残余应力影响下，谐振器

R1 和 R3 的固有频率产生了 250Hz 的初始偏差，如图 8-37 所示。

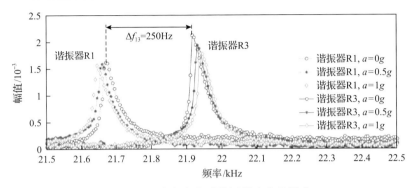

图 8-37　残余应力对谐振器响应的影响

为了在试验分析中消除残余应力的影响，需要处理频率偏移和振幅变化，用于评估加速度传感器的性能[15]，但在实际应用中，有必要对工艺进行改进，真正消除残余应力的影响，提升传感器的灵敏度。

如图 8-38 所示器件灵敏度的试验和理论结果对比[24]，由于残余应力导致频率漂移，测得的谐振器灵敏度和理论值差距较大，当作用在谐振器 R1、R3 上的偏置电压相同时，在 0～1g 加速度工作区间器件的幅值比为 1.32～24.69，幅值比的灵敏度为 23.37/g。此时加速度幅值比响应的线性度差，除了受加工工艺影响，误差限制也会影响传感器的测量精度。当灵敏度调节电压 V_{tune} 增大时，实测的器件灵敏度和理论分析基本一致，均迅速下降。当调节电压 V_{tune} 达到 70V 时，0～1g 加速度区间内的幅值比为 1.32～2.46，幅值比的灵敏度为 1.14/g，调节后的灵敏度变化 2050%，实现了大范围可调节的设计目标。

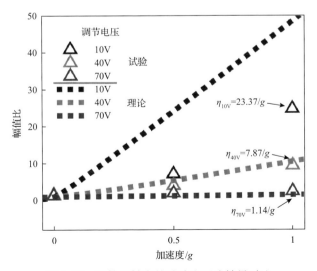

图 8-38　器件灵敏度的试验和理论结果对比

　　表 8-3 列出了该加速度传感器与其他基于模态局部化机理的加速度传感器的性能对比，该加速度传感器采用四自由度串-并联机电耦合谐振器阵列，在保证器件最大灵敏度的同时，还可以实现灵敏度的大范围调节。为了与其他类型的灵敏度可调的模态局部化传感器进行比较，可定义无量纲灵敏度和调节参数，分别为

$$\bar{\eta}_{i,j} = \left| \eta_{i,j}^1 - \eta_{i,j}^0 \right| \times 100\% \tag{8-48}$$

$$\bar{\chi}_{i,j} = \left| (\chi_{i,j} - \chi_{i,1}) / (\chi_{i,n} - \chi_{i,1}) \right| \times 100\% \tag{8-49}$$

式中，$i = 1,2,3,4$ 为传感器序号；$j = 1,2,\cdots,n$ 为试验数据序号；$\eta_{i,j}^0$、$\eta_{i,j}^1$ 为扰动前后的幅值比；$\chi_{i,j}$ 为不同类型的调节物理量，包括工作振幅比 ($i = 1$)、耦合刚度 ($i = 3$) 和耦合电压 ($i = 2,4$)。灵敏度调节范围为 $\Delta\bar{\eta}_i = \left| \bar{\eta}_{i,n} - \bar{\eta}_{i,1} \right|$。如图 8-39 所示，与其他传感器相比，该加速度传感器实现了最大灵敏度调节范围，将灵敏度调节一个数量级以上，同时保持了较大的灵敏度。

表 8-3　基于模态局部化机理的加速度传感器的性能对比

文献	自由度	耦合方式	最大灵敏度/g⁻¹	灵敏度调节范围
Zhang 等[16]	2	机械	1.26	—
Yang 等[17]	2	机械	1.32	—
Kang 等[18]	3	机械	4.38	—
Kang 等[19]	4	机电	36.86	—
Pandit 等[20]	2	机械	1.01	—
Pandit 等[21]	2	机械	11.00	177%
Peng 等[22]	4	机电并联	23.37	2050%

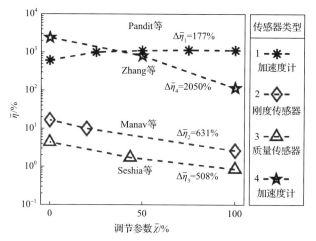

图 8-39　灵敏度调节能力与其他模态局部化传感器的对比

8.6.3 传感器分辨率

基于模态局部化机理的弱耦合谐振器的幅值比分辨率会受限于电路噪声、最大响应幅值和品质因子等因素[23]。为了获取加速度传感器的分辨率，测得谐振器 R3 在 0g 加速度条件下的幅频响应如图 8-40 所示。

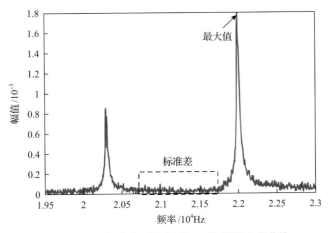

图 8-40 0g 加速度下谐振器 R3 的幅频响应曲线

由前面的分析可知，在图 8-40 的两个谐振峰之间(频率在 20.7～21.7kHz)谐振器的响应没有激发起任何模态，因此该段响应可视为其基底噪声。根据计算，该段基底噪声的标准差为 1.7393×10^{-5}，而谐振器在谐振时的最大振幅为 1.7896×10^{-3}，可检测的最小幅值比 $\eta_{\min}$ 为 9.7189×10^{-3}。加速度传感器的分辨率可以表示为

$$\mathscr{R} = \frac{\eta_{\min}}{\bar{\eta}} \tag{8-50}$$

将设计的加速度传感器的最大灵敏度 23.37/g 代入式(8-50)，可得该加速度传感器的最小分辨率 $\mathscr{R}_{\min}$ 为 0.416mg；由图 8-36 可知改变灵敏度调节电压后，谐振器 R3 的最大振幅变为 2.1184×10^{-3}，再将加速度传感器的最小灵敏度 1.14/g 代入式(8-50)，即可得加速度传感器的最大分辨率 $\mathscr{R}_{\max}$ 为 7.202mg。

参 考 文 献

[1] Beccari A, Visani D A, Fedorov S A, et al. Strained crystalline nanomechanical resonators with quality factors above 10 billion. Nature Physics, 2022, 18(4): 436-441.

[2] Pachkawade V. State-of-the-art in mode-localized MEMS coupled resonant sensors: A

comprehensive review. IEEE Sensors Journal, 2021, 21: 8751-8779.

[3] Zhang H, Sobreviela G, Chen D, et al. A high-performance mode-localized accelerometer employing a quasi-rigid coupler. IEEE Electron Device Letters, 2020, 41(10): 1560-1563.

[4] Tella S A, Younis M I. Toward cascadable MEMS logic device based on mode localization. Sensors and Actuators A: Physical, 2020, 315: 112367.

[5] Anderson P W. Absence of diffusion in certain random lattices. Physical Review, 1958, 109(5): 1492-1505.

[6] Hodges C H. Confinement of vibration by structural irregularity. Journal of Sound and Vibration, 1982, 82(3): 411-424.

[7] Hodges C H, Woodhouse J. Vibration isolation from irregularity in a nearly periodic structure: Theory and measurements. Journal of Acoustic Society of America, 1983, 74(3): 894-905.

[8] Spletzer M, Raman A, Wu A Q, et al. Ultrasensitive mass sensing using mode localization in coupled microcantilevers. Applied Physics Letters, 2006, 88(25): 254102-1-254102-3.

[9] Spletzer M, Raman A, Sµmali H, et al. Highly sensitive mass detection and identification using vibration localization in coupled microcantilever arrays. Applied Physics Letters, 2008, 92(11): 114102.

[10] Zhao C. A MEMS sensor for stiffness change sensing applications based on three weakly coupled resonators. Southampton: University of Southampton, 2016.

[11] Zhao C, Wood G S, Xie J, et al. A force sensor based on three weakly coupled resonators with ultrahigh sensitivity. Sensors and Actuators A: Physical, 2015, 232: 151-162.

[12] Montaseri M H, Suan H, Zhao C, et al. A review on coupled MEMS resonators for sensing applications utilizing mode localization. Sensors and Actuators A: Physical, 2016, 249: 93-111.

[13] Thiruvenkatanathan P, Yan J, Woodhouse J, et al. Ultrasensitive mode-localized mass sensor with electrically tunable parametric sensitivity. Applied Physics Letters, 2010, 96(8): 3562-3563.

[14] Peng B, Hu K M, Fang X Y, et al. Modal characteristics of coupled MEMS resonator array under the effect of residual stress. Sensors and Actuators A: Physical, 2022, 333: 113236.

[15] Zhang H, Li B, Yuan W. et al. An acceleration sensing method based on the mode localization of weakly coupled resonators. Journal of Microelectromechanical Systems, 2016, 25(2):1-11.

[16] Zhang H, Yuan W Z, Li B Y, et al. An acceleration sensing method based on mode localization of weakly coupled resonators. Journal of Microelectromechanical Systems, 2016, 25(2): 286-296.

[17] Yang J, Zhong J, Chang H. A closed-loop mode-localized accelerometer. Journal of Microelectromechanical Systems, 2018, 27(2): 210-217.

[18] Kang H, Yang J, Chang H L. A closed-loop accelerometer based on three degree-of-freedom

weakly coupled resonator with self-elimination of feedthrough signal. IEEE Sensors Journal, 2018, 18(10): 3960-3967.

[19] Kang H, Yang J, Chang H L. A mode-localized accelerometer based on four degree-of-freedom weakly coupled resonators. IEEE Micro Electro Mechanical Systems, 2018: 960-963.

[20] Pandit M, Zhao C, Sobreviela G, et al. A mode-localized MEMS accelerometer with 7μg bias stability. IEEE Micro Electro Mechanical Systems, 2018: 968-971.

[21] Pandit M, Zhao C, Sobreviela G, et al. A high resolution differential mode-localized MEMS accelerometer. Journal of Microelectromechanical Systems, 2019, 28(5): 782-789.

[22] Peng B, Hu K M, Shao L, et al. A sensitivity tunable accelerometer based on series-parallel electromechanically coupled resonators using mode localization. Journal of Microelectromechanical Systems, 2020, 29(1): 3-13.

[23] 张和民. 基于模态局部化的弱耦合谐振式加速度传感器敏感机理研究. 西安: 西北工业大学博士学位论文, 2017.

[24] 彭勃. 静电驱动MEMS器件动力学设计及稳定性研究. 上海: 上海交通大学博士学位论文, 2021.

第9章 失效分析与可靠性技术

9.1 概　　述

随着 MEMS/NEMS 技术的快速发展，MEMS/NEMS 谐振器在机械电子、生物医疗、航空航天、军事国防等领域应用前景广阔，由于器件多数在复杂工作环境下完成传感、检测等功能需要极高的可靠性，器件失效及可靠性问题严重制约了谐振器技术的发展[1-5]。

目前，MEMS/NEMS 谐振器的可靠性主要涉及材料特性、器件的失效模式与失效机理，以及加工工艺、封装及性能测试过程的各个环节，如图 9-1 所示。谐振器件的可靠性问题主要源于振动、冲击、温度、湿度、辐射等载荷所引起的断裂、黏附、疲劳、分层等模式的失效现象，导致失效的物理、化学、热力学等过程非常复杂，发生失效的内在原因及其机理问题也很突出。谐振器在设计、制造和封装后，需要进行可靠性测试和加速测试，在短时间内通过施加高温、高湿度、高强度机械载荷来加速环境测试，从而加快失效的过程，对器件进行最精确的寿命预测和可靠性评估，其中可靠性评估可以分为样品级、器件级和产品级三个层次，这对于促进高性能 MEMS/NEMS 谐振器发展及应用具有重要意义。

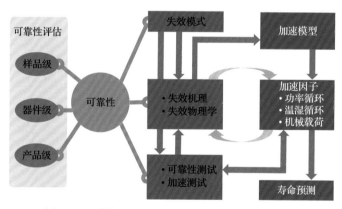

图 9-1　可靠性和寿命预测遵循的典型流程示意图

9.2　失效模式与失效机理

失效模式与失效机理是研究 MEMS/NEMS 可靠性的基础，MEMS/NEMS 谐振器的常见部件有梁结构、薄膜结构、梳齿等，在特定的工作环境下，器件的失效来源包括设计级、技术级、功能级和集成级四个方面，其部件经常会出现性能退化、疲劳失效等现象，呈现断裂、黏附、分层等多种典型的失效模式，如图 9-2 所示，失效产生的机理和物理学影响机制较为复杂。

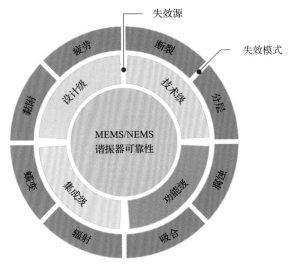

图 9-2　MEMS/NEMS 谐振器的失效源和典型失效模式

9.2.1　断裂失效

断裂是 MEMS/NEMS 失效中最典型的形式之一。在 MEMS/NEMS 谐振器中，结构部件都需要承受工作环境中的较大应力，易产生韧性断裂、脆性断裂或晶间断裂、高温下的蠕变断裂、循环载荷下的疲劳断裂等形式，断裂失效是一种严重的可靠性问题[6-10]。

图 9-3 给出了几种不同形式的断裂行为。例如，采用聚焦离子束（FIB）在 MEMS 谐振器件上制作槽口，有槽口的构件在一阶谐振频率处承受振动载荷，在低于屈服应力时循环加载会导致断裂，断裂时间与缺口尺寸密切相关，局部疲劳断裂示意如图 9-3（a）所示。在复杂的工作环境中，梳齿谐振器梁和支架承受过载应力，导致微梁产生断裂失效，如图 9-3（b）所示。横向拉伸薄膜压电基片谐振器的悬臂结构也会出现严重的断裂，如图 9-3（c）所示。金刚石薄膜纳米梁谐振结构在断裂强度试验过程中产生的断裂如图 9-3（d）所示。在采用 Bosch 工艺中的深硅沟槽/通孔蚀刻时，由于加工要求常常会增加谐振器悬臂结构的脆性，谐振结构很难达到悬空设计目标，且易产生断裂行为，如图 9-3（e）所示，加工释放过程是不完全的，钝化残余物积累在硅衬底的腐蚀槽，从而导致器件失效。谐振器件在氧化、固定化等功能化步骤完成后也会出现一些故障梁变形或断裂，如图 9-3（f）所示。

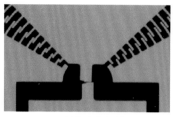
(a) 局部疲劳断裂

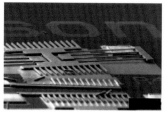
(b) 工作环境中产生的断裂

(c) 强度试验中产生的断裂1

(d) 强度试验中产生的断裂2

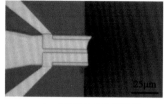
(e) 加工过程中产生的断裂

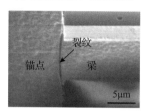
(f) 功能化过程中产生的断裂

图 9-3　MEMS/NEMS 谐振器中出现的断裂行为[6-10]

结构材料在循环载荷作用下，会在某些位置产生损伤破坏形成微裂纹，并在一定循环次数后形成宏观裂纹，最终扩展直至结构材料完全断裂[11]。在理论上，脆性材料单晶硅不会存在疲劳现象，在宏观尺寸下不会产生疲劳，但是在MEMS/NEMS 器件中，单晶硅结构会在交变载荷作用下产生疲劳损伤乃至断裂失效[12,13]，如图 9-4 所示，硅微梁断裂的位置往往在其根部倒角处，而且随着交变应力增大，微梁的疲劳寿命迅速下降[14]。

(a) 断裂失效

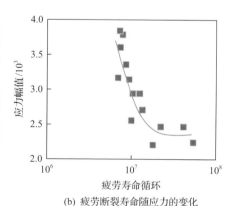
(b) 疲劳断裂寿命随应力的变化

图 9-4　微梁结构断裂[14]

如图 9-5 所示单晶硅(single crystal sillcon, SCS)结构中的疲劳断裂过程示意图，SCS 的疲劳断裂包括四个步骤：①在与表面粗糙度有关的小槽口尖端周围的高应力场中引入无序位错，位错扩展会引起在原子尺度上产生结晶度的退化；②由于无序位错的运动受到限制，位错所在的位置会产生高应力场，位错周围的应力集中导致裂纹成核；③裂纹沿{111}平面扩展；④裂纹沿平面快速扩展后发生断裂失效。当位错所在的位置产生裂纹核时，裂纹继续沿着{111}解理面生长。随后裂纹迅速扩展，导致 SCS 结构的疲劳失效。

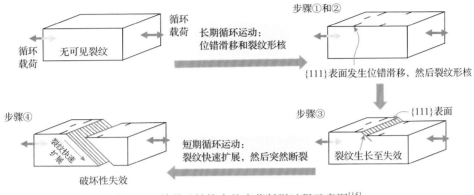

图 9-5　单晶硅结构中的疲劳断裂过程示意图[15]

9.2.2　疲劳失效

微纳尺度结构的疲劳直接影响 MEMS/NEMS 器件性能及其可靠性，微结构在长时间的交变应力作用下将出现强度和可靠性降低或失效。1992 年，Connally 等[12]率先报道了微尺度硅结构的疲劳试验，随着疲劳载荷次数增多，单晶硅悬臂梁的谐振频率明显下降，最后产生疲劳断裂。硅微结构的疲劳失效研究伴随着 MEMS/NEMS 技术的发展。

疲劳模式有拉伸、弯曲，也有扭转疲劳，疲劳试样的特征长度从几十纳米到几百微米。硅微结构存在典型的疲劳现象，即在低于结构强度的循环载荷反复作用下，结构固有频率不断降低，甚至发生疲劳断裂；疲劳寿命随着循环应力幅值的增大而降低；疲劳寿命受环境的强烈影响，在超高真空中不会发生疲劳，而在氧气或水存在时则可能发生疲劳，且湿度越大疲劳寿命越短；已经历最高循环应力区域试样的表面 SiO_2 层有变厚现象，而在其他低应力区域和真空中的疲劳试样与单调拉伸断裂试样没有增厚的氧化层；疲劳特性与应力比有很强的相关性，并存在循环强化现象。以下介绍几种典型的疲劳失效模型与机理[4]，如表 9-1 所示。

1. 应力腐蚀疲劳

在应力腐蚀疲劳过程中，试样表面 SiO_2 层的应力腐蚀开裂和硅在空气中氧化两个过程交替变化，从而使裂纹不断扩展，导致疲劳发生。图 9-6 为应力腐蚀疲劳机理示意图[16]。具体的疲劳失效过程为：①结构上生成氧化层；②氧化层发生应力腐蚀形成初始裂纹；③内部的硅暴露在空气中，在裂纹尖端附近形成更厚

表 9-1　硅微结构典型的疲劳失效模型与机理

疲劳模型	疲劳机理	产生原因	主要问题
应力腐蚀疲劳	应力腐蚀和氧化交替作用	湿度效应	腐蚀和氧化并存
反应层疲劳	裂纹尖端氧化与裂纹扩展	湿度效应	裂纹处氧化物增厚
机械应力疲劳	机械诱发亚临界裂纹，裂纹处压应力开裂	应力比(应力幅度)	正应力比下湿度效应和疲劳
表面氧化扩散	应力辅助表面氧化物溶解，氧化和裂纹扩展	湿度效应	氧化作用
氢脆	裂纹尖端氢气积聚	氢和湿度效应	裂纹处氢气积聚

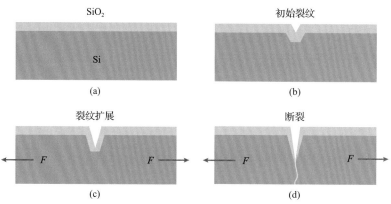

图 9-6　应力腐蚀疲劳机理示意图[16]

的氧化层；④应力腐蚀和氧化交替作用，直至裂纹达到临界裂纹长度，导致疲劳失效。因此，无论是静载荷还是循环载荷，两个过程都会出现，微结构只要在湿度空气环境下，就会发生应力腐蚀疲劳。

2. 反应层疲劳

反应层疲劳也是一种疲劳失效模式[17]，是指工作环境下的表面裂缝生长，如图 9-7 所示。疲劳产生的反应层疲劳机理过程如下：①试样暴露在空气中，其表面形成 SiO_2 氧化层；②结构中的应力集中区域氧化层(反应层)相比于周边增厚；③环境效应下反应层在应力作用下形成微裂纹；④交变应力使得反应层进一步增厚并开裂；⑤当反应层的 SiO_2 足够厚，且形成的裂纹增加至临界长度时，微裂纹迅速不稳定扩展，直至结构断裂。

反应层疲劳和应力腐蚀疲劳都是由环境效应引起的表面氧化层内的裂纹扩展所导致的，主要有循环应力引起的氧化层增厚和环境效应引起的表面氧化层发生应力腐蚀开裂两个过程，直至裂纹达到临界长度。此外，该机理很好地解释了疲劳寿命受环境效应的影响明显，在循环应力作用下疲劳试样的 SiO_2 层出现变厚现象。

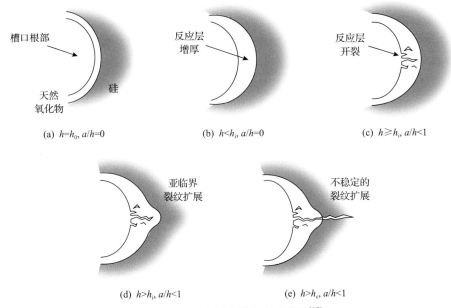

(a) $h=h_0$, $a/h=0$　　　(b) $h<h_i$, $a/h=0$　　　(c) $h\geqslant h_i$, $a/h<1$

(d) $h>h_i$, $a/h<1$　　　(e) $h>h_c$, $a/h<1$

图 9-7　反应层疲劳机理示意图[17]

a-裂纹深度，h_c-临界层失效厚度，h_0-初始氧化层厚度，h_i-临界初始层厚度

3. 机械应力疲劳

机械应力疲劳机理认为裂纹扩展是由纯机械应力导致的，并且裂纹扩展是发生在试件结构本身而不是表面氧化层[18,19]，如图 9-8 所示。疲劳产生的过程为：①形成新的裂纹表面；②试样表面初始裂纹表面形成氧化层或氧化物碎屑累积；③当受到压缩载荷时，带碎屑的裂纹表面形成楔入效应导致初始裂纹发生扩展。机械应力疲劳受应力比的影响，且存在循环强化现象。但机械应力疲劳的物理机制尚不能解释疲劳现象。

(a) 新形成的裂纹表面　　　(b) 形成氧化物或氧化物碎屑堆积　　　(c) 压缩过程中裂纹扩展

图 9-8　机械应力疲劳机理示意图[18,19]

K_{tip}-裂纹尖端应力强度因子

4. 表面氧化扩散

表面氧化扩散与反应层疲劳的机理相似，表面氧化层在循环应力作用下增厚，并向试样结构内部扩散，但氧化层扩散的不均匀形成"沟槽"，沟槽处的结构应力集中导致氧化扩散最快，氧化层和沟槽的不断扩散导致裂纹的产生[20]。如图 9-9(a) 所示，对于在环境空气中的单一机械断裂(非疲劳)试样，未观察到局部槽口根部氧化物增厚现象；当最大循环应力为 2.86GPa 时，谐振器件的槽口根部产生局部氧化层增厚，在环境空气中疲劳试样氧化层厚度约为100nm，如图 9-9(b) 所示。

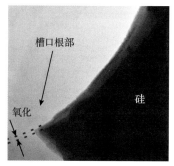 

(a) 单一机械断裂，氧化层无变化   (b) 氧化层增厚

图 9-9 谐振器件的局部疲劳失效[20]

根据表面氧化扩散机理，疲劳失效的物理/化学机理较为复杂，影响因素较多，主要有疲劳试样的材料、尺寸、表面形态、疲劳循环载荷类型、加载方式与大小，以及环境因素如温度、湿度、介质(空气、液体)等，此外，测量手段也会对疲劳寿命产生影响。目前，腐蚀疲劳、反应层疲劳、机械应力疲劳、表面氧化扩散等失效机理可以解释器件中产生的一些有关疲劳的现象，但是各种机理之间也有不同之处，例如：反应层疲劳和表面氧化扩散机理的核心是循环应力增强的氧化过程，但是这两种机理都无法解释机械应力特性(如应力比)对疲劳的影响，应力腐蚀疲劳机理也无法解释恒定拉伸应力下没有发生静疲劳。此外，仍有许多重要的试验现象无法解释，且有的疲劳机理本身缺乏相应的物理机制支撑。

9.2.3 黏附失效

微纳尺度下，随着尺度减小和表面效应增强，器件的表面力将起主导作用，可动部件在外载荷作用下会与基底接触，易发生黏附现象。黏附是最常见的 MEMS/NEMS 失效模式之一，也是限制系统实际应用的主要可靠性问题。从能量上看，黏附失效是微纳结构与基底的界面黏附能和结构弹性变形应变能之间的相互竞争，若黏附能大于弹性应变能，则发生黏附。黏附会影响器件的运动重复性和稳定性。

1. 黏附失效模式

MEMS/NEMS 谐振器通常由大量可动结构组成，普遍存在表面间的相互接触问题。随着材料尺寸、加工尺寸日趋减小，尺寸效应、表面效应对系统的影响越来越明显[21,22]。MEMS/NEMS 是常常在半导体衬底上利用微纳加工技术制备出的三维微纳结构或系统，其可动部件(梁、薄膜等)与基底之间的黏附力作用会导致器件失效。如图 9-10 所示，MEMS 梳齿驱动器在工作过程中发生了黏附失效问题，梳齿与梳齿、衬底之间发生了黏附[23]。黏附问题已成为 MEMS/NEMS 设计、加工制造及应用中不可避免的科学问题，也是影响 MEMS/NEMS 谐振器长期可靠服役的关键因素之一。

(a) 黏附失效前   (b) 黏附失效后

图 9-10 MEMS 梳齿状结构[23]

根据发生过程不同，黏附可分为两种[24]：加工释放过程中的黏附(release adhesion)和使用过程中的黏附(in-use adhesion)，如图 9-11 所示。前者发生在加工过程中，牺牲层被刻蚀、微结构释放后，器件会被放置在高温下烘干，随着间隙液体的逐渐挥发，液体表面张力足够大，使结构层黏附到基底或相邻结构上，这种现象称为"释放后黏附"；后者发生在器件工作时，由于外激励、振动、冲击、温度、湿度、粒子污染等因素的影响，结构与基底产生黏附，在卸载或持续作用下会形成永久性粘连，称为"工作黏附"，两种黏附都极大地限制了 MEMS/NEMS 谐振器的可靠性[25,26]。如图 9-12 所示，由于表面间作用力过大，MEMS 谐振器的右边质量块与衬底发生黏附无法分离，导致器件失效。

影响 MEMS/NEMS 发生黏附失效的因素有很多，如刻蚀液、释放状态、加工过程中由温度引起的应力变化、器件表面粗糙程度，以及温度、相对湿度、真空度等工作环境。黏附现象是影响 MES/NEMS 器件性能的重要因素之一，极大地限制了器件的成品率、使用寿命及可靠性。

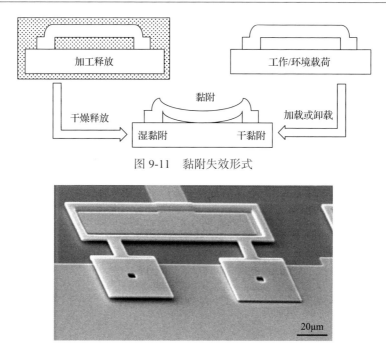

图 9-11　黏附失效形式

图 9-12　MEMS 谐振器黏附失效[27]

2. 黏附失效机理

　　黏附失效现象的产生受到许多因素的影响，从物理机制和力学角度来看，黏附是器件在系统驱动力和表面力共同作用下的失稳行为，如图 9-13 所示，各种表面力以及与之相对应的表面能、黏附能等都是研究黏附效应的基础。表面力

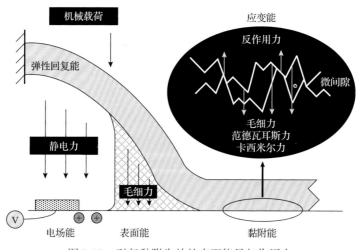

图 9-13　引起黏附失效的表面能量与作用力

会 MEMS/NEMS 谐振器结构或系统发生黏附失效，也可以使 MEMS/NEMS 实现驱动[28-32]。下面介绍影响黏附失效的几种表面力。

1）毛细力

毛细力是引起 MEMS/NEMS 产生黏附失效的主要原因之一。在表面微加工工艺中，当牺牲层被刻蚀完后，器件要用去离子水清洗刻蚀剂和刻蚀物。从去离子水中取出时，在两个平行平面间会形成一个"液桥"界面。

液桥主要是受毛细力作用而形成的，在分析 MEMS/NEMS 中由毛细力导致的黏附失效时，通常采用如图 9-14 所示的毛细力模型。根据拉普拉斯方程，液桥会产生压强，其表达式可写为

$$p_L = \sigma\left(\frac{1}{r_1} + \frac{1}{r_2}\right) \tag{9-1}$$

式中，σ 为液面的表面张力；r_1、r_2 为液体表面的曲率半径（r_1 平行于基板的法向，r_2 在基板所在的平面内）。

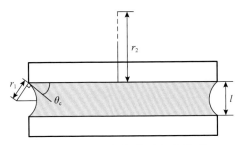

图 9-14 两平板间的毛细力模型

在微纳机械结构中，由于横向尺寸远远大于纵向尺寸，有 $r_2 \gg r_1$，则式(9-1)可简化为

$$p_L = \frac{\sigma}{r_1} = \frac{2\sigma\cos\theta_c}{l} \tag{9-2}$$

式中，θ_c 为液体在固体表面上的接触角；l 为两平行板间的距离，且 $l = 2r_1\cos\theta_c$。

在平衡状态下，图 9-14 中液面曲率可以由开尔文方程来描述，即

$$\left(\frac{1}{r_1} + \frac{1}{r_2}\right)^{-1} \equiv r_K = \frac{\sigma V}{RT\lg(P/P_{\text{sat}})} \tag{9-3}$$

式中，r_K 为开尔文半径；V 为摩尔体积（水在室温下 $\sigma V/(RT) = 0.54\text{nm}$）；$R$ 为普适气体常数；T 为热力学温度；P/P_{sat} 为液体的蒸气压和饱和蒸气压的比值，

通常用相对湿度 RH 来表示。

当两极板靠近至临界距离 l_0 时，将会产生毛细凝聚现象，此时有

$$l_0 = 2r_1 \cos\theta_c \approx \frac{2\sigma V \cos\theta_c}{RT \lg RH} \tag{9-4}$$

由此可得两极板间单位面积上的毛细力为

$$F_{cap} = \frac{2\sigma l_0 \cos\theta_c}{l^2} \tag{9-5}$$

对式(9-5)在 $(0, \infty)$ 范围内进行积分，可得毛细力的表面能为[33]

$$e_{cap} = \begin{cases} 2\sigma \cos\theta_c, & l \leqslant l_0 \\ 0, & l > l_0 \end{cases} \tag{9-6}$$

由式(9-4)～式(9-6)可知，毛细力的大小与相对湿度、温度及接触表面形貌等多种因素密切相关。

2) 范德瓦耳斯力

MEMS/NEMS 中的范德瓦耳斯力是由分子间偶极矩引起的相互吸引力作用产生的。当两平面之间的间隙小于特定距离 $l_0 \approx 20nm$ 时，由于原子间瞬时的相互作用，单位面积上的范德瓦耳斯力为

$$F_{van} = \frac{A_{Ham}}{6\pi l^3} \tag{9-7}$$

式中，A_{Ham} 为材料的 Hamaker 常数，对于硅 $A_{Ham} \approx 1.6eV$；l 为极板间距。

范德瓦耳斯力对应的表面能为[33]

$$e_{cap} = \begin{cases} 0, & l \geqslant l_0 \\ \dfrac{A_{Ham}}{24\pi l^2}, & l_1 \leqslant l < l_0 \\ 0, & l < l_1 \end{cases} \tag{9-8}$$

当极板间距继续减小至 $l_1 \approx 0.165nm$ 时，范德瓦耳斯力将表现为斥力，此时 l 略小于原子间距。

3) 卡西米尔力

卡西米尔力(Casimir force)是由真空中的量子涨落引发的作用力，与范德瓦耳斯力在物理本质上相同，都属于分子间的作用力。在纳米尺度的 NEMS 谐振器中，卡西米尔力的作用不可忽视。

根据量子电动力学，真空能量以粒子的形态呈现，真空中充满着几乎各种波长的粒子。若使两个微极板紧靠在一起，当极板之间的距离小于真空中粒子的波

长时，微极板外的其他波就会产生相互吸引的作用力。二者距离越近，吸引力越大。单位面积上的卡西米尔力可写为[34]

$$F_{\mathrm{Cas}} = -\frac{\hbar c \pi^2}{240 l^4} = -\frac{1.3 \times 10^{-27}}{l^4} \tag{9-9}$$

式中，$\hbar$ 为普朗克常量；c 为真空中的光速；l 为极板间距；负号表示卡西米尔力为吸引力。由式(9-9)可知，卡西米尔力在极板间距为微米级的 MEMS 器件中影响很小，但随着极板间距的减小，卡西米尔力正比于间距倒数的四次方而急剧增大，如在 10nm 的间隙上，卡西米尔效应能产生 1 个大气压的压力。

图 9-15 显示了采用扭转式 MEMS 谐振器测量卡西米尔力，该方法通过杠杆原理测得圆球和极板间的卡西米尔力。由图可知，在 1μm 尺度下，其作用力只有纳牛(nN)级，而且随着极板间距的增加而迅速减小。因此，只有特征尺寸在纳米(nm)级的 NEMS 器件中才需要考虑卡西米尔力的影响，而在普通的 MEMS 器件中该力的影响很小，一般不会是引发黏附的最主要因素。

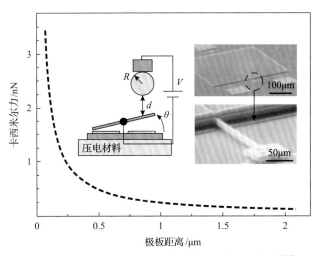

图 9-15　试验测量 MEMS 谐振器中的卡西米尔力[35]

3. 黏附力测量技术

表面黏附力对 MEMS/NEMS 器件的设计、制造和性能测试都有着很大的影响。实际 MEMS/NEMS 器件中的表面黏附力是非常复杂的，包含毛细力、范德瓦耳斯力和氢键力等。如果器件中相邻构件或构件与基底由于表面力作用黏附在一起，器件就无法正常工作，为了更好地设计 MEMS/NEMS 器件，需要测量黏附力或黏附能，目前主要有原子力显微镜(AFM)测量、电接触测量、基于微加工测试构件(两端固支梁、悬臂梁阵列等)等间接测量方法与技术[31]。

如图 9-16(a)和(b)所示，两端固支梁构件用于间接测量多晶硅表面的黏附力，在固支梁和下方的激励衬底之间施加电压 V，固支梁会受到静电力 F_{elec} 作用产生变形。当施加电压达到吸合电压 $V_{\text{pull-in}}$ 时，会导致固支梁下方凸块和固定衬底之间产生吸附，如图 9-16(d)所示；吸附后，减小施加电压至释放电压 $V_{\text{pull-off}}$，凸块和固定衬底会发生分离，整个过程为迟滞回线，如图 9-16(e)所示。

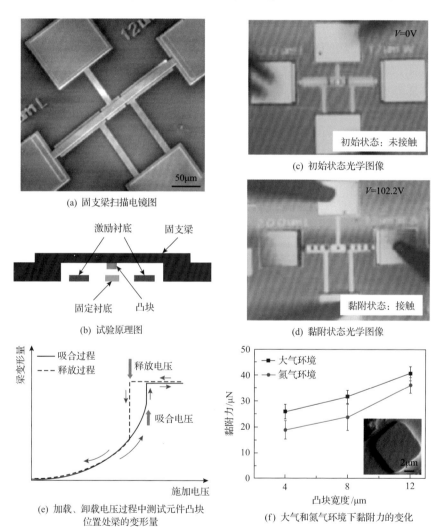

(a) 固支梁扫描电镜图

(b) 试验原理图

(c) 初始状态光学图像

(d) 黏附状态光学图像

(e) 加载、卸载电压过程中测试元件凸块位置处梁的变形量

(f) 大气和氮气环境下黏附力的变化

图 9-16 基于两端固支梁构件的多晶硅表面黏附力测量[31]

在吸附前，固支梁的机械恢复力为

$$F_{\text{rest}} = F_{\text{elec}} \tag{9-10}$$

当固支梁脱附时，机械恢复力为

$$F_{\text{rest}} = F_{\text{elec}} V_{\text{pull-off}} + F_{\text{adh}} \tag{9-11}$$

由此，表面黏附力 F_{adh} 可表示为

$$F_{\text{adh}} = F_{\text{rest}} - F_{\text{elec}} V_{\text{pull-off}} \tag{9-12}$$

机械恢复力和梁位移 Δz、固支梁刚度 k 满足 $F_{\text{rest}} = k\Delta z$，因此可以通过光干涉法测量出固支梁的位移 Δz，再根据理论计算得到固支梁刚度 k 和静电力 F_{elec}，即可得到表面黏附力 F_{adh}，如图 9-16(d) 和 (e) 所示。

图 9-16(f) 给出了不同环境下黏附力随方形凸块宽度的变化曲线，和理论预测不同，黏附力和凸块宽度成正比，远远没有达到预测的平方关系。原因在于：微尺度下凸块和固定衬底表面存在较大的相对粗糙度，试验过程中不可能完全面-面接触，多晶硅表面的微凸体会产生点接触，使得黏附力和凸块尺寸之间不会等比例变化。

AFM 技术常用于直接测量表面黏附力[32]，如图 9-17 所示。图 9-17(a) 和 (b) 是轻敲式 AFM 探针及针尖局部的 SEM 图。为了测量表面力，AFM 探针与 MEMS 器件表面之间的力测量原理和探针-表面黏附力学模型如图 9-17(c) 和 (d) 所示。探针与器件表面之间形成弯月面，总的毛细力 F_{t} 为表面张力 F_{s} 和毛细压力 F_{p} 之和，即

$$F_{\text{t}} = F_{\text{s}} + F_{\text{p}} = 2\pi R_{\text{tip}} \gamma_{\text{m}} \left[-\sin\psi \sin(\theta_1 + \psi) + \frac{1}{2r_{\text{m}}} R_{\text{tip}} \sin^2\psi \right] \tag{9-13}$$

式中，R_{tip} 为探针半径；γ_{m} 为有效表面张力；θ_1 为接触角；ψ 为填充角；r_{m} 为弯月面的曲率半径。图 9-17(e) 给出了 AFM 试验测定和式(9-13)理论分析的力-距离曲线。对于给定的弯月面的曲率半径 r_{m}，可以确定相应的有效表面张力 γ_{m}，例如，在空气环境中，当 r_{m}=19nm 时，可以得到 γ_{m} 的拟合值约为 9.59mN/m。

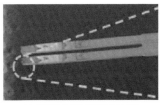

(a) 轻敲式AFM探针SEM图   (b) 针尖局部SEM图

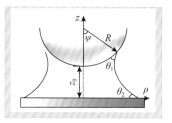

(c) AFM探针与MEMS器件表面力测量原理示意图　(d) 探针-表面黏附力学模型

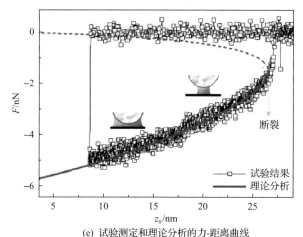

(e) 试验测定和理论分析的力-距离曲线

图 9-17　AFM 测量表面黏附力[32]

4. 抗黏附技术

如何防止或减少黏附失效已成为 MEMS/NEMS 领域的重要研究主题之一。通过设计改变微纳结构的硬度、表面形貌、表面化学特性来减小黏附作用[29]，其一是在加工过程中采用防止微结构和基底物理接触，如通过冷冻干燥、临界点干燥、干蚀刻工艺等；其二是减小表面能（如使用疏水表面材料、疏水表面处理等）或减小实际接触面积（如采用凸块、增加表面粗糙度等）来减小黏附力。目前，抗黏附技术主要有机械抗黏附设计、化学表面处理和物理表面处理等方法。

1）机械抗黏附设计

机械抗黏附设计是 MEMS/NEMS 器件设计时较为常用的方法，用以消除、减少或改进接触问题。器件设计得较为坚固，或者有足够的间隙，可以防止接触的发生，避免黏附带来的问题，但是也对器件的设计提出了更为苛刻的要求。碰撞止动器或超行程止动器都是常用来限制接触面积、防止黏附的器件；弹簧止动器作为一种新型元件，因允许滑动接触，可以减少接触力作用并储存冲击能量。此外，也可以采用局部加热，如图 9-18(a) 所示，内置加热器允许对接触的 MEMS

侧壁进行焦耳加热，导致蒸发吸附水的浓度变化，从而减少毛细凝结，降低接触表面 MEMS 器件中的附着力[36]。在图 9-18(b) 中，采用液晶渗透方法设计机械可重构超表面，在 V 形纳米谐振器上形成双周期阵列，构成连续的"之字形"线状图案，其中超表面是用聚焦离子束铣削一层 60nm 厚的金膜，该金膜预先溅射在 50nm 厚的超低应力氮化硅膜上。铣削完全去除纳米线之间间隙中的部分膜，从而产生完全悬浮在氮化硅纳米桥上的金锯齿形网格，超表面的锯齿形截面在两端有 2μm 长的直线延伸，有利于降低超材料结构的刚度。该设计可实现 NEMS 器件在无黏附和有黏附限制状态之间按需、完全可逆过渡，极大地扩展集成 NEMS 系统的功能。

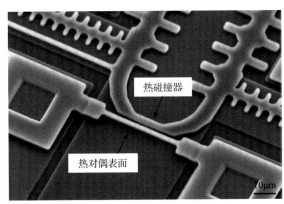

(a) 基于局部加热的黏附力控制设计   (b) 基于机械可重构表面设计

图 9-18　机械抗黏附设计[36-39]

2) 物理表面处理和化学表面处理

物理表面处理和化学表面处理都是常用的抗黏附技术。物理表面处理侧重于减小有效接触面积，常常通过增加表面粗糙度有效地降低黏附作用，与化学方法相比，它能在很大程度上降低范德瓦耳斯力的影响。在化学表面处理中，有机自组装单分子膜或蒸汽已表现出很好的抗毛细吸引和化学键合能力，硬质表面涂层也具有较强的抗黏附性能。通过表面处理，可以得到疏水性的表面，通常表面能较低，范德瓦耳斯力也略有减小，因此可避免由于弯月面形成所带来的表面张力的影响。此外，通过表面处理也能降低静电力的影响。图 9-19 是 MEMS 谐振器中悬臂梁渗钨前后与基底发生黏附和未发生黏附的对比图[30]。

表 9-2 给出了多晶硅梁上氧化硅层、有机单层涂层和 AuNP 涂层等不同涂层的表面黏附功。相比于疏水性材料(如 OTS 和 FDTS)，涂有 AuNP 的表面黏附功较小。

此外，在微纳结构的加工制造过程中，表面粗糙是避免小间隙出现的有效方法，通过表面改性可使表面形貌发生改变，或者设计凸块结构从而减小表面接触面积，相应地降低黏附力。

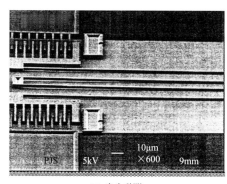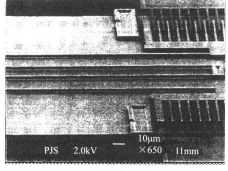

(a) 发生黏附   (b) 未发生黏附

图 9-19　MEMS 谐振器中悬臂梁渗钨前后与基底发生黏附和未发生黏附的对比[30]

表 9-2　各种不同表面涂层的黏附功[37,38]

表面涂层	纯净 SiO$_2$	SiO$_2$	OTS (十八烷基三氯硅烷)	FDTS (全氟癸基三氯硅烷)	AuNP (胶体金纳米粒子)	DDMS (二氯二甲基硅烷)
黏附功/(μJ/m^2)	2000	700	12	10	<8	45

9.2.4　分层失效

不同材料界面是 MEMS/NEMS 器件加工制造和工作的关键部位之一，基底多层结构也是器件的重要组成部分，如沉积、溅射等微纳加工工艺生成的薄膜、电铸结构层等。变形、裂纹缺陷等多数先从界面开始萌生而扩展，分层过程涉及多层材料界面的失效，其特性直接影响器件可靠性。分层失效是器件的一种重要失效模式。

分层是指多层结构由于层间界面黏附键断裂造成的层与层之间相分离的现象，主要发生在两种材料界面处，产生机制主要源于机械应力和温度应力。机械应力会导致分层，因为多层材料结构具有材料物理性质失配、加工工艺不同等，其结构中有较高的残余应力，而在器件设计与制备过程中需要减小残余应力，提高层间结合力。温度应力对 MEMS/NEMS 器件分层失效的影响主要表现在温度循环冲击作用导致的界面裂纹疲劳扩展，在外界环境应力作用下，当结构受到温度应力时层间界面处产生的拉、压应力，裂纹疲劳扩展速率会随温度变化幅值的增大而增大，导致不同层之间产生剥离和分离现象，最终导致器件出现分层失效。

MEMS/NEMS 谐振器常用键合工艺制备而成，在温度循环作用下，由于不同材料之间热膨胀系数失配，热应力下不同材料的膨胀程度不同，从而引起结构变形，如图 9-20 所示，在高温热激励作用下，碳纳米管(CNT)从铂(Pt)电极/沟槽侧壁产生分层，导致谐振器件谐振频率不稳定[40]。

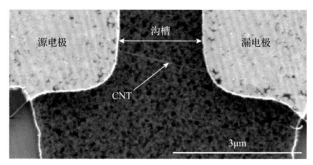

(a) 器件图

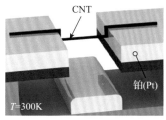

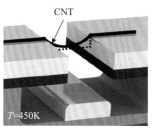

(b) 分层示意图1   (c) 分层示意图2

图 9-20 热激励下碳纳米管谐振器中出现的分层现象[40]

基于 MEMS 谐振器的界面疲劳测试技术可用来分析分层失效机理，在谐振器梁上槽口沉积氧化铝涂层，通过改变加载应力和测试环境，厘清表面层的亚临界分层现象[41]。图 9-21 给出了不同工况下谐振器梁上槽口发生的分层损伤，随着外加应力 ε_a 的增大、温度和湿度的增大，分层现象明显，表层损伤变得严重。

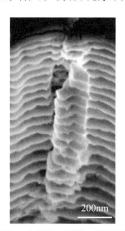
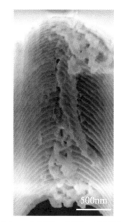

(a) ε_a=1.75%，30℃，50%RH   (b) ε_a=2.20%，30℃，50%RH   (c) ε_a=1.75%，80℃，90%RH

图 9-21 不同工况下谐振器梁上槽口发生的分层损伤[41]

除温度应力，化学腐蚀也可能会使界面之间的裂纹扩展并造成分层，原因在于化学物质可以依靠毛细作用不断向裂纹深处渗透。因此，高纯度、无污染的微纳加工工艺过程是保持多层结构可靠性的必要条件。

9.2.5 吸合损伤

静电驱动谐振器具有低热噪声、低功耗和无电磁干扰等特点，但是为了提高信噪比，电容板之间的间隙不断减小，会导致静电吸合行为。吸合损伤主要由在阳极键合时晶片上加载的高电压和电极板之间的相应电压差引起，需要在阳极键合过程中解决此类问题。

对于静电驱动谐振器在垂直方向上的吸合损伤，可以通过扩大有效的动态行程来解决。但是这种方法不适用在横向模式下工作的谐振器，从驱动力角度来看，通常首选电容板之间的窄间隙设计。在 MEMS 谐振器制备过程中，阳极键合时施加高电压会使器件产生横向吸合损伤(驱动和传感电极之间的缺陷)，如图 9-22(a)所示。通过处理层上的通孔在器件层上沉积 200nm 的铝膜，消除谐振器的电位差，从而有效减少横向吸合损伤，如图 9-22(b)所示。

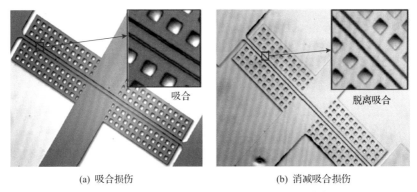

(a) 吸合损伤   (b) 消减吸合损伤

图 9-22　静电驱动 MEMS 谐振器吸合特性[42]

9.2.6 辐射效应

MEMS/NEMS 器件在航天宇航等领域有着重要作用。目前，器件的辐射敏感性和空间辐射效应引起的损伤作用是迫切需要解决的关键问题。辐射可靠性已成为 MEMS/NEMS 器件可靠性研究的重要问题。器件尺寸的微小型化，将会对空间辐射更敏感，需要 MEMS/NEMS 器件具有很强的抗辐射能力[43]。

MEMS/NEMS 器件的辐射效应涉及的辐射环境(X 射线、γ 射线、离子、中子、电子等)主要有空间辐射环境、实验室辐射环境和工艺环境。辐射会使 MEMS/NEMS 器件产生两个效应，即电离损伤和位移损伤。电离损伤的机理是导致材料电特性的改变，电离效应导致电子空穴对的产生和缺陷态的增加，改变器件载流子迁移率和寿命，或者是绝缘层的电荷(空穴)积累导致器件电性能的变化。辐射也能引起材料的位移效应，导致器件的位移损伤，辐射粒子对材料的位移损伤会引起原子移位，若此移位的反冲原子的能量大于材料的位移阈值，则将继续引起更多的移位原子产生级联碰撞，如多晶硅梳齿谐振器的幅值会随着辐射总剂量的提高而增大，从而导致弹性系数的改变[44-46]。因此，电离损伤和位移损伤会导致材料机械特性的改变，如材料的弹性系数及材料内耗的改变等。对于部分微纳器件，机械特性的改变对系统影响并不明显，但是对于谐振器，机械特性的改变会影响谐振运动的谐振频率和品质因子，会严重影响谐振器的输出幅度和选频特性。如图 9-23 所示，Ar$^+$辐射诱发 GaN/AlN MEMS 谐振器的梁结构产生机械变形，位移损伤主要源于 GaN 层中累积的非电离辐射损伤，且会显著改变 GaN/AlN 谐振器的杨氏模量和内应力，并导致结构变形，从而使谐振频率发生变化[47]。

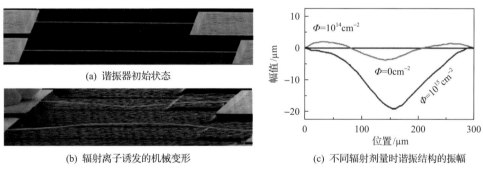

(a) 谐振器初始状态

(b) 辐射离子诱发的机械变形

(c) 不同辐射剂量时谐振结构的振幅

图 9-23 Ar$^+$辐射诱发 MEMS 谐振器的位移损伤[47]

如图 9-24 所示 γ 射线的辐射对多层 MoS$_2$谐振器性能的影响[44]，在辐射效应作用下，谐振器的共振响应发生变化，辐射后谐振频率在开始有所增大，主要是辐射效应作用引起的电荷的产生和相互作用，即由电离 γ 射线诱导的电荷和电荷诱导的张力引起；随着时间的推移，由于空气分子的吸附，谐振频率缓慢向较低的频率漂移，如图 9-24(b)所示。

在辐射期间，γ 射线光子与 MoS$_2$谐振器之间的直接相互作用概率可表示为

$$P = 1 - e^{-(\mu/\rho)\rho x} \tag{9-14}$$

式中，x 为单能光子穿过的介质厚度；μ 为散射和光电效应引起的总线性衰减系数；μ/ρ 为总的质量减弱系数；ρx 为谐振器的质量厚度。由于 MoS$_2$是一种化合物，则有

$$(\mu/\rho)_C = \sum w_i(\mu/\rho)_i \tag{9-15}$$

式中，w_i 为元素 i 成分(Mo，S)的质量分数。

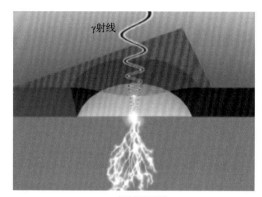

(a) 辐射原理图

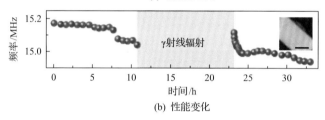

(b) 性能变化

图 9-24　γ 射线辐射对多层 MoS$_2$ 谐振器性能的影响[44]

对于 MEMS/NEMS 谐振器，当高能辐射导致的缺陷尺寸与器件特征尺寸相当时，辐射导致的机械特性改变将会变得较为明显。γ 射线辐射会造成多晶硅谐振器谐振频率的下降，但是电子束辐射会使谐振器的谐振频率上升。同时，辐射引起的缺陷浓度和空间分布的改变会影响固有(如晶格应变)和外在(如畴壁运动)的耦合机电响应。目前，在梳齿状、梁式、盘状 MEMS/NEMS 谐振器中观察到的辐射效应很弱，谐振频率和品质因子等性能参数变化较小。然而对于谐振器，即使很小的变化也非常重要，因为在相关应用中可能需要更严格的控制[43, 46, 48]。由辐射引起的 MEMS/NEMS 性能退化和损伤因其设计和工作原理而异，辐射诱导的介电充电可能会限制静电驱动 MEMS/NEMS 的可靠性，而热驱动和压电 MEMS/NEMS 则更能耐受电离辐射。

9.3　测试结构与寿命评估技术

在 MEMS/NEMS 设计、加工及服役过程中，需要弄清器件的弹性模量、断裂强度等关键力学参数，其中，弹性模量决定着器件的结构响应特性；残余应力影响着器件的成品率和服役性能；断裂强度是设计承载构件中最重要的材料特性；疲劳强度是制约器件长期服役可靠性的关键因素之一。

9.3.1　疲劳测试技术

疲劳是指材料受到应力重复作用后强度降低。MEMS/NEMS 谐振器中存在可循环运动的微纳结构，它在工作过程中常会以拉压、弯曲、扭转、热振动等形式产生循环的机械应力，此交变应力会使疲劳损伤累积，当循环运动达到一定次数后，器件会因疲劳产生失效，因此疲劳行为对于高性能 MEMS/NEMS 谐振器的可靠性设计至关重要[49-57]。

宏观结构的疲劳试验一般是针对标准形状与尺寸的试样，按照相应的试验标准进行。但是，在微尺度下试样的疲劳试验还没有相应的标准，对于不同材料、形状、尺寸和加工工艺的试样，在不同载荷和服役环境下，按照测试样品结构和装置的集成度，疲劳测试主要有片上测试和片外测试两种方法。前者又称在线测试，将被测微结构试样、力传感器、位移传感器和驱动器集成，然后采用静电、电热等方式来驱动，从而实现对微纳结构的疲劳测试；后者涉及的被测微纳结构试样、驱动和测量都是分离的模块，即采用外部装置完成试件加载、力检测和位移检测，进而分析其疲劳特性。Muhlstein 等[52,53]设计了带槽口的扇状静电梳齿结构，进行了基于共振载荷下的应力-寿命(S-N)疲劳测试，当疲劳载荷加载时，微梁槽口根部的氧化层会在热机械驱动力作用下变厚，同时由于环境的影响形成裂纹，在加载过程中逐步扩展，最终导致器件断裂。Kahn 等[58]提出了亚临界开裂疲劳机制，该机制表明由于样品的表面粗糙度不同，在疲劳循环应力作用下样品表面会出现亚临界裂纹扩展，从而发生疲劳失效。下面介绍典型的测试结构：梁式结构和梳齿结构。

1. 测试结构

1)梁式结构

机械放大器件可用于模拟扭转工作应力,分析低应力 MEMS/NEMS 薄膜的疲劳问题, 利用谐振技术实现机械放大。如图 9-25(a)所示静电驱动梁式谐振器疲劳测试结构[50],该器件的谐振频率为 13.1MHz,在真空环境下的品质因子为 170000。该器件双臂为长度伸缩振动模式, 且悬臂的端点采用三角形加宽设计, 提高了机电耦合特性；双臂的平衡振动使得中央锚定桥发生最小运动, 从而减少能量损耗。如图 9-25(b)所示耦合梁谐振结构[49],在此机械放大器件中两个谐振器串联在一个公共扭杆上, 工作时静电驱动某一谐振器, 产生的能量通过扭杆传递到另一谐振器, 当激励频率与其谐振频率匹配时, 谐振器的振动通过其品质因子放大, 从而在扭杆上产生高应力。基于耦合谐振器的放大工作原理, 谐振器的振动放大和振幅可由静电驱动的激励频率和振幅控制。

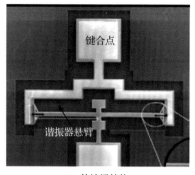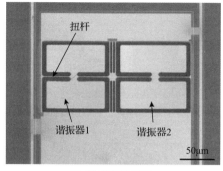

(a) 伸缩梁结构　　　　　　　　　　　　　(b) 耦合梁谐振结构

图 9-25　梁式谐振器疲劳测试结构[50,51]

2) 梳齿结构

梳齿结构常用于疲劳测试[51]，如图 9-26 所示用于片上弯曲测试的梳齿谐振结构，该结构包括开有槽口的悬臂梁，悬臂梁连接在环形质量块上，质量块平面的两侧均带有梳齿，一侧的梳齿作为静电激励，而另一侧的梳齿实现运动的电容检测。用于片上弯曲测试的梳齿谐振结构中，片上测试系统主要由驱动模块、检测模块和试样组成，优点在于不存在连接和校准的问题，力和位移检测的分辨率较高，且能实现对微构件的在线测量，但是对设计和加工工艺要求高，结构设计受限，且片上静电驱动方式一般不足以进行断裂试验。

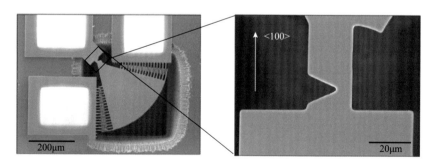

(a) 疲劳测试结构　　　　　　　　　　　　(b) 含槽口的悬臂梁

图 9-26　用于片上弯曲测试的梳齿谐振结构[51]

与片上测试相比，片外测试试样制备简单，且载荷条件可以满足疲劳和断裂试验，以及开展多类型试验，对试样结构的适应性强，但是难以集成高精度测试系统，且驱动器与样品之间的连接和校准较难。

2. 疲劳寿命评估

在 MEMS/NEMS 器件疲劳寿命测试中，应力-寿命(S-N)关系最为重要[54]。引

入非恒定载荷，从裂纹扩展速率重新考虑应力-寿命关系，对比分析寿命和恒定幅值(CA)条件，裂纹的扩展速率为

$$\frac{\mathrm{d}a}{\mathrm{d}t} = C\left(\frac{K}{K_{\mathrm{IC}}}\right)^n \tag{9-16}$$

式中，a 为裂纹长度；K、K_{IC} 和 C 分别为应力强度因子、断裂韧度和常数；裂纹扩展指数 n 代表疲劳裂纹扩展的程度。在 Ⅰ 型应力 σ 作用下，长度为 a 的裂纹尖端的应力强度因子为

$$K = \begin{cases} \beta\sigma\sqrt{\pi a}, & \sigma \geqslant 0 \\ 0, & \sigma < 0 \end{cases} \tag{9-17}$$

式中，β 为与裂纹几何形状相关的修正系数。当加载应力 $\sigma(t)$ 为周期应力时，其表达式为 $\sigma(t) = \sigma_{\mathrm{e}}(t)w(t)$，其中 $\sigma_{\mathrm{e}}(t)$ 和 $w(t)$ 分别为正包络函数和周期函数，应力强度因子 $K(t) = K_{\mathrm{e}}(t)w(t)$。

在循环载荷作用下，若无加速效应，则每循环 N 次的裂纹扩展速率为

$$\frac{\mathrm{d}a}{\mathrm{d}N} = \int_{\text{循环}} \frac{\mathrm{d}a}{\mathrm{d}t}\mathrm{d}t' = C'\left(\frac{K_{\mathrm{env}}}{K_{\mathrm{c}}}\right)^n \tag{9-18}$$

式中，$C' = C\displaystyle\int_{\text{循环}}\left[w(t')\right]^n \mathrm{d}t'$，其中变量 t' 为一个周期内积分产生的波形校正。若交变载荷存在加速度或抑制效应，则该式就不再适用。由于裂纹扩展速度和应力强度因子之间有一定的关系，可由指数 n 近似表征。

在等幅循环载荷 $\sigma_{\mathrm{e}}(t) = \sigma_{\mathrm{f}}^{(\mathrm{c})}$ 作用下，求解微分方程(9-18)，可得寿命 $N_{\mathrm{f}}^{(\mathrm{c})}$ 和外加应力 $\sigma_{\mathrm{f}}^{(\mathrm{c})}$ 之间的关系为

$$N_{\mathrm{f}}^{(\mathrm{c})} - 1 = \frac{a_0}{C'}\frac{2}{2-n}\left(\frac{\sigma_{\mathrm{f}}^{(\mathrm{c})}}{\sigma_0}\right)^{-2}\left[1 - \left(\frac{\sigma_{\mathrm{f}}^{(\mathrm{c})}}{\sigma_0}\right)^{2-n}\right] \tag{9-19}$$

若假设原始裂纹长度 a_0 与无疲劳时拉伸断裂强度 σ_0 的关系为 $K_{\mathrm{IC}} = \beta\sigma_0\sqrt{\pi a_0}$，即等幅试验下施加应力和疲劳寿命之间的 S-N 曲线，在低周循环应力区域的 σ_0 处疲劳强度饱和，关系为一条斜率为 $-1/n$ 的直线。

在高周循环区域，$N_{\mathrm{f}}^{(\mathrm{c})} \gg 1$ 和 $\sigma_{\mathrm{f}}^{(\mathrm{c})} \gg \sigma_0$，S-N 曲线可简化为

$$\left[\sigma_{\mathrm{f}}^{(\mathrm{c})}\right]^n N_{\mathrm{f}}^{(\mathrm{c})} = 常数 \tag{9-20}$$

当假定线性升幅循环载荷为 $\sigma_{\mathrm{e}}(t) = \dot{\sigma} t$ 时，其应力变化速率为定值 $\dot{\sigma}$，则裂纹扩展方程(9-18)可求解，即

$$N_{\mathrm{f}}^{(\mathrm{r})} - \frac{1}{\left[N_{\mathrm{f}}^{(\mathrm{r})}\right]^n} = \frac{a_0}{C'} \frac{2(n+1)}{2-n} \left(\frac{\sigma_{\mathrm{f}}^{(\mathrm{r})}}{\sigma_0}\right)^{-2} \left[1 - \left(\frac{\sigma_{\mathrm{f}}^{(\mathrm{r})}}{\sigma_0}\right)^{2-n}\right] \tag{9-21}$$

若假设两个疲劳试验测量的疲劳断裂强度 $\sigma_{\mathrm{f}}^{(\mathrm{c})}$ 和 $\sigma_{\mathrm{f}}^{(\mathrm{r})}$ 相等，则可得

$$N_{\mathrm{f}}^{(\mathrm{r})} = (n+1) N_{\mathrm{f}}^{(\mathrm{c})} \tag{9-22}$$

式(9-22)表明在升幅循环疲劳试验中测得疲劳寿命 $N_{\mathrm{f}}^{(\mathrm{r})}$ 时，可以变换为等幅疲劳试验寿命 $N_{\mathrm{f}}^{(\mathrm{c})}$，如图 9-27 所示。在同等疲劳强度下，升幅疲劳试验相比等幅疲劳试验，持续循环时间增加 $n+1$ 倍，振幅易控，测试的目标寿命可以通过改变振幅斜率 $\dot{\sigma}$ 来控制，适用于低周循环的疲劳寿命预测。

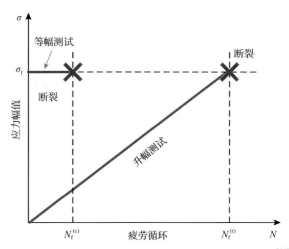

图 9-27　疲劳测试中应力幅值与断裂寿命之间的关系[54]

如图 9-28 所示单晶硅平面扇形谐振器的 S-N 曲线，图(a)～(c)给出了恒幅(CA)、缓变升幅(SRA)和快速升幅(RRA)下全试验循环中每个循环的峰值和谷值，图(d)给出了不同振幅循环疲劳测试中的 S-N 曲线，通过缓变升幅、恒幅试验，获得 $10^4 \sim 10^{10}$ 次循环的大范围疲劳曲线，且疲劳特性与方程(9-21)中的理论分析相匹配。高周循环区域的疲劳寿命过渡到低周循环区域(6.50GPa)，属于静态断裂强度，在 10^3 次循环以下低周循环区域内，原始裂纹长度约为 7.9nm，其产生的裂纹扩展指数约为 18.0，会产生快速的疲劳断裂。

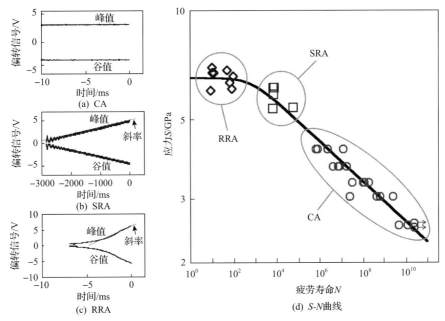

图 9-28 单晶硅平面扇形谐振器的 S-N 曲线[4,54]

如图 9-29 所示,当疲劳振幅较高且平均应力较高时,会发生弱化;在低平均应力作用下且疲劳振幅较高时,也会发生弱化。弱化和强化效应可用疲劳机制来解释:一是微裂纹尖端屏蔽导致的强化;二是在强化效应下,位错会导致裂纹尖端钝化,而裂纹尖端钝化后会因弱化效应而锐化;三是涉及晶界塑性,其中非晶态晶界区域在应力作用下与表面碰撞,在剪切过程中发生非常规塑性变形,产生残余压应力,可能导致强化效应。

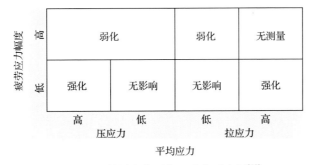

图 9-29 低周疲劳弱化和强化示意图[58]

9.3.2 断裂测试技术

断裂韧度和断裂强度是 MEMS/NEMS 器件断裂特性最重要的两个参数,其中

断裂韧度 K_{IC} 只与材料特性有关，与结构无关，而断裂强度却与加工工艺、表面特性相关。

对于脆性材料，断裂韧度 K_{IC} 与断裂强度 σ_{crit} 之间的关系为[18,56]

$$K_{IC} = k\sigma_{crit}(\pi c)^{1/2} \qquad (9\text{-}23)$$

式中，c 为初始裂纹缺陷的尺寸；k 为与裂纹的实际尺寸、形状和位置均有关的常数，对于半圆形裂纹 $k \approx 0.71$。

断裂韧度和断裂强度的片上测试技术有两类：一类是对于被动器件，利用残余应力产生需要的载荷力；另一类是对于主动器件，利用静电、热驱动等产生驱动力。断裂强度测试主要有压入、弯曲和扭转等测试技术[4,55]，如表 9-3 所示。

表 9-3　断裂强度测试方法对比

测试方法	优点	缺点
拉伸法	应力均匀、易于分析	样品难以处理和测试
压入法	样品简单、易于制备	难以精确计算
弯曲法	样品简单、易于制备和测试	边缘效应
扩胀法	适用于多层薄膜结构、不同材料	边缘效应
扭转法	可用于传感和驱动器件	纯扭转，难以应用于准静态试验

1. 压入法

图 9-30 为断裂韧度测试的被动器件示意图[18, 56]。图中两端固支梁上有个预制的原子级尺度的尖端裂纹，压力会在尖端附近的材料产生具有随机性的放射状裂

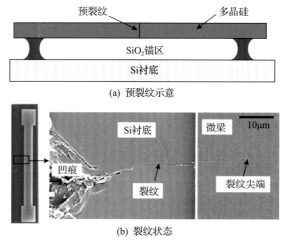

(a) 预裂纹示意

(b) 裂纹状态

图 9-30　断裂韧度测试的被动器件示意图[18,56]

纹。采用相同形状的微梁进行压入处理，得到长度不同的预裂纹样品，测试时，先测得残余拉应力，再计算出器件释放后预裂纹尖端的应力强度因子，判别该因子和断裂韧度的差异，通过精确测量梁释放前的预裂纹长度、裂纹扩展和不扩展对应的临界长度确定断裂韧度 K_{IC} 的范围。

2. 弯曲法

相比拉伸测试方法，弯曲测试可以避免许多与拉伸测试相关的夹紧、安装、加载和试验后的表征问题。如图9-31所示，采用AFM表征功能化纳米梁的断裂强度[57]，使用无涂层、刚性的单晶硅 AFM 悬臂将梁加载至断裂点。加载期间，测量梁的作用力和挠度，可分析确定与破坏载荷对应的断裂强度最大应力。

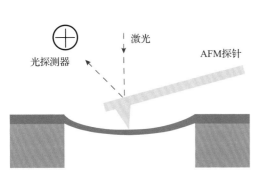
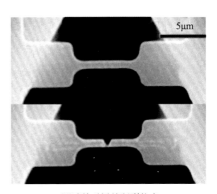

(a) 断裂强度测试示意图   (b) 测试前后梁的断裂状态

图9-31 基于AFM的断裂强度测试方法[57]

除了利用残余应力的方法，还可以制备驱动器对测试样品进行加载，其优点在于可以产生量程大、可变载荷[58]。目前，静电梳齿驱动器、热膨胀驱动器等片上测试系统均可用于测量断裂强度。图9-32(a)中的静电梳齿执行器驱动一个带有槽口的断裂强度测试样品，该样品为一刚性悬臂梁结构，一端与锚区相接，连接根部切有槽口，如图9-32(b)所示。执行区加载电压后，驱动结构自由端运动，导致槽口根部出现应力集中，持续增大加载电压，应力会增大而导致裂纹扩展，直到样品槽口处产生断裂，如图9-32(c)所示，测量断裂时驱动器的位移，即可得出对应的槽口处的应力，从而可计算出断裂强度。

3. 扭转法

如图9-33所示，DLC(类金刚石)涂层的扭转谐振器可用于测量扭转断裂强度[59,60]，该器件由不对称平板、扭转梁和支撑梁构成。

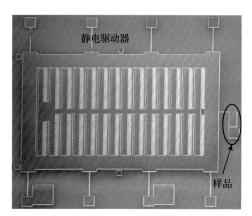

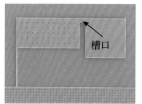

(b) 测试样品槽口

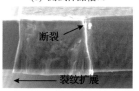

(c) 槽口发生断裂

(a) 静电梳齿执行器和断裂强度测试样品

图 9-32　基于静电驱动器的断裂强度测试方法[18,56,58]

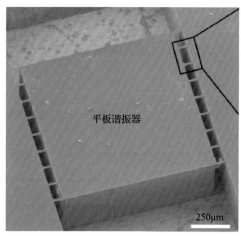

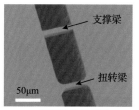

(b) 微梁结构局部图

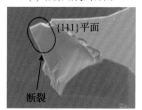

(c) 扭转梁断裂

(a) 谐振器件

图 9-33　扭转断裂强度测试[59]

谐振器件的扭转强度 τ 可定义为施加在扭转梁上的总扭矩和尺寸参数之比，即

$$\tau = \frac{M_{\text{Si}} + M_{\text{DLC}}}{\alpha(d+t)^3} \tag{9-24}$$

式中，d 和 t 分别为扭转梁和 DLC 薄膜的厚度；α 为取决于扭转梁截面几何形状的常数；M_{Si} 和 M_{DLC} 分别为硅片和 DLC 薄膜上加载的扭矩，即

$$M_{Si} = \frac{\beta G_{Si}\theta d^4}{l_e} \tag{9-25}$$

$$M_{DLC} = \frac{G_{DLC}\theta t(d+t)^3}{l_e} \tag{9-26}$$

式中，θ 为最大角振幅；β 为依赖于扭转梁截面形状的常数；G_{Si} 和 G_{DLC} 分别为硅片和 DLC 薄膜的剪切模量；由于扭转梁两端有圆角，l_e 为扭转梁的有效长度，可由测得的扭转梁谐振频率得到。

图 9-34 给出了裸露单晶硅和 DLC 涂层的扭转谐振器微结构的扭转断裂强度，裸露单晶硅的谐振器结构的扭转强度为 2.93GPa，DLC 涂层的谐振器结构的扭转强度提高 0.56~0.88GPa，且加载的偏置电压越高，断裂强度越高。如图 9-34(c)所示 DLC 涂层的单晶硅扭转谐振器的断口表面，其为一个针状表面。断裂起源于侧壁中心附近，并产生最大表面应力，断裂沿 {111} 面扩展，且在起始点附近形成相当光滑的脆性断裂表面，断裂可能始于 DLC 薄膜表面，然而 DLC 薄膜并没有剥落。DLC 薄膜的残余应力会增加断裂韧性，使 DLC 薄膜的强度对初始缺陷不敏感，较高的残余应力也会提高裂纹的稳定性。

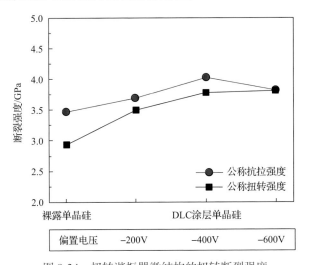

图 9-34   扭转谐振器微结构的扭转断裂强度

采用拉伸试验法可以测试硅纳米线的断裂强度，如图 9-35 所示硅纳米线断裂强度与其直径之间的关系。在纳米线的原位拉伸试验过程中，进行加载和卸载循环，直至断裂，如图 9-35(b)所示。根据测量纳米线的力和伸长率计算应力和应变，当纳米线直径从 60nm 减小到 15nm 时，断裂强度从 5.1GPa 增加到 12.2GPa，说明断裂强度具有尺寸依赖性，且符合小直径单晶硅的理论强度。

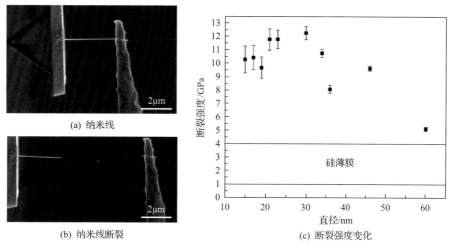

(a) 纳米线

(b) 纳米线断裂

(c) 断裂强度变化

图 9-35　硅纳米线断裂强度测试[61]

9.4　环境载荷下器件可靠性

　　环境载荷下 MEMS/NEMS 的可靠性是一个复杂问题，涉及结构动力学、断裂力学和系统可靠性理论等，随着 MEMS/NEMS 器件在物联网、航空航天等领域的应用发展，需要深入了解复杂环境中 MEMS/NEMS 谐振器的失效机理及其可靠性。在加工制备、封装、运输及使用过程中，器件会受到高低温、高阻尼压力、高湿度、强振动冲击、强辐射、高腐蚀等非常态环境的严重影响，引发断裂、分层、黏附、疲劳、腐蚀、微粒污染等失效现象，导致器件的特性发生变化，如图 9-36 和表 9-4 所示。

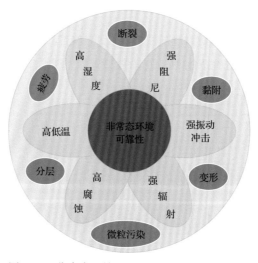

图 9-36　非常态环境下 MEMS/NEMS 的可靠性

表 9-4 环境载荷与失效模式之间的关系

环境载荷	疲劳	变形	断裂	黏附	分层	腐蚀	颗粒污染
温度循环	✓	✓	✓		✓		
湿热应力	✓			✓	✓	✓	✓
机械振动	✓	✓	✓		✓		✓
机械冲击		✓	✓	✓	✓		✓

9.4.1 振动可靠性

振动在 MEMS/NEMS 器件全生命周期中是不可避免的环境因素[62-76],MEMS/NEMS 谐振器通常工作在谐振状态,在工作过程中常以拉压、弯扭振动、热振动等形式产生循环的机械运动,且在运输、使用过程中遇到的振动多为随机振动。

如图 9-37 所示空气环境和多尘环境下梁式谐振器的振动[76],在共振状态下,谐振梁上易聚集微尘颗粒,因此封装前需要清洁芯片,在剥离过程中,残留的光刻胶无法去除,在振动过程中会从表面脱落,黏附在谐振梁上,影响器件的振动特性。

(a) 空气环境 (b) 多尘环境

图 9-37 不同环境下梁式谐振器的振动[76]

在振动载荷作用下,结构的薄弱环节易引发疲劳,交变应力会使疲劳损伤累积,从而导致结构出现分层、变形、断裂等失效行为。如图 9-38 所示,交变应力

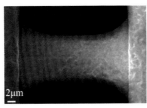 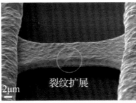 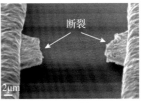

(a) 无损伤 (b) 裂纹扩展 (c) 断裂

图 9-38 机械振动下 MEMS 梁结构的疲劳失效[62]

循环作用导致 MEMS 器件弹性梁产生疲劳失效[62]，开始弹性梁上的表面晶界处出现微裂纹，随着应力振幅的增长和循环次数的增多，裂纹尖端处的位错进一步运动并导致裂纹扩展，高密度的位错积聚使得材料表面产生局部屈服，如图 9-38(b) 所示；在高平均应力作用下，弹性梁会产生断裂，如图 9-38(c) 所示。

器件梁结构中的复合型裂纹扩展和表面能之间存在一定的内在关系，不同结构连接形式、晶格方向、拓扑缺陷和复杂激励等都会导致结构中的斜裂纹形成和扩展。如图 9-39 所示斜裂纹扩展的受力情况，斜裂纹长度为 $2a$，斜裂纹倾角为 θ，在弯矩 M 和表面残余应力 τ_0 作用下，沿着裂纹表面方向的表面应力可表示为[63,64]

$$\tau_{xx} = \tau_0, \quad \tau_{nx} = \tau_0 \kappa \tag{9-27}$$

式中，$\tau_0 \kappa$ 垂直于表面残余应力 τ_0 方向；κ 为表面曲率。另外，n_σ 为垂直于斜裂纹表面的外法向向量的方向余弦，n_τ 为切向向量的方向余弦。引入两个位错密度函数 ϕ_I 和 ϕ_II，可求解动态载荷作用下的裂纹问题，n_σ、n_τ 和曲率半径 ρ_σ 可表示为

$$n_\sigma = \frac{1}{\sqrt{1+\phi_\mathrm{I}^2/4}}, \quad n_\tau = \frac{1}{\sqrt{1+\phi_\mathrm{II}^2/4}}, \quad \rho_\sigma = \frac{1}{\kappa} = \frac{2(1+\phi_\mathrm{I}^2/4)^{3/2}}{\phi_\mathrm{I}'} \tag{9-28}$$

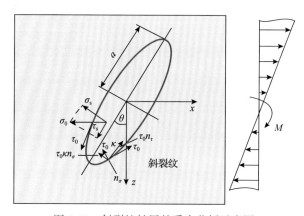

图 9-39　斜裂纹扩展的受力分析示意图

对于复合型斜裂纹问题，由表面残余应力和外加弯矩引起的裂纹表面应力与位错密度函数之间的关系为

$$\begin{Bmatrix} \sigma(\bar{x}) \\ \tau(\bar{x}) \end{Bmatrix} = \begin{Bmatrix} \dfrac{G_y}{2\pi} \displaystyle\int_{-1}^{1} \dfrac{\phi_\mathrm{I}(\bar{r})}{(\bar{r}-\bar{x})}\,\mathrm{d}\bar{r} \\[2mm] \dfrac{G_x}{2\pi} \displaystyle\int_{-1}^{1} \dfrac{\phi_\mathrm{II}(\bar{r})}{(\bar{r}-\bar{x})}\,\mathrm{d}\bar{r} \end{Bmatrix} + \begin{Bmatrix} \sigma_\mathrm{s} \\ \tau_\mathrm{s} \end{Bmatrix} + \begin{Bmatrix} \tau_0 \kappa n_\sigma - \tau_0\sqrt{1-n_\tau^2} \\ -\tau_0 n_\tau - \tau_0 \kappa \sqrt{1-n_\sigma^2} \end{Bmatrix} \tag{9-29}$$

式中，$\bar{r} = r/\alpha$，$\bar{x} = x/\alpha$，G_x 和 G_y 为弹性模量。对于中心型裂纹，裂纹表面应力为零，因此裂纹表面边界条件为 $\sigma(\bar{x}) = 0$ 和 $\tau(\bar{x}) = 0$。

斜裂纹引起的附加应变能可以写为

$$U_s = \int_A J \mathrm{d}A \tag{9-30}$$

对于平面应变，采用 Griffith-Irwin 理论，可得应变能释放率 J 的表达式为

$$J = \frac{1}{\tilde{E}}\left(K_I^{s2} + K_{II}^{s2} + \frac{K_{III}^{s2}}{1-\upsilon_0} \right) \tag{9-31}$$

式中，$\tilde{E}$ 为等效弹性模量且 $\tilde{E} = E/\left(1-\upsilon_0^2\right)$，$\upsilon_0$ 为泊松比；K_I^s、K_{II}^s 和 K_{III}^s 分别为复合型裂纹的张开型、滑开型和撕开型的断裂因子。对于梁的自由弯曲振动，由附加应变能可得到斜裂纹梁的局部柔度系数 $\beta = \partial^2 U_s / \partial M^2$。

由于表面层和体相材料之间无滑移连接，梁的振动位移可假设为

$$u_x = z\phi(x,t), \quad u_z = w(x,t) \tag{9-32}$$

式中，$\phi(x,t)$ 和 $w(x,t)$ 分别为梁横截面的转角和中性面的横向变形，由此可得应变的表达式为

$$\varepsilon_{xx} = \frac{\partial u_x}{\partial x} = z\frac{\partial \phi}{\partial x}, \quad \varepsilon_{xz} = \frac{1}{2}\left(\frac{\partial u_x}{\partial z} + \frac{\partial u_z}{\partial x} \right) = \frac{1}{2}\left(\frac{\partial w}{\partial x} + \phi \right) \tag{9-33}$$

进而可得表面效应模型的本构关系为

$$\tau_{xx} = \tau_0 + z\left(2\mu_0 + \lambda_0\right)\frac{\partial \phi}{\partial x}, \quad \tau_{nx} = \tau_0\frac{\partial w}{\partial x}n_z, \quad \tau_{nx}^{\pm} = \pm\tau_0\frac{\partial w}{\partial x}$$

$$\sigma_{zz} = \frac{2z}{H}\left(\tau_0\frac{\partial^2 w}{\partial x^2} - \rho_0\ddot{w} \right), \quad \sigma_{xz} = G\kappa_0\left(\frac{\partial w}{\partial x} + \phi \right), \quad \sigma_{xx} = Ez\frac{\partial \phi}{\partial x} + \frac{2\upsilon_0 z}{H}\left(\tau_0\frac{\partial^2 w}{\partial x^2} - \rho_0\ddot{w} \right)$$

$$\tag{9-34}$$

式中，κ_0 为剪切修正系数。

梁结构的横向力和弯矩平衡方程可写为

$$\frac{\mathrm{d}Q}{\mathrm{d}x} + \int_s \frac{\partial \tau_{nx}}{\partial x}n_z\mathrm{d}s = \int_A \rho\frac{\partial^2 u_z}{\partial t^2}\mathrm{d}A + \int_s \rho_0\frac{\partial^2 u_n^s}{\partial t^2}n_z\mathrm{d}s$$

$$\frac{\mathrm{d}M}{\mathrm{d}x} + \int_s \frac{\partial \tau_{xx}}{\partial x}z\mathrm{d}s - Q = \int_A \rho\frac{\partial^2 u_x}{\partial t^2}z\mathrm{d}A + \int_s \rho_0\frac{\partial^2 u_x^s}{\partial t^2}z\mathrm{d}s \tag{9-35}$$

式中，ρ 为材料密度；$Q = \int_A \sigma_{xz} \mathrm{d}A$ 和 $M = \int_A \sigma_{xx} z \mathrm{d}A$ 分别为剪切力和弯矩对梁横截面的积分。由此可得梁结构的动力学方程为

$$\left[(EI + E^* I^*) - \frac{2 \upsilon_0 I \tau_0}{H} \right] \frac{\partial^4 w}{\partial x^4} - \tau_0 s^* \frac{\partial^2 w}{\partial x^2} + \frac{2 \upsilon_0 I \rho_0}{H} \frac{\partial^4 w}{\partial x^2 \partial t^2} + (\rho A + \rho_0 s^*) \frac{\partial^2 w}{\partial t^2} = 0$$

(9-36)

式中，梁表面层的惯性矩和截面周长分别为 $I^* = \int_s z^2 \mathrm{d}s$ 和 $s^* = \int_s n_z^2 \mathrm{d}s$。对于矩形梁结构，其横截面宽度为 b，厚度为 h，有 $H = 2h$，$I = 2bh^3 / 3$，$I^* = 2bh^2 + 4h^3 / 3$，$s^* = 2b$。

由于斜边缘裂纹存在，梁结构的局部柔度系数不仅取决于裂纹深度比，而且和表面残余应力和裂纹倾角有关。如图 9-40(a) 所示，裂纹会引起附加局部系数 β 变化，且关于某一残余应力 τ_0 轴对称分布。当 $\tau_0 \leqslant -10 \mathrm{N/m}$ 时，β 随着表面残余应力 τ_0 增大而增大，表面残余应力会使斜裂纹梁的断裂韧性增强；当 $\tau_0 > -10 \mathrm{N/m}$ 时，β 随着表面残余应力 τ_0 的增大而减小，说明当表面残余应力减小至一定值时，会延缓裂纹扩展。此外，裂纹深度对局部柔度也有很大的影响，如图 9-40(b) 所示，裂纹深度越大，局部柔度系数越大。

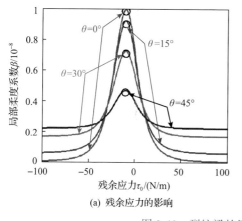

(a) 残余应力的影响

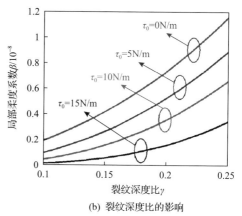

(b) 裂纹深度比的影响

图 9-40   裂纹梁的局部柔度系数的变化

在谐振作用下裂纹会随时间增长，改变结构的谐振频率，而谐振频率与裂纹的几何形状相关联。图 9-41 给出了不同裂纹参数对梁结构振动特性的影响，随着裂纹倾角的增大，梁的等效刚度也增大，裂纹倾角对梁的谐振频率的影响减小；随着裂纹深度比的增大，梁的谐振频率下降明显，裂纹扩展严重影响器件结构的振动特性。因此，在评估谐振结构的振动可靠性时，必须考虑裂纹扩展的影响。

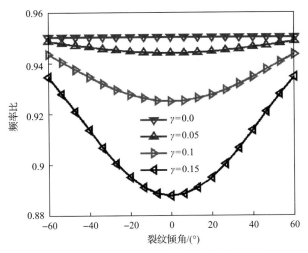

图 9-41　不同裂纹参数对梁结构振动特性的影响

9.4.2　冲击可靠性

由于 MEMS/NEMS 是冲击敏感的机械结构,在工作时会受到静电力或其他静态载荷作用,同时在储存、运输和使用过程中也会受到不同程度的冲击和碰撞,因此器件受冲击载荷的影响非常大,会出现碎粒产生、裂纹萌生和扩展以及结构完全断裂等现象,最严重时器件结构会损坏。MEMS/NEMS 器件受到的冲击效应相比集成电路中的更为显著。在冲击载荷作用下,MEMS/NEMS 器件承受冲击应力会发生不同的失效问题,典型的失效模式主要包括冲击引起的应力超过材料屈服强度而导致的断裂、部件相互接触产生的黏附、微粒污染导致的阻塞或短路、不同电势的部件接触导致的短路、界面脱黏或气密性失效等[65-77]。

以 MEMS 梳齿谐振器为例,谐振器的梳齿、梁等部件对冲击应力非常敏感,释放层和基板之间或者固定梳齿和移动梳齿之间的间隙很小。在冲击作用下,MEMS 梳齿结构会发生严重的失效[65,66],如图 9-42 所示,冲击应力导致器件内部结构之间发生剧烈碰撞,引起的应力远大于其断裂强度,器件的主要失效模式包括梳臂断裂(图 9-42(a))、梳齿断裂(图 9-42(b))、梳齿的黏附及微粒污染阻塞梳齿结构的运动。其中,微粒污染也是冲击应力下常见的失效模式。在器件表面处理、沉积刻蚀、封装等过程中都会引入微颗粒,冲击引起的结构断裂面形成的微颗粒会在持续冲击下发生移动,在运动部件与固定部件之间的微颗粒会阻碍器件的正常运动,从而引起器件的功能失效(图 9-42(c))。在冲击应力下,梳齿之间、梳齿与基底之间可能会直接接触,微颗粒分布在梳齿之间、梳齿与基底之间,会造成电学短路失效(图 9-42(d))。

(a) 梳臂断裂

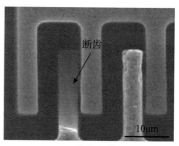

(b) 梳齿断裂

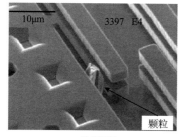

(c) 微粒污染

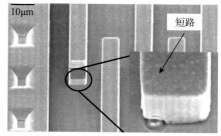

(d) 接触短路

图 9-42　冲击载荷下 MEMS 梳齿结构的失效模式[65,66]

　　由于谐振器件内部的部件间距很小，且运动部件在使用过程中的材料刚度会发生退化，在冲击载荷作用下容易发生变形，从而产生黏附。当弹性力小于黏附力时，运动部件无法运动，其与衬底之间发生永久性的黏附失效，如图 9-43 所示。此外，高冲击应力也会引起器件可动结构发生键合断裂，从而导致分层失效。

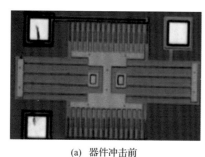

(a) 器件冲击前

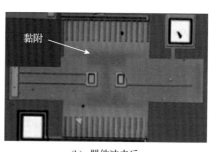

(b) 器件冲击后

图 9-43　冲击载荷下梳齿谐振器产生黏附失效[67]

　　在冲击载荷下，谐振器结构可看成具有单自由度的无阻尼弹簧-质量系统，并固定在受到冲击载荷加速度的支承上，如图 9-44 所示，支承受到的加速度与外加冲击载荷一致[68]，即

$$a(t)=\begin{cases}a_0\sin(\pi t/\tau), & 0\leqslant t\leqslant\tau\\0, & t\geqslant\tau\end{cases} \tag{9-37}$$

式中，τ 为载荷持续时间；a_0 为冲击载荷的幅值。

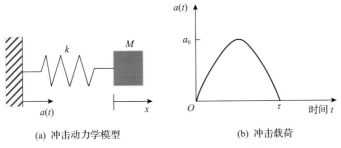

(a) 冲击动力学模型   (b) 冲击载荷

图 9-44 冲击激励下谐振器件理论模型

冲击载荷作用下谐振器系统的动力学方程为

$$\frac{M}{k}\frac{\mathrm{d}^2}{\mathrm{d}t^2}\left(\frac{\mathrm{d}^2x}{\mathrm{d}t^2}\right)+\frac{\mathrm{d}^2x}{\mathrm{d}t^2}=a(t) \tag{9-38}$$

式中，M 为质量；k 为弹簧刚度。系统的振动固有周期 T 和频率 ω 间关系为

$$T=2\pi\sqrt{\frac{M}{k}}=\frac{2\pi}{\omega} \tag{9-39}$$

根据冲击载荷持续时间和振动周期之间的关系，人确定以下近似极限值：

(1) 当 $\tau\leqslant 0.25T$ 时，可根据力的冲量与质量来求得系统响应，即系统响应与非受迫系统的响应相同，初始速度由脉冲的积分给出，由此可得质量的绝对加速度为

$$\frac{\mathrm{d}^2x}{\mathrm{d}t^2}=\omega\left(\int_0^\tau \cdots \right)\cdots(\omega t) \tag{9-40}$$

(2) 当 $0.25T<\tau<2.5T$ 时，质量块响应，则其绝对加速度为

$$\begin{cases}\dfrac{\mathrm{d}^2x}{\mathrm{d}t^2}=\dfrac{4\tau^2a_0}{4\tau^2-T^2}\left(\cdots-\dfrac{T}{2\tau}\sin\dfrac{2\pi t}{T}\right), & 0\leqslant t\leqslant\tau \\[3mm] \dfrac{\mathrm{d}^2x}{\mathrm{d}t^2}=\dfrac{4\tau Ta}{T^2-\cdots}\cdots\dfrac{\tau}{T}\sin\left[\dfrac{2\pi}{T}\left(t-\dfrac{\tau}{2}\right)\right], & \tau<t\end{cases} \tag{9-41}$$

此时，质量块的加速度可能大于最大激励载荷加速度。

(3) 当 $2.5T\leqslant\tau$ 时，响应称为准静态响应，系统响应受施加的冲击载

荷影响，最大加速度等于载荷最大加速度。质量块加速度为

$$
\begin{cases}
\dfrac{\mathrm{d}^2 x}{\mathrm{d} t^2} = a_0 \sin \dfrac{\pi t}{\tau}, & 0 \leqslant t \leqslant \tau \\[4mm]
\dfrac{\mathrm{d}^2 x}{\mathrm{d} t^2} = 0, & \tau < t
\end{cases}
\tag{9-42}
$$

　　MEMS/NEMS 器件的冲击可靠性可用微结构在冲击过程中的动力学响应来表征，如图 9-45 所示。不同器件所在冲击载荷幅值为 $20g \sim 120000g$，冲击载荷持续时间 τ 为 $40 \sim 3000\mu s$，微结构谐振频率范围为 $100Hz \sim 1.2MHz$（即 $0.8\mu s < T < 10000\mu s$）。按照上述近似极限值，可分为脉冲、共振和准静态响应三个区域。由图可知，多数 MEMS 器件在冲击环境中表现为准静态响应，这种准静态响应不受空气阻尼或压膜阻尼的影响。在实际应用中，冲击载荷的持续时间会远远超过器件的声波传导时间，应力波引起的损伤可忽略不计。如图 9-46 所示，具有高谐振频率的 SiC 谐振器受高达 $10000g$ 的超高冲击作用，加速时间约为 $100s$ 后，没有发生明显损伤[69]。

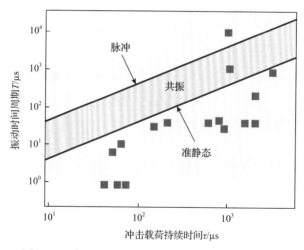

图 9-45　冲击载荷下器件结构的动力学响应区域[68]

　　因此，限制最大应力是实现 MEMS/NEMS 器件冲击防护性能的关键技术，由于许多微结构主要承受弯曲应力，弯曲应力的位移/变形作用非常显著，可以通过一些结构设计达到冲击防护的作用。目前所采用的冲击防护技术有两类：一类是在已知冲击环境下设计的器件结构能够承受超过断裂强度的应力，该方法相当于提升器件的谐振频率，特别适用于具有高谐振频率的器件；另一类是设计冲击止

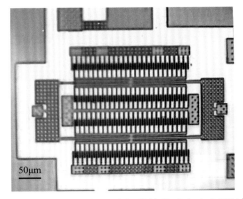

图 9-46　高冲击载荷下谐振器件的动态响应照片[69]

动件，使用该方法的前提假设是器件弯曲时会产生临界应力，并且弯曲应力在临界点处最大，冲击止动件设计可以限制最大弯曲应力，但是器件结构的运动行程也会受限，止动件的引入将器件设计与冲击防护设计相分离，从而使器件具有优越的性能。止动件可设计为硬性冲击止动件、非线性弹簧冲击止动件、软涂层冲击止动件等形式，如图 9-47 所示。由于加工制备的限制，硬性冲击止动件适用于具有高谐振频率的器件；非线性弹簧形成柔顺的运动可限制挡块，减少冲击的影响；软涂层设计是在硬性表面涂上软薄膜层，可以增加表面柔韧性和能量耗散，从而减小器件质量和冲击器之间的冲击载荷。

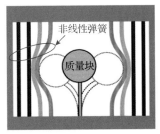
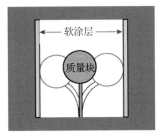

(a) 硬性冲击止动件　　　　(b) 非线性弹簧冲击止动件　　　　(c) 软涂层冲击止动件

图 9-47　MEMS 器件冲击止动件设计[77]

9.4.3　温度可靠性

MEMS/NEMS 器件常在高低温环境下工作，温度对它的影响很大，会产生疲劳、断裂、分层和电路失效等问题。其中，疲劳是热应力下 MEMS/NEMS 器件常出现的失效模式之一，热循环应力会引起材料的疲劳损伤，损伤累积将会导致器件失效，材料的弹性模量也会发生变化，器件表面的氧化层会产生裂纹，并逐渐扩散到结构内部，最终造成器件材料的疲劳失效。

对于 MEMS/NEMS 器件，由于常采用薄膜工艺，在热冲击下薄膜会产生裂纹萌生现象[70]。图 9-48 为热冲击引起的裂纹萌生机理试验，聚合物(SU-8)在加热前涂有 Pb(钯)薄膜，先将器件加热到 125℃，直到顶层薄膜表面凸起一个高度约为 3μm 的半球，如图 9-48(b)和(d)所示，然后将其快速浸入液氮中降温，导致大约 300K 的急剧温变。热冲击作用后，纳米裂纹成核并穿过凸起的中心(图 9-48(c))。在热冲击过程中，可以通过加热温度和冷却时间来调控凸起顶部纳米裂纹宽度，且裂纹的宽度随着冷却时间的增长而变大，如图 9-48(f)所示。

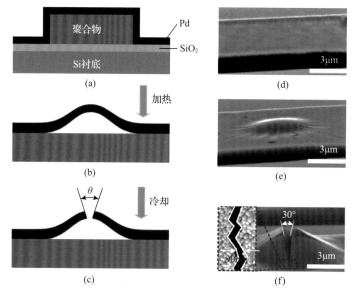

图 9-48 热冲击引起的裂纹萌生机理试验[70]

断裂韧度 K_{IC} 可由断裂应力 σ_f 和槽口长度 a 求得，即

$$K_{IC} = \gamma \sigma_f \sqrt{\pi a} \tag{9-43}$$

式中，γ 为一个和裂纹结构相关的参数，可写为

$$\gamma = 1.12 - 0.231\lambda + 10.55\lambda^2 - 21.72\lambda^3 + 30.39\lambda^4 \tag{9-44}$$

其中，$\lambda = a/W$，W 为样品的宽度。

在准静态载荷下，断裂韧度与温度之间的关系如图 9-49 所示。在室温至 500℃范围内的平均断裂韧度变化较大，室温下断裂韧度为 $1.28\,\mathrm{MPa \cdot m^{1/2}}$，且在 60℃之前变化很小，而在 60～70℃急剧增长，然后缓慢增长，在 150℃达到 $2.60\,\mathrm{MPa \cdot m^{1/2}}$，是室温下断裂韧度的 2 倍左右。在更高的温度下，该值会产生饱和，裂纹尖端会促进位错的产生和移动，如图 9-50 所示，热环境下的疲劳裂纹生长最终也会导致器件内部结构断裂，当断裂机制从脆性变为韧性时，会导致屏蔽裂纹尖端应力集中的现象，且试样在 300℃时的断裂行为具有非线性应力-应变的关系。断裂韧度会在较窄的温度范围内急剧增加数倍，且在断裂韧度较高的温度（300℃）下，断裂表面沿拉伸方向产生 2～3μm 的位错，位错增长量约是室温下的 10 倍。

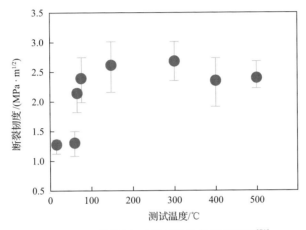

图 9-49　不同温度时测试样品的断裂韧度[71]

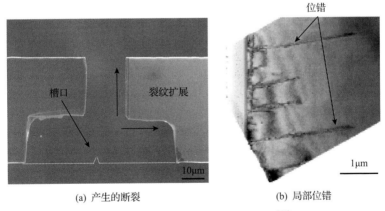

(a) 产生的断裂　　　　　　　　(b) 局部位错

图 9-50　温度为 300℃时样品变化[71]

此外，在温度循环载荷下，由于器件不同材料之间的热膨胀系数失配，热应力会引起结构变形，甚至分层失效。同时，不同的温度环境也是影响 MEMS 谐振器测试精度的主要因素之一，谐振器件的工作温度发生变化时，不仅会引起材料属性及结构尺寸的变化，改变系统的刚度、谐振频率，还会使得器件信号处理电路产生干扰噪声，发生温漂现象，导致器件精度与稳定性下降。

9.4.4   湿度可靠性

湿度是影响 MEMS/NEMS 器件可靠性的重要因素之一。在湿度条件下，水汽会渗入器件的微裂缝和微孔，在器件表面形成微水滴。谐振结构的黏附失效受湿度的影响也很大，如图 9-51 所示，高湿度下微梁结构的干涉条纹有明显的黏附现象[72]。湿度环境还会导致电化学腐蚀、腐蚀疲劳、分层等常见失效行为。此外，封装失效可能会导致水汽侵入，从而引起电阻、分布电容等电参数发生变化。

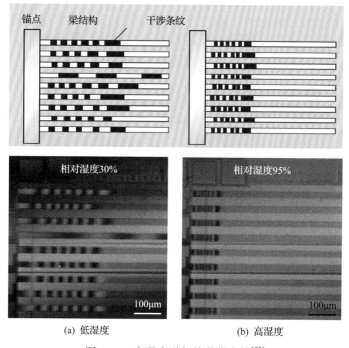

(a) 低湿度   (b) 高湿度

图 9-51   高湿度引起的黏附失效[72]

当温度保持不变时，相对湿度对谐振器谐振频率 f_r 的影响可写为[73]

$$f_r = \frac{1}{2\pi}\sqrt{\frac{k_r}{m_r + \Delta m_w}} \tag{9-45}$$

式中，m_r 和 k_r 分别为谐振器的质量和刚度；Δm_w 为水汽的等效质量。

图 9-52 给出了不同湿度下两种谐振器件的谐振频率的变化，对于桨叶谐振器，相对湿度从 32% 增加到 90%，谐振频率出现明显的下降趋势 (21.8MHz/%)，且器件被腐蚀；相比于固支梁谐振器，其下降趋势约为 3.45kHz/%，差异是 MEMS 器件的几何结构和固有频率不同。此外，湿度和温度也会导致品质因子发生非线性变化，是影响器件性能及可靠性的关键因素。

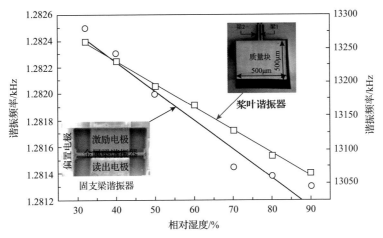

图 9-52   相对湿度对谐振器谐振频率的影响[73]

利用表面形貌对 MEMS 谐振器进行分析,可看到高湿度工况下器件桨叶上产生碎屑,如图 9-52 所示,并且可看到器件表面有大量微水滴,锚结点附近部件也被腐蚀,从而改变了器件的弹性系数。由于水蒸气在桨叶上形成吸附和黏附作用,谐振器桨叶的质量会增加,器件的谐振频率呈下降趋势。因此,湿度会导致 MEMS 谐振器产生腐蚀、碎屑和氧化层等失效问题。在 MEMS 谐振器的微梁部位,湿度会导致损耗,致使杨氏模量下降。由于碎屑和水蒸气影响,桨叶质量会增加,振动幅度增大,导致谐振频率降低。当相对湿度为 40%时,水蒸气的吸收率较低,谐振频率变化较小;当相对湿度为 90%时,水蒸气的吸收率较高,导致谐振频率产生更高的偏移变化。

图 9-53   高湿度导致 MEMS 谐振器桨叶上产生碎屑[74]

此外,高湿度环境会使器件表面产生电化学反应,易发生膨胀、结构严重变形、形成氧化物,甚至分层现象[75,78],如图 9-54 所示,当相对湿度为 97%时,由于阳极氧化,阳极电极出现裂纹腐蚀和分层。

 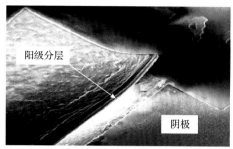

(a) 氧化腐蚀   (b) 分层

图 9-54   高湿度环境下器件表面失效现象[75]

参 考 文 献

[1] Hartzell A L, da Silva M G, Shea H R. MEMS Reliability. Berlin: Springer Science & Business Media, 2010.

[2] 张文明, 孟光. MEMS 可靠性与失效分析. 机械强度, 2005, 27(6): 855-859.

[3] Iannacci J. Reliability of MEMS: A perspective on failure mechanisms, improvement solutions and best practices at development level. Displays, 2015, 37: 62-71.

[4] Tsuchiya T. Mechanical reliability of silicon microstructures. Journal of Micromechanics and Microengineering, 2021, 32(1): 013003.

[5] Huang Y, Vasan A S S, Doraiswami R, et al. MEMS reliability review. IEEE Transactions on Device and Materials Reliability, 2012, 12(2): 482-493.

[6] Khaled A, Raoof M, Cherman V, et al. Effect of the functionalization process on the performance of SiGe MEM resonators used for bio-molecular sensing. Microelectronics Reliability, 2012, 52(9-10): 2272-2277.

[7] Mohr M, Caron A, Herbeck-Engel P, et al. Young's modulus, fracture strength, and Poisson's ratio of nanocrystalline diamond films. Journal of Applied Physics, 2014, 116(12): 124308.

[8] Rafiee P, Khatibi G. A fast reliability assessment method for Si MEMS based microcantilever beams. Microelectronics Reliability, 2014, 54(9-10): 2180-2184.

[9] Ko J, Jeong J, Son S, et al. Cellular and biomolecular detection based on suspended microchannel resonators.Biomedical Engineering Letters, 2021, 11(4): 367-382.

[10] Fatemi H, Abdolvand R. Fracture limit in thin-film piezoelectric-on-substrate resonators: Silicon VS. diamond. The 26th International Conference on Micro Electro Mechanical Systems, 2013: 461-464.

[11] Muhlstein C L, Brown S B, Ritchie R O. High-cycle fatigue of single-crystal silicon thin films. Journal of Microelectromechanical Systems, 2001, 10(4): 593-600.

[12] Connally J A, Brown S B. Slow crack growth in single-crystal silicon. Science, 1992,

256(5063): 1537-1539.

[13] Ikehara T, Tsuchiya T. Crystal orientation-dependent fatigue characteristics in micrometer-sized single-crystal silicon. Microsystems & Nanoengineering, 2016, 2: 154-162.

[14] Liu H K, Lee B J, Liu P P. Low cycle fatigue of single crystal silicon thin films. Sensors & Actuators A: Physical, 2007, 140(2): 257-265.

[15] Namazu T, Isono Y. Fatigue life prediction criterion for micro-nanoscale single-crystal silicon structures. Journal of Microelectromechanical Systems, 2008, 18(1): 129-137.

[16] van Spengen W M. Static crack growth and fatigue modeling for silicon MEMS. Sensors and Actuators A: Physical, 2012, 183: 57-68.

[17] Muhlstein C L. Characterization of structural films using microelectromechanical resonators. Fatigue & Fracture of Engineering Materials & Structures, 2005, 28(8): 711-721.

[18] Kahn H, Ballarini R, Bellante J J, et al. Fatigue failure in polysilicon not due to simple stress corrosion cracking. Science, 2002, 298(5596): 1215-1218.

[19] Kahn H, Ballarini R, Heuer A H. Dynamic fatigue of silicon. Current Opinion in Solid State and Materials Science, 2004, 8(1): 71-76.

[20] Allameh S M, Shrotriya P, Butterwick A, et al. Surface topography evolution and fatigue fracture in polysilicon MEMS structures. Journal of Microelectromechanical Systems, 2003, 12(3): 313-324.

[21] Kendall K. Adhesion: Molecules and mechanics. Science, 1994, 263(5154): 1720-1725.

[22] 钱林茂, 田煜, 温诗铸. 纳米摩擦学. 北京: 科学出版社, 2013.

[23] van Spengen W M. MEMS reliability from a failure mechanisms perspective. Microelectronics Reliability, 2003, 43(7): 1049-1060.

[24] Kim S H, Asay D B, Dugger M T. Nanotribology and MEMS. Nano Today, 2007, 2(5): 22-29.

[25] Fonseca D J, Sequera M. On MEMS reliability and failure mechanisms. International Journal of Quality, Statistics, and Reliability, 2014, 2011(1): 1-7.

[26] Ashurst W R, de Boer M P, Carraro C, et al. An investigation of sidewall adhesion in MEMS. Applied Surface Science, 2003, 212-213(3): 735-741.

[27] van Spengen W M, Puers R, de Wolf I. The prediction of stiction failures in MEMS. IEEE Transactions on Device and Materials Reliability, 2003, 3(4): 167-172.

[28] 赵亚溥. 表面与界面物理力学. 北京: 科学出版社, 2012.

[29] Tas N, Sonnenberg T, Jansen H, et al. Stiction in surface micromachining. Journal of Micromechanics and Microengineering, 1996, 6(4): 385.

[30] Mani S S, Fleming J G, Sniegowski J J. W-coating for MEMS. Symposium on Micromachining and Microfabrication. International Society for Optics and Photonics, 1999: 150-157.

[31] Li G H, Laboriante I, Liu F, et al. Measurement of adhesion forces between polycrystalline

silicon surfaces via a MEMS double-clamped beam test structure. Journal of Micromechanics and Microengineering, 2010, 20(9): 095015.

[32] Kwon S, Kim B, An S, et al. Adhesive force measurement of steady-state water nano-meniscus: Effective surface tension at nanoscale. Scientific Reports, 2018, 8(1): 8462.

[33] Spengen W M V, Pures R, Wolf I D. A physical model to predict stiction in MEMS. Journal of Micromechanics & Microengineering, 2002, 12(5): 702-713.

[34] Rodriguez A W, Capasso F, Johnson S G. The Casimir effect in microstructured geometries. Nature Photonics, 2011, 5(4): 211-221.

[35] Chan H B. Quantum mechanical actuation of microelectromechanical systems by the Casimir force. Science, 2001, 291(5510):1941-1944.

[36] Gkouzou A, Kokorian J, Janssen G, et al. Controlling adhesion between multi-asperity contacting surfaces in MEMS devices by local heating. Journal of Micromechanics and Microengineering, 2016, 26(9): 095020.

[37] Ashurst W R, Yau C, Carraro C, et al. Dichlorodimethylsilane as an anti-stiction monolayer for MEMS: A comparison to the octadecyltrichlorosilane self-assembled monolayer. Journal of Microelectromechanical Systems, 2001, 10(1): 41-49.

[38] Hurst K M, Roberts C B, Ashurst W R. A gas-expanded liquid nanoparticle deposition technique for reducing the adhesion of silicon microstructures. Nanotechnology, 2009, 20(18): 185303.

[39] Buchnev O, Podoliak N, Frank T, et al. Controlling stiction in nano-electro-mechanical systems using liquid crystals. ACS Nano, 2016, 10(12): 11519-11524.

[40] Aykol M, Hou B, Dhall R, et al. Clamping instability and van der Waals forces in carbon nanotube mechanical resonators. Nano Letters, 2014, 14(5): 2426-2430.

[41] Baumert E K, Pierron O N. Interfacial cyclic fatigue of atomic-layer-deposited alumina coatings on silicon thin films. ACS Applied Materials & Interfaces, 2013, 5(13): 6216-6224.

[42] Xie B, Xing Y, Wang Y, et al. A lateral differential resonant pressure microsensor based on SOI-glass wafer-level vacuum packaging. Sensors, 2015, 15(9): 24257-24268.

[43] Arutt C N, Alles M L, Liao W, et al. The study of radiation effects in emerging micro and nano electro mechanical systems(M and NEMs). Semiconductor Science and Technology, 2016, 32(1): 013005.

[44] Lee J, Krupcale M J, Feng P X L. Effects of γ-ray radiation on two-dimensional molybdenum disulfide(MoS$_2$) nanomechanical resonators. Applied Physics Letters, 2016, 108(2): 023106.

[45] Schanwald L P, Schwank J R, Sniegowsi J J, et al. Radiation effects on surface micromachined comb drives and microengines. IEEE Transactions on Nuclear Science, 1998, 45(6): 2789-2798.

[46] Wang L, Tang J, Huang Q A. Gamma irradiation effects on surface-micromachined polysilicon

resonators. Journal of Microelectromechanical Systems, 2011, 20(5): 1071-1073.

[47] Sui W, Zheng X Q, Lin J T, et al. Effects of ion-induced displacement damage on GaN/AlN MEMS resonators. IEEE Transactions on Nuclear Science, 2022, 69(3): 216-224.

[48] Singh A, Singh R. γ-ray irradiation-induced chemical and structural changes in CVD monolayer MoS_2. ECS Journal of Solid State Science and Technology, 2020, 9(9): 093011.

[49] Chuang W H, Fettig R K, Ghodssi R. An electrostatic actuator for fatigue testing of low-stress LPCVD silicon nitride thin films. Sensors and Actuators A: Physical, 2005, 121(2): 557-565.

[50] Koskenvuori M, Mattila T, Häärä A, et al. Long-term stability of single-crystal silicon microresonators. Sensors and Actuators A: Physical, 2004, 115(1): 23-27.

[51] Pierron O N, Muhlstein C L. The critical role of environment in fatigue damage accumulation in deep-reactive ion-etched single-crystal silicon structural films. Journal of Microelectromechanical Systems, 2006, 15(1): 111-119.

[52] Muhlstein C L, Stach E A, Ritchie R O. Mechanism of fatigue in micron-scale films of polycrystalline silicon for microelectromechanical systems. Applied Physics Letters, 2002, 80(9): 1532-1534.

[53] Muhlstein C L, Stach E A, Ritchie R O. A reaction-layer mechanism for the delayed failure of micron-scale polycrystalline silicon structural films subjected to high-cycle fatigue loading. Acta Materialia, 2002, 50(14): 3579-3595.

[54] Ikehara T, Tsuchiya T. Low-cycle to ultrahigh-cycle fatigue lifetime measurement of single-crystal-silicon specimens using a microresonator test device. Journal of Microelectromechanical Systems, 2012, 21(4): 830-839.

[55] DelRio F W, Cook R F, Boyce B L. Fracture strength of micro-and nano-scale silicon components. Applied Physics Reviews, 2015, 2(2): 021303.

[56] Hatty V, Kahn H, Heuer A H. Fracture toughness, fracture strength, and stress corrosion cracking of silicon dioxide thin films. Journal of Microelectromechanical Systems, 2008, 17(4): 943-947.

[57] Alan T, Zehnder A T, Sengupta D, et al. Methyl monolayers improve the fracture strength and durability of silicon nanobeams. Applied Physics Letters, 2006, 89(23): 231905.

[58] Kahn H, Chen L, Ballarini R, et al. Mechanical fatigue of polysilicon: Effects of mean stress and stress amplitude. Acta Materialia, 2006, 54(3): 667-678.

[59] Zhang W, Obitani K, Hirai Y, et al. Fracture strength of silicon torsional mirror resonators fully coated with submicrometer-thick PECVD DLC film. Sensors and Actuators A: Physical, 2019, 286: 28-34.

[60] Xia Y, Suzuki M, Xue P, et al. Effect of fabrication process on fracture strength and fatigue life of micromirrors made from single-crystal silicon. International Journal of Fatigue, 2022, 162:

106983.

[61] Zhu Y, Xu F, Qin Q, et al. Mechanical properties of vapor-liquid-solid synthesized silicon nanowires. Nano Letters, 2009, 9(11): 3934-3939.

[62] de Pasquale G, Soma A. MEMS mechanical fatigue: Effect of mean stress on gold microbeams. Journal of Microelectromechanical Systems, 2011, 20(4): 1054-1063.

[63] Hu K M, Zhang W M, Peng Z K, et al. Transverse vibrations of mixed-mode cracked nanobeams with surface effect. Journal of Vibration and Acoustics, 2016, 138(1): 011020.

[64] Zhang W M, Hu K M, Yang B, et al. Effects of surface relaxation and reconstruction on the vibration characteristics of nanobeams. Journal of Physics D: Applied Physics, 2016, 49(16): 165304.

[65] Li J, Broas M, Makkonen J, et al. Shock impact reliability and failure analysis of a three-axis MEMS gyroscope. Journal of Microelectromechanical Systems, 2013, 23(2): 347-355.

[66] 陈俊光, 谷专元, 何春华, 等. MEMS 惯性器件的主要失效模式和失效机理研究. 传感器与微系统, 2017, 36(3): 1-5.

[67] Duesterhaus M A, Bateman V I, Hoke D A. Shock testing of surface micromachine MEMS devices. Proceeding of Auunual Fuze Conference, 2003: 1-3.

[68] Srikar V T, Senturia S D. The reliability of microelectromechanical systems(MEMS) in shock environments. Journal of Microelectromechanical Systems, 2002, 11(3): 206-214.

[69] Azevedo R G, Jones D G, Jog A V, et al. A SiC MEMS resonant strain sensor for harsh environment applications. IEEE Sensors Journal, 2007, 7(4): 568-576.

[70] Chen B, Liu H, Wang H, et al. Thermal shock induced nanocrack as high efficiency surface conduction electron emitter. Applied Surface Science, 2011, 257(21): 9125-9128.

[71] Nakao S, Ando T, Shikida M, et al. Effect of temperature on fracture toughness in a single-crystal-silicon film and transition in its fracture mode. Journal of Micromechanics and Microengineering, 2007, 18(1): 015026.

[72] de Boer M P, Knapp J A, Mayer T M, et al. Role of interfacial properties on MEMS performance and reliability. Microsystems Metrology and Inspection. International Society for Optics and Photonics, 1999, 3825: 2-15.

[73] Jan M T, Ahmad F, Hamid N H B, et al. Experimental investigation of temperature and relative humidity effects on resonance frequency and quality factor of CMOS-MEMS paddle resonator. Microelectronics Reliability, 2016, 63: 82-89.

[74] Verd J, Sansa M, Uranga A, et al. Metal microelectromechanical oscillator exhibiting ultra-high water vapor resolution. Lab on a Chip, 2011, 11(16): 2670-2672.

[75] Hon M, DelRio F W, White J T, et al. Cathodic corrosion of polycrystalline silicon MEMS. Sensors and Actuators A: Physical, 2008, 145: 323-329.

[76] Kazinczi R, Mollinger J R, Bossche A. Environment-induced failure modes of thin film resonators. Journal of Micro/Nanolithography, MEMS, and MOEMS, 2002, 1(1): 63-69.

[77] Yoon S W, Lee S, Perkins N C, et al. Shock-protection improvement using integrated novel shock-protection technologies. Journal of Microelectromechanical Systems, 2011, 20(4): 1016-1031.

[78] Alsem D H, Timmerman R, Boyce B L, et al. Very high-cycle fatigue failure in micron-scale polycrystalline silicon films: Effects of environment and surface oxide thickness. Journal of Applied Physics, 2007, 101(1): 013515.